北大社·"十三五"普通高等教育本科规划教材
高等院校机械类专业"互联网+"创新规划教材

# 模具设计与制造
## （第3版）

主　编　田光辉
副主编　周先辉　梁秀山　蔡广宇
参　编　杨　样　李国慧　邱玉江
　　　　张　欣　姜　萌
主　审　张洪峰

## 内 容 简 介

本书分为 3 篇共 12 章内容：第 1 篇冲压成形工艺与模具设计（第 1～6 章），介绍冲压工艺基础，冲裁工艺与冲裁模、弯曲工艺与弯曲模、拉深工艺与拉深模、其他冲压成形工艺与模具设计、冲模设计流程及 CAD/CAE/CAM 软件简介；第 2 篇塑料成型工艺与模具设计（第 7～9 章），介绍塑料成型工艺基础、注射成型工艺及注射模、其他塑料成型工艺及模具；第 3 篇模具制造技术（第 10～12 章），介绍模具制造基础、模具成形表面的加工、模具装配工艺。附录内容包括冲模零件常用材料及热处理要求、常用塑料的收缩率、塑料模成型零件和其他工作零件常用材料及热处理要求、冲压模和塑料模专业常用术语中英文对照、金属材料性能符号的新旧标准，便于读者查阅。

本书力求将模具设计与制造的基本原理、基本知识与实际应用紧密结合，体现应用型本科学生的培养特点；同时，对现代模具先进技术进行了适当的介绍，各章后均附有习题，重点章节还附有"综合案例"和"综合实训"。

本书可作为高等院校机械类、近机械类各专业的教材，也可作为成人高校等的培训教材，还可作为从事模具设计与制造的工程技术人员的入门参考书。

**图书在版编目(CIP)数据**

模具设计与制造/田光辉主编．—3 版．—北京：北京大学出版社，2021.1
高等院校机械类专业"互联网＋"创新规划教材
ISBN 978-7-301-26805-6

Ⅰ.①模… Ⅱ.①田… Ⅲ.①模具—设计—高等学校—教材 ②模具—制造—高等学校—教材 Ⅳ.①TG76

中国版本图书馆 CIP 数据核字(2020)第 086964 号

| | |
|---|---|
| 书　　　名 | 模具设计与制造（第 3 版） MUJU SHEJI YU ZHIZAO (DI-SAN BAN) |
| 著作责任者 | 田光辉　主编 |
| 策 划 编 辑 | 童君鑫　黄红珍 |
| 责 任 编 辑 | 孙　丹　童君鑫 |
| 数 字 编 辑 | 蒙俞材 |
| 标 准 书 号 | ISBN 978-7-301-26805-6 |
| 出 版 发 行 | 北京大学出版社 |
| 地　　　址 | 北京市海淀区成府路 205 号　100871 |
| 网　　　址 | http://www.pup.cn　新浪微博：@北京大学出版社 |
| 电 子 信 箱 | pup_6@163.com |
| 电　　　话 | 邮购部 010-62752015　发行部 010-62750672　编辑部 010-62750667 |
| 印 刷 者 | 北京溢漾印刷有限公司 |
| 经 销 者 | 新华书店 |
| | 787 毫米×1092 毫米　16 开本　27 印张　648 千字 2009 年 9 月第 1 版　2015 年 1 月第 2 版 2021 年 1 月第 3 版　2022 年 8 月第 3 次印刷 |
| 定　　　价 | 68.00 元 |

未经许可，不得以任何方式复制或抄袭本书之部分或全部内容。
**版权所有，侵权必究**
举报电话：010-62752024　电子信箱：fd@pup.pku.edu.cn
图书如有印装质量问题，请与出版部联系，电话：010-62756370

# 第 3 版前言

模具被称为"工业之母",是对原材料进行加工,赋予原材料以完整构型和精确尺寸的加工工具,主要用于高效、大批量生产工业产品中的有关零部件。随着现代化工业的发展,模具已广泛应用于汽车、家电、消费电子、仪器仪表、航空航天、医疗器械等领域,其中60%~80%的零部件产品需要依靠模具加工成型。据统计资料显示,模具可带动其相关产业的比例大约是1:100,即模具发展1亿元,可带动相关产业100亿元。

为了适应新形势,我国模具行业近几年来不断提升技术水平。许多企业已应用CAD/CAE/CAM一体化技术,ERP和IM3等信息管理技术,以及高速加工、快速成型、虚拟仿真、机器人技术、智能制造及网络技术等高新技术。为适应社会对模具人才的持续增长的需求,许多高等院校的机械类专业把"模具设计与制造"课程作为专业课或专业选修课。为适应高素质应用型人才的培养,我们编写了本书,供高等院校学生和入门从业人员参考。

"模具设计与制造"是一门综合性、实践性很强的课程。在本书编写过程中,我们力求充分体现该特点。本书通俗易懂,层次结构分明,内容实用,注重模具新技术、新工艺的介绍,并力求体现近年来各有关院校在教学改革方面取得的成果。本书第1版和第2版出版以来,得到了高等学校师生和其他读者的厚爱,编者在此表示衷心的感谢!本次再版,编者对部分内容和图形做了修改;对于CAD/CAE软件,仅介绍了一些常见软件及特点,并没有深入讲解,因为每个软件的内容都可以单独编写成一本书,有兴趣的读者,可根据需要选择参考教材学习。

全书分为3篇共12章内容:第1篇冲压成形工艺与模具设计(第1~6章),介绍了常见的各种冲压工艺及模具设计的基础知识,重点讲解了冲裁模、弯曲模和拉深模设计;第2篇塑料成型工艺与模具设计(第7~9章),介绍了塑料组成、特性及常见的塑料成型工艺及模具设计的基础知识,重点讲解了使用最广泛、最具代表性的注射模设计;第3篇模具制造技术(第10~12章),介绍了模具制造的基础知识,重点讲解了模具零件加工工艺、模具装配工艺。本书各章后均附有习题,并且重点章节后附有"综合案例"和"综合实训"。附录内容包括冲模零件常用材料及热处理要求、常用塑料的收缩率、塑料模成型零件和其他工作零件常用材料及热处理要求、冲压模和塑料模专业常用术语中英文对照、金属材料性能符号的新旧标准,便于读者查阅。

本次再版由南阳理工学院田光辉(第1、2、8章)担任主编并负责统稿,周先辉(第

11 章)、梁秀山 (第 5、6 章)、蔡广宇 (第 7 章) 担任副主编，杨样 (第 3 章)、邱玉江 (第 4 章)、李国慧 (第 9 章及附录 A～E)、张欣 (第 10 章)、姜萌 (第 12 章) 参与编写，张洪峰担任主审。

由于编者水平有限，书中难免有不妥之处，衷心希望广大读者批评指正。

编 者

2020 年 8 月

# 目 录

**模具概述(What's Mould and Die)** ......... 1
  0.1 模具的概念(Conception of Mould and Die) ......... 1
  0.2 模具的分类(Classification of Mould and Die) ......... 1
  0.3 如何学习好"模具设计与制造"课程(What should we do to learn "Mould and Die Design and Fabrication" course well) ......... 2

## 第1篇 冲压成形工艺与模具设计

### 第1章 冲压工艺基础(Basic of Stamping Process) ......... 5
  1.1 冲压成形的特点与分类(Features and Classification of Stamping) ......... 6
  1.2 板料的冲压成形性能(Stamping Formability of Metal Sheet) ......... 8
  1.3 冲压常用的材料(Frequent Material in Stamping) ......... 13
  1.4 冲压设备(Stamping Machine) ......... 15
  本章小结(Brief Summary of this Chapter) ......... 21
  习题(Exercises) ......... 21
  综合实训(Comprehensive Practical Training) ......... 22

### 第2章 冲裁工艺与冲裁模(Blanking Process and Blanking Die) ......... 24
  2.1 冲裁工艺设计基础(Basic of Blanking Process Design) ......... 25
  2.2 冲裁模结构(Structure of Blanking Die) ......... 30
  2.3 排样设计(Black Layout Design) ......... 34
  2.4 冲裁工艺计算(Blanking Process Calculation) ......... 39
  2.5 冲裁模零部件结构设计(Parts Structure Design of Blanking Die) ......... 53
  2.6 综合案例(Comprehensive Case) ......... 71
  本章小结(Brief Summary of this Chapter) ......... 77
  习题(Exercises) ......... 77
  综合实训(Comprehensive Practical Training) ......... 78

### 第3章 弯曲工艺与弯曲模(Bending Process and Bending Die) ......... 81
  3.1 弯曲工艺及弯曲件工艺性(Bending Process and Processability of Bending Parts) ......... 82
  3.2 弯曲模的典型结构(Typical Structure of Bending Die) ......... 89
  3.3 弯曲件的质量分析(Quality Analysis of Bending Part) ......... 95
  3.4 弯曲工艺计算(Bending Process Calculation) ......... 97
  3.5 弯曲模设计(Bending Die Design) ......... 101
  3.6 综合案例(Comprehensive Case) ......... 106
  本章小结(Brief Summary of this Chapter) ......... 120
  习题(Exercises) ......... 121
  综合实训(Comprehensive Practical Training) ......... 122

### 第4章 拉深工艺与拉深模(Drawing Process and Drawing Die) ......... 123
  4.1 拉深工艺与拉深件工艺性(Drawing Process and Processability of Drawing Part) ......... 124
  4.2 拉深模的典型结构(Typical Structure of Drawing Die) ......... 130
  4.3 拉深件的起皱与破裂(Wrinkling and Fracture of Drawing Part) ......... 134
  4.4 拉深工艺计算(Drawing Process Calculation) ......... 136
  4.5 拉深模设计(Drawing Die Design) ......... 144
  4.6 综合案例(Comprehensive Case) ......... 152
  本章小结(Brief Summary of this Chapter) ......... 160
  习题(Exercises) ......... 161
  综合实训(Comprehensive Practical Training) ......... 162

# 第5章 其他冲压成形工艺与模具设计(Other Stamping Process and Corresponding Die Design) ...... 163

- 5.1 胀形(Bulging) ...... 164
- 5.2 翻边(Flanging) ...... 168
- 5.3 缩口(Necking) ...... 173
- 5.4 综合案例(Comprehensive Case) ...... 176
- 本章小结(Brief Summary of this Chapter) ...... 177
- 习题(Exercises) ...... 178

# 第6章 冲模设计流程及CAD/CAE/CAM软件简介(Stamping Die Design Procedure and CAD/CAE/CAM Software Introduction) ...... 179

- 6.1 冲模设计内容及流程(Design Procedure of Stamping Die) ...... 180
- 6.2 冲模CAD/CAE/CAM软件简介(Introduction to CAD/CAE/CAM Software of Stamping Die) ...... 184
- 本章小结(Brief Summary of this Chapter) ...... 187
- 习题(Exercises) ...... 187

# 第2篇 塑料成型工艺与模具设计

# 第7章 塑料成型工艺基础(Basic of Plastics Molding Process) ...... 191

- 7.1 塑料的基本组成、分类与特性(Basic Composition, Classification and Characteristic of Plastics) ...... 192
- 7.2 塑料成型的方法及工艺特性(Methods and Processability of Plastic Molding) ...... 194
- 7.3 塑件的结构工艺性(Processability of Plastic Parts Structure) ...... 196
- 7.4 塑料成型设备(Plastic Molding Equipment) ...... 207
- 本章小结(Brief Summary of this Chapter) ...... 210
- 习题(Exercises) ...... 210
- 综合实训(Comprehensive Practical Training) ...... 211

# 第8章 注射成型工艺及注射模(Injection Molding Process and Injection Mould) ...... 213

- 8.1 注射成型工艺原理及工艺条件(Injection Molding Principle and Process Condition) ...... 214
- 8.2 注射模结构(Injection Mould Structure) ...... 217
- 8.3 分型面(Parting Surface) ...... 220
- 8.4 浇注系统设计(Gating System Design) ...... 223
- 8.5 成型零件设计(Molding Part Design) ...... 232
- 8.6 侧向分型与抽芯机构(Side-parting and Core-pulling Mechanism) ...... 243
- 8.7 推出机构设计(Ejecting Mechanism Design) ...... 252
- 8.8 合模导向机构(Guide Mechanism in Mould Clamping) ...... 257
- 8.9 温度调节系统设计(Design of Temperature Regulating System) ...... 260
- 8.10 塑料注射模模架(Injection Mould Bases for Plastics) ...... 264
- 8.11 模具与注射机有关参数的校核(Checking Parameters of Mould and Injection Machine) ...... 267
- 8.12 注射模设计流程及有限元分析软件(Design Procedure of Injection Mould and Finite Element Analysis Software) ...... 270
- 8.13 综合案例(Comprehensive Case) ...... 275
- 本章小结(Brief Summary of this Chapter) ...... 282
- 习题(Exercises) ...... 282
- 综合实训(Comprehensive Practical Training) ...... 283

# 第9章 其他塑料成型工艺及模具(Other Plastic Molding Process and Corresponding Mould) ...... 284

- 9.1 压缩成型工艺与压缩模(Compression Molding Process and Compression Mould) ...... 285
- 9.2 压注成型工艺与压注模(Pressure Injection Molding Process and Pressure Injection Mould) ...... 291
- 9.3 挤出成型工艺及模具(Extrusion Molding Process and Mould) ...... 295
- 9.4 中空吹塑成型(Hollow Blow Molding) ...... 299
- 9.5 真空成型(Vacuum Molding) ...... 303

9.6 压缩空气成型（Molding with
　　Compressed Air）……………… 306
本章小结（Brief Summary of this Chapter）…… 307
习题（Exercises）………………………… 308

## 第3篇　模具制造技术

### 第10章　模具制造基础（Basic of Mould and Die Manufacturing）…… 311

10.1 模具制造的特点（Feature of Mould and
　　　Die Manufacturing）……………… 312
10.2 模具制造工艺过程（Mould and Die
　　　Manufacturing Process）…………… 313
10.3 模具制造工艺规程制定的原则和步骤
　　　（Principles and Steps of Process
　　　Scheduling for Mould and Die
　　　Manufacturing）……………………… 314
10.4 模具零件图的工艺分析（Part
　　　Processability Analysis of Mould
　　　and Die）……………………………… 317
10.5 模具零件的毛坯选择（Blank Selection
　　　of Part in Mould and Die）………… 321
本章小结（Brief Summary of this Chapter）…… 325
习题（Exercises）………………………… 325

### 第11章　模具成形表面的加工（Profile Manufacturing of Mold and Die）………………………… 327

11.1 模具成形表面的机械加工（Profile
　　　Machining of Mold and Die）……… 328
11.2 模具成形表面的特种加工（Non-traditional
　　　Manufacturing of Mould and Die
　　　Profile）……………………………… 338
11.3 现代模具制造技术（Modern
　　　Manufacturing Technology for Mould
　　　and Die）……………………………… 359

11.4 模具工作零件的加工工艺
　　　（Processing Technic of Working Parts in
　　　Mould and Die）……………………… 365
本章小结（Brief Summary of this Chapter）…… 369
习题（Exercises）………………………… 370
综合实训（Comprehensive Practical
　　　Training）…………………………… 372

### 第12章　模具装配工艺（Assembly Process of Mould and Die）…………… 378

12.1 模具装配概述（Introduction to Mould
　　　and Die Assembly）………………… 379
12.2 装配尺寸链（Dimension Chain in
　　　Assembling Process）……………… 381
12.3 模具间隙的控制方法（Clearance Controlling
　　　Methods for Mould and Die）……… 384
12.4 冲压模、注射模装配工艺（Assembly
　　　Process of Mould and Die）………… 388
12.5 综合案例（Comprehensive Case）…… 408
本章小结（Brief Summary of this Chapter）…… 409
习题（Exercises）………………………… 409
综合实训（Comprehensive Practical
　　　Traning）…………………………… 410

附录A　冲模零件常用材料及热处理
　　　　要求………………………………… 411

附录B　常用塑料的收缩率………………… 413

附录C　塑料模成型零件和其他工作零件
　　　　常用材料及热处理要求…………… 414

附录D　冲压模和塑料模专业常用术语
　　　　中英文对照………………………… 416

附录E　金属材料性能符号的
　　　　新旧标准…………………………… 420

参考文献……………………………………… 422

# 模具概述
# (What's Mould and Die)

## 0.1 模具的概念 (Conception of Mould and Die)

一般读者以前可能没有接触过模具，对模具很好奇，其实模具就是一种工具，是一种工艺装备，有简单的，也有复杂的。模具制造企业中有各式各样的模具，如用于生产摩托车变速箱的压铸模、生产塑料制品的注射模、生产不锈钢炊具的冲压模、生产铝合金型材的挤压模等。在汽车覆盖件生产车间，还会看到重达上百吨的汽车覆盖件模具。总之，模具有大有小，有轻有重，有简单有复杂，形式各异、多种多样。

那么，模具是什么呢？可以说，模具就是服务于人们生产需要的一种工具。通过使用不同的模具，可以在各种必要的外部条件（如温度、压力等）下，得到我们期望的产品。

## 0.2 模具的分类 (Classification of Mould and Die)

从广义上讲，模具可以分为以下两大类。
(1) 有型腔的模具，如冲裁模、注射模。
(2) 无型腔的模具，如木模、仿型模。
有型腔的模具通过型腔制造出产品；无型腔的模具通过仿型复制出产品，或通过它制造出型腔，然后制造出产品。

通常所讲的模具是指第一种，即有型腔的模具；无型腔的模具称为模型。
一个有实际使用意义的模具的重要标志之一，就是具有"重复使用性"。
实际生产中，根据成型材料不同，模具可分为金属成型模、塑胶成型模、其他成型模具；根据成型方法的不同，模具可分为注射模、冲压模、压铸模、锻压模；根据加工精度不同，模具可分为普通精度模具和精密模具。

本书学习的重点：首先是冲压模中的冲裁模、塑胶成型模中的注射模；其次是冲压模中的弯曲模和拉深模、塑胶成型模中比较常用的压缩模和压注模。

## 0.3 如何学习好"模具设计与制造"课程
### (What should we do to learn "Mould and Die Design and Fabrication" course well)

"模具设计与制造"课程是专业课程,综合性较强,且对实践经验要求比较高,学习时要注意以下5个方面。

(1) 要具备扎实的相关基础知识,如熟练掌握机械制图(手工制图、AutoCAD、CAXA、Pro/ENGINEER、UG 等)、互换性与技术测量、工程材料及热处理、机械设计、机械制造等知识。

(2) 熟知各种模具的典型结构及各主要零部件的作用,能够举一反三。

(3) 熟悉各种国家标准和行业标准,设计时尽可能地采用标准件。

(4) 设计零部件时,要考虑其机械加工工艺性能。

(5) 注意实践经验的积累,理论联系实际,特别是在实训、实习等实践教学环节中。

# 第1篇

# 冲压成形工艺与模具设计

# 第 1 章

# 冲压工艺基础
## (Basic of Stamping Process)

本章学习目标

掌握冲压成形的概念、特点及工序分类，理解塑性、加工硬化、力学性能等对冲压成形的影响，掌握冲压常用材料的要求及种类，了解常用冲压设备的类型及主要参数。

应该具备的能力：初步具备选择冲压材料及选择冲压设备的能力；能够分析材料的塑性、加工硬化等性能对冲压成形的影响。

本章教学要求

| 能力目标 | 知识要点 | 权　重 | 自测分数 |
| --- | --- | --- | --- |
| 掌握冲压成形的概念、特点及工序分类 | 冲压成形的概念、特点及工序分类 | 30% | |
| 理解影响冲压成形的因素 | 影响冲压成形的因素 | 20% | |
| 掌握冲压常用材料的要求及种类 | 冲压常用材料的要求及种类 | 25% | |
| 了解常用冲压设备的类型及主要参数 | 常用冲压设备的类型及主要参数 | 25% | |

> **导入案例**
>
> 许多日常生活用品都是冲压产品，如图 1.0 中的不锈钢炊具、不锈钢水槽等。这些产品都是利用金属板料，通过安装在压力机上的冲压模加工而成的。所以，我们首先要了解冲压用的设备是什么样的，是不是所有的金属材料都能用于冲压加工。
>
>
>
> （a）不锈钢炊具　　　　　（b）不锈钢水槽
>
> 图 1.0　冲压产品
>
> 重温《机械工程材料》中有关材料组织性能和力学性能的相关知识。

## 1.1 冲压成形的特点与分类（Features and Classification of Stamping）

### 1.1.1 冲压成形（Stamping）

冲压成形是指在压力机上通过模具对板料（金属或非金属）加压，使其分离或发生塑性变形，从而得到一定形状、尺寸和性能要求的零件的加工方法。它是塑性加工方法之一，又称冷冲压或板料冲压。冲压模设计是实现冲压成形工艺的核心。

### 1.1.2 冲压成形的特点（Features of Stamping）

冲压成形是一种先进的加工方法，与机械加工方法相比，具有以下特点。

（1）可以获得其他加工方法不能加工或难以加工的形状复杂的零件，如汽车覆盖件等。

（2）冲压成形生产的零件的尺寸精度主要是靠冲压模保证的，加工出的冲压零件质量稳定、一致性好，即具有"一模一样"的特性。

（3）材料的利用率高，属于少/无切削加工。

（4）可以利用金属材料的塑性变形来提高工件的强度。

（5）生产率高，易实现自动化生产。

（6）模具使用寿命长，生产成本低。

### 1.1.3 冲压成形工序分类（Classification of Stamping Process）

【冲压成形工序】

按照变形性质，冲压成形工序可分为两大类，即分离工序和成形工序，见表 1-1。

表 1-1　冲压成形工序

| 类　别 | 组　别 | 工序名称 | 工　序　简　图 | 工　序　特　点 |
|---|---|---|---|---|
| 分离工序 | 冲裁 | 切断 | | 沿不封闭的轮廓分离板料 |
| | | 落料 | | 沿封闭的轮廓将制件或毛坯与板料分离 |
| | | 冲孔 | | 在毛坯或板料上，沿封闭的轮廓分离出废料，得到带孔制件 |
| | | 切舌 | | 沿不封闭的轮廓将部分板料切开并折弯 |
| | | 切边 | | 切去成形制件多余的边缘材料 |
| | | 剖切 | | 沿不封闭的轮廓将半成品制件切离为两个或多个制件 |
| 成形工序 | 弯曲 | 折弯 | | 将毛坯或半成品制件沿弯曲线弯成一定角度和形状 |
| | | 卷边 | | 把板料端部弯曲成接近封闭的圆筒状 |
| | 拉深 | 拉深 | | 把平板毛坯拉压成空心体，或者把空心体拉压成外形更小的空心体 |

续表

| 类 别 | 组 别 | 工序名称 | 工序简图 | 工序特点 |
|---|---|---|---|---|
| 成形工序 | 成形 | 起伏 | 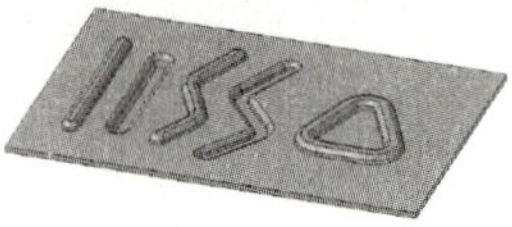 | 使半成品发生局部塑性变形，按凸模与凹模的形状变成凹凸形状 |
| | | 翻边 |  | 在预先制好的半成品或未经制孔的板料上冲制出竖立孔边缘的制件 |
| | | 胀形 | 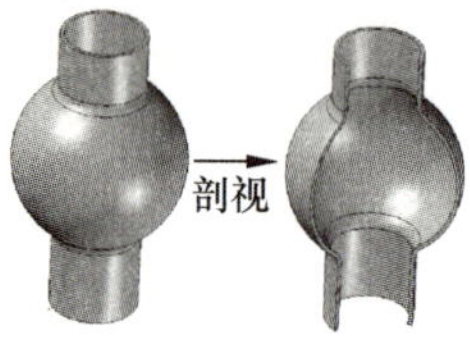 | 在双向拉应力作用下，使空心毛坯内部产生塑性变形，得到凸肚形制件 |
| | | 缩口 |  | 使空心毛坯或管状毛坯端部的径向尺寸缩小而得到制件 |

**分离工序（即冲裁）**：板料在压力作用下，其压力超过材料的抗剪强度而沿一定轮廓线断裂成制件的工序。

**成形工序**：板料在压力作用下，其应力超过屈服强度（未达到抗剪强度）而产生塑性变形，从而获得一定形状和尺寸的制件的工序。

## 1.2 板料的冲压成形性能
### (Stamping Formability of Metal Sheet)

### 1.2.1 金属材料的塑性与变形抗力（Plasticity and Resistance to Deformation of Metal）

**1. 塑性**

塑性是指固体材料在外力作用下发生永久变形而不破坏其完整性的能力。常用的塑性指标有伸长率 $A$ 和断面收缩率 $\psi$。材料的塑性是塑性加工的依据，冲压成形时一般希望被冲压的材料具有良好的塑性。

金属材料的塑性与柔软性是不同的概念。柔软性只是金属材料变形抗力的标志，与金属材料的塑性没有直接的联系。即柔软的金属材料的塑性不一定好，塑性好的金属材料不一定柔软。例如奥氏体不锈钢在室温下具有良好的塑性，但其变形抗力很大，需在很大压力下成形。

相同变形条件下，不同的材料具有不同的塑性；同一种材料在不同的变形条件下又会出现不同的塑性。例如金属铅在一般情况下变形时，具有极好的塑性，但在三向等拉应力的作用下会像脆性材料一样被破坏，而不产生任何塑性变形；大理石在一般情况下毫无塑性，却可以在三向压应力的作用下产生一定的塑性变形。此外，在一定温度及低的变形速度下拉深某些金属，可以得到几倍甚至十几倍的均匀拉深变形，使金属达到超塑性状态。

影响金属材料塑性变形的因素有两个方面：一是金属材料本身的性质，如化学成分、组织等；二是外部条件，如变形温度、变形速度、应力状态等。

(1) 化学成分及组织对塑性的影响。

金属的组织结构取决于它的化学成分。组成金属主要元素的晶格类型，杂质的性质、数量及分布情况，晶粒的尺寸、方向及形状等，都与化学成分有关。一般来说，组成金属的元素越少（如纯金属和固溶体），塑性越好；滑移系越多，力学性能越一致，晶界强度越大，塑性越好。

(2) 变形温度对塑性的影响。

对于大多数金属和合金而言，随着温度的升高，塑性增强。但一些金属在升温过程中的某些温度区间内，塑性会降低，出现脆性区。例如碳钢，随着温度升高，其塑性增强，但在 200～250℃、800～900℃ 及超过 1250℃ 的 3 个温度区间塑性降低，这 3 个温度区间分别称为蓝脆区、热脆区和高温脆区。

温度升高使塑性增强有如下原因：发生了回复和再结晶；临界切应力减小，滑移系增加；金属的组织结构发生变化，可能由多相组织转变为单相组织，也可能由对塑性不利的晶格转变为对塑性有利的晶格；等等。

(3) 应力状态对塑性的影响。

金属在塑性变形时应力状态非常复杂，为了研究变形金属各部位的应力状态，在变形物体中取一个微小的六面体单元，画出六面体所受的应力和方向，这种图称为应力状态图。如果六面体上只有正应力而没有切应力，则此应力状态图称为主应力图。根据主应力方向及组合不同，主应力图共有 9 种，如图 1.1 所示。

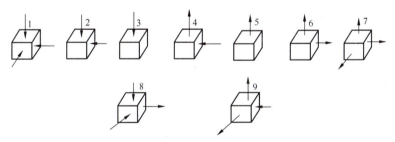

图 1.1　主应力图

应力状态对塑性的影响很大，主应力图中压应力越多、数值越大，塑性越好。图 1.1 所示的主应力图中，第 1 种塑性最好，第 7 种塑性最差。

当 3 个主应力的大小都相等，即 $\sigma_1=\sigma_2=\sigma_3$ 时，称为球应力状态。深水中的微小物体就处于球应力状态，习惯上将三向等压应力称为静水压力。在静水压力作用下，金属的塑性将增强，静水压力越大，塑性增强越多，这种现象称为静水压效应。静水压效应对塑性加工很有利，应尽量加以利用。

2. 变形抗力

塑性变形时，使金属产生塑性变形的外力称为变形力，金属抵抗变形的力称为变形抗力。变形抗力反映了使金属材料产生塑性变形的难易程度。

变形抗力与变形力数值相等，方向相反。在材料力学中，变形应力 $\sigma$ 是用载荷 $F$ 与试棒初始截面面积 $A_0$ 的比值表示的，即 $\sigma=F/A_0$。这种表示方法有不合理性，因为拉伸试验中试棒的截面面积在不断减小，真正的应力应该是该瞬间的载荷与该瞬间试棒的截面面积之比，这个应力称为真实应力。通常用真实应力做变形抗力的指标。

在冲压生产中，常用真实应力—应变曲线（指数曲线）表示材料变形抗力与变形程度的关系，可表示为

$$\sigma = C\varepsilon^n$$

式中，$C$——与材料性能有关的系数（MPa）；

$n$——硬化指数。

$C$ 和 $n$ 取决于材料的种类和性能，可通过拉伸试验获得。$n$ 是材料在变形时硬化性能的重要指标，$n$ 越大，表示变形过程中，材料的变形抗力随着变形程度的增加而迅速增长，同时不易出现局部的集中变形和破坏，有利于增大伸长类零件成形时的变形极限，所以 $n$ 对板料的成形性能有重要影响。

金属塑性加工过程大多是在两向应力状态或三向应力状态下进行的，加工同一种材料的变形抗力一般要比单向应力状态的真实应力大得多，可达真实应力的 1.5~6 倍。因此，变形抗力除了取决于该材料在一定变形温度、变形速度和变形程度下的真实应力外，还取决于塑性加工时的应力状态、接触摩擦及相对尺寸因素等。

（1）化学成分及组织对变形抗力的影响。

对于纯金属，原子间的作用特性不同，各种纯金属的变形抗力也不同，纯度越高，变形抗力越小。不同牌号的合金，因组织状态不同，故变形抗力也不同。例如，硬铝合金 2A12 在退火状态下的变形抗力为 100MPa，淬火时效后的变形抗力为 300MPa。一般合金元素、杂质元素含量越高，变形抗力越大，尤其是弥散分布对变形抗力的增大影响较大。

材料发生相变时，力学性能和物理性能都会发生变化，当然变形抗力也会发生变化。对于单相组织，单相固溶体中合金元素的含量越高，引起晶格畸变越大，变形抗力越大。单相组织比多相组织的变形抗力小。

（2）变形温度对变形抗力的影响。

温度升高，金属原子间的结合力减小，变形抗力减小。但在升温过程中，在某些温度区间出现脆性区的金属例外。

（3）变形速度对变形抗力的影响。

一方面，变形速度的提高使热效应增强，从而使变形抗力减小；另一方面，变形速度的提高缩短了变形时间，位错运动的发生与发展时间不足又使变形抗力增大。一般来说，随着变形速度的提高，金属的真实应力增大，但增大的程度与变形温度有关。冷变形时变形速度对真实应力影响不大；而在热变形时，随着变形速度的提高，真实应力显著增大。

（4）变形程度对变形抗力的影响。

金属变形过程中，随着塑性变形程度的增加，其变形抗力（即每个瞬间的下屈服强度 $R_{eL}$ 与抗拉强度 $R_m$）增大，硬度提高，而塑性和韧性降低，这种现象称为加工硬化。材料的加工硬化对塑性变形的影响很大。材料在发生加工硬化以后，不仅变形抗力增大，而且限制了材料的进一步变形，甚至要在后续成形工序前增加退火工序。

(5) 应力状态对变形抗力的影响。

塑性理论指出，只有应力差才会导致物体变形。物体受到的静水压力越大，其变形抗力越大。如挤压时金属受三向压应力作用，拉拔时受两压一拉的应力作用，虽然两者产生的变形状态是相同的，但挤压时的变形抗力远大于拉拔时的变形抗力。

## 1.2.2 冲压成形工艺的分类（Classification of Stamping Technology）

在各种冲压成形工艺中，因为毛坯变形区的应力状态和变形特点是制订工艺过程、设计模具和确定极限变形参数的主要依据，所以只有分类方法能够充分地反映变形毛坯的受力与变形特点，才具有真正实用的意义。

从本质上看，各种冲压成形过程就是毛坯变形区在力的作用下产生变形的过程，所以毛坯变形区的受力情况和变形特点是决定各种冲压变形性质的主要依据。根据毛坯变形区的应力与应变特点，可以把冲压变形概括为两大类：伸长类变形和压缩类变形。

当作用于毛坯变形区内的最大应力、应变为正值时，称这种冲压变形为伸长类变形，如胀形、翻边与弯曲外侧变形等。伸长类变形主要是靠材料的伸长和厚度的减小实现的，此时拉应力的成分越多，数值越大，材料的伸长与厚度减小越严重。

当作用于毛坯变形区内的最大应力、应变为负值时，称这种冲压变形为压缩类变形，如拉深凸缘变形区和弯曲内侧变形等。压缩类变形主要是靠材料的压缩与增厚实现的，压应力的成分越多，数值越大，材料的缩短与增厚越严重。

伸长类变形的极限变形参数主要取决于材料的塑性，并且可以用材料的塑性指标直接或间接地表示。例如，多数试验结果证实：平板毛坯的局部胀形深度、圆柱体空心毛坯的胀形系数、圆孔翻边系数、最小弯曲半径等都与伸长率有明显的正比关系。压缩类变形的极限变形参数（如拉深系数）通常受毛坯传力区的承载能力的限制，有时受变形区或传力区的失稳起皱的限制。因为这两类成形工艺确定极限变形参数的基础不同，所以影响极限变形参数的因素及提高极限变形参数的途径和方法也不同。

## 1.2.3 板料力学性能与冲压成形性能的关系（Relationship between Mechanical Property and Formability of Metal Sheet）

板料的冲压成形性能是指板料对各种冲压方法的适应能力。但要测定板料的冲压成形性能非常困难，因为板料的成形方式多种多样，每种成形方式的应力状态、变形特点等都不相同，还不能用统一的指标判别其成形性能，但可以通过分析板料拉伸试验中测得的一些力学性能数据来判断板料的成形性能。

图 1.2 所示为板料单向拉伸的试样，其各部分尺寸见表 1-2。试验时，利用测量装置测量拉伸力 $F$ 与拉伸行程（即试验伸长值），根据这些数值作出 $R$-$A$ 曲线，如图 1.3 所示。

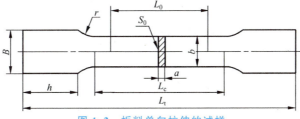

图 1.2　板料单向拉伸的试样

表 1-2  板料单向拉伸试样尺寸　　　　　　　　　　（单位：mm）

| 厚度 $a$ | 宽度 $b$ | $h$ | 短试样 $L_0=5.65\sqrt{S_0}$ | | 短试样 $L_0=11.3\sqrt{S_0}$ | |
| --- | --- | --- | --- | --- | --- | --- |
| | | | $L_0$ | $L_c$ | $L_0$ | $L_c$ |
| 0.5 | 20 | 40 | 20 | 30 | 40 | 50 |
| 1.0 | 20 | 40 | 25 | 35 | 50 | 60 |
| 1.5 | 20 | 40 | 30 | 40 | 60 | 70 |
| 2.0 | 20 | 40 | 35 | 45 | 70 | 80 |

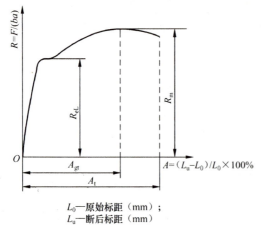

$L_0$—原始标距（mm）；
$L_u$—断后标距（mm）

图 1.3  $R$-$A$ 曲线

从拉伸试验可获得板料的以下机械性能指标：下屈服强度 $R_{eL}$ 或规定残余延伸强度 $R_{r0.2}$、抗拉强度 $R_m$、屈强比 $R_{eL}/R_m$、最大力总伸长率 $A_{gt}$、断裂总伸长率 $A_t$、加工硬化指数 $n$、弹性模量 $E$、厚向异性指数 $\gamma$、板平面各向异性指数 $\Delta\gamma$ 等。下面将其中重要的几项分述如下。

**1. 下屈服强度 $R_{eL}$**

下屈服强度 $R_{eL}$ 小，材料容易变形，则变形抗力小，所需变形力小。在压缩类变形时，试样因易变形而不易起皱，弯曲变形后回弹也小。

**2. 屈强比 $R_{eL}/R_m$**

屈强比对冲压成形的影响比较大。屈强比小，允许的塑性变形区间大，即试样易产生塑性变形而不易破裂。尤其对拉深变形而言，屈强比小，意味着在变形区间试样易变形、不易起皱，而在传力区间又不易拉裂，有利于提高拉深变形程度。

**3. 最大力总伸长率 $A_{gt}$**

拉伸试验中，试样拉断时的伸长率称为断裂总伸长率 $A_t$。试样在屈服阶段之后达到所能抵抗的最大力时，开始产生局部集中变形（颈缩）时的伸长率称为最大力总伸长率 $A_{gt}$，如图 1.3 所示。

$A_{gt}$ 表示材料产生均匀的或稳定的塑性变形的能力，它直接决定材料在伸长类变形中的冲压成形性能。从试验中得到验证，大多数材料的翻边变形程度都与 $A_{gt}$ 成正比。可以得出结论：伸长率是影响翻边或扩孔成形性能的主要参数。

**4. 加工硬化指数 $n$ 和弹性模量 $E$**

加工硬化指数 $n$ 表示材料在塑性变形中的硬化程度。$n$ 越大，材料越易在变形中加工硬化，真实应力越大。在伸长类变形中，$n$ 值大，变形抗力增大，从而使变形趋于均匀，板料厚度方向变薄量减小，厚度分布均匀，表面质量好，成形极限增大，试样不易产生裂纹，冲压性能好。

弹性模量 $E$ 越大，材料抗压失稳能力越强，卸载后回弹越小，冲压件质量越高。

**5. 厚向异性指数 $\gamma$**

由于钢锭结晶和板料轧制时出现纤维组织等，板料的塑性会因方向不同而出现差异，这种现象称为板料的塑性各向异性。厚度方向的塑性各向异性用厚向异性指数 $\gamma$ 表示，其表达式为

$$\gamma = \varepsilon_b / \varepsilon_t$$

式中，$\gamma$——厚向异性指数；

$\varepsilon_b$、$\varepsilon_t$——试样宽度和厚度方向的应变。

由上式可知，当 $\gamma > 1$ 时，板料宽度方向比厚度方向易产生变形，即板料不易变薄或增厚。在拉深变形工序中，增大 $\gamma$，试样宽度方向易变形，切向易收缩，不易起皱，有利于提高变形程度和保证产品质量。故 $\gamma$ 越大，材料的拉深性能越好。

**6. 板平面各向异性指数 $\Delta\gamma$**

板料经轧制后，在板平面内也出现各向异性，因此沿不同方向，其力学性能和物理性能也不同。板平面各向异性用板平面各向异性指数 $\Delta\gamma$ 表示，其表达式为

$$\Delta\gamma = \frac{\gamma_{0°} + \gamma_{90°} - 2\gamma_{45°}}{2}$$

式中，$\gamma_{0°}$、$\gamma_{90°}$、$\gamma_{45°}$——与板料轧制纤维方向成 0°、90°、45°的厚向异性指数。

$\Delta\gamma$ 越大，板平面内的各向异性越严重。拉深件拉深后口部不齐，出现"凸耳"，就是由板料的各向异性引起的，既浪费材料又要增加一道切边工序。

## 1.3 冲压常用的材料（Frequent Material in Stamping）

冲压最常用的材料是金属板料，也有部分用非金属板料。生产时，往往使用剪板机把板料剪切成条料，大批量生产时可采用专门规格的带料（或卷料）。

一般来说，伸长率大、屈强比小、弹性模量大、加工硬化指数大和厚向异性指数大有利于各种冲压成形工序。此外，还要满足以下要求。

(1) 板料应有良好的表面质量。板料表面不能有划伤、缩孔、麻点或断面分层，否则在冲压过程中会造成应力集中而产生破裂。若板料表面扭曲不平，会引起毛坯定位不稳定而造成冲压废品。板料按表面质量可分为高质量表面（Ⅰ）、较高质量表面（Ⅱ）和一般质量表面（Ⅲ）3种。

(2) 板料的规格应符合有关标准。在冲压中，如拉深工艺，因为凸模和凹模的间隙主要是根据板料厚度及公差确定的，所以板料厚度必须符合标准；否则，不仅会影响制件的质量，还可能损坏模具或压力机。我国对板料厚度及公差的要求分为高级（A）、较高级（B）和普通级（C）3种。

表 1-3 列出了部分冲压常用金属材料及其力学性能，表 1-4 列出了部分常用非金属板料的抗剪强度。

表 1-3 部分冲压常用金属材料及其力学性能

| 材料名称 | 材料牌号 | 热处理状态 | 抗剪强度 $\tau_b$/MPa | 抗拉强度 $R_m$/MPa | 下屈服强度 $R_{eL}$/MPa | 断后伸长率 $A_{11.3}$/(%) |
|---|---|---|---|---|---|---|
| 电工用纯铁 ($w_C<0.025$) | DT1，DT2，DT3 | 已退火 | 180 | 230 | — | 26 |
| 电工用硅钢 | D11，D21，D31 | 已退火 | 190 | 230 | — | 26 |
| 普通碳素钢 | Q215 | 未退火 | 270～340 | 340～420 | 220 | 26～31 |
| 普通碳素钢 | Q235 | 未退火 | 310～380 | 380～470 | 240 | 21～25 |
| 普通碳素钢 | Q275 | 未退火 | 400～500 | 550～620 | 280 | 15～19 |
| 碳素结构钢 | 08F | 已退火 | 220～310 | 280～390 | 180 | 32 |
| 碳素结构钢 | 08 | 已退火 | 260～360 | 330～450 | 200 | 32 |
| 碳素结构钢 | 10 | 已退火 | 260～340 | 300～440 | 210 | 29 |
| 碳素结构钢 | 20 | 已退火 | 280～400 | 360～510 | 250 | 25 |
| 碳素结构钢 | 45 | 已退火 | 440～560 | 550～700 | 360 | 16 |
| 优质碳素钢 | 65Mn | 已退火 | 600 | 750 | 400 | 12 |
| 碳素工具钢 | T7～T12 | 已退火 | 600 | 750 | — | 10 |
| 不锈钢 | 12Cr13 | 已退火 | 320～380 | 400～470 | — | 21 |
| 不锈钢 | 20Cr13 | 已退火 | 320～400 | 400～500 | — | 20 |
| 纯铝 | 1060，1050A，1200 | 已退火 | 80 | 75～110 | 50～80 | 25 |
| 纯铝 | 1060，1050A，1200 | 淬硬后冷作硬化 | 100 | 120～150 | — | 4 |
| 铝锰合金 | 3A21 | 已退火 | 70～100 | 110～145 | 50 | 19 |
| 硬铝合金 | 2A12 | 已退火 | 105～150 | 150～215 | — | 12 |
| 纯铜 | T1，T2，T3 | 软态 | 160 | 200 | 7 | 30 |
| 纯铜 | T1，T2，T3 | 硬态 | 240 | 300 | — | 3 |
| 黄铜 | H62 | 软态 | 260 | 300 | — | 35 |
| 黄铜 | H62 | 半硬态 | 300 | 380 | 200 | 20 |
| 黄铜 | H68 | 软态 | 240 | 300 | 100 | 40 |
| 黄铜 | H68 | 半硬态 | 280 | 350 | — | 25 |

表 1-4　部分常用非金属板料的抗剪强度

| 板料名称 | 抗剪强度 $\tau_b$/MPa | |
|---|---|---|
| | 用管状凸模冲裁 | 用普通凸模冲裁 |
| 布胶板 | 90~100 | 120~180 |
| 金属箔纸胶板 | 110~130 | 140~200 |
| 有机玻璃 | 70~80 | 90~100 |
| 聚氯乙烯 | 60~80 | 100~130 |
| 氯乙烯 | 30~40 | 50 |
| 赛璐珞 | 40~60 | 80~100 |
| 橡胶板 | 1~6 | 20~80 |
| 硬钢纸板 | 30~50 | 40~45 |
| 柔软皮革 | 6~8 | 30~50 |
| 绝缘纸板 | 40~70 | 60~100 |

## 1.4　冲压设备（Stamping Machine）

### 1.4.1　压力机分类（Press Classification）

冲压设备有很多，按用途分类，分为通用压力机和专用压力机。通用压力机主要适用于普通冲裁、弯曲和中小型简单拉深件的成形，适用于一般生产批量。生产批量较大时，应尽量选用适应冲压工艺特点的专用压力机，如曲柄压力机、液压压力机、摩擦压力机、双动压力机、三动压力机、多工位压力机、弯曲机、精冲压力机、高速压力机、数控冲床等。常用冷冲压设备的工作原理和特点见表 1-5。本节主要介绍曲柄压力机。

表 1-5　常用冷冲压设备的工作原理和特点

| 类　型 | 设备名称 | 工作原理 | 特　点 |
|---|---|---|---|
| 机械压力机 | 曲柄压力机 | 利用曲柄连杆机构进行工作，电动机通过皮带轮和齿轮带动曲轴转动，经连杆使滑块做直线往复运动。曲柄压力机分为偏心压力机和曲轴压力机，二者区别主要在主轴，前者主轴是偏心轴，后者主轴是曲轴。偏心压力机一般是开式压力机；曲轴压力机有开式和闭式之分 | 生产率高，适用于各类冲压加工 |

续表

| 类型 | 设备名称 | 工作原理 | 特点 |
|---|---|---|---|
| 机械压力机 | 摩擦压力机 | 利用摩擦盘与飞轮之间相互接触并传递动力,借助螺杆与螺母相对运动原理工作。其结构如图1.9(c)所示 | 结构简单,当超负荷时,只会引起飞轮与摩擦轮之间的滑动,而不致损坏机件,但飞轮轮缘磨损大,生产效率低。适用于中小型件的冲压加工,尤其适合校正、压印和成形等工序 |
| | 高速压力机(高速冲床) | 工作原理与曲柄压力机的相同,但其刚度、精度、行程次数(200~1100次/分)都比较高,一般装有自动送料装置、安全检测装置等辅助装置 | 生产效率很高,适用于大批量生产,模具一般采用多工位级进模 |
| | 数控压力机(数控冲床) | 数控冲床是数字控制冲床的简称,是一种装有程序控制系统的自动化机床。该控制系统能够逻辑地处理具有控制编码或其他符号指令规定的程序,并将其译码,从而使冲床动作并加工零件。加工零件改变时,一般只需更改数控程序,操作简单 | 精度高,刚性大,生产效率高,加工质量稳定。适用于各类金属薄板零件加工,可以一次性自动完成多种复杂孔型和浅拉深成型加工。适用于低成本和短周期加工小批量、多样化的产品,具有较大的加工范围与较强的加工能力 |
| 液压压力机 | 油压机水压机 | 利用帕斯卡原理,以水和油为工作介质,采用静压力传递进行工作,使滑块做上下往复运动 | 压力大,且为静压力。生产效率低,适用于拉深、挤压等成形工序 |

## 1.4.2 曲柄压力机(Crank Press)

**1. 曲柄压力机的结构及工作原理**

曲柄压力机是冲压生产中应用最广泛的一种机械压力机,习惯称之为冲床。图1.4所示为可倾式曲柄压力机。图1.5为曲柄压力机的工作原理,电动机1通过带轮2、3及齿轮4、5带动曲轴7旋转,曲轴7通过连杆9带动滑块10沿导轨做上下往复运动,从而带动模具实施冲压。模具安装在滑块10与工作台14之间。

曲柄压力机主要包括工作机构、传动系统、操作系统、支承部件等。

(1) 工作机构。工作机构主要由曲轴7、连杆9和滑块10组成。其作用是将电动主轴的旋转运动转换为滑块的往复直线运动。滑块底平面中心设有模具安装孔,大型压力机滑块底面还设有T形槽,用来安装和压紧模具,滑块中还设有退料装置(图1.4中的横梁),用于在滑块回程时从模具中退出工件或废料。

(2) 传动系统。传动系统由电动机1、小带轮2、大带轮3、小齿轮4、大齿轮5等组成。其作用是将电动机的运动和能量按照一定要求传给曲柄滑块机构。

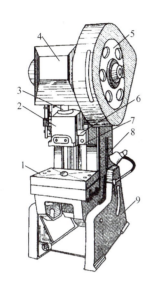

【曲柄压力机的
工作原理】

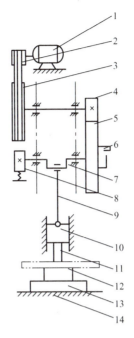

1—工作台；2—滑块；3—连杆；
4—传动箱；5—飞轮；6—横梁；
7—导轨；8—床身；9—底座

图 1.4 可倾式曲柄压力机

1—电动机；2—小带轮；3—大带轮；4—小齿轮；
5—大齿轮；6—离合器；7—曲轴；8—制动器；
9—连杆；10—滑块；11—上模；12—下模；
13—垫板；14—工作台

图 1.5 曲柄压力机的工作原理

（3）操作系统。操作系统包括空气分配系统、离合器、制动器、电气控制箱等。离合器是用来接通或断开大齿轮与曲轴间运动传递的机构，即控制滑块是否产生冲压动作，由操作者操纵。制动器可以确保离合器脱开时，滑块比较准确地停止在曲轴运动的上止点位置。

（4）支承部件。支承部件包括机身、工作台、拉紧螺栓等。

此外，曲柄压力机还具有气路和滑润等辅助系统，以及安全保护、气垫、顶料等附属装置。

2. 压力机的型号

压力机的型号用汉语拼音字母、英文字母和数字表示。例如 JA23－63B 型号的意义如下。

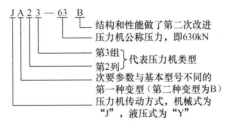

机械压力机列别、组别的划分如下。

1列：单柱偏心压力机。其中，1列1组为单柱固定台式压力机；1列2组为单柱活动台式压力机。

2列：开式双柱压力机。其中，2列3组为开式双柱可倾式压力机。

3列：闭式曲柄压力机。其中，3列1组为闭式单点压力机；3列6组为闭式双点压力机；3列9组为闭式四点压力机。

4列：拉深压力机。其中，4列3组为开式双动拉深压力机；4列4组为底传动双柱拉深压力机；4列5组为闭式上传动双动拉深压力机。

5列：摩擦压力机。其中，5列3组为双盘摩擦压力机。

【压力机】

**3. 曲柄压力机的基本技术参数**

曲柄压力机的基本技术参数表示压力机的工艺性能和应用范围，是选用压力机和设计模具的主要依据。压力机的基本技术参数如下。

（1）公称压力 $F_P$。压力机滑块的压力 $P$ 在全行程中不是一个常数，而是随着曲轴转角 $\alpha$ 的变化而变化的，如图1.6所示。**压力机的公称压力 $F_P$ 是指滑块离下止点前某个特定距离，或曲轴转角离下止点前某个角度时产生的最大压力（即 $F_P = P_{max}$），这个角度称为工作角（曲柄压力机的工作角一般为 25°～30°）。对应工作角滑块运动的距离称为公称压力行程。公称压力应与模具设计所需的总压力相适应。公称压力是选择压力机的主要依据。**

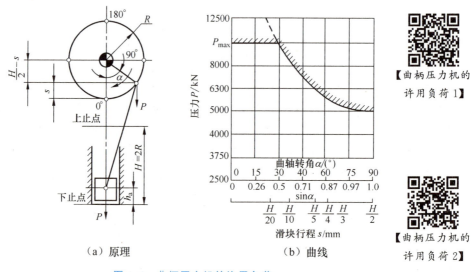

图1.6 曲柄压力机的许用负荷

（2）滑块行程 $s$。**滑块行程是指滑块上、下止点间的距离。**对于曲柄压力机，其值等于曲柄长度的2倍（即 $s=2R$），如图1.6所示。滑块行程 $s$ 与加工制件的最大高度有关，应能保证制件的放入与取出。对于拉深件，为方便安放毛坯和取出制件，滑块行程要大于制件高度 $h_0$ 的2倍以上，如图1.7所示，一般要求 $s \geq (2.3～2.5)h_0$。

冲压工艺基础(Basic of Stamping Process) 第1章

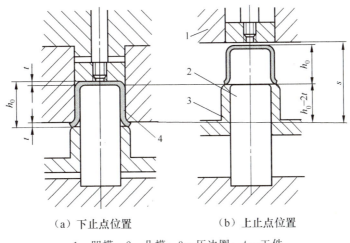

(a) 下止点位置　　　(b) 上止点位置

1—凹模；2—凸模；3—压边圈；4—工件

图1.7　拉深模的行程示意

（3）滑块行程次数。滑块行程次数是指滑块空载时，每分钟上下往复运动的次数。有负载时，实际滑块行程次数少于空载次数。对于自动送料曲柄压力机，滑块行程次数越多，生产效率越高。

（4）装模高度 $H$。装模高度是指压力机滑块处于下止点位置时，滑块下表面到工作台上表面的距离。当装模高度调节装置将滑块调整到最上位置时（即当连杆调至最短时），装模高度达到最大值，称为最大装模高度，用 $H_{max}$ 表示；反之，即最小装模高度，用 $H_{min}$ 表示。装模高度调节装置所能调节的距离，称为装模高度调节量。模具的闭合高度 $h$ 应在压力机的最小装模高度与最大装模高度之间，如图1.8所示。

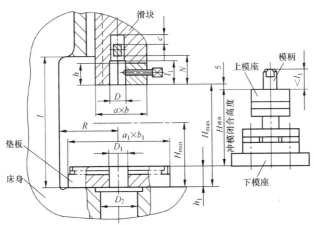

图1.8　冲模与压力机尺寸的关系

（5）工作台面尺寸和滑块底面尺寸。压力机工作台面尺寸应大于冲模的相应尺寸 $a_1 \times b_1$。一般情况下，工作台面尺寸应大于下模座尺寸 50~70mm，为固定下模留出足够的空间。上模座的平面尺寸一般不应该超过滑块底面尺寸 $a \times b$。

（6）模柄孔尺寸和漏料孔尺寸。如图1.8所示，模柄直径应略小于滑块内模柄安装孔的直径 $D$，模柄的长度应小于模柄孔的深度 $l_1$。在自然漏料的模具中，要考虑工作台面上的漏料孔直径 $D_1$ 尺寸能保证漏料。

**特别提示**

当模具的闭合高度 $h$ 小于压力机的最小装模高度 $H_{min}$ 时怎么办？此时可在压力机的工作台面上加装垫板，增大模具的装模高度，如图1.8所示。

表1-6为开式可倾式曲柄压力机的主要技术参数。

表1-6 开式可倾式曲柄压力机的主要技术参数

| 型号 | | J23-6.3 | J23-16 | J23-25 | J23-40 | J23-63 | J23-80 | J23-100 | J23-125 |
|---|---|---|---|---|---|---|---|---|---|
| 公称压力/kN | | 63 | 160 | 250 | 400 | 630 | 800 | 1000 | 1250 |
| 公称力行程/mm | | 3.5 | 5 | 6 | 7 | 8 | 9 | 10 | 11 |
| 滑块行程/mm | | 50 | 70 | 80 | 100 | 120 | 130 | 140 | 150 |
| 行程次数/（次/分） | | 160 | 115 | 100 | 80 | 70 | 60 | 60 | 50 |
| 最大装模高度（封闭高度）/mm | | 170 | 220 | 250 | 300 | 360 | 380 | 400 | 430 |
| 封闭高度调节量/mm | | 40 | 60 | 70 | 80 | 90 | 100 | 110 | 120 |
| 滑块中心到床身距离（喉口深度）/mm | | 110 | 160 | 190 | 220 | 260 | 290 | 320 | 350 |
| 滑块底面尺寸/mm | 左右 | 140 | 200 | 250 | 300 | 300 | 430 | 540 | 540 |
| | 前后 | 120 | 180 | 220 | 260 | 260 | 360 | 480 | 480 |
| 工作台面尺寸/mm | 左右 | 315 | 450 | 560 | 630 | 710 | 800 | 900 | 970 |
| | 前后 | 200 | 300 | 360 | 420 | 480 | 540 | 600 | 650 |
| 落料孔直径/mm | | 60 | 100 | 120 | 150 | 150 | 200 | 220 | 280 |
| 立柱间距离/mm | | 150 | 220 | 260 | 300 | 340 | 380 | 420 | 460 |
| 模柄孔尺寸（直径×深度）/（mm×mm） | | $\phi30\times50$ | $\phi50\times70$ | $\phi50\times70$ | $\phi50\times70$ | $\phi50\times70$ | $\phi60\times75$ | $\phi60\times75$ | $\phi70\times80$ |
| 工作台板厚度/mm | | 40 | 60 | 70 | 80 | 90 | 100 | 110 | 120 |
| 电动机功率/kW | | 0.75 | 1.5 | 2.2 | 5.5 | 5.5 | 7.5 | 11 | 11 |

## 1.4.3 压力机类型的选择（Selection of Press Type）

曲柄压力机适用于落料模、冲孔模、弯曲模和拉深模。C形床身的开式曲柄压力机具有操作方便、容易安装机构化附属设备等优点，适用于中小型冲模。闭式机身的曲柄压力机刚度较好、精度较高，适用于大中型或精度要求较高的冲模。

液压压力机适用于小批量生产大型厚板的弯曲模、拉深模、成形模和校平模。它不会因为板料厚度超差而过载，特别在行程较大的加工中具有明显的优点。

摩擦压力机适用于生产中小型件的校正模、压印模和成形模。其生产效率比曲柄压力机的低。

【液压压力机】【摩擦压力机】

双动压力机适用于大批量生产大型、较复杂的拉深件的拉深模。

多工位压力机适用于同时安装落料、冲孔、压花、弯曲、拉深、切边等多副模具，及不宜用连续模生产的大批量成形冲件；不适用于连续模。

弯曲机适用于生产小型复杂的弯曲件。弯曲机是一种自动化机床，具有自动送料装置及多个滑块，可对带料或丝料进行切边、冲截、弯曲等加工。其每个动作都是利用凸轮、连杆和滑块单独驱动，模具各部分（或零件）成为独立的单体模具，从而大大简化了模具结构。

精冲压力机适用于生产精冲模，可以冲截出具有光洁平直剪切面的精密冲裁件，也可以进行冲裁—弯曲、冲裁—成形等连续工序。

高速压力机适用于生产连续模。高速压力机是高效率、高精度的自动化设备，一般配有卷料架、校平装置和送料装置，以及废料切刀等附属设施。

数控冲床的步冲次数（数控冲床工作步距和频率的简称）高、冲压稳定，并配有高效自动编程软件，主要用于加工带多种尺寸规格孔型的板冲件，在大型电气控制柜加工行业有广泛的市场，也可用于加工其他大批量板冲件。

## 本章小结(Brief Summary of this Chapter)

本章对冲压工艺的基础知识做了较详细的阐述，包括模具的概念、冲压成形工艺的分类与特点、板料的冲压性能及冲压设备。

冲压成形的特点与分类介绍了冲压成形的概念及冲压工序的分类和特点。

板料的冲压性能介绍了金属材料的塑性、变形抗力及冷作硬化的概念及影响因素，并对其力学性能与成形性能之间的关系做了阐述。

冲压设备主要介绍了曲柄压力机的基本结构和主要技术参数，并对选用原则做了简要说明。

本章的教学目标是使学生掌握冲压工艺的基础知识。

## 习题(Exercises)

1. 简答题

（1）什么是冲压加工？冲压加工与其他加工方法相比有何特点？

（2）冲压工序分为哪两大类？从每个大类中各列举3个主要工序，并说明其变形特点和应用。

（3）冲压用板料的力学性能与成形性能之间有什么关系？

（4）曲柄压力机的主要技术参数有哪些？如何选择冲压设备？

（5）查阅资料，试述冲压模技术的现状和发展趋势。

2. 案例题

图1.9所示为3种压力机实物图，试查阅相关资料，确定这3种压力机的类型，简述其各有什么特点及一般用于哪些方面，并指出主要结构组成。

　　　　(a)　　　　　　　　　　　(b)　　　　　　　　　　　(c)

图 1.9　压力机实物图

【压力机实物图(a)】　　　【压力机实物图(b)】　　　【压力机实物图(c)】

## 综合实训（Comprehensive Practical Training）

1. 实训目标：提高学生对压力机和模具的感性认识，帮助学生认识模具在压力机上安装的过程，提高学生的动手能力。

2. 实训内容：指导学生掌握压力机的基本结构和基本操作，使学生掌握冲压模在压力机的安装过程与拆卸过程，有条件的可以使用板料进行冲压演示，增强学生对冲压加工的感性认识。

3. 实训要求：模具在压力机的安装与拆卸要严格按照以下要求进行。

(1) 冲压模安装过程。

① 装模前要了解所用冲压模的结构特点及使用条件，如冲压模的闭合高度、出件方式等。然后检查压力机的运转是否正常，确认压力机工作状态良好后，安装模具，安装时必须将压力机行程开关转换到"手动"上，严禁用脚踏开关安装模具。

② 准备好安装冲压模所需的紧固螺栓、螺母、压板、垫块、垫板及冲压模上的附件（如打料杆、顶杆等）。

③ 将压力机的打料螺栓调整到最上位置。

④ 测量冲压模的闭合高度，并根据测量的尺寸调整压力机滑块的高度，使滑块在下止点位置时，滑块底面与压力机工作台面的距离略大于模具的闭合高度（若有垫板，应为模具闭合高度与垫板之和）。

⑤ 将模具与压力机的接触面擦拭干净，松开滑块上夹持块的紧固螺栓，卸下夹持块，将处于闭合状态的模具沿槽推入滑块的模柄孔内。

⑥ 将压力机滑块停在下止点位置，仔细调整压力机滑块高度，使滑块与上模面接触，再安装夹持块。

⑦ 调整好模具的送料方向，紧固模具夹持块，安装下模压板，但不要将螺栓拧得太

紧。如模具有弹顶器，则应先安装弹顶器。

⑧ 调整压力机上的连杆，使滑块向上调 3～5mm，开动压力机，使滑块停在上止点位置。擦净导柱导套部位并加润滑油后，再点动压力机，使滑块上下运动 1～2 次后停在下止点位置。通过导柱导套将上下模具的位置导正后，拧紧压板螺栓。

⑨ 空冲试机几次后，逐步调整压力机滑块高度，先用与条料等宽的硬纸条料进行试冲，刚好冲下零件后，锁紧可调连杆螺钉。

⑩ 观察试件周边的断面状况，可以判断模具间隙的分布情况。如发现模具间隙分布不均匀，则可以在模具闭合状态下松开下模的压板螺钉，用手锤对模具间隙做微小调整。

⑪ 若模具需要打料，则调整打料装置。打料装置的螺栓不必调得过低，只需将模具中的工件或废料刚好打出即可。打料装置的螺栓调得过低，滑块上升时，会使打料横梁撞击螺栓而产生故障。

（2）冲压模卸模步骤。

① 用手动或点动使压力机的滑块下降，使模具处于完全闭合状态。

② 待压力机停稳后，松开模具夹持块上的紧固螺栓及紧定螺钉，使模柄或上模座与滑块松开。

③ 使滑块上升到上止点位置并离开模具的上模部分，切断压力机的电源。在滑块上升前应用手锤敲打一下上模座，以避免上模座随滑块上升后又重新落下，损坏冲压模刃口。

④ 松开下模压板螺钉，将冲压模从压力机垫板台面上移出，完成卸模的全部工作。

# 第 2 章

# 冲裁工艺与冲裁模
# （Blanking Process and Blanking Die）

本章学习目标

熟悉冲裁变形过程分析，掌握冲裁模的结构组成、典型结构、工作过程分析，掌握冲裁件的排样与搭边、冲裁间隙、凸凹模刃口尺寸计算原则和方法、冲裁工序力及压力中心的确定方法，掌握冲裁模零部件的结构设计。

应该具备的能力：中等复杂程度冲裁件的工艺分析、工艺计算，模具典型结构选择及零部件结构设计的能力。

本章教学要求

| 能力目标 | 知识要点 | 权 重 | 自测分数 |
| --- | --- | --- | --- |
| 熟悉冲裁变形过程分析 | 冲裁工艺的概念、冲裁变形过程及断面特征 | 10% | |
| 掌握冲裁模的结构 | 冲裁模的结构组成、典型结构、工作过程分析 | 20% | |
| 掌握冲裁工艺设计方法 | 冲裁件的排样与搭边、冲裁间隙、凸凹模刃口尺寸计算原则和方法、冲裁工序力及压力中心的确定方法 | 35% | |
| 掌握冲裁模零部件的结构设计 | 工作零件、定位装置、卸料装置、推件装置、顶件装置、固定零件等的设计 | 35% | |

# 冲裁工艺与冲裁模(Blanking Process and Blanking Die) 第2章

## 导入案例

冲裁加工是冲压加工中的基本工序。图2.0所示的五金件和电机硅钢片的内外形状主要是通过冲裁加工而成的。这些零件的共同特点是都是平板类零件，形状比较简单，使用量大，生产批量大。

（a）五金件

（b）电机硅钢片

图 2.0 冲裁加工制品

思考这些工具的加工方法有哪些。如果采用模具生产，如何完成模具设计？

## 2.1 冲裁工艺设计基础（Basic of Blanking Process Design）

### 2.1.1 冲裁工艺（Blanking Process）

1. 概念

冲裁是利用装在压力机上的模具使板料沿着一定的轮廓形状产生分离的一种冲压工艺。它可以直接冲出所需形状的零件，也可以为其他工序（如弯曲、拉深等）制备毛坯。冲裁主要有冲孔、落料、切边、切口等工序。冲裁工艺分为普通冲裁和精密冲裁两大类。本书只介绍普通冲裁。

2. 分类

冲裁工序的种类很多，最常用的是冲孔和落料。

板料经过冲裁以后，分为冲落部分和带孔部分。冲裁件如图 2.1 所示，从板料上冲下所需形状的零件（毛坯）称为落料；在工件上冲出所需形状的孔称为冲孔（冲去部分为废料）。图 2.2 所示为垫片冲裁件，冲制外形属于落料，冲制内形属于冲孔。

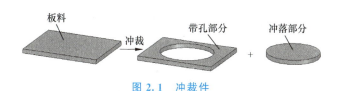

图 2.1 冲裁件　　　　　　　　图 2.2 垫片冲裁件

### 2.1.2 冲裁变形过程（Deformation Process in Blanking）

冲裁变形过程如图2.3所示。当冲裁间隙正常时，板料的冲裁变形过程可以分为3个阶段，即弹性变形阶段、塑性变形阶段、断裂阶段。

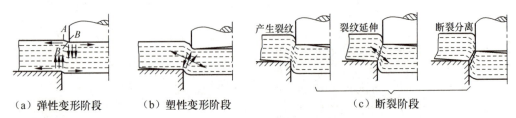

（a）弹性变形阶段　　（b）塑性变形阶段　　　　（c）断裂阶段

图2.3 冲裁变形过程

【冲裁变形过程】

#### 1. 弹性变形阶段

如图2.3（a）所示，当凸模开始接触板料并下压时，变形区内产生弹性压缩、拉伸、弯曲等变形，此时凸模刃口和凹模刃口分别略微挤入板料中。当凸模切入深度达到一定程度时，板料的内应力达到弹性极限（$P<R_{eL}$）。

现象：凸模下面的板料略有弯曲，凹模上面的板料开始上翘，卸去凸模压力时，板料能够恢复原状，不产生永久变形（只到弹性变形的极限，无塑性变形）。

#### 2. 塑性变形阶段

如图2.3（b）所示，凸模继续下压，板料的内应力达到屈服极限，板料在与凸、凹模刃口接触处产生塑性变形，此时凸模切入板料，板料挤入凹模，产生塑性剪切变形，形成光亮的剪切断面。随着塑性变形增大，变形区的材料硬化加剧，冲裁变形力不断增大。当刃口附近的材料由于拉应力的作用出现微裂纹时，塑性变形阶段结束，此时$R_{eL} \leqslant P<\tau_b$。

现象：凸模和凹模都切入板料，形成光亮的剪切断面（发生塑性剪切变形，形成光亮带，但没有产生分离，没有裂纹，板料还是一个整体）。

#### 3. 断裂阶段

如图2.3（c）所示，凸模继续下压，当板料的内应力达到强度极限（$P \geqslant \tau_b$）时，在凸、凹模的刃口接触处，板料产生微小裂纹。

现象：应力作用下，裂纹不断扩展，当上、下裂纹汇合时，板料发生分离；凸模继续下压，将已分离的部分从板料中推出，完成冲裁过程。

### 2.1.3 冲裁件的断面特征（Fracture Surface Characteristic of Blanking Part）

冲裁件的断面具有明显的区域性特征，在断面上明显地分为圆角带（塌角区）、光亮带、断裂带和毛刺4部分。图2.4所示为冲孔件和落料件断面的4个区域。

#### 1. 圆角带

圆角带是板料在弹性变形时，刃口附近的板料被牵连，产生弯曲和拉深变形而形成的圆弧面。圆角带在弹性变形时产生，塑性变形时定形。软材料比硬材料的圆角带大。

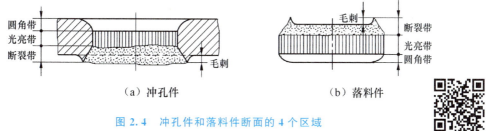

图 2.4 冲孔件和落料件断面的 4 个区域

【冲孔件和落料件的 4 个区域】

2. 光亮带

光亮带是板料在塑性剪切变形时，凸、凹模刃口侧压力将毛料压平而形成的光亮垂直的断面。通常光亮带在整个断面上所占的比例小于 1/3，是断面质量最好的区域。板料的塑性越好，冲裁间隙越大，冲裁时形成的光亮带越宽。

3. 断裂带

断裂带是由刃口处的微裂纹在拉应力作用下不断扩展而形成的撕裂面，是在断裂阶段产生的。断裂带是断面质量较差的区域，表面粗糙且有斜度。板料的塑性越差，冲裁间隙越大，冲裁时形成的断裂带越宽且斜度越大。

4. 毛刺

因为微裂纹产生的位置不是正对刃口，而是在刃口附近的侧面上，加之凸、凹模之间的间隙及刃口不锋利等，所以金属拉断成毛刺而残留在冲裁件上。普通冲裁件的断面毛刺难以避免。凸模刃口磨钝后，在落料件边缘会产生较大毛刺；凹模刃口磨钝后，在冲孔件边缘会产生较大毛刺；间隙不均匀，会使冲裁件产生局部毛刺。

圆角带、光亮带、断裂带、毛刺 4 部分在整个断面上所占的比例不是固定的，随着材料的机械性能、凸模与凹模之间的间隙、模具结构等的变化而变化。

## 2.1.4 冲裁件的工艺性（Processability of Blanking Part）

1. 冲裁件的结构工艺性

（1）形状设计应力求简单、对称，同时应减少排样废料。图 2.5（a）所示零件的外形要求不高，只有 3 个孔位要求较高，可改为图 2.5（b）所示形状，仍能保证 3 个孔的位置精度，而且冲裁时可以节省材料。

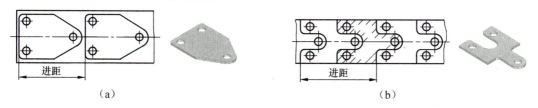

图 2.5 冲裁件形状对结构工艺性的影响

（2）外形和内孔应避免尖角，用圆弧过渡，便于模具加工，减少热处理变形或冲压时模具工作零件的开裂，减少冲裁时尖角处的崩刃和过快磨损。过渡圆弧的最小圆角半径 $r_{min}$ 见表 2-1。

表 2-1　过渡圆弧的最小圆角半径 $r_{min}$

| 零件种类 | 交角/(°) | 材料 | | | $r_{min}$/mm |
| --- | --- | --- | --- | --- | --- |
| | | 黄铜、纯铜、铝 | 合金钢 | 软钢 | |
| 落料 | ≥90 | $0.18t$ | $0.35t$ | $0.25t$ | ≥0.25 |
| | <90 | $0.35t$ | $0.70t$ | $0.50t$ | ≤0.50 |
| 冲孔 | ≥90 | $0.20t$ | $0.45t$ | $0.30t$ | ≥0.30 |
| | <90 | $0.40t$ | $0.90t$ | $0.60t$ | ≤6 |

注：$t$ 为材料厚度，当 $t<1mm$ 时，均以 $t=1mm$ 计。

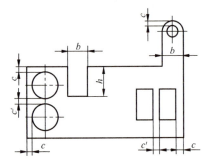

图 2.6　冲裁件的结构工艺性

(3) 要保证冲裁件的强度及凸、凹模的强度。尽量避免冲裁件的槽狭长、悬壁过长。图 2.6 所示的凸起和凹槽的宽度应保证 $b>2t$。若 $b$ 太小，则凸模很薄，强度不足，甚至无法生产。应保证孔与孔之间的距离 $c'≥1.5t$，孔与边缘之间的距离 $c≥t$，否则会严重降低凸、凹模的强度。

(4) 冲孔时，孔径不能太小，以防止凸模折断或弯曲。可冲压的最小的孔径有两种情况：表 2-2 所示为无导向凸模可冲孔的最小孔径；表 2-3 所示为带保护套凸模可冲孔的最小孔径。

表 2-2　无导向凸模可冲孔的最小孔径

| 材料 | | 圆形孔（直径 $d$） | 方形孔（孔宽 $b$） | 长圆形孔（直径 $d$） | 矩形孔（孔宽 $b$） |
| --- | --- | --- | --- | --- | --- |
| 钢 | $\tau_b>700MPa$ | $d≥1.5t$ | $b≥1.35t$ | $d≥1.1t$ | $b≥1.2t$ |
| | $\tau_b=400\sim700$ MPa | $d≥1.3t$ | $b≥1.2t$ | $d≥0.9t$ | $b≥1.0t$ |
| | $\tau_b<400MPa$ | $d≥1.0t$ | $b≥0.9t$ | $d≥0.7t$ | $b≥0.8t$ |
| 黄铜、铜 | | $d≥0.9t$ | $b≥0.8t$ | $d≥0.6t$ | $b≥0.7t$ |
| 铝、锌 | | $d≥0.8t$ | $b≥0.7t$ | $d≥0.5t$ | $b≥0.6t$ |
| 纸胶板、布胶板 | | $d≥0.7t$ | $b≥0.7t$ | $d≥0.4t$ | $b≥0.5t$ |
| 纸 | | $d≥0.6t$ | $b≥0.5t$ | $d≥0.3t$ | $b≥0.4t$ |

注：$\tau_b$ 为材料抗剪强度。

表 2-3　带保护套凸模可冲孔的最小孔径

| 材料 | 圆形孔（直径 $d$） | 矩形孔（孔宽 $b$） |
| --- | --- | --- |
| 硬钢 | $d≥0.5t$ | $b≥0.4t$ |
| 软钢及黄铜 | $d≥0.35t$ | $b≥0.3t$ |
| 铝、锌 | $d≥0.3t$ | $b≥0.28t$ |

## 2. 冲裁件的尺寸精度和断面表面粗糙度

（1）尺寸精度。金属冲裁件的经济精度不高于 IT11 级。经济精度要求高的制件，外形尺寸精度应低于 IT10 级，内形尺寸精度应低于 IT9 级。内形尺寸精度取决于凸模刃口尺寸，制造容易一些，可比外形尺寸精度高一级。冲裁件内外形所能达到的经济精度、孔中心距的公差及孔中心与边缘距离的尺寸公差分别见表 2-4～表 2-6。

表 2-4 冲裁件内外形所能达到的经济精度

| 材料厚度 $t$/mm | 基本尺寸/mm | | | | |
|---|---|---|---|---|---|
| | ≤3 | 3～6 | 6～10 | 10～18 | 18～500 |
| ≤1 | | IT11～IT13 | | | IT11 |
| >1～2 | IT14 | IT12～IT13 | | | IT11 |
| >2～3 | IT14 | | | IT12～IT13 | |
| >3～5 | — | IT14 | | | IT12～IT13 |

表 2-5 孔中心距的公差 （单位：mm）

| 材料厚度 $t$ | 孔中心距基本尺寸 | | | | | |
|---|---|---|---|---|---|---|
| | 一 般 精 度 | | | 较 高 精 度 | | |
| | ≤50 | 50～150 | 150～300 | ≤50 | 50～150 | 150～300 |
| ≤1 | ±0.10 | ±0.15 | ±0.20 | ±0.03 | ±0.05 | ±0.08 |
| >1～2 | ±0.12 | ±0.30 | ±0.30 | ±0.04 | ±0.06 | ±0.10 |
| >2～4 | ±0.15 | ±0.25 | ±0.35 | ±0.06 | ±0.08 | ±0.12 |
| >4～6 | ±0.20 | ±0.30 | ±0.40 | ±0.08 | ±0.10 | ±0.15 |

表 2-6 孔中心与边缘距离的尺寸公差 （单位：mm）

| 材料厚度 $t$ | 孔距基本尺寸（孔中心与边缘距离） | | | |
|---|---|---|---|---|
| | ≤50 | 50～120 | 120～220 | 220～360 |
| ≤1 | ±0.05 | ±0.05 | ±0.05 | ±0.08 |
| >1～2 | ±0.06 | ±0.06 | ±0.06 | ±0.10 |
| >2～4 | ±0.08 | ±0.08 | ±0.08 | ±0.12 |

非金属冲裁件内、外形的经济精度分别为 IT14 级、IT15 级。

（2）断面表面粗糙度。一般冲裁件的断面表面粗糙度 $Ra=12.5\sim50\mu m$，见表 2-7。

表 2-7 冲裁件的断面表面粗糙度

| 材料厚度 $t$/mm | ≤1 | 1～2 | 2～3 | 3～4 | 4～5 |
|---|---|---|---|---|---|
| 断面表面粗糙度 $Ra$/μm | 3.2 | 6.3 | 12.5 | 25 | 50 |

### 3. 尺寸标注

尺寸标注应符合冲压工艺的要求。图 2.7（a）所示的标注不合理，尺寸 $S_1$、$S_2$ 必须考虑模具的磨损而有较宽的公差，结果造成孔中心距的不稳定；图 2.7（b）所示的标注比较合理，孔中心距不受模具磨损的影响。因此孔位置尺寸基准应尽量选择在冲裁过程中始终不参加变形的面或线上，并且不应与参加变形的部分联系起来。

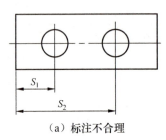
（a）标注不合理

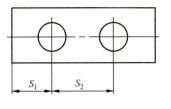
（b）标注合理

图 2.7　尺寸标注

## 2.2　冲裁模结构（Structure of Blanking Die）

### 2.2.1　冲裁模的结构组成（Structure Composition of Blanking Die）

根据零部件在模具中的作用，冲裁模一般由以下 5 部分组成。

#### 1. 工作零件

工作零件是指实现冲裁变形，使板料分离，保证冲裁件形状的零件，包括凸模、凹模、凸凹模。工作零件直接影响冲裁件的质量，并且影响模具的使用寿命、冲裁力、卸料力等。

#### 2. 定位装置

定位装置是指保证条料或毛坯在模具中位置正确的装置，包括导料板、挡料销、导正销、侧刃、固定板（半成品的定位）等。

#### 3. 卸料及推件装置

卸料及推件装置是指将冲裁后因弹性回复而卡在凹模孔口内或紧箍在凸模上的工件或废料脱卸下来的装置。

（1）卡在凹模孔口内的工件或废料用推件装置或顶件装置脱卸。

（2）紧箍在凸模上的工件或废料用卸料板脱卸（刚性卸料或弹性卸料）。

#### 4. 导向装置

导向装置是指保证上模和下模正确位置及运动导向的装置，一般由导柱和导套组成。采用导向装置可保证冲裁时凸、凹模之间的间隙均匀，有利于提高冲裁件质量、延长模具使用寿命。

#### 5. 连接固定类零件

连接固定类零件是指将凸、凹模固定于上、下模座及将上、下模座固定在压力机上的零件，如固定板（凸、凹模），上、下模座，模柄，推板，紧固件等。

典型冲裁模一般由上述5部分组成，但不是所有的冲裁模都包含这5部分。由于冲模的结构取决于工件的要求、生产批量、生产条件、模具制造技术水平等因素，因此模具结构多种多样，作用相同的零件，其形状也不尽相同。

## 2.2.2 冲裁模的典型结构（Typical Structure of Blanking Die）

冲裁是冲压最基本、最常用的工艺方法之一，其模具的分类方法很多。按照不同的工序组合方式，冲裁模可分为单工序冲裁模、连续冲裁模和复合冲裁模，见表2-8。

表2-8 冲裁模分类

| 比 较 项 目 | 单工序冲裁模 | 连续冲裁模 | 复合冲裁模 |
| --- | --- | --- | --- |
| 冲裁模的工位数 | 1 | ≥2 | 1 |
| 一个行程完成的工序数 | 1 | ≥2 | ≥2 |

### 1. 单工序冲裁模

单工序冲裁模是指在压力机的一个行程中，只完成一道工序的冲裁模。根据模具导向装置的不同，单工序冲裁模可分为3类：无导向单工序冲裁模、导板式单工序冲裁模、导柱式单工序冲裁模。

（1）无导向单工序冲裁模。无导向单工序冲裁模的上、下模之间没有导向装置，完全依靠压力机的滑块和导轨导向来保证冲裁间隙的均匀性。其优点是模具结构简单，制造容易；缺点是安装、调试麻烦，制件的精度差，操作不安全。此类模具适用于精度低、形状简单、生产批量小的冲裁件或试制用模具。

（2）导板式单工序冲裁模。如图2.8所示，在导板式单工序冲裁模的上、下模之间，凸模和导板起导向作用。其特点如下：导板兼具卸料作用，省去卸料装置；导板与凸模之间的配合间隙必须小于凸、凹模冲裁间隙；在冲裁过程中，要求凸模与导板不能脱开；模具结构简单，但导板与凸模的配合精度要求高，特别是当冲裁间隙小时，导板与凸模的配合间隙更小，加工导板非常困难。此类模具主要适用于材料较厚、工件精度要求不太高的场合。

（3）导柱式单工序冲裁模。如图2.9所示，导柱式单工序冲裁模的上、下模之间靠导柱、导套起导向作用。其结构特点如下：导向精度高，凸、凹模冲裁间隙容易保证，从而能保证制件的精度，而且安装方便，运行可靠，但结构较复杂。此类模具主要适用于制件精度高、模具使用寿命长的场合，适合大批量生产。

### 2. 连续冲裁模

连续冲裁模又称级进模、跳步模等，可按一定的程序（排样设计时规定好），在压力机的一个行程中，在两个或两个以上的工位上完成两道或两道以上的冲裁工序。如图2.10所示的工件，若用单工序冲裁模冲裁，需冲孔和落料两套模具才能完成，此时可采用连续冲裁模。

在连续冲裁模中共有两个工位，在压力机的一个行程中完成两道工序——冲孔和落料。条料从右向左送进，在第一个工位完成两个小孔的冲裁；然后继续送进，在第二个工位完成整个制件的冲裁工作，同时在第一个工位完成了两个小孔的冲裁，依此连续冲裁。

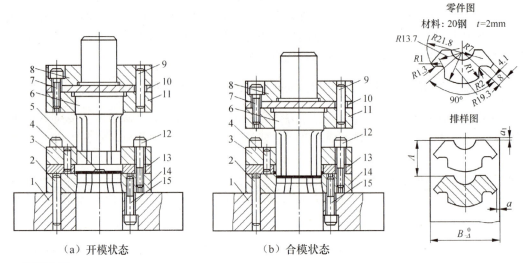

(a) 开模状态　　　　　(b) 合模状态

1—下模座；2,4,9—销；3—导板；5—挡料销；6—凸模；7,12,15—螺钉；
8—上模座；10—垫板；11—凸模固定板；13—导料板；14—凹模

图 2.8　导板式单工序冲裁模

【导柱式单工序冲裁模】

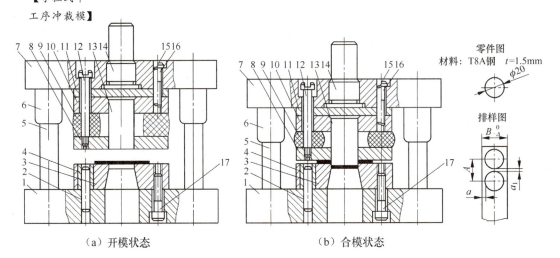

(a) 开模状态　　　　　(b) 合模状态

1—下模座；2,15—销；3—凹模；4—销套；5—导柱；6—导套；7—上模座；8—卸料板；9—橡胶；
10—凸模固定板；11—垫板；12—卸料螺钉；13—凸模；14—模柄；16,17—螺钉

图 2.9　导柱式单工序冲裁模

连续冲裁模的主要特点如下：工序分散，不存在最小壁厚问题（与复合冲裁模相比），模具强度高；凸模全部安装在上模，制件和废料（结构废料）均可实现向下的自然落料，易实现自动化；结构复杂，制造较困难，模具成本较高，但生产效率高；定位多，因此制件的精度不太高。此类模具主要适用于生产批量大、精度要求不太高的场合。

**3. 复合冲裁模**

复合冲裁模是指在压力机的一个行程中，板料同时完成冲孔、落料等多个工序的冲裁模。此类模具结构中有一个既为落料凸模又为冲孔凹模的凸凹模，按照凸凹模位置的不

# 冲裁工艺与冲裁模(Blanking Process and Blanking Die) 第2章

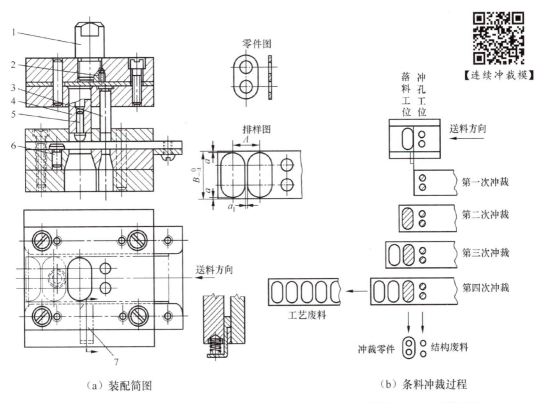

(a) 装配简图　　　　　　　　　　(b) 条料冲裁过程

1—模柄；2—止转销；3—小凸模；4—大凸模；5—导正销；6—挡料销；7—始用挡料销

图 2.10　连续冲裁模

同，复合冲裁模分为正装式复合冲裁模和倒装式复合冲裁模两种。

（1）正装式复合冲裁模。凸凹模安装在上模部分时，称为正装式复合冲裁模，如图 2.11

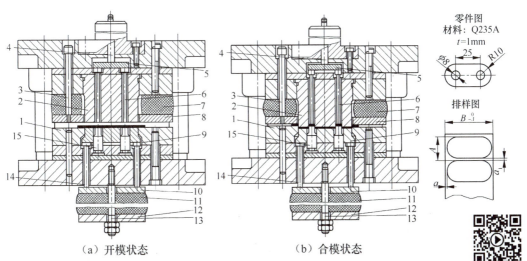

(a) 开模状态　　　　　　　　(b) 合模状态

1—落料凹模；2—凸凹模；3—卸料螺钉；4—打料杆；5—推板；6—推杆；7—弹性橡胶；
8—弹性卸料板；9，10，11，12，13，14—弹顶装置；15—冲孔凸模

图 2.11　正装式复合冲裁模

所示。冲裁时，冲孔凸模 15 和凸凹模 2（作冲孔凹模用）完成冲孔工序；落料凹模 1 和凸凹模 2（作落料凸模用）完成落料工序。制件和冲孔废料落在下模或条料上，需人工清除，操作不安全，很少采用。

**(2) 倒装式复合冲裁模。** 凸凹模安装在下模部分时，称为倒装式复合冲裁模，如图 2.12 所示。冲裁时，凸模 4 和凸凹模 2（作冲孔凹模用）完成冲孔工序；凹模 3 和凸凹模 2（作落料凹模用）完成落料工序。冲孔废料由凸凹模孔直接漏下，制件被凸凹模顶入落料凹模内，再由推件块 12 推出。

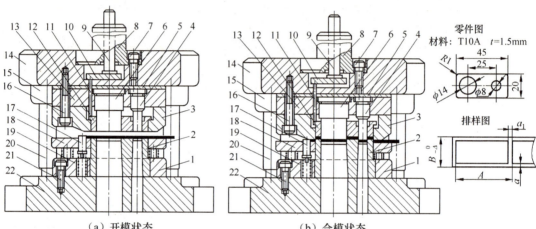

（a）开模状态　　　　　　　（b）合模状态

【倒装式复合冲裁模】

1—凸凹模固定板；2—凸凹模；3—凹模；4，6—凸模；5—垫板；7，16，21—螺钉；8—模柄；9—打料杆；10—推板；11—连接推杆；12—推件块；13—凸模固定板；14—上模座；15—导套；17—活动挡料销；18—卸料板；19—弹簧；20—导柱；22—下模座

图 2.12　倒装式复合冲裁模

复合冲裁模的主要特点如下：由于工序是在一个工位上完成的，而且板料和制件都在压紧状态下完成冲裁，因此冲裁的制件平直，精度高达 IT10～IT11 级，形位误差小；该类模具结构紧凑，体积较小，生产效率高，但结构复杂，模具零件的精度要求高，成本高，制造周期长。凸凹模的内、外形之间的壁厚不能太薄（最小壁厚的数值参见 2.6.1 节），否则其强度不够会造成胀裂而损坏。一般情况下，以板料厚度不大于 3mm 为宜，主要为保护凸凹模的强度。复合冲裁模适用于生产批量大、精度要求高的场合。

## 2.3　排样设计（Black Layout Design）

排样设计是指冲裁件在条料、带料或板料上的布置方式。合理的排样设计是提高材料利用率、降低生产成本、保证工件质量及延长模具使用寿命的有效措施。

### 2.3.1　排样设计的原则及分类（Principle and Classification in Black Layout Design）

**1. 排样设计的原则**

（1）提高材料的利用率。在不影响零件性能的前提下，尽可能提高材料利用率。

(2) 改善操作性能。要考虑工人操作方便、安全，降低劳动强度，如减少条料的翻动次数。

(3) 使模具结构简单、合理，使用寿命长。

(4) 保证冲裁件的质量。例如，采用合理的搭边值，一般沿封闭轮廓冲裁而不沿开放式轮廓冲裁等。

2. 分类

(1) 冲裁废料。

冲裁废料＝板料－制件

冲裁废料可分为结构废料和工艺废料两种。图 2.13 所示为冲裁垫片时产生的废料。结构废料由制件本身的形状决定，一般是固定不变的；工艺废料取决于搭边值、排样形式和冲压方法等。

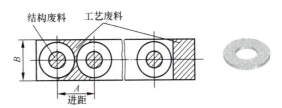

图 2.13 冲裁垫片时产生的废料

(2) 排样。

按照材料的利用程度，排样可分为以下 3 类。

① 有废料排样：在冲裁件与冲裁件之间，冲裁件与板料侧边之间均有工艺废料，冲裁是沿冲裁件的封闭轮廓进行的，如图 2.14（a）所示。

② 少废料排样：只在冲裁件之间或只在冲裁件与板料侧边之间留有搭边值，冲裁只沿冲裁件的部分轮廓进行，如图 2.14（b）所示。

③ 无废料排样：在冲裁件之间、冲裁件与板料侧边之间都无搭边，冲裁件实际上是由切断板料获得的，如图 2.14（c）所示。

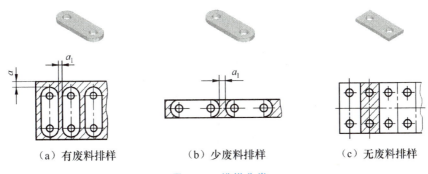

（a）有废料排样　　　（b）少废料排样　　　（c）无废料排样

图 2.14 排样分类

有废料排样时，冲裁件的质量较高，模具使用寿命较长，但板料的利用率低；少废料排样和无废料排样时，板料的利用率高，而且可以简化模具结构，但冲裁件的尺寸精度不易保证，并且冲裁件必须具备特定的形状。在实际生产中，有废料排样使用较多。

3. 材料利用率

冲压零件的成本中，材料费用占 60% 以上，因此材料的经济利用具有非常重要的意义。衡量排样经济性的指标是材料的利用率，可用式（2-1）计算。

$$\eta = \frac{F}{F_0} \times 100\% = \frac{F}{AB} \times 100\% \qquad (2-1)$$

式中，$\eta$——材料利用率（%）；
$F$——工件的实际面积（$mm^2$）；
$F_0$——所用材料面积，包括工件面积与废料面积（$mm^2$）；
$A$——送料步距，即相邻两个冲压件对应点之间的距离（mm）；
$B$——材料宽度（mm）。

从式（2-1）可以看出，由于结构废料由工件的形状决定，一般不能改变，因此只有制定合理的排样方案、减少工艺废料，才能有效提高材料的利用率。

【排样的形式】

4. 排样的形式

排样有直排、斜排、直对排、斜对排、混合排、多行排、裁搭边等形式，见表 2-9。

表 2-9 排样的形式

| 排样形式 | 有废料排样 | | 少废料排样或无废料排样 | |
|---|---|---|---|---|
| | 制件图 | 排样图 | 制件图 | 排样图 |
| 直排 |  | 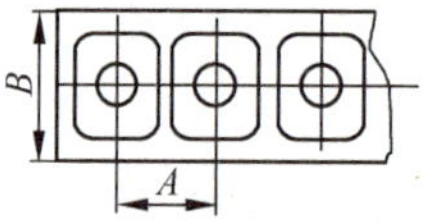 |  | 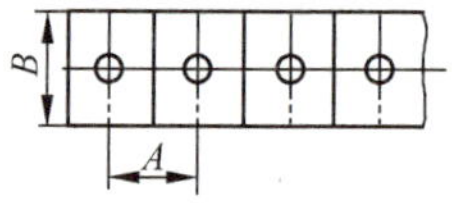 |
| 斜排 |  | 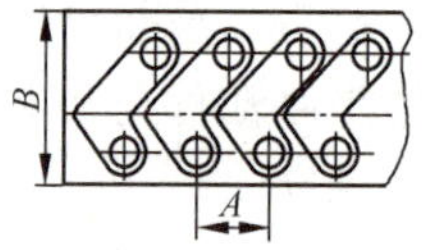 | 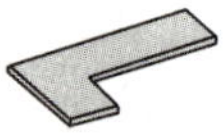 | 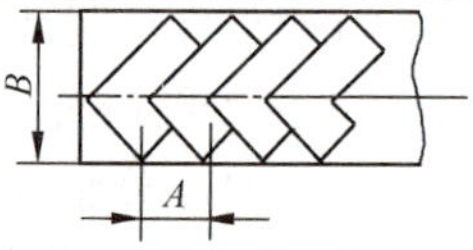 |
| 直对排 | 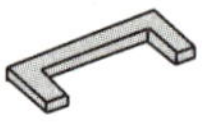 | 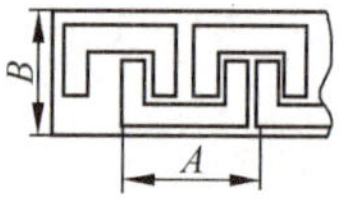 | 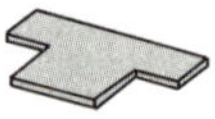 | 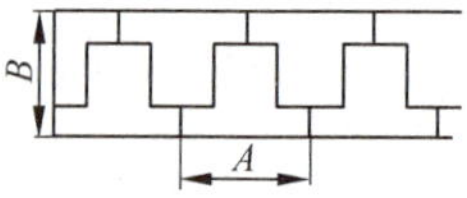 |
| 斜对排 |  | 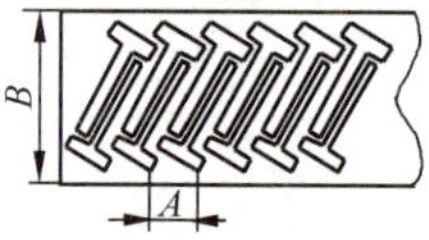 |  | 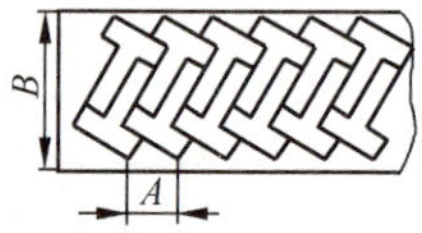 |
| 混合排 |  | 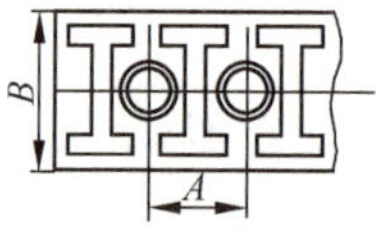 | 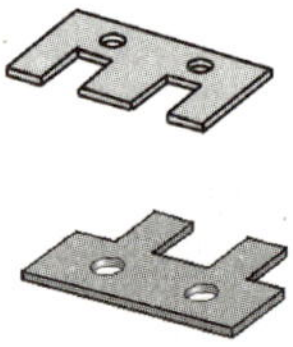 | 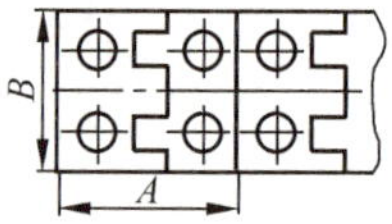 |
| 多行排 |  | 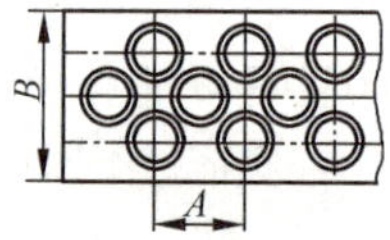 |  | 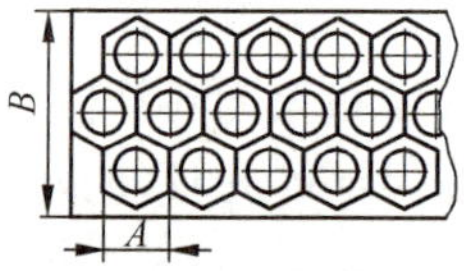 |
| 裁搭边 |  | 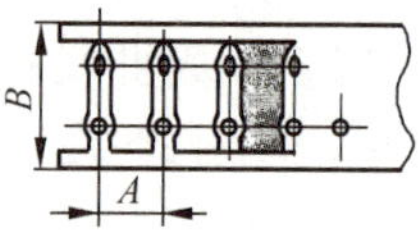 |  | 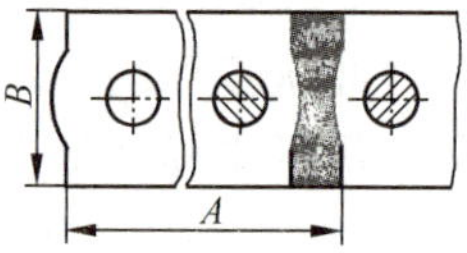 |

## 2.3.2 排样设计参数的选用与计算（Parameters Selection and Calculation of Black Layout Design）

下面介绍搭边、送料进距、条料的宽度、排样图等。

**1. 搭边**

冲裁件之间、冲裁件与条料侧边之间的工艺废料称为搭边。图 2.14 所示的 $a$ 和 $a_1$ 就是搭边值。搭边值过大，浪费材料，材料利用率低；搭边值过小，起不到搭边应有的作用，条料易被拉断，缩短模具使用寿命。搭边值通常由经验确定。最小搭边值（低碳钢）见表 2-10。

表 2-10 最小搭边值（低碳钢） （单位：mm）

| 材料厚度 $t$ | 圆形工件及 $r>2t$ 的工件 | | 矩形工件边长 $L<50$mm | | 矩形工件边长 $L>50$mm 或 $r<2t$ 的工件 | |
|---|---|---|---|---|---|---|
| | 工件间 $a_1$ | 侧边 $a$ | 工件间 $a_1$ | 侧边 $a$ | 工件间 $a_1$ | 侧边 $a$ |
| ≤0.25 | 1.8 | 2.0 | 2.2 | 2.5 | 2.8 | 3.0 |
| 0.25~0.5 | 1.2 | 1.5 | 1.8 | 2.0 | 2.2 | 2.5 |
| 0.5~0.8 | 1.0 | 1.2 | 1.5 | 1.8 | 1.8 | 2.0 |
| 0.8~1.2 | 0.8 | 1.0 | 1.2 | 1.5 | 1.5 | 1.8 |
| 1.2~1.6 | 1.0 | 1.2 | 1.5 | 1.8 | 1.8 | 2.0 |
| 1.6~2.0 | 1.2 | 1.5 | 1.8 | 2.0 | 2.0 | 2.2 |
| 2.0~2.5 | 1.5 | 1.8 | 2.0 | 2.2 | 2.2 | 2.5 |
| 2.5~3.0 | 1.8 | 2.2 | 2.2 | 2.5 | 2.5 | 2.8 |
| 3.0~3.5 | 2.2 | 2.5 | 2.5 | 2.8 | 2.8 | 3.2 |
| 3.5~4.0 | 2.5 | 2.8 | 2.5 | 3.2 | 3.2 | 3.5 |
| 4.0~5.0 | 3.0 | 3.5 | 3.5 | 4.0 | 4.0 | 4.5 |
| 5.0~12.0 | $0.6t$ | $0.7t$ | $0.7t$ | $0.8t$ | $0.8t$ | $0.9t$ |

**2. 送料进距**

每冲裁一次模具，条料在模具上前进的距离称为送料进距。当单个进距内只冲裁一个零件时，送料进距为

$$A=D+a_1 \tag{2-2}$$

式中，$A$——送料进距（mm）；

    $D$——在送料方向上冲裁件的宽度（mm）；

    $a_1$——冲裁件之间的搭边（mm）。

### 3. 条料的宽度

（1）条料的下料公差规定为负偏差。冲裁使用的条料是用板料按要求剪切成的，一般在冲裁模上都有导料装置，有时还有侧压装置。为了防止送料时发生"卡死"现象，条料的下料公差规定为负偏差，导料装置之间的尺寸公差规定为正偏差。

（2）条料的下料方式分为纵裁和横裁两种。纵裁是沿板料长度方向剪裁下料，这种裁剪方式得到的条料较长，可降低工人的劳动强度，应尽可能选用；横裁是沿板料宽度方向剪裁下料。

（3）条料的宽度计算。当条料在无侧压边装置的导料板之间送料时，条料的宽度应增加可能的摆动量。条料宽度下料偏差 $\Delta$、条料与导料板之间的间隙 $b_0$ 见表2-11，并按式(2-3)计算条料宽度。

$$B = (L + 2a + b_0)_{-\Delta}^{0} \tag{2-3}$$

当条料在有侧压装置或要求手动保持条料紧贴单侧导料板送料时，按式(2-4)计算条料宽度。

$$B = (L + 2a)_{-\Delta}^{0} \tag{2-4}$$

当用侧刃装置时，按式(2-5)计算条料宽度。

$$B = (L + 2a + nb)_{-\Delta}^{0} \tag{2-5}$$

式中，$B$——条料宽度（mm）；

    $L$——冲裁件与送料方向垂直的最大尺寸（mm）；

    $a$——冲裁件与条料侧边之间的搭边（mm）；

    $b_0$——条料与导料板之间的间隙（mm），见表2-11；

    $\Delta$——条料下料时的下偏差（mm），见表2-11；

    $n$——侧刃数，单侧刃时 $n=1$，双侧刃时 $n=2$；

    $b$——侧刃裁切的条料宽度（mm），金属材料取 $b=1.5\sim2.5\text{mm}$，非金属材料取 $b=2\sim4\text{mm}$。

表2-11 条料宽度下料偏差 $\Delta$、条料与导料板之间的间隙 $b_0$　　（单位：mm）

| 条料宽度 $B$ | 条料厚度 $t$ | | | | | | | |
|---|---|---|---|---|---|---|---|---|
| | $\leqslant 1$ | | $>1\sim2$ | | $>2\sim3$ | | $>3\sim5$ | |
| | $\Delta$ | $b_0$ | $\Delta$ | $b_0$ | $\Delta$ | $b_0$ | $\Delta$ | $b_0$ |
| $\leqslant 50$ | 0.4 | 0.1 | 0.5 | 0.2 | 0.7 | 0.4 | 0.9 | 0.6 |
| $>50\sim100$ | 0.5 | 0.1 | 0.6 | 0.2 | 0.8 | 0.4 | 1.0 | 0.6 |
| $>100\sim150$ | 0.6 | 0.2 | 0.7 | 0.3 | 0.9 | 0.5 | 1.1 | 0.7 |
| $>150\sim220$ | 0.7 | 0.2 | 0.8 | 0.3 | 1.0 | 0.5 | 1.2 | 0.7 |
| $>220$ | 0.8 | 0.3 | 0.9 | 0.4 | 1.1 | 0.6 | 1.3 | 0.8 |

4. 排样图

排样图是排样设计的最终表达形式,是编制冲裁工艺与设计冲裁模的重要工艺文件。一张完整的冲裁模装配图,其右上角应有冲裁件图形及排样图。在排样图上,应注明条料宽度及偏差、送料进距、搭边值等,其送料方向应与装配图中的送料方向一致,如图 2.8～图 2.12 所示。

## 2.4 冲裁工艺计算 (Blanking Process Calculation)

冲裁工艺计算是冲裁模设计的重要部分之一,包括冲裁间隙的选取,凸、凹模刃口尺寸的计算,冲裁工序力的计算,压力中心的计算等。

### 2.4.1 冲裁间隙 (Blanking Clearance)

1. 冲裁间隙的定义

冲裁间隙是指冲裁模中凸、凹模刃口部分的尺寸之差,如图 2.15 所示,一般用双边间隙值 $Z$ 表示。

2. 冲裁间隙对冲裁过程的影响

冲裁间隙是冲裁模设计的一个重要参数,它对冲裁过程的影响是多方面的。在冲裁模设计的过程中必须综合考虑,选取合理的冲裁间隙。

(1) 冲裁间隙对冲裁件质量的影响。如图 2.16 所示,一般来说,间隙小,冲裁件的断面质量就高(光亮带增大);间隙大,则断面圆角带大,光亮带减小,毛刺大。但是,间隙过小时,断面易发生"二次剪切"现象,有潜裂纹。

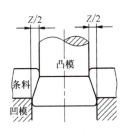

图 2.15 冲裁间隙

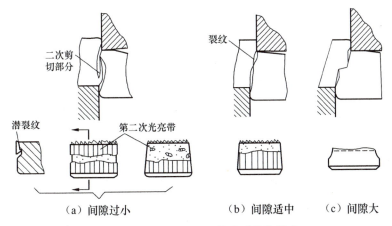

图 2.16 冲裁间隙对冲裁件质量的影响

(2) 冲裁间隙对冲裁力的影响。间隙小,所需的冲裁力大,材料不容易分离;间隙大，所需的冲裁力小，材料容易分离。

(3) 冲裁间隙对冲裁模使用寿命的影响。间隙大，有利于减少模具磨损，避免凹模刃口胀裂，可以延长冲裁模的使用寿命。

### 3. 合理冲裁间隙的确定

根据对冲裁过程的分析可知，冲裁间隙过大、过小都不合理，只有选取适中的冲裁间隙，才能进行正常的冲裁生产。同时考虑到冲裁模的磨损，在冲裁过程中，凸模磨损后尺寸减小，凹模磨损后尺寸增大，冲裁间隙就随着冲裁模的磨损而增大。

为保证冲裁模有一定的使用寿命，设计时的初始间隙必须选用适中间隙范围内的最小合理冲裁间隙 $Z_{\min}$。最小合理冲裁间隙的确定通常有以下两种方法。

(1) 经验确定法。一般可按下列经验公式计算最小合理冲裁间隙。

$$Z_{\min} = ct \qquad (2-6)$$

式中，$Z_{\min}$——最小合理冲裁间隙（mm）。

$c$——系数（当 $t<3$mm 时，$c=6\%\sim12\%$；当 $t>3$mm 时，$c=15\%\sim25\%$。材料软时，取小值；材料硬时，取大值。目的是减小冲裁力）。

$t$——材料厚度（mm）。

(2) 查表法。表 2-12 提供的经验数据为冲裁初始双边间隙值 $Z$，可用于一般条件下的冲裁。表中初始间隙的最小值 $Z_{\min}$ 为最小合理冲裁间隙；而初始间隙的最大值 $Z_{\max}$ 是考虑到凸模和凹模的制造误差，在 $Z_{\min}$ 的基础上增加一个数值。在使用过程中，由于模具零件部分有磨损，间隙会有所增大，因此间隙的最大值（最大合理间隙）可能超过表 2-12 中所列数值。

表 2-12 冲裁初始双边间隙值 $Z$

| 材料名称 | 45；T7，T8（退火）；磷青铜（硬）；铍青铜（硬） | | 10，15，20 冷轧钢带；30 钢板；H62，H68（硬）；2A12，硅钢片 | | Q215，Q235；08，10，15；H62，H68（半硬）；磷青铜、铍青铜（软） | | H62，H68（软）；纯铜（软）；3A12，5A02，1060，1050A，1035，1200，8A06，2A12 | | 酚醛环氧层压玻璃布板、酚醛层压纸板、酚醛层压布板 | | 钢纸板、绝缘纸板、云母板、橡胶板 | |
|---|---|---|---|---|---|---|---|---|---|---|---|---|
| 力学性能 | HBW>190 $R_m$>600MPa | | HBW=140~190 $R_m$=400~600MPa | | HBW=70~140 $R_m$=300~400MPa | | HBW<70 $R_m$<300MPa | | — | | — | |
| 厚度/mm | 初始间隙/mm | | | | | | | | | | | |
| | $Z_{\min}$ | $Z_{\max}$ | $Z_{\min}$ | $Z_{\max}$ | $Z_{\min}$ | $Z_{\max}$ | $Z_{\min}$ | $Z_{\max}$ | $Z_{\min}$ | $Z_{\max}$ | $Z_{\min}$ | $Z_{\max}$ |
| 0.1 | 0.015 | 0.035 | 0.01 | 0.03 | — | — | — | — | — | — | | |
| 0.2 | 0.025 | 0.045 | 0.015 | 0.035 | 0.01 | 0.03 | — | — | — | — | | |
| 0.3 | 0.04 | 0.06 | 0.03 | 0.05 | 0.02 | 0.04 | 0.01 | 0.03 | — | — | | |
| 0.5 | 0.08 | 0.10 | 0.06 | 0.08 | 0.04 | 0.06 | 0.025 | 0.045 | 0.01 | 0.02 | | |
| 0.8 | 0.13 | 0.16 | 0.10 | 0.13 | 0.07 | 0.10 | 0.045 | 0.075 | 0.015 | 0.03 | | |

续表

| 厚度/mm | 初始间隙/mm | | | | | | | | | | | |
|---|---|---|---|---|---|---|---|---|---|---|---|---|
| | $Z_{min}$ | $Z_{max}$ | $Z_{min}$ | $Z_{max}$ | $Z_{min}$ | $Z_{max}$ | $Z_{min}$ | $Z_{max}$ | $Z_{min}$ | $Z_{max}$ | $Z_{min}$ | $Z_{max}$ |
| 1.0 | 0.17 | 0.20 | 0.13 | 0.16 | 0.10 | 0.13 | 0.065 | 0.095 | 0.025 | 0.04 | 0.01~0.03 | 0.015~0.045 |
| 1.2 | 0.21 | 0.24 | 0.16 | 0.19 | 0.13 | 0.16 | 0.075 | 0.105 | 0.035 | 0.05 | | |
| 1.5 | 0.27 | 0.31 | 0.21 | 0.25 | 0.15 | 0.19 | 0.10 | 0.14 | 0.04 | 0.06 | | |
| 1.8 | 0.34 | 0.38 | 0.27 | 0.31 | 0.20 | 0.24 | 0.13 | 0.17 | 0.05 | 0.07 | | |
| 2.0 | 0.38 | 0.42 | 0.30 | 0.34 | 0.22 | 0.26 | 0.14 | 0.18 | 0.06 | 0.08 | | |
| 2.5 | 0.49 | 0.55 | 0.39 | 0.45 | 0.29 | 0.35 | 0.18 | 0.24 | 0.07 | 0.10 | | |
| 3.0 | 0.62 | 0.68 | 0.49 | 0.55 | 0.36 | 0.42 | 0.23 | 0.29 | 0.10 | 0.13 | 0.04 | 0.06 |
| 3.5 | 0.73 | 0.81 | 0.58 | 0.66 | 0.43 | 0.51 | 0.27 | 0.35 | 0.12 | 0.16 | | |
| 4.0 | 0.86 | 0.94 | 0.68 | 0.76 | 0.50 | 0.58 | 0.32 | 0.40 | 0.14 | 0.18 | | |

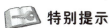 **特别提示**

冲裁制件的尺寸和形状、模具材料和加工方法，以及冲压方法、速度等因素也会影响设计间隙。如高速冲压时，模具易发热，间隙增大；冲裁热轧硅钢板比冲裁冷轧硅钢板的间隙大等。遇到这些情况时，请参考相关设计资料。

### 2.4.2 刃口尺寸设计（Cutting Edge Design）

冲裁时，冲裁件的尺寸精度是靠冲裁模保证的，而主要取决于凸、凹模刃口部分的尺寸，并且合理的冲裁间隙也是靠凸、凹模刃口尺寸保证的。

**1. 凸、凹模刃口尺寸的计算原则**

由于冲裁时凸、凹模之间存在间隙，因此所落的料和冲出的孔的断面都是带有锥度的。落料时工件的大端尺寸近似等于凹模的刃口尺寸；冲孔时，工件的小端尺寸近似等于凸模的刃口尺寸。因此，在计算刃口尺寸时，应按落料和冲孔两种情况分别进行，同时要考虑磨损后的尺寸变化情况。

计算凸、凹模刃口尺寸时应考虑以下问题。

（1）基准问题。①落料时，工件的大端尺寸近似等于凹模的刃口尺寸，所以落料工序应以凹模为基准件，先确定凹模尺寸，凸模尺寸按凹模尺寸减去最小冲裁间隙值确定；②冲孔时，工件的小端尺寸近似等于凸模的刃口尺寸，所以冲孔工序应以凸模为基准件，先确定凸模尺寸，凹模尺寸按凸模尺寸加上最小冲裁间隙值确定。

（2）磨损问题。磨损遵照"实体减小"的原则。磨损后，凸模尺寸减小，凹模尺寸增大，会出现"料越落越大""孔越冲越小"的现象。为了保证冲裁模具有一定的使用寿命，分如下两种情况讨论：①落料时，为了保证凹模磨损后（尺寸变大）仍能冲出合格零件（料越落越大），凹模刃口尺寸应取制件公差允许范围内的最小值；②冲孔时，为了保证凸模磨损后（尺寸变小）仍能冲出合格零件（孔越冲越小），凸模刃口尺寸应取制件公差允许范围内的最大值。

**(3) 制造公差。** 在凹模和凸模的刃口部位,类似孔类的尺寸上偏差标成 $+\delta_d$,下偏差为 0;类似轴类的尺寸上偏差为 0,下偏差标成 $-\delta_p$。①若采用互换加工法制造凸模和凹模刃口,制造公差必须满足不等式 $\delta_p+\delta_d \leqslant Z_{max}-Z_{min}$。对于普通冲裁件,刃口制造公差按表 2-13 选取。由于圆形零件利于磨削,容易达到较高精度,因此圆形凸、凹模刃口的制造公差也可按 IT6、IT7 级精度选取。②若采用配制加工法,凸、凹模刃口的制造公差可按制件的尺寸精度提高 3~4 级取值,或按制件公差的 1/4(即 $\Delta/4$)来考虑。

表 2-13 凸、凹模刃口的制造公差　　　　　　　　　　(单位:mm)

| 规则形状(圆形、方形) | | | | | | | | | |
|---|---|---|---|---|---|---|---|---|---|
| 制件公称尺寸 | ≤18 | >18~30 | >30~80 | >80~120 | >120~180 | >180~260 | >260~360 | >360~500 | >500 | — |
| 凸模刃口公差 $\delta_p$ | | 0.020 | | 0.025 | | 0.030 | | 0.035 | 0.040 | 0.050 | — |
| 凹模刃口公差 $\delta_d$ | 0.020 | 0.025 | 0.030 | 0.035 | 0.040 | 0.045 | 0.050 | 0.060 | 0.070 | — |
| 非规则形状 | | | | | | | | | |
| 制件公称尺寸 | 1~3 | >3~6 | >6~10 | >10~18 | >18~30 | >30~50 | >50~80 | >80~120 | >120~180 | >180~260 |
| 制件公差 $\Delta$ | 0.040 | 0.048 | 0.058 | 0.070 | 0.074 | 0.100 | 0.120 | 0.140 | 0.160 | 0.185 |
| 刃口公差 ($\delta_p,\delta_d$) | 0.010 | 0.012 | 0.014 | 0.018 | 0.021 | 0.023 | 0.030 | 0.040 | 0.046 | 0.054 |

**2. 凸、凹模刃口尺寸的计算**

在模具制造中,凸、凹模的加工方法有两种,一种是按互换性原则组织生产(互换加工法);另一种是按配制加工原则组织生产(配制加工法),所以刃口尺寸的计算方法也相应有以下两种。

(1) 互换加工法中凸、凹模刃口尺寸的计算。

冲孔时以凸模为基准件进行计算。设冲裁件孔的直径为 $d_{\ 0}^{+\Delta}$,根据刃口尺寸计算原则,计算公式如下。

凸模:
$$d_p=(d+x\Delta)_{-\delta_p}^{\ 0} \tag{2-7}$$

凹模:
$$d_d=(d+x\Delta+Z_{min})_{\ 0}^{+\delta_d} \tag{2-8}$$

落料时以凹模为基准件进行计算。设落料件的落料尺寸为 $D_{-\Delta}^{\ 0}$,根据刃口尺寸计算原则,计算公式如下。

凹模：
$$D_d = (D - x\Delta)^{+\delta_d}_{0} \quad (2-9)$$

凸模：
$$D_p = (D - x\Delta - Z_{\min})^{0}_{-\delta_p} \quad (2-10)$$

式中，$d_p$，$d_d$——冲孔凸、凹模刃口尺寸（mm）；

$D_d$，$D_p$——落料凹、凸模刃口尺寸（mm）；

$D$，$d$——落料、冲孔制件的基本尺寸（mm）；

$\Delta$——制件公差（mm）；

$\delta_p$，$\delta_d$——凸、凹模刃口的制造公差（mm），见表 2-13；

$x$——磨损系数，见表 2-14。

表 2-14 磨损系数 $x$

| 材料厚度 $t$/mm | 非圆形制件 | | | 圆形制件 | |
|---|---|---|---|---|---|
| | 1 | 0.75 | 0.5 | 0.75 | 0.5 |
| | 制件公差 $\Delta$/mm | | | | |
| ≤1 | <0.16 | 0.17～0.35 | ≥0.36 | <0.16 | ≥0.16 |
| 1～2 | <0.20 | 0.21～0.41 | ≥0.42 | <0.20 | ≥0.20 |
| 2～4 | <0.24 | 0.25～0.49 | ≥0.50 | <0.24 | ≥0.24 |
| >4 | <0.30 | 0.31～0.59 | ≥0.60 | <0.30 | ≥0.30 |

采用互换加工法计算刃口尺寸时，应注意以下 3 点。

① 由于工件的形状、厚度不同，模具的磨损情况也不同，因此引入一个系数——磨损系数 $x$。

② 为了保证冲裁间隙在合理的范围内，必须保证 $\delta_p + \delta_d \leq Z_{\max} - Z_{\min}$；否则，模具的初始间隙将超出 $Z_{\max}$，模具使用寿命缩短。刃口制造公差与冲裁间隙的关系如图 2.17 所示。

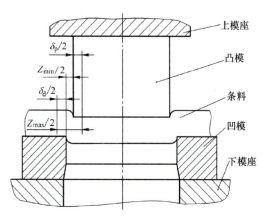

图 2.17 刃口制造公差与冲裁间隙的关系

当 $\delta_p + \delta_d > Z_{\max} - Z_{\min}$ 时，应提高凸、凹模的制造精度，以减小 $\delta_p$、$\delta_d$。

一般情况下,取

$$\delta_p = 0.4(Z_{max} - Z_{min}) \quad (2-11)$$
$$\delta_d = 0.6(Z_{max} - Z_{min}) \quad (2-12)$$

③ 互换加工法适用于圆形和形状规则的零件,当模具的形状复杂、工件复杂时不能用此方法,应采用配制加工法。

(2) 配制加工法中凸、凹模刃口尺寸的计算。

对于形状复杂、薄料、模具复杂的冲裁件,为保证凸、凹模之间的合理间隙,必须使用配制加工法。企业大多采用配制加工法。根据计算原则,应先确定基准件。落料时以凹模为基准件,冲孔时以凸模为基准件,配套件按基准件的实际尺寸配制,保证最小冲裁间隙 $Z_{min}$。

由于凸模和凹模的磨损结果都是实体缩小,因此基准件(无论是凸模还是凹模)磨损后,都存在有的尺寸增大、有的尺寸减小、有的尺寸不变 3 种情况。为了能正确地对尺寸进行分类,我们引入磨损图的概念。设磨损增大的尺寸为 A 类尺寸,磨损减小的尺寸为 B 类尺寸,磨损后不变的尺寸为 C 类尺寸,如图 2.18(a)所示轮廓形状为落料件时,凹模为基准件,凹模磨损图及尺寸分类如图 2.18(b)所示;为冲孔件时,凸模为基准件,凸模磨损图及尺寸分类如图 2.18(c)所示。

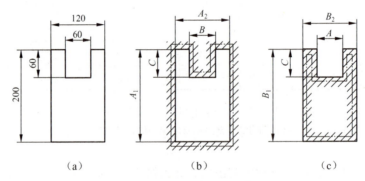

图 2.18 凸、凹模刃口尺寸磨损

因此,无论是落料件还是冲孔件,其基准件的刃口尺寸均可按下式计算。

A 类尺寸($A_{-\Delta}^{0}$):

$$A_m = (A - x\Delta)_{0}^{+\delta} \quad (2-13)$$

B 类尺寸($B_{0}^{+\Delta}$):

$$B_m = (B + x\Delta)_{-\delta}^{0} \quad (2-14)$$

C 类尺寸($C \pm \Delta'$):

$$C_m = C \pm \Delta'/4 \quad (2-15)$$

式中,$A_m$,$B_m$,$C_m$——基准件的刃口尺寸(凸模或凹模)(mm);

　　　　$A$,$B$,$C$——制件的基本尺寸(mm);

　　　　$\Delta$,$\Delta'$——制件公差(mm);

　　　　$\delta$——模具制造公差(mm),一般取 $\delta = \Delta/4$;

　　　　$x$——磨损系数,见表 2-14。

3. 实例讲解

【例 2-1】 冲裁图 2.19(a)所示零件,材料为 20 钢,料厚 $t = 0.5$mm。模具外形刃口采用配制加工法，内形刃口采用互换加工法。试确定冲裁模的刃口尺寸及制造公差。

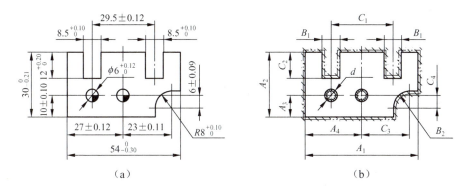

图 2.19　零件实例及凹模刃口磨损图

**解：** 该零件外形形状较复杂，冲裁模刃口可采用配制加工法。内形 $2\times\phi6^{+0.12}_{\ 0}$ mm 为圆形，且由于凸模直径较小，使用过程中易出现折断现象，因此从易加工和便于更换凸模方面考虑，采用互换加工法。

 **特别提示**

若例 2-1 采用电火花（见 11.2.1 的内容）加工模具刃口尺寸，则属于配制加工法，要按配制加工法的计算公式计算凸模和凹模的刃口尺寸及公差；若采用线切割（见 11.2.2 的内容）加工模具刃口，则属于互换加工法，要按互换加工法的计算公式计算凸模和凹模的刃口尺寸及公差。

（1）冲裁工件外形的刃口尺寸计算（分为 5 个步骤）。

① 确定基准件。冲裁工件外形时为落料工序，应以凹模为基准件。

② 画出基准件的磨损图。凹模刃口的磨损情况如图 2.19（b）所示。

③ 对基准件的尺寸进行分类（A、B、C 3 类）计算。根据凹模刃口的磨损情况，其尺寸变化可分为以下 3 类。

A. 凹模刃口磨损后，尺寸 $A_1$、$A_2$、$A_3$、$A_4$ 增大，按落料凹模类尺寸处理。但要注意的是，$A_3$、$A_4$ 的冲裁模刃口尺寸属于单边磨损。

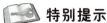 **特别提示**

冲裁模刃口尺寸单边磨损的尺寸特点如下：尺寸线箭头所指的两个要素中，只有一个要素（表面）在工作中磨损，另一个要素不存在磨损。在计算这类尺寸时，其原理与计算一般刃口尺寸的原理相同，只是计算公式中取单边间隙值和刃口尺寸制造公差的一半。

a. 双边磨损的刃口尺寸计算。

由 $A_1=54^{\ 0}_{-0.30}$ mm，$A_2=30^{\ 0}_{-0.21}$ mm，$t=0.5$ mm，查表 2-14，选取 $x_{A1}=x_{A2}=0.75$。取 $\delta_{mA}=\Delta/4$，则有

$A_{m1}=(A_1-x_{A1}\Delta_{A1})^{+\delta_{mA1}}_{\quad 0}=(54-0.75\times0.30)^{+0.3/4}_{\quad\quad\quad 0}$ mm $=53.775^{+0.075}_{\quad\ 0}$ mm $=54^{-0.150}_{-0.225}$ mm

$A_{m2}=(A_2-x_{A2}\Delta_{A2})^{+\delta_{mA2}}_{\quad 0}=(30-0.75\times0.21)^{+0.21/4}_{\quad\quad\quad 0}$ mm $=29.843^{+0.053}_{\quad\ 0}$ mm $=30^{-0.104}_{-0.157}$ mm

b. 单边磨损的刃口尺寸计算。

由 $A_3=(10\pm0.10)$ mm $=10.1^{\ 0}_{-0.2}$ mm，$A_4=(27\pm0.12)$ mm $=27.12^{\ 0}_{-0.24}$ mm，$t=$

$0.5\text{mm}$，查表 $2-14$，选取 $x_{A3}=x_{A4}=0.75$。取 $\delta'_{mA}=\Delta/8$，则有

$$A_{m3}=\left(A_3-x_{A3}\frac{\Delta_{A3}}{2}\right)^{+\delta'_{mA3}}_{0}=\left(10.1-0.75\times\frac{0.2}{2}\right)^{+0.2/8}_{0}\text{mm}=10.025^{+0.025}_{0}\text{mm}=10^{+0.050}_{+0.025}\text{mm}$$

$$A_{m4}=\left(A_4-x_{A4}\frac{\Delta_{A4}}{2}\right)^{+\delta'_{mA4}}_{0}=\left(27.12-0.75\times\frac{0.24}{2}\right)^{+0.24/8}_{0}\text{mm}=27.03^{+0.030}_{0}\text{mm}=27^{+0.060}_{+0.030}\text{mm}$$

B. 凹模刃口磨损后，尺寸 $B_1$、$B_2$ 减小，按冲孔凸模类尺寸处理。其中 $B_2$ 的冲裁模刃口尺寸属于单边磨损。

a. 双边磨损的刃口尺寸计算。

由 $B_1=8.5^{+0.10}_{0}\text{mm}$，$t=0.5\text{mm}$，查表 $2-14$，选取 $x_{B1}=1$。取 $\delta_m=\Delta/4$，则有

$$B_{m1}=(B_1+x_{B1}\Delta_{B1})^{0}_{-\delta'_{mB1}}=(8.5+1\times0.10)^{0}_{-0.10/4}\text{mm}=8.6^{0}_{-0.025}\text{mm}=8.5^{+0.100}_{+0.075}\text{mm}$$

b. 单边磨损的刃口尺寸计算。

由 $B_2=R8^{+0.10}_{0}\text{mm}$，$t=0.5\text{mm}$，查表 $2-14$，选取 $x_{B2}=1$。取 $\delta'_m=\Delta/8$，则有

$$B_{m2}=\left(B_2+x_{B2}\frac{\Delta_{B2}}{2}\right)^{0}_{-\delta'_{mB2}}=\left(8+1\times\frac{0.10}{2}\right)^{0}_{-0.10/8}\text{mm}=8.05^{0}_{-0.013}\text{mm}=8^{+0.050}_{+0.037}\text{mm}$$

C. 凹模刃口磨损后，尺寸 $C_1$、$C_2$、$C_3$、$C_4$ 不变，按中心距尺寸处理。

由 $C_1=(29.5\pm0.12)\text{mm}$，$C_2=12^{+0.20}_{0}\text{mm}=(12.1\pm0.10)\text{mm}$，$C_3=(23\pm0.11)\text{mm}$，$C_4=(6\pm0.09)\text{mm}$，则有

$$C_{m1}=C_1\pm\frac{\Delta'_{C1}}{4}=\left(29.5\pm\frac{0.12}{4}\right)\text{mm}=(29.5\pm0.030)\text{mm}$$

$$C_{m2}=C_2\pm\frac{\Delta'_{C2}}{4}=\left(12.1\pm\frac{0.10}{4}\right)\text{mm}=(12.1\pm0.025)\text{mm}=12^{+0.125}_{+0.075}\text{mm}$$

$$C_{m3}=C_3\pm\frac{\Delta'_{C3}}{4}=\left(23\pm\frac{0.11}{4}\right)\text{mm}=(23\pm0.028)\text{mm}$$

$$C_{m4}=C_4\pm\frac{\Delta'_{C4}}{4}=\left(6\pm\frac{0.09}{4}\right)\text{mm}=(6\pm0.023)\text{mm}$$

④ 选取冲裁间隙。查表 $2-12$，取 $Z_{\max}=0.08\text{mm}$，$Z_{\min}=0.06\text{mm}$。

⑤ 注明配制关系。凸模刃口尺寸按凹模刃口的实际尺寸配制，保证单边最小冲裁间隙为 $0.03\text{mm}$。

(2) 冲裁工件内形的刃口尺寸计算。

采用互换加工法，冲孔时以凸模为基准件进行计算。已知 $d=(2\times\phi6^{+0.12}_{0})\text{mm}$，$t=0.5\text{mm}$，查表 $2-13$，选取 $\delta_p=0.020\text{mm}$，$\delta_d=0.020\text{mm}$；查表 $2-14$，选取 $x=0.75$。

检查是否满足 $\delta_p+\delta_d\leqslant Z_{\max}-Z_{\min}$ 的要求：

$$\delta_p+\delta_d=(0.020+0.020)\text{mm}=0.040\text{mm}$$

$$Z_{\max}-Z_{\min}=(0.080-0.060)\text{mm}=0.020\text{mm}$$

不满足要求。重新选取制造公差，取

$$\delta'_p=0.4(Z_{\max}-Z_{\min})=0.008\text{mm}$$

$$\delta'_d=0.6(Z_{\max}-Z_{\min})=0.012\text{mm}$$

则有

$$d_p=(d+x\Delta)^{0}_{-\delta'_p}=(6+0.75\times0.12)^{0}_{-0.008}\text{mm}=6.09^{0}_{-0.008}\text{mm}=6^{+0.090}_{+0.082}\text{mm}$$

$$d_d=(d+x\Delta+Z_{\min})^{+\delta'_d}_{0}=(6.09+0.08)^{+0.012}_{0}\text{mm}=6.17^{+0.012}_{0}\text{mm}=6^{+0.182}_{+0.170}\text{mm}$$

## 2.4.3 冲裁工序力的计算（Process Force Calculation in Blanking）

冲裁工序力包括冲裁力、卸料力、推件力、顶件力等，其中最重要的是冲裁力。

**1. 冲裁力 $F_c$**

冲裁力是指冲裁时所需的压力，即在凸模和凹模的作用下，使板料在厚度方向分离的剪切力。它与板料的剪切面积有关，一般用 $F_c$ 表示。冲裁刃口分为平刃和斜刃两种情况，这里只介绍常用的平刃冲裁。平刃冲裁时，冲裁力 $F_c$ 可按式（2-16）计算。

$$F_c = KA\tau_b = KLt\tau_b \qquad (2-16)$$

式中，$F_c$——冲裁力（N）；

$K$——系数，常取 $K=1.3$；

$A$——冲裁断面面积（mm）；

$\tau_b$——材料的抗剪强度（MPa）；

$L$——冲裁断面的周长（mm）；

$t$——材料厚度（即冲裁件的厚度）（mm）。

【卸料力与顶件力】

为了简化计算，也可用材料的抗拉强度 $R_m$ 按式（2-17）进行估算。

$$F_c = LtR_m \qquad (2-17)$$

**2. 卸料力 $F_x$、推件力 $F_t$、顶件力 $F_d$ 的计算**

(1) 卸料力。冲裁后，从凸模上将零件或废料卸下来所需的力，称为卸料力 $F_x$。冲裁后，带孔的板料紧箍在凸模上，为连续生产，需用卸料力 $F_x$ 把带孔板料卸掉。

(2) 推件力。顺冲裁方向将零件或废料从凹模型腔中推出的力，称为推件力 $F_t$。

(3) 顶件力。逆冲裁方向将零件或废料从凹模型腔中顶出的力，称为顶件力 $F_d$。

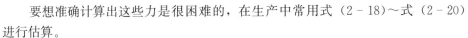
【推件力】

要想准确计算出这些力是很困难的，在生产中常用式（2-18）~式（2-20）进行估算。

$$F_x = K_x F_c \qquad (2-18)$$
$$F_t = nK_t F_c \qquad (2-19)$$
$$F_d = K_d F_c \qquad (2-20)$$

式中，$K_x$、$K_t$、$K_d$——卸料力、推件力、顶件力系数，可查表 2-15 得到；

$F_c$——冲裁力（N）；

$n$——同时卡在凹模内的冲落部分制件或废料的数量，$n=h/t$，$h$ 为凹模洞口的直刃壁高度（mm），$t$ 为材料厚度（mm）。

表 2-15 卸料力、推件力、顶件力系数

| 材料厚度 $t$/mm | | $K_x$ | $K_t$ | $K_d$ |
| --- | --- | --- | --- | --- |
| 钢 | ≤0.1 | 0.065~0.075 | 0.1 | 0.14 |
| | 0.1~0.5 | 0.045~0.055 | 0.063 | 0.08 |
| | 0.5~2.5 | 0.04~0.05 | 0.055 | 0.06 |
| | 2.5~6.5 | 0.03~0.04 | 0.045 | 0.05 |
| | >6.5 | 0.02~0.03 | 0.025 | 0.03 |
| 纯铝、铝合金 | | 0.025~0.08 | 0.03~0.07 | 0.03~0.07 |
| 纯铜、黄铜 | | 0.02~0.06 | 0.03~0.09 | 0.03~0.09 |

3. 冲裁工序力 F 的计算

冲裁工序力的计算应根据冲裁模的具体结构形式分别考虑。

（1）如图 2.20（a）所示，当采用刚性卸料装置和下出件时，$F_x$ 由模具来承担，不予考虑，则冲裁工序力为

$$F=F_c+F_t \qquad (2-21)$$

（2）如图 2.20（b）所示，当采用弹性卸料装置和下出件时，冲裁工序力为

$$F=F_c+F_x+F_t \qquad (2-22)$$

（3）如图 2.20（c）所示，当采用弹性卸料装置和上出件时，冲裁工序力为

$$F=F_c+F_x+F_d \qquad (2-23)$$

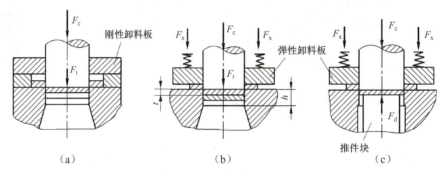

图 2.20 卸料、推件受力

应根据冲裁工序力选择压力机。一般所选压力机的公称压力 $F_p \geq 1.2F$。

## 2.4.4 冲裁压力中心的计算（Pressure Center Determination in Blanking）

1. 冲裁压力中心

冲裁压力中心是指冲裁力的合力作用点。为什么要确定冲裁模的压力中心呢？因为在冲压生产中，为保证压力机和模具正常工作，必须使冲裁模的压力中心与压力机滑块的中心线重合；否则，在冲裁过程中，滑块、模柄及导柱承受附加弯矩，使模具与压力机滑块产生偏斜，凸、凹模之间的间隙分布不均匀，从而造成导向零件的加速磨损，模具刃口及其他零件损坏，甚至会磨损压力机导轨，影响压力机精度。因此，在设计模具时，必须确定模具的压力中心，并使之与模柄轴线重合，从而保证模具的压力中心与压力机的滑块中心重合。

2. 形状简单的凸模压力中心的确定

（1）直线段：其压力中心为直线段的中心。

（2）圆弧线段：如图 2.21 所示，对于圆心角为 $2\alpha$ 的圆弧线段，其压力中心可按式（2-24）计算。

$$\left. \begin{array}{l} C_0=(57.29/\alpha)R\sin\alpha \\ L=2R\alpha/57.29 \end{array} \right\} \qquad (2-24)$$

式中，$C_0$——圆弧线段的压力中心坐标值（mm）；

$\alpha$——圆弧线段中心角的一半（°）；

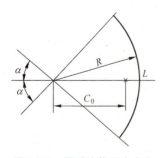

图 2.21 圆弧冲裁压力中心

$R$——圆弧线段的半径（mm）；

$L$——圆弧线段的弧长（mm）。

（3）形状对称的零件：其凸模的压力中心位于刃口轮廓的几何中心，如圆形的压力中心在圆心上，矩形的压力中心在对称中心。

**3. 形状复杂的凸模压力中心的确定**

复杂形状冲裁件压力中心的求解方法有解析法、图解法、合成法等。下面讲解最常用的解析法，具体步骤如下。

（1）按比例画出冲裁件的冲裁轮廓，如图2.22所示。

（2）建立合适的直角坐标系 $xOy$（应能简化计算）。

（3）将冲裁件的冲裁轮廓分解成若干个直线段或圆弧线段 $L_1$，$L_2$，…，$L_n$ 等基本线段。由于冲裁力 $F_c$ 与轮廓长度 $L$ 成正比关系（$F_c = KLt\tau$），因此可以用线段的长度 $L$ 代替冲裁力 $F_c$ 进行压力中心计算。

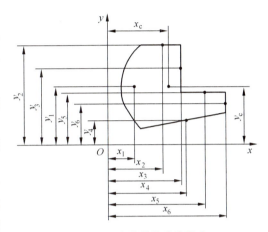

图2.22 冲裁件的冲裁轮廓

（4）计算各基本线段的长度及压力中心的坐标 $(x_1, y_1)$，$(x_2, y_2)$，…，$(x_n, y_n)$。

（5）根据力矩平衡原理，计算压力中心坐标 $(x_c, y_c)$。

$$x_c = \frac{L_1 x_1 + L_2 x_2 + \cdots + L_n x_n}{L_1 + L_2 + \cdots + L_n} \quad (2-25)$$

$$y_c = \frac{L_1 y_1 + L_2 y_2 + \cdots + L_n y_n}{L_1 + L_2 + \cdots + L_n} \quad (2-26)$$

**4. 多凸模冲裁时压力中心的确定**

设计连续冲裁模和复合冲裁模时，需要确定多凸模冲裁压力中心，其计算方法与复杂形状凸模计算方法类似，这里只介绍解析法。图2.23所示的多凸模冲裁压力中心的求解步骤如下。

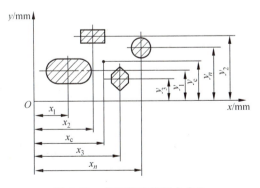

图2.23 多凸模冲裁压力中心

（1）选取坐标系 $xOy$。

（2）计算确定各凸模压力中心的坐标 $(x_i, y_i)$。

(3) 求总合力的中心坐标 $(x_c, y_c)$：

$$x_c = \frac{L_1 x_1 + L_2 x_2 + \cdots + L_n x_n}{L_1 + L_2 + \cdots + L_n} \quad (2-27)$$

$$y_c = \frac{L_1 y_1 + L_2 y_2 + \cdots + L_n y_n}{L_1 + L_2 + \cdots + L_n} \quad (2-28)$$

式中，$L_i$——各凸模刃口的周长（mm），$i = 1, 2, 3, \cdots, n$。

在利用解析法计算多凸模冲裁压力中心时，要注意以下 3 点。

(1) 也可以在一个坐标系中将多凸模的压力中心分解成多个线段进行计算。

(2) 分解的各凸模必须是独立的，各自有一个完整的外形轮廓。

(3) 要利用力矩平衡的原理进行简化计算。若一个凸模或者多个凸模沿某条直线对称，其压力中心必定在这条对称线上。如图 2.24（a）所示，图形关于 $x$ 轴对称，所以压力中心必在 $x$ 轴上，只需计算压力中心的 $x$ 轴坐标值即可。如果多个凸模关于原点 $O$ 中心对称，则其力矩之和为零，其压力中心必在原点 $O$ 上。如图 2.24（b）所示，由于 4 个圆形冲孔凸模关于原点 $O$ 中心对称，因此这 4 个凸模的压力中心必在原点 $O$ 上。计算时可把 4 个圆形凸模作为一组，椭圆形凸模作为一组，从而简化计算。

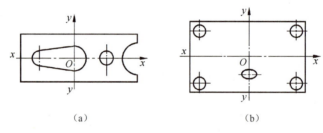

图 2.24　对称分布的多凸模冲裁压力中心

【例 2-2】图 2.19（a）所示制件，若分别采用复合冲裁模和连续冲裁模两种方案，试分别计算两种方案中冲裁模的压力中心位置。

**解：** 计算压力中心时，制件公差可忽略不计，图形标注简化为图 2.25（a）。

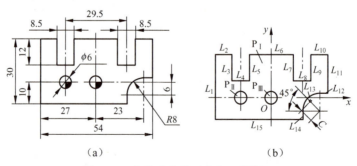

图 2.25　复合冲裁模压力中心计算图

(1) 采用复合冲裁模方案。

① 图形分析：要完成该制件的冲裁，需要 3 个凸模，分别标记为 $P_I$、$P_{II}$、$P_{III}$。其中凸模 $P_I$ 外形稍显复杂，凸模 $P_{II}$、$P_{III}$ 的压力中心均在圆心上。

② 建立坐标系 $xOy$，如图 2.25（b）所示。

③ 计算凸模 $P_I$ 的压力中心坐标。

a. 把刃口轮廓分成15段，其中$L_{13}$段为圆弧，其他为直线段，如图2.25（b）所示。

b. 计算$L_{13}$圆弧段的弧长和压力中心坐标。

$$L_{13}=2R\alpha/57.29=(2\times8\times45/57.29)\text{mm}\approx12.57\text{mm}$$

$$C_{13}=(57.92/\alpha)R\sin\alpha=[(57.29/45)\times8\times\sin45°]\text{mm}\approx7.2\text{mm}$$

$$x_{13}=23-C\sin\alpha=(23-7.2\times\sin45°)\text{mm}\approx17.91\text{mm}$$

$$y_{13}=-(6-C\cos\alpha)=-(6-7.2\times\cos45°)\text{mm}\approx-0.91\text{mm}$$

c. 各直线段压力中心都在其中点。计算出各段长度$L_i$和压力中心坐标$(x_i, y_i)$，将其列入表2-16。

表2-16 各段长度和压力中心坐标列表 （单位：mm）

| 线段长度$L_i$ | 压力中心坐标 | |
|---|---|---|
| | $x_i$ | $y_i$ |
| $L_1=30$ | $x_1=-27$ | $y_1=30/2-10=5$ |
| $L_2=27-29.5/2-8.5/2=8$ | $x_2=-(27-L_2/2)=-(27-8/2)=-23$ | $y_2=30-10=20$ |
| $L_3=12$ | $x_3=-(27-L_2)=-(27-8)=-19$ | $y_3=30-10-12/2=14$ |
| $L_4=8.5$ | $x_4=-29.5/2=-14.75$ | $y_4=30-10-12=8$ |
| $L_5=12$ | $x_5=-(29.5/2-8.5/2)=-10.5$ | $y_5=y_3=14$ |
| $L_6=29.5-8.5=21$ | $x_6=0$ | $y_6=30-10=20$ |
| $L_7=12$ | $x_7=-x_5=10.5$ | $y_7=y_3=14$ |
| $L_8=8.5$ | $x_8=-x_4=14.75$ | $y_8=y_4=8$ |
| $L_9=12$ | $x_9=-x_3=19$ | $y_9=y_3=14$ |
| $L_{10}=L_2=8$ | $x_{10}=-x_2=23$ | $y_{10}=y_2=20$ |
| $L_{11}=30-(10-6)-8=18$ | $x_{11}=-x_1=27$ | $y_{11}=30-10-L_{11}/2=30-10-18/2=11$ |
| $L_{12}=27-23=4$ | $x_{12}=23+L_{12}/2=23+4/2=25$ | $y_{12}=8-6=2$ |
| $L_{13}=12.57$ | $x_{13}=17.91$ | $y_{13}=-0.91$ |
| $L_{14}=10-6=4$ | $x_{14}=23-8=15$ | $y_{14}=-(6+L_{14}/2)=-(6+4/2)=-8$ |
| $L_{15}=27+23-8=42$ | $x_{15}=-(27-L_{15}/2)=-(27-42/2)=-6$ | $y_{15}=-10$ |

d. 计算凸模$P_I$的周长和压力中心坐标。

$$L_{P_I}=L_1+L_2+\cdots+L_{15}=(30+8+\cdots+42)\text{mm}=212.57\text{mm}$$

$$x_{P_I}=\frac{L_1x_1+L_2x_2+\cdots+L_{15}x_{15}}{L_1+L_2+\cdots+L_{15}}=\frac{30\times(-27)+8\times20+\cdots+42\times(-6)}{30+8+\cdots+42}\text{mm}\approx-0.898\text{mm}$$

$$y_{P_I}=\frac{L_1y_1+L_2y_2+\cdots+L_{15}y_{15}}{L_1+L_2+\cdots+L_{15}}=\frac{30\times5+8\times(-23)+\cdots+42\times(-10)}{30+8+\cdots+42}\text{mm}\approx6.777\text{mm}$$

④ 计算凸模$P_{II}$、$P_{III}$的周长和压力中心坐标。

a. 凸模$P_{II}$的周长和压力中心坐标。

$$L_{P_{II}}=2\pi r=2\pi\times3\text{mm}=18.84\text{mm}，\quad x_{P_{II}}=-29.5\text{mm}/2=-14.75\text{mm}，\quad y_{P_{II}}=0$$

b. $P_{III}$的周长和压力中心坐标。

$$L_{P_{\mathrm{III}}}=L_{P_{\mathrm{II}}}=18.84\mathrm{mm}, \quad x_{P_{\mathrm{III}}}=0, \quad y_{P_{\mathrm{III}}}=0$$

⑤ 计算复合冲裁模总的压力中心位置。

$$x_c=\frac{L_{P_{\mathrm{I}}}x_{P_{\mathrm{I}}}+L_{P_{\mathrm{II}}}x_{P_{\mathrm{II}}}+L_{P_{\mathrm{III}}}x_{P_{\mathrm{III}}}}{L_{P_{\mathrm{I}}}+L_{P_{\mathrm{II}}}+L_{P_{\mathrm{III}}}}$$

$$=\frac{212.57\times(-0.898)+18.84\times(-14.75)+18.84\times 0}{212.57+18.84+18.84}\mathrm{mm}\approx-1.87\mathrm{mm}$$

$$y_c=\frac{L_{P_{\mathrm{I}}}y_{P_{\mathrm{I}}}+L_{P_{\mathrm{II}}}y_{P_{\mathrm{II}}}+L_{P_{\mathrm{III}}}y_{P_{\mathrm{III}}}}{L_{P_{\mathrm{I}}}+L_{P_{\mathrm{II}}}+L_{P_{\mathrm{III}}}}$$

$$=\frac{212.57\times 6.777+18.84\times 0+18.84\times 0}{212.57+18.84+18.84}\mathrm{mm}\approx 5.76\mathrm{mm}$$

(2) 采用连续冲裁模方案。

① 图形分析：可分成两个工位，第一个工位完成 $2\times\phi 6^{+0.12}_{0}\mathrm{mm}$ 的冲孔工序，第二个工位完成外形的落料工序。

② 采用单排排样，计算送进距离。如图 2.26 所示，首先确定搭边值。查表 2-10，按矩形形状和板料厚度值，取工件间搭边值 $a_1=1.8\mathrm{mm}$，侧边搭边值 $a=2\mathrm{mm}$。

因此送料步距

$$A=L_1+a_1=(30+1.8)\mathrm{mm}=31.8\mathrm{mm}$$

③ 建立坐标系 $xOy$，如图 2.26 所示。则有：

a. 凸模 $P_{\mathrm{I}}$ 的周长和压力中心坐标（与上述计算相同）。

$$L_{P_{\mathrm{I}}}=212.57\mathrm{mm}, \quad x_{P_{\mathrm{I}}}=-0.898\mathrm{mm}, \quad y_{P_{\mathrm{I}}}=6.777\mathrm{mm}$$

b. 凸模 $P_{\mathrm{II}}$ 的周长和压力中心坐标。

$$L_{P_{\mathrm{II}}}=18.84\mathrm{mm}, \quad x_{P_{\mathrm{II}}}=-14.75\mathrm{mm}, \quad y_{P_{\mathrm{II}}}=-A=-31.8\mathrm{mm}$$

c. 凸模 $P_{\mathrm{III}}$ 的周长和压力中心坐标。

$$L_{P_{\mathrm{III}}}=18.84\mathrm{mm}, \quad x_{P_{\mathrm{III}}}=0, \quad y_{P_{\mathrm{III}}}=-31.8\mathrm{mm}$$

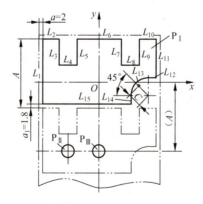

图 2.26 连续冲裁模压力中心计算图

④ 计算连续冲裁模总的压力中心位置。

$$x_c=\frac{L_{P_{\mathrm{I}}}x_{P_{\mathrm{I}}}+L_{P_{\mathrm{II}}}x_{P_{\mathrm{II}}}+L_{P_{\mathrm{III}}}x_{P_{\mathrm{III}}}}{L_{P_{\mathrm{I}}}+L_{P_{\mathrm{II}}}+L_{P_{\mathrm{III}}}}$$

$$=\frac{212.57\times(-0.898)+18.84\times(-14.75)+18.84\times 0}{212.57+18.84+18.84}\mathrm{mm}\approx-1.87\mathrm{mm}$$

$$y_c = \frac{L_{P_I} y_{P_I} + L_{P_{II}} y_{P_{II}} + L_{P_{III}} y_{P_{III}}}{L_{P_I} + L_{P_{II}} + L_{P_{III}}}$$

$$= \frac{212.57 \times 6.777 + 18.84 \times (-31.8) + 18.84 \times (-31.8)}{212.57 + 18.84 + 18.84} \text{mm} \approx 0.97 \text{mm}$$

## 2.5 冲裁模零部件结构设计（Parts Structure Design of Blanking Die）

本节将分项介绍冲裁模各零部件的设计，如工作零件中凸模、凹模、凸凹模的设计，定位装置的设计，卸料装置的设计，模架的选用，固定零件的设计等。

### 2.5.1 工作零件的设计（Working Parts Design）

冲裁模的工作零件是指实现冲裁变形、使条料正确分离、保证冲裁件形状的零件，包括凸模、凹模、凸凹模三种。

1. 凸模结构设计

（1）凸模的结构形式。

凸模的形式很多，从形状上分有圆形凸模和非圆形凸模。

① 圆形凸模。圆形凸模是指刃口端面形状为圆形的凸模，用来冲制各种圆形孔或制件。常见形式有 5 种：图 2.27（a）所示为圆柱头直杆圆凸模，适用于冲制直径为 1～36mm 的工件；图 2.27（b）所示为圆柱头缩杆圆凸模，适用于冲制直径为 5～36mm 的工件；图 2.27（c）所示为 60°锥头直杆圆凸模，适用于冲制直径为 0.5～15mm 的工件；图 2.27（d）所示为球锁紧圆凸模，适用于冲制直径为 6～22mm 的工件；图 2.27（e）所示为组合式圆凸模，适用于冲制直径较大的工件。

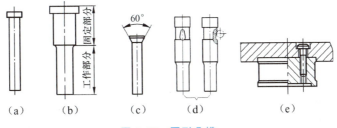

图 2.27 圆形凸模

在较厚的板料上冲制小直径工件时，为避免凸模在冲裁时折断，可在凸模外加装凸模保护套。常用的凸模保护套有两种形式，如图 2.28 所示。

② 非圆形凸模。非圆形凸模是指刃口端面形状为非圆形的凸模，用来冲制各种非圆形孔或制件。非圆形凸模从结构上分有 3 种形式：整体式、镶拼式、组合式。

整体式凸模的工作部分与固定部分做成一体。按其安装固定部分的情况又可分为 2 种形式：图 2.29（a）和图 2.29（b）所示为直通式，凸模工作部分与固定部分的形状和尺寸一致，轮廓为曲面或较复杂形状，机械加工困难，常采用线切割加工；图 2.29（c）和

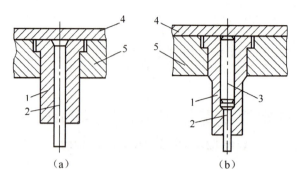

1—凸模保护套；2—凸模；3—芯柱；4—垫板；5—固定板

图 2.28　凸模保护套

图 2.29（d）所示为台阶式，其凸模工作部分与固定部分的形状和尺寸不一致，一般采用机械加工。

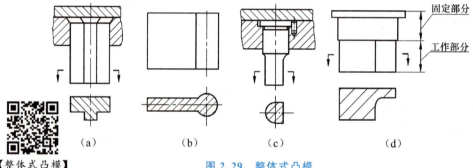

图 2.29　整体式凸模

镶拼式凸模是将凸模分成若干分体零件分别加工，然后用圆柱销连成一体，安装在凸模固定板上，以降低凸模的加工难度，如图 2.30 所示。

组合式凸模由基体部分和工作部分组成，如图 2.31 所示。工作部分采用模具钢制造，基体部分采用普通钢材（如 45 钢）制造，从而节约了优质钢材，降低了模具成本，适用于大型制件的凸模。

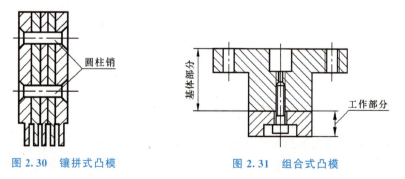

图 2.30　镶拼式凸模　　　　图 2.31　组合式凸模

（2）凸模的固定方法。

凸模的安装部分大多先与凸模固定板连接好，再安装在上模座上。当形状简单、模具使用寿命短时，也可以直接安装在上模座上（中间有时需加设垫板）。凸模的固定方法很多，其形式取决于凸模的受力状态、安装空间的限制、有无特殊要求、凸模自身的形状及工艺特性等因素。

① 台阶式固定。台阶式固定是应用较普遍的一种方法，多用于圆形凸模及规则凸模的安装。其固定部分设有台阶，以防止凸模从固定板中脱落（即轴向定位），凸模与固定板之间多采用 H7/m6 配合（过渡配合），装配稳定性好。凸模压入凸模固定板后应磨平，如图 2.29（c）和图 2.32 所示。

② 铆接式固定。铆接式固定一般用于直通式凸模，多为不规则形状断面的小凸模或较细的圆形凸模。如图 2.29（a）所示，凸模压入凸模固定板后，将凸模上端铆出（1.5～2.5）mm×45°的斜面，以防止凸模从固定板中脱落，铆接后应将端面磨平。

③ 螺钉及销钉固定。对于一些大中型凸模，由于其自身的安装基面较大，因此一般可用螺钉及销钉将凸模直接固定在凸模固定板上，安装及拆卸都比较方便，如图 2.33 所示。当制件精度要求较低时，也可直接将凸模固定在模座上，如图 2.27（e）和图 2.31 所示。对于一些较大的、轮廓形状复杂的直通式凸模，也可采用挂销固定，如图 2.34 所示。

④ 浇注黏结固定。浇注黏结固定是指采用环氧树脂、低熔点金属、无机黏结剂等进行固定。固定板和凸模的固定部位都不需要进行精加工，减少了加工工作量，适用于冲制厚度小于 2mm 的冲裁件。图 2.35（a）为环氧树脂固定；图 2.35（b）为低熔点合金固定；图 2.35（c）为无机黏结剂固定。

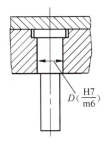

图 2.32　台阶式固定

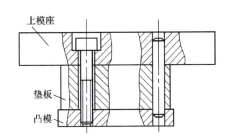

图 2.33　螺钉及销钉固定

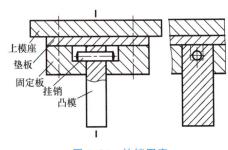

图 2.34　挂销固定

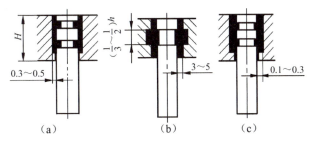

图 2.35　浇注黏接固定

（3）凸模长度的计算。

凸模长度一般根据模具结构确定。

① 使用刚性卸料装置，如图 2.36（a）所示，凸模长度 $L_p$ 用式（2-29）计算：

$$L_p = h_g + h_x + h_{dl} + A \qquad (2-29)$$

式中，$h_g$——凸模固定板厚度（mm）；

$h_x$——弹性卸料板厚度（mm）；

$h_{dl}$——导料板厚度（mm）；

$A$——自由尺寸（mm），包括3部分：闭合状态时固定板和卸料板之间的距离，凸模的修磨量，凸模进入凹模的距离为0.5～1mm，一般取$A=15$～20mm。

② 使用弹性卸料装置，如图2.36（b）所示，导料板的厚度对凸模长度没有什么影响，凸模长度应按式（2-30）进行计算。

$$L_p = h_g + H' + h_x - (0.5 \sim 1) \quad (2-30)$$

式中，$H'$——橡胶或弹簧的安装高度（mm），其值按式（3-15）、式（3-20）计算。

（4）凸模的材料和技术要求。

**凸模常用材料有T10A、9Mn2V、Cr12、Cr6WV等冷作模具钢。热处理要求达到58～62 HRC，尾部回火至40～50 HRC。**

技术要求参照GB/T 14662—2006《冲模技术条件》。一般凸模的通用技术条件如下：凸模尾部端面与凸模固定板装配后一体磨平；保持刃口锋利，不得倒钝；刃口部位的表面粗糙度$Ra=0.4$～0.8μm；小直径凸模的刃口端面不允许打中心孔。

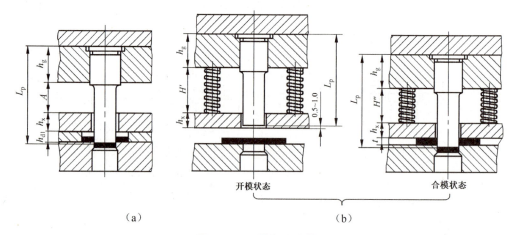

图 2.36 凸模长度计算

2. 凹模结构设计

（1）凹模的结构形式。

凹模从结构上分有整体式凹模、组合式凹模、镶拼式凹模3种。

① 整体式凹模。整体式凹模如图2.37（a）所示。其优点是模具结构简单、强度好、制造精度高；缺点是非工作部分也用模具钢制造，制造成本较高，若刃口损坏，需整体更换。整体式凹模主要适用于中小型及尺寸精度要求高的制件。

② 组合式凹模。组合式凹模如图2.37（b）所示。其优点是凹模工作部分采用模具钢制造，非工件部分采用普通材料制造，制造成本低，维修方便；缺点是结构稍复杂，制造精度比整体式凹模有所降低；组合式凹模主要适用于大中型及精度要求不太高的制件。

③ 镶拼式凹模。镶拼式凹模如图2.37（c）所示，凹模型腔由两个或两个以上的零件组成。其优点是零件加工方便，降低了复杂模具的加工难度，易损部分易更换，维修费用

低；缺点是制件的精度低，装配要求高。镶拼式凹模主要适用于窄臂制件或形状复杂的制件。

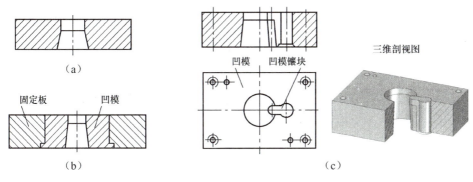

图 2.37 凹模

（2）凹模的刃口形式。

凹模的刃口大体上有以下 3 种形式。

① 直筒式凹模刃口。图 2.38 所示的 3 种刃口均为直筒式凹模刃口。这种刃口加工方便、强度高，且刃口尺寸不会因修磨而过大变化，适用于冲裁形状复杂或精度要求高的制件。其缺点是冲落部分的制件或废料积存在刃口部位，增大了推件力和凹模的胀裂力，加快刃口磨损。图 2.38（a）和图 2.38（b）所示的刃口高度一般按板料厚度选取：$t \leqslant 0.5\text{mm}$，$h=3\sim5\text{mm}$；$0.5\text{mm}<t\leqslant5\text{mm}$，$h=5\sim10\text{mm}$；$5\text{mm}<t\leqslant10\text{mm}$，$h=10\sim15\text{mm}$；一般用于单工序冲裁模或连续冲裁模且采用下出料的情况。图 2.38（c）所示的刃口适用于带有顶出装置的复合冲裁模。

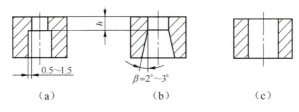

图 2.38 直筒式凹模刃口

② 锥形凹模刃口。锥形凹模刃口如图 2.39 所示。其优点是冲落的工件或废料容易漏下，凸模对凹模孔壁的摩擦及压力也较小。图 2.39（a）所示结构因刃口为锐角，刃口强度较差，修磨刃口尺寸易增大，适合冲裁形状简单、精度要求不高的制件。图 2.39（b）所示结构的设计参数 $\alpha$、$\beta$、$h$ 与板料厚度有关：当 $t<2.5\text{mm}$ 时，$\alpha=15'$，$\beta=2°$，$h=4\sim6\text{mm}$；当 $t>2.5\text{mm}$ 时，$\alpha=30'$，$\beta=3°$，$h\geqslant8\text{mm}$。

③ 凸台式凹模刃口。凸台式凹模刃口如图 2.40 所示。凹模的淬火硬度较低，一般为 35～40HRC，装配时，可以锤打凸台斜面来调整间隙，直到冲制出合格的工件为止。凸台式凹模刃口适用于冲裁厚度在 0.3mm 以下的薄料工件。

（3）固定方法。

凹模的固定方法如图 2.41 所示。图 2.41（a）是凹模与固定板采用 H7/m6 配合，常用于带肩圆凹模的固定；图 2.41（b）是凹模与固定板采用 H7/m6 或 H7/s6 配合，一般只用于小型制件的冲裁；图 2.41（c）和图 2.41（d）是凹模直接固定在模座上，图 2.41（c）所示固定方法适用于冲裁大型制件，图 2.41（d）所示固定方法适用于冲裁小批量的简单形状的制件。

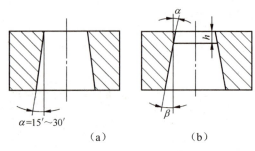

图 2.39　锥形凹模刃口

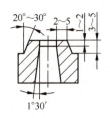

图 2.40　凸台式凹模刃口

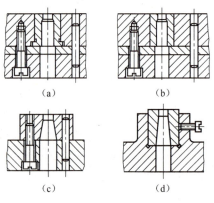

图 2.41　凹模的固定方法

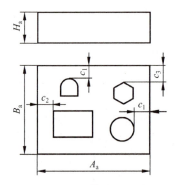

图 2.42　凹模外形尺寸

（4）外形设计。

凹模的外形尺寸应保证凹模有足够的强度、刚度和修磨量，一般有矩形和圆形两种，视具体情况而定。

凹模外形尺寸如图 2.42 所示，厚度和壁厚可按如下经验公式计算。

$$H_a = K\sqrt[3]{0.1F_c} \qquad (2-31)$$

式中，$H_a$——凹模厚度（mm），当 $H_a \leqslant 12$mm 时，取 $H_a = 12$mm；

$K$——修正系数，见表 2-17；

$F_c$——冲裁力（N）。

表 2-17　修正系数 $K$

| 凹模刃口周长 $L_a$/mm | 修正系数 $K$ |
| --- | --- |
| ≤50 | 1.00 |
| >50～75 | 1.12 |
| >75～150 | 1.25 |
| >150～300 | 1.37 |
| >300～500 | 1.50 |
| >500 | 1.60 |

凹模壁厚的计算有 3 种情况，如图 2.42 所示。

当刃口形状为平滑曲线时：$c_1=1.2H_a$

当刃口形状为直线时：$c_2=1.5H_a$ (2-32)

当刃口形状为复杂有尖角时：$c_3=2.0H_a$

式中，$c_1$、$c_2$、$c_3$——凹模壁厚（mm）。

（5）凹模的材料和技术要求。

凹模所用材料与凸模所用材料基本相同。热处理要求比凸模的硬度稍高一些，为60～64HRC。技术要求参照 GB/T 14662—2006《冲模技术条件》。通用技术条件与凸模的类似。

### 3. 凸凹模结构设计

凸凹模是复合模中的一个工作零件，其外形起凸模作用，内形起凹模作用。设计时，外形可参考凸模结构设计，内形可参考凹模结构设计。

设计凸凹模的关键是保证外形与内形之间的壁厚强度，许用最小壁厚 $c$ 可按表 2-18 选取。凸凹模内形与外形刃口之间的位置是由制件的尺寸决定的，但可在其刃口之外采取增加壁厚的措施来增大壁厚强度，如图 2.43 所示。增加强度措施以后，若还不能保证内外形之间的壁厚强度，则应放弃使用复合冲裁模结构，改用单工序冲裁模结构或连续冲裁模结构。

表 2-18 许用最小壁厚 $c$ （单位：mm）

| 工件材料 | 材料厚度 $t$ | | |
|---|---|---|---|
| | ≤0.5 | 0.6～0.8 | ≥1 |
| 铝、铜 | 0.6～0.8 | 0.8～1.0 | (1.0～1.2)$t$ |
| 黄铜、低碳钢 | 0.8～1.0 | 1.0～1.2 | (1.2～1.5)$t$ |
| 硅钢、磷铜、中碳钢 | 1.2～1.5 | 1.5～2.0 | (2.0～2.5)$t$ |

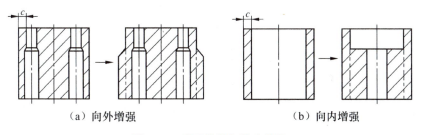

（a）向外增强　　　　　（b）向内增强

图 2.43 凸凹模增加强度措施

## 2.5.2 定位装置的设计 (Positioning Device Design)

定位装置的作用是确定条料或半成品在模具中的位置，以保证冲压件的质量，使冲压生产连续顺利地进行。下面分别讲解条料的定位和半成品的定位。

### 1. 条料的定位

条料的定位分纵向定位和横向定位两方面。

纵向定位：控制条料的送料进距，包括挡料销、导正销、定距侧刃等零件。
横向定位：保证条料的送进方向，包括导料板、侧压装置、导料销等零件。

（1）挡料销。

挡料销的作用是保证条料有准确的送进位置。常见的挡料销有 3 种：固定挡料销、活动挡料销、始用挡料销。挡料销一般用 45 钢（43～48HRC）制造，其高度应稍大于条料的厚度。

① 固定挡料销。固定挡料销一般安装在凹模固定板或凹模固定板固定板上，但安装孔会造成凹模强度的削弱，常用于单工序模和连续模中。固定挡料销主要分为圆头挡料销和钩形挡料销，如图 2.44 所示。当挡料销孔与凹模刃口距离太近时，为增大刃口强度，采用钩形挡料销。但钩形挡料销不对称，需要另加定向装置，适用于冲制较大较厚材料的工件。

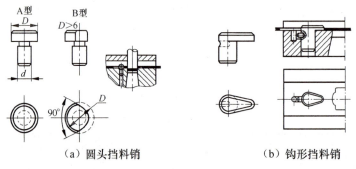

（a）圆头挡料销　　　　（b）钩形挡料销

图 2.44　固定挡料销

② 活动挡料销。活动挡料销常用于倒装式复合模中。活动挡料销如图 2.45 所示，落料凹模 1 位于上半模，要完成落料工序，落料凹模 1 必然向下运动并接触条料，迫使弹性卸料板 3 下降，进而使活动挡料销 2 受压下降，与条料平齐，避免产生干涉。

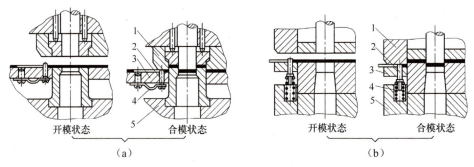

1—落料凹模；2—活动挡料销；3—弹性卸料板；4—簧片（或弹簧）；5—下模座

图 2.45　活动挡料销

③ 始用挡料销。在连续模冲裁中使用始用挡料销，仅用于每块条料开始冲裁时的定位。其结构形式有很多，图 2.46 所示即常用的一种。工作时，先用手按下始用挡料销 2，使其伸出导料板 4 的边缘，阻挡条料，令其前端定位；然后松开始用挡料销 2，使其在弹簧 1 的作用下自动复位，开始冲裁。

# 冲裁工艺与冲裁模(Blanking Process and Blanking Die) 第2章

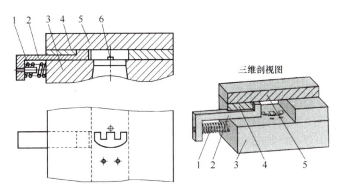

1—弹簧；2—始用挡料销；3—凹模；4—导料板；5—刚性卸料板；6—固定挡料销

图 2.46　始用挡料销

（2）导正销。

导正销多用于连续模中条料的精确定位，以保证工件内孔与外形的相对位置精度。冲模工作时，先将导正销插入上一个工位已冲制好的孔（制件上的孔或条料上的工艺孔）中，将条料精确定位，然后开始冲压加工。

① 结构形式。当零件上有适合导正销导正用的孔时，导正销固定在落料凸模上，按固定方法可分为 6 种形式：图 2.47（a）～图 2.47（c）所示的结构用于直径小于 10mm 的孔导正；图 2.47（d）所示的结构用于直径为 10～30mm 的孔导正；图 2.47（e）所示的结构用于直径为 20～50mm 的孔导正；为了便于装卸，小的导正销也可采用图 2.47（f）所示的结构，更换十分方便。

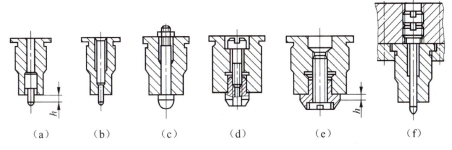

图 2.47　导正销的结构形式

当零件上没有适合导正销导正用的孔时，对于工步较多、零件精度要求较高的连续模，应在条料两侧的空位处设置工艺孔，以供导正销导正条料用。此时，导正销一般固定在凸模固定板上，如图 2.48 所示。

② 设计要点。导正销与导孔之间要有一定的间隙（小间隙配合）。导正销的高度应大于模具中最长凸模的高度（如阶梯冲裁），以确保先导正、后冲裁。导正销一般使用 T7、T8 或 45 钢制造，并需经热处理淬火。

（3）定距侧刃。

定距侧刃多用于连续模中条料的精确定位。用导正销精确定位困难时，可以选用定距侧刃定位，但定位精度不如导正销。考虑侧刃的磨损情况，定距侧刃一般适用于冲制料厚在 1.5mm 以下、送料进距 $A$ 较小、精度要求不太高的制件。冲裁时，侧刃在条料的侧边

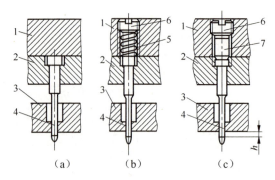

1—上模座；2—凸模固定板；3—卸料板；4—导正销；5—弹簧；6—螺塞；7—顶销

图 2.48　导正销固定在凸模固定板上的形式

冲去一个窄条，窄条的长度等于送料进距 $A$，冲去窄条后的条料才能通过导料板，如图 2.49 所示。

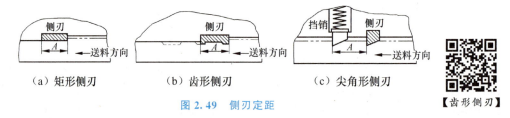

图 2.49　侧刃定距

① 侧刃定位的特点。条料宽度要求不严格；省去固定挡料销和始用挡料销；操作方便，易实现自动化；定距侧刃实际上就是一个工艺切边凸模，要有相应的凹模；但条料浪费较多。

② 侧刃形状。侧刃形状可分为Ⅰ类无导向侧刃和Ⅱ类有导向侧刃两大类，每类又可根据断面形状分为多种，如图 2.50 所示。其中 A、B、C 均为标准型侧刃（JB/T 7648.1—2008）。

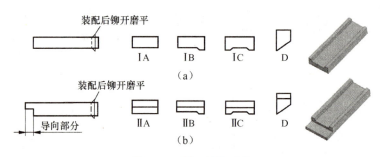

图 2.50　侧刃结构形状

A 型为矩形侧刃，结构简单，制造方便。但侧刃变钝后，切后条料边上产生圆角，影响条料的送进和准确定位，如图 2.51（a）所示。B、C 型为齿形侧刃，虽然加工困难，但克服了矩形侧刃的缺点，使条料台肩能紧靠挡料块的定位面，送料较矩形侧刃准确，不随侧刃的磨损而影响定位，在生产中常用，如图 2.51（b）所示。D 型为尖角型侧刃，虽然尖角形侧刃定位也准确，且节省条料，但在冲裁时需要前后移动条料，操作不便，多用于贵重金属的冲裁。

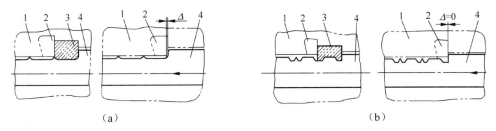

(a)　　　　　　　　　　　　　　(b)

1—导料板；2—侧刃挡块；3—侧刃；4—条料

图 2.51　侧刃的定位误差

③ 设计要点。侧刃属于切边凸模，制造时以侧刃为基准件，侧刃孔（即凹模）按侧刃配制，长度等于条料的送料进距 $A$。侧刃材料一般与凸模材料相同，常用 T10、T10A、Cr12 等，硬度为 62~64HRC。布置方式分为单侧刃和双侧刃两种形式。使用双侧刃时，可以对称放置，也可以对角放置，定位精度比单侧刃的高，但材料的利用率较低。

（4）导料板。

导料板用于引导条料沿正确的方向前进，属于横向定位零件。

① 导料板的形式。按固定方式不同，导料板可分为分离式导料板和整体式导料板两种。分离式导料板与固定卸料板是分开的，如图 2.52（a）所示。整体式导料板与固定卸料板连成一体，如图 2.52（b）所示。导料板一般安装、固定在凹模或凹模固定板上。

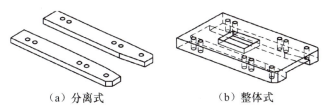

（a）分离式　　　　　　（b）整体式

图 2.52　导料板形式

② 设计要点。导料板之间的导料间距要大于条料宽度，无侧压装置时的间隙值 $b_0$ 可查表 2-11。有侧压装置时，一般 $b_0 \geqslant 5$~8mm，当条料较薄、宽度较小时，间隙要小一些；当条料较厚、宽度较大时，间隙要大一些。导料板的厚度要大于挡料销顶端高度与条料厚度之和，并有 2~8mm 的空隙。

（5）侧压装置。

如果条料的宽度公差过大，则需要在一侧的导料板上设计侧压装置，以消除板料的宽度误差，保证条料紧靠另一侧的导料板正确地送料。

侧压装置的形式有很多，图 2.53 所示为常用侧压装置的 4 种形式。簧片式和簧片压块式侧压装置用于条料厚度小于 1mm、侧压力要求不大的场合；弹簧压块式和弹簧压板式侧压装置用于侧压力较大的场合。当条料的厚度小于 0.3mm 时，不宜使用侧压装置。使用簧片式和压块式侧压装置时，一般设置 2~3 个侧压装置。

（6）导料销。

导料销是导料板的简化形式，多用于采用弹性卸料装置的倒装式复合冲裁模中。当采用导料销保证送料方向时，一般要选用两个导料销。

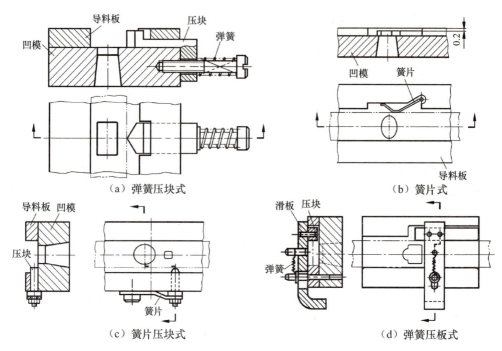

图 2.53 侧压装置

(7) 典型组合。

① 在单工序冲裁模中,多采用挡料销＋导料板的形式来实现条料的定位。

② 在倒装式复合模中,多采用挡料销＋两个导料销的形式来实现条料的定位。

③ 在连续模中,多采用挡料销＋导正销＋导料板或定距侧刃＋导料板的形式来实现条料的定位。当挡料销和导正销配合使用来对条料进行纵向定位时(保证送料进距),要注意它们之间的位置关系,如图 2.54 所示。

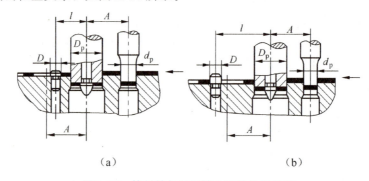

图 2.54 挡料销与导正销之间的位置关系

图 2.54(a)中,条料采用前推式定位:

$$l = A - \frac{D_p}{2} + \frac{D}{2} + 0.1 \tag{2-33}$$

式中,$l$——挡料销与导正销的中心距(mm);

$A$——送料步距(mm);

$D_p$——落料凸模部分直径(mm);

$D$——挡料销头部直径(mm)。

图 2.54(b)中,条料采用回带式定位:

$$l = A + \frac{D_p}{2} - \frac{D}{2} - 0.1 \qquad (2-34)$$

 **特别提示**

为什么在式(2-33)和式(2-34)中要+0.1mm 或者-0.1mm 呢?

挡料销对条料的定位是粗定位,而导正销对条料的定位是精定位。在粗定位时,使条料沿送料方向超前或者滞后 0.1mm,为导正销精定位时留取了 0.1mm 的调整距离,从而防止损伤模具,降低模具制造难度。

### 2. 半成品的定位

在冲裁生产过程中,并不是每个冲裁件都是一次冲裁成形的,如单工序模经常为下道工序提供毛坯或半成品,对下道工序而言,就存在一个毛坯或半成品的定位问题。半成品的定位分为内孔定位(图 2.55)和外形定位(图 2.56)两种方式。定位板或定位钉一般用 45 钢制造,淬火硬度为 43~48HRC。

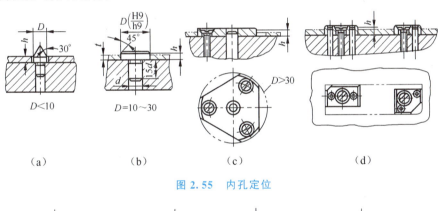

图 2.55 内孔定位

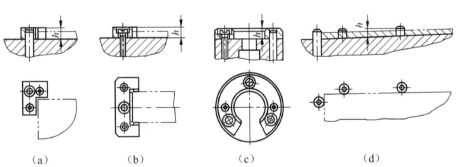

图 2.56 外形定位

### 2.5.3 卸料、推件、顶件装置 (Discharging, Push-off and Liftout Device)

#### 1. 卸料装置

卸料装置的作用是卸去冲裁后紧箍在凸模外面的条料或制件。卸料装置可分为刚性卸料装置和弹性卸料装置两大类。

（1）刚性卸料装置。

刚性卸料板直接固定在凹模（或凹模固定板）上，卸料力大，常用于材料较硬、厚度较大、精度要求不太高的工件的冲裁。刚性卸料板有封闭式、悬臂式、钩形3种结构形式，如图2.57所示。

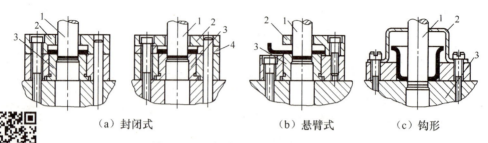

(a) 封闭式　　(b) 悬臂式　　(c) 钩形

1—凸模；2—刚性卸料板；3—凹模；4—导料板

图2.57　刚性卸料板的结构形式

【刚性卸料板的结构形式】

封闭式卸料板和导料板可做成整体式，也可做成组合式。在冲裁模中，组合式应用得比较广泛；悬臂式一般用于窄长零件的冲孔或切口；钩形又称拱形，用于空心件或弯曲件底部的冲孔（考虑成形件的高度，取件距离较大）。

（2）弹性卸料装置。

弹性卸料装置是借助弹性元件（橡胶或弹簧）的弹力推动卸料板动作而实现卸料的装置。弹性卸料装置可安装在上半模上，如图2.58（a）和图2.58（b）所示；也可安装在下半模上，如图2.58（c）和图2.58（d）所示。

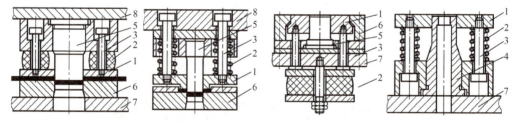

(a) 合模时状态（上半模）(b) 合模时状态（上半模）(c) 开模时状态（下半模）(d) 开模时状态（下半模）

1—弹性卸料板；2—弹性元件；3—卸料螺钉；4—凸凹模；5—凸模；6—凹模；7—下模座；8—上模座

图2.58　弹性卸料装置的结构形式

工作时，弹性卸料板1先将条料压紧，然后进行冲裁。冲裁完成后，上模复位，弹性元件2推动弹性卸料板1完成卸料动作。由于在冲裁时弹性卸料板1对条料有预压作用，因此冲裁后的带孔部分表面平整、精度较高。由于卸料力由弹性元件提供，因此该力相对较小，弹性卸料板常用于材料较薄、硬度较低的工件的冲裁。

**特别提示**

当材料厚度$t<2$mm时，常使用弹性卸料装置；当$2$mm$\leqslant t<3$mm时，应视具体情况选用卸料装置；当$t\geqslant 3$mm时，常使用刚性卸料装置。

（3）卸料板的设计。

设计卸料板时应考虑以下几个方面的内容。

① 外形尺寸。与凹模（或凹模固定板）的外形尺寸一致。

② 内形尺寸。卸料板的内形型孔形状基本上与凹模孔形状相同，内形型孔与凸模之间要有一定的间隙。一般地，对于弹性卸料板，其单面间隙取 0.05～0.1mm；对于固定卸料板，其单面间隙取 0.2～0.5mm。卸料板兼具弹压导板作用时，凸模与成型孔的配合应取 H7/h6。但卸料板与凸模之间的间隙应大于冲裁间隙，同时要保证在卸料力的作用下，带孔条料（工件或废料）不被拉进间隙内。

③ 厚度可按表 2-19 选取。

表 2-19 刚性卸料板厚度 $h_x$ 和弹性卸料板厚度 $h'_x$ （单位：mm）

| 材料厚度 t | 卸料板宽度 B | | | | | | | | | |
|---|---|---|---|---|---|---|---|---|---|---|
| | ≤50 | | 50～80 | | 80～125 | | 125～200 | | >200 | |
| | $h_x$ | $h'_x$ | $h_x$ | $h'_x$ | $h_x$ | $h'_x$ | $h_x$ | $h'_x$ | $h_x$ | $h'_x$ |
| ≤0.8 | 6 | 8 | 6 | 10 | 8 | 12 | 10 | 14 | 12 | 16 |
| 0.8～1.5 | 6 | 10 | 8 | 12 | 10 | 14 | 12 | 16 | 14 | 18 |
| 1.5～3.0 | 8 | — | 10 | — | 12 | — | 14 | — | 16 | — |
| 3.0～4.5 | 10 | — | 12 | — | 14 | — | 16 | — | 18 | — |
| >4.5 | 12 | — | 14 | — | 16 | — | 18 | — | 20 | — |

④ 卸料板的上、下两面应光洁（磨床加工），与板料接触面上的孔不应倒角；材料一般选用 45 钢或 Q235；不需要进行热处理。

2. 推件装置

推件装置安装在冲裁模的上模部分，利用压力机的横梁或模具内的弹性元件，通过推杆、推板等，将制件或废料从凹模型腔内推出。

（1）刚性推件装置。刚性推件装置是利用压力机的横梁，通过安装在模柄内的打料杆进行推件。刚性推件装置如图 2.59 所示，冲模的上模通过模柄 1 固定在压力机滑块 4 上。冲压完成后，上模随着压力机滑块 4 回程，当打料杆 2 与压力机横梁 3 接触时，打料杆 2、推板 8、推杆 9、推件块 10 不再随着上模上行，而上模的其他部分仍随着压力机滑块 4 向上运动，从而将制件从凹模 11 内推出。

（2）弹性推件装置。弹性推件装置利用安装在模具内部的弹性元件完成推出动作。弹性推件装置如图 2.60 所示，冲裁时橡胶 1 被压缩，冲裁后

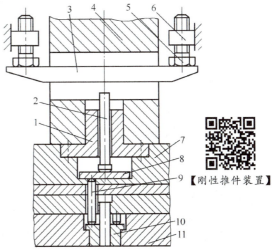

1—模柄；2—打料杆；3—压力机横梁；4—压力机滑块；
5—螺栓；6—螺母；7—上模座；8—推板；9—推杆；
10—推件块；11—凹模

图 2.59 刚性推件装置

弹性元件要释放能量,推动推件块 4 完成推件动作。

(3) 推件装置的设计。推件装置的结构比较精巧。由于推件装置安装在上半模的内部,因此在设计时要特别注意与相邻模具零件的配合与让位。推杆和推板一般用 45 钢制造,淬火硬度为 43~48HRC。

3. 顶件装置

顶件装置安装在下半模部分,多用于正装复合模或平面要求平整的落料模(有顶件装置时,冲落部分是在顶件板和凸模的夹持下被冲裁掉的,因此比较平整)的冲裁。其结构形式可分为弹性元件安装在模具内部和弹性元件安装在模具外部两种。弹性顶件装置如图 2.61 所示,冲裁完毕回程时,靠橡胶 5 释放能量,通过顶件块 2 完成顶件动作,其设计要点同推件装置。

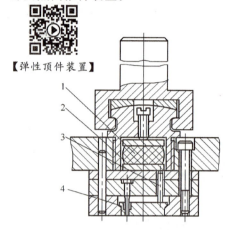

1—橡胶;2—推板;3—推杆;4—推件块

图 2.60　弹性推件装置

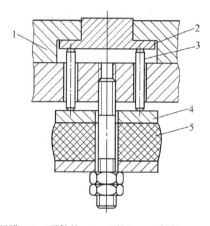

1—凹模;2—顶件块;3—顶杆;4—托板;5—橡胶

图 2.61　弹性顶件装置

## 2.5.4　固定零件(Fixed Parts)

冲裁模的固定零件包括模架、模柄、固定板、垫板、紧固件等。

1. 模架

模架是组合体,由上模座、下模座、导柱和导套 4 部分组成。

模架是模具的基础,模具的所有零件都直接或间接地安装在模架上,构成完整的冲裁模。模架的上模座通过模柄与曲柄压力机滑块相连,模架的下模座固定在压力机的工作台面上。

(1) 模架分类。

模架按导向方式分为滑动导向模架和滚动导向模架两大类,其中滑动导向模架应用最广泛。图 2.62 所示均为滑动导向模架。在滚动导向模架中,导套内镶有成行的滚珠,通过滚珠与导柱实现无间隙配合,导向精度高,广泛应用于精密冲裁模中。

按导柱的布置形式,模架可分为对角导柱模架、中间导柱模架、后侧导柱模架和四角导柱模架,均有国家标准可供选用,结构如图 2.62 所示。除中间导柱模架只能沿前后方向送料外,其他 3 种模架均可以沿纵向和横向两个方向送料。其中,中间导柱模架和对角导柱模架在中小型冲裁模中应用非常广泛,并且为了防止误装,常将两个导柱设计成直径相差 2~

5mm 的形状。四角导柱模架的导向性能好、受力均匀、刚性好,适用于大型模具。

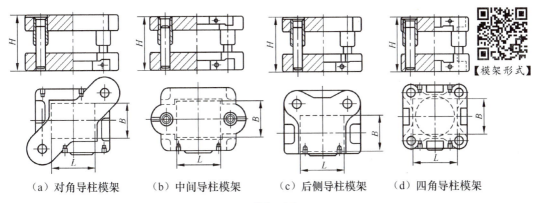

图 2.62 模架形式

(2) 设计要点。

① 导柱和导套。导柱安装在下模座,导套安装在上模座,使用时尽量选用标准件。导柱与导套常选用 H7/h6 或 H6/h5 的小间隙配合;导柱与下模座之间、导套与上模座之间常选用 H7/r6 的过盈配合。导套压入上模座的长度要比上模座的厚度小 2～5mm;模具闭合时,导柱上端面距上模座上平面的距离不得小于 5mm,如图 2.63 所示。有些导套的导滑段上还开设有储存润滑油的油槽。

② 下模座。向下自然漏料时,漏料孔的尺寸要比漏料的尺寸大些,形状可简化,以便加工。自行设计时,下模座厚度

$$H_x = (1.0 \sim 1.5) H_a \qquad (2-35)$$

式中,$H_x$——下模座厚度(mm);
$H_a$——凹模厚度(mm)。

③ 上模座。在上平面开设浅槽,与安装导套的间隙相连,防止出现真空,如图 2.63 所示。自行设计时,上模座厚度

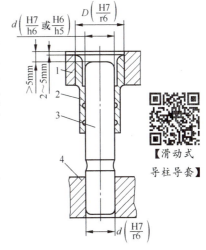

1—上模座;2—导套;
3—导柱;4—下模座

图 2.63 滑动式导柱导套

$$H_s = H_x - 5 \qquad (2-36)$$

式中,$H_s$——上模座厚度(mm)。

④ 材料选用。上、下模座的材料为 HT200 或 Q235。导柱、导套的材料为 20 钢,渗碳淬火硬度为 60～62HRC。

2. 模柄

**模柄是上模部分与压力机滑块的连接零件,其下部固定在上模座上。工作时,其上部固定在压力机滑块的模柄孔内。** 模柄形式共有 6 类 10 种,如图 2.64 所示。

压入式模柄与上模座连接时,要加销钉以防转动;旋入式模柄与上模座连接时,要加螺钉以防松动。这两种模柄适用于中小型模具,其中压入式模柄最常用。

凸缘模柄多用于较大型模具。槽形模柄用于直接固定凸模,主要用于简单模具。浮动模柄

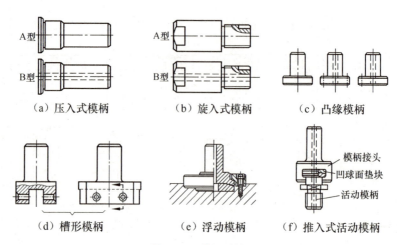

图 2.64 模柄形式

采用了凹面浮动结构，以消除压力机导向误差对冲模导向精度的影响，从而提高了冲裁精度，主要用于精密模具中。推入式活动模柄也是一种浮动模柄，主要用于精密模具中。

模柄直径根据所选压力机的安装孔尺寸而定，模柄材料一般选用 45 钢或 Q235。

### 3. 固定板

固定板用于固定凸模、凹模或凸凹模，之后与模座连接。固定板一般采用台阶式固定方式，选用 H7/m6 的过渡配合，如图 2.31 和图 2.42（a）所示。

固定板的外形尺寸与凹模的外轮廓尺寸基本一致，一般固定板材料选用 45 钢或 Q235。其厚度按式（2-37）计算。

$$h_g = (0.8 \sim 0.9) H_a \tag{2-37}$$

式中，$h_g$——固定板厚度（mm）；

$H_a$——凹模厚度（mm）。

### 4. 垫板

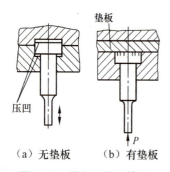

图 2.65 垫板的受力情况

垫板的作用是直接承受和扩散凸模传递过来的压力，以减小模座所承受的单位压力，使凸模顶面处的模座平面不被压陷损坏，如图 2.65 所示。垫板安装在凸模与模座之间，既可能在上模部分，也可能在下模部分。

垫板的外形多与凸模固定板的一致。垫板厚度一般取 5~12mm（条料硬度高、厚度大时，垫板厚度取较大值）。其材料为 T7、T8 时，淬火硬度为 52~56HRC；材料为 45 钢时，淬火硬度为 43~48HRC。垫板的上、下面要磨平。

应根据模座承受的单位面积上的压应力决定是否需要加设垫板。当模座承受的单位面积上的压力超过模座材料的许用压应力时，需要在凸模与模座之间加设垫板，因此加设垫板的条件为

$$\sigma_y = F_y / S \geqslant [\sigma_y] \tag{2-38}$$

式中，$\sigma_y$——模座承受的单位压力（MPa）；

$F_y$——凸模的冲压力（N）；

$S$——凸模顶面的面积（$mm^2$）；

$[\sigma_y]$——模座材料的许用压应力（MPa）。

#### 5. 紧固件

模具中使用的紧固件主要是螺钉和销钉。螺钉用来连接冲裁模中的各个零件，使其成为一个整体；销钉起定位作用。紧固件应尽量选用标准件，选用时应注意以下两点。

（1）选用螺钉时，应尽量选用内六角螺钉，这种螺钉的头部可以埋入模板内，占用空间小，拆装方便。

（2）选用销钉时，一般应选用圆柱销，以便于拆装。销钉不能少于两个；螺钉与销钉之间的距离不能太小，否则会降低模具的强度。

## 2.6 综合案例（Comprehensive Case）

零件名称：垫圈（图2.66）。
生产批量：大批量。
材料：Q235；$t=2mm$。
设计该零件的冲裁模，并绘制模具装配图。

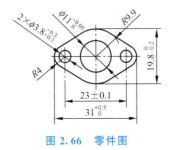

图 2.66 零件图

### 1. 冲裁件工艺性分析

冲裁件材料为 Q235 钢板，普通碳素钢，属于低碳钢，具有良好的冲压性能；冲裁件形状简单、对称，由圆弧和直线组成，符合冲裁件工艺要求。

$\phi 3.8mm$ 孔大于表 2-2 中的最小孔径要求，与边缘之间的距离为 2.1mm，大于 $t$；$\phi 3.8mm$ 两孔中心距公差满足表 2-5 中的要求；查标准公差数值表（GB/T 1800.1—2009《产品几何技术规范（GPS）极限与配合 第 1 部分：公差、偏差和配合的基础》），零件图中标注的外形尺寸公差等级为 IT12～IT14，在冲裁件的经济精度范围内。综上所述，该零件所有形状都可以通过冲裁加工得到保证。

### 2. 冲压工艺方案设计

由以上分析可知，冲裁件具有尺寸精度不高、形状轮廓较小、生产批量大、板料厚度较小等特点，所以采用工序集中的工艺方案。

查表 2-17 可得凸凹模最小壁厚 $c=1.2t=2.4mm$，而 $\phi 3.8mm$ 孔边缘与外轮廓边缘的距离为 2.1mm，小于凸凹模允许的最小壁厚，所以不能采用复合模结构。

综上所述，模具采用导正销定位、刚性卸料、自然漏料方式的连续冲裁模。设计两个工位，第一个工位完成 $2\times\phi 3.8mm$、$\phi 11mm$ 三个孔的冲孔工序，第二个工位完成外轮廓的落料工序。

### 3. 排样设计

（1）计算条料宽度和送进距离。采用单排排样，排样图如图 2.67 所示。首先确定搭边值。查表 2-10，按矩形形状和板料厚度 $t=2mm$，取工件间搭边值 $a_1=1.8mm$，取侧

边搭边值 $a = 2.0$ mm。

因此送料步距

$$A = D + a_1' = D + \frac{a_1}{\cos 31°} = \left(22.5 + \frac{1.8}{\cos 31°}\right) \text{mm} \approx 24.6 \text{mm}$$

采用手动保持条料紧贴单侧导料板送料，则条料宽度按式（2-4）计算，查表 2-11，取 $\Delta = 0.5$ mm，$b_0 = 0.2$ mm。

$$B = (L + 2a)_{-\Delta}^{0} = [(19.8 + 2 \times 2.0)]_{-0.5}^{0} \text{mm} \approx 24_{-0.5}^{0} \text{mm}$$

最终确定的工件间搭边值、侧边搭边值、条料宽度如图 2.68 所示。

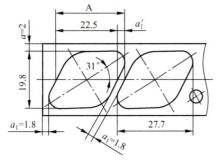

图 2.67 排样图

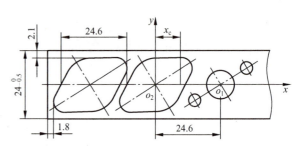

图 2.68 压力中心

（2）计算材料利用率。选用 2mm×1000mm×1500mm 的钢板，裁成宽 24mm、长 1000mm 的条料，则每张板所出零件数

$$n = \frac{1500}{B} \times \frac{1000 - a_1}{A} = \frac{1500}{24} \times \frac{1000 - 1.8}{24.6} \approx 62 \times 40 = 2480$$

裁成宽 24mm、长 1500mm 的条料，则每张板所出零件数

$$n = \frac{1000}{B} \times \frac{1500 - a_1}{A} = \frac{1000}{24} \times \frac{1500 - 1.8}{24.6} \approx 41 \times 60 = 2460$$

由计算可知，板料采用第一种裁切方法比较经济。板料利用率

$$\eta = \frac{nS}{1000 \times 1500} \times 100\% = \frac{2480 \times 413.05}{1000 \times 1500} \times 100\% \approx 68.29\%$$

式中，$S$——冲裁制件面积（$\text{mm}^2$）。

4. 计算压力中心

如图 2.68 所示，建立 $xo_2y$ 坐标系。因为在两个工位上，图形分别相对于 $o_1$、$o_2$ 中心对称，所以冲孔时的压力中心在 $o_1$ 上，$x_1 = 24.6$ mm；落料时的压力中心在 $o_2$ 上，$x_2 = 0$；总的压力中心在 $x$ 轴上。

由式（2-25）得

$$x_c = \frac{L_1 x_1 + L_2 x_2}{L_1 + L_2} = \left[\frac{(\pi \times 11 + 2 \times \pi \times 3.8) \times 24.6 + 77.34 \times 0}{(\pi \times 11 + 2 \times \pi \times 3.8) + 77.34}\right] \text{mm} \approx 10.58 \text{mm}$$

5. 计算工序力，初选压力机

因为采用刚性卸料装置和自然漏料方式，所以只用计算冲裁力和推件力即可。

（1）计算冲裁力。为了减小冲裁力，可将 4 个凸模设计成 2 组不同的高度，即冲裁外形

的凸模与冲裁 $\phi 11$mm 孔的凸模等高,冲裁 $2\times\phi 3.8$mm 孔的两个小凸模等高,2 组凸模高度相差 2mm。这样做可避免各组凸模冲裁力的最大值同时出现,而且可避免冲裁 $2\times\phi 3.8$ 的小凸模由于承受材料流动挤压力而发生倾斜或折断事故。

首先计算第一个工位冲裁 $\phi 11$mm 孔、$2\times\phi 3.8$mm 孔的冲孔力和第二个工位冲裁外形的落料力。

查表 1-3 取 $\tau_b=360$MPa,由式(2-16)计算冲孔力分别为

$$F_{c11}=KL_{11}t\tau_b=(1.3\times\pi\times 11\times 2\times 360/1000)\text{kN}\approx 32.35\text{kN}$$

$$F_{c12}=2KL_{12}t\tau_b=(2\times 1.3\times\pi\times 3.8\times 2\times 360/1000)\text{kN}\approx 22.34\text{kN}$$

由式(2-16)计算冲裁外形的落料力为

$$F_{c2}=KL_2 t\tau_b=(1.3\times 77.34\times 2\times 360/1000)\text{kN}\approx 72.39\text{kN}$$

采用阶梯凸模冲裁法时,分别计算每组等高度的凸模冲载力之和,取其中最大一级冲裁力之和作为冲裁件的冲裁力。故总的冲载力

$$F_c=F_{c11}+F_{c2}=(32.35+72.39)\text{kN}=104.74\text{kN}$$

> **特别提示**
>
> 利用平面几何知识计算送料方向冲裁件宽度 $D$ 和外形轮廓周长 $L_2$ 较麻烦,本冲裁件宽度 $D=22.5$mm、周长 $L_2=77.33$mm、面积 $S=413.05$mm$^2$ 是在 AutoCAD 软件中绘制好图后,直接测量查询得到的。

(2) 计算推件力。查表 2-15,得 $K_t=0.055$。取 $n=3$,由式(2-19)可得

$$F_t=nK_t F_c=(3\times 0.055\times 104.74)\text{kN}\approx 17.28\text{kN}$$

(3) 计算冲裁工序力。由式(2-21)得

$$F=F_c+F_t=(104.74+17.28)\text{kN}\approx 122\text{kN}$$

(4) 初选压力机。压力机的公称压力应大于冲裁工序力,即 $F_p\geqslant 1.2F=146.4$kN,查表 1-5,初选开式双柱可倾式压力机,型号为 J23-16。

### 6. 冲模零部件的选用、设计和计算

(1) 计算凸、凹模刃口尺寸。

① 由 Q235、$t=2$mm,查表 2-12,确定冲裁间隙 $Z_{\min}=0.22$mm,$Z_{\max}=0.26$mm。

② 计算落料刃口尺寸。采用配制加工法,以凹模为基准进行刃口尺寸计算。凸模尺寸按相应的凹模实际尺寸进行配制,保证最小单边冲裁间隙为 0.11mm。

令 $A_1=31^{+0.50}_{\ 0}$mm、$A_2=19.8^{\ 0}_{-0.20}$mm、$A_3=R4$mm、$A_4=R9.9$mm。凹模刃口磨损后,尺寸 $A_1$、$A_2$、$A_3$、$A_4$ 增大,按落料凹模类尺寸处理。其中 $A_3$、$A_4$ 的冲裁模刃口尺寸属于单边磨损。

a. 双边磨损的刃口尺寸计算。

由 $A_1=31^{+0.50}_{\ 0}$mm$=31.5^{\ 0}_{-0.50}$mm,$A_2=19.8^{\ 0}_{-0.20}$mm、$t=2$mm,查表 2-14 选取磨损系数。因工件四角均为圆弧,故按圆形工件选取磨损系数:$x_{A1}=x_{A2}=0.5$。

取 $\delta_m=\Delta/4$,按式(2-13)计算得

$$A_{m1}=(A_1-x_{A1}\Delta_{A1})^{+\delta_{mA1}}_{\ 0}=(31.5-0.5\times 0.50)^{+0.50/4}_{\ 0}\text{mm}=31.25^{+0.125}_{\ 0}\text{mm}=31.5^{-0.125}_{-0.250}\text{mm}$$

$$A_{m2}=(A_2-x_{A2}\Delta_{A2})^{+\delta_{mA2}}_{\ 0}=(19.8-0.5\times 0.20)^{+0.20/4}_{\ 0}\text{mm}=19.7^{+0.05}_{\ 0}\text{mm}=19.8^{-0.050}_{-0.100}\text{mm}$$

b. 单边磨损的刃口尺寸计算。

未注尺寸公差等级取经济精度 IT14，查标准公差数值表（GB/T 1800.1—2009《产品几何技术规范（GPS）极限与配合 第 1 部分：公差、偏差和配合的基础》），得到 $A_1 = R4_{-0.30}^{0}$ mm、$A_2 = R9.9_{-0.36}^{0}$ mm。按圆形工件查表 2-14，选取磨损系数 $x_{A3} = x_{A4} = 0.5$。

取 $\delta'_m = \Delta/8$，则有

$$A_{m3} = \left(A_3 - x_{A3}\frac{\Delta_{A3}}{2}\right)_{0}^{+\delta'_{mA3}} = \left(4 - 0.5 \times \frac{0.30}{2}\right)_{0}^{+0.30/8} = 3.925_{0}^{+0.038}\text{mm} = 4_{-0.075}^{-0.037}\text{mm}$$

$$A_{m4} = \left(A_4 - x_{A4}\frac{\Delta_{A4}}{2}\right)_{0}^{+\delta'_{mA4}} = \left(9.9 - 0.5 \times \frac{0.36}{2}\right)_{0}^{+0.36/8} = 9.81_{0}^{+0.045}\text{mm} = 9.9_{-0.090}^{-0.045}\text{mm}$$

③ 计算冲孔刃口尺寸。采用互换加工法，以凸模为基准件进行刃口尺寸计算。

令 $d_1 = 3.8_{+0.1}^{+0.2}$ mm $= 3.9_{0}^{+0.1}$ mm、$d_2 = 11_{0}^{+0.05}$ mm，查表 2-13 选取

$$\delta_{p1} = \delta_{p2} = 0.020\text{mm},\ \delta_{d1} = \delta_{d2} = 0.020\text{mm}$$

根据制件公差和 $t = 2$ mm，查表 2-14 选取：$x_{d1} = x_{d2} = 0.75$。

检查是否满足 $\delta_p + \delta_d \leq Z_{\max} - Z_{\min}$ 的要求

$$\delta_p + \delta_d = (0.020 + 0.020)\text{mm} = 0.040\text{mm}$$

$$Z_{\max} - Z_{\min} = (0.260 - 0.220)\text{mm} = 0.040\text{mm}$$

满足要求。按式（2-7）、式（2-8）计算得

$$d_{p1} = (d_1 + x_{d1}\Delta_{d1})_{-\delta_{p1}}^{0} = (3.9 + 0.75 \times 0.1)_{-0.020}^{0}\text{mm} = 3.975_{-0.020}^{0}\text{mm} = 3.8_{+0.155}^{+0.175}\text{mm}$$

$$d_{d1} = (d_1 + x_{d1}\Delta_{d1} + Z_{\min})_{0}^{+\delta_{d1}} = (3.975 + 0.22)_{0}^{+0.020}\text{mm} = 4.195_{0}^{+0.020}\text{mm} = 3.8_{+0.395}^{+0.415}\text{mm}$$

$$d_{p2} = (d_2 + x_{d2}\Delta_{d2})_{-\delta_{p2}}^{0} = (11 + 0.75 \times 0.05)_{-0.020}^{0}\text{mm} = 11.038_{-0.020}^{0}\text{mm} = 11_{+0.018}^{+0.038}\text{mm}$$

$$d_{d2} = (d_2 + x_{d2}\Delta_{d2} + Z_{\min})_{0}^{+\delta_{d2}} = (11.038 + 0.22)_{0}^{+0.020}\text{mm} = 11.258_{0}^{+0.020}\text{mm} = 11_{+0.258}^{+0.278}\text{mm}$$

④ 在冲孔落料工序中，不随磨损变化的尺寸，按式（2-15）计算得

$$C = C \pm \Delta'/4 = (23 \pm 0.1/4)\text{mm} = (23 \pm 0.025)\text{mm}$$

（2）初定各主要零件外形尺寸。

① 凹模外形尺寸的确定。

查表 2-17，依据 $L_a = L_2 = 77.33$ mm，取 $K = 1.25$。根据式（2-31），计算凹模厚度

$$H_a = K\sqrt[3]{0.1F_{c2}} = (1.25 \times \sqrt[3]{0.1 \times 72390})\text{mm} \approx 24\text{mm}$$

根据式（2-32），凹模横向壁厚：$c_1 = 1.2H_a \approx 29$ mm；纵向壁厚：$c_2 = 1.5H_a = 36$ mm。

凹模宽度 $B$ 的确定：

$$B = 工件宽 + 2c_2 = (19.8 + 2 \times 36)\text{mm} = 91.8\text{mm}$$

凹模长度 $L$ 的确定：

$$L = 工件长 + 送料步距 + 2c_1 = (27.7 + 25 + 2 \times 29)\text{mm} = 110.7\text{mm}$$

查冲模矩形凹模板标准（JB/T 7643.1—2008《冲模模板 第 1 部分：矩形凹模板》），确定凹模外形尺寸为 125mm×100mm×28mm。

② 凸模固定板、刚性卸料板、导料板、垫板等厚度尺寸的确定。

根据式（2-37）初算固定板厚度

$$h_g = 0.8H_a = (0.8 \times 24)\text{mm} = 19.2\text{mm}$$

取外形尺寸与凹模相同，查矩形固定板标准（JB/T 7643.2—2008《冲模模板 第 2 部分：矩形固定板》），取固定板厚度 $h_g = 20$ mm。

查表 2-19，得卸料板厚度 $h_x=12\text{mm}$。

导料板的厚度要大于挡料销顶端高度与条料厚度之和，并有 2～8mm 的空隙。导料板大致的外形尺寸为 125mm×38mm，查冲模导料板标准（JB/T 7648.5—2008《冲模侧刃和导料装置 第 5 部分：导料板》），取 $h_{dl}=8\text{mm}$。

根据凹模外形尺寸，查矩形垫板标准（JB/T 7643.3—2008《冲模模板 第 3 部分：矩形垫板》），取垫板厚度 $h_{db}=6\text{mm}$。

③ 凸模长度尺寸的确定。模具闭合状态时，凸模固定板和刚性卸料板之间的距离、凸模的修磨量、凸模进入凹模的距离一般为 15～20mm，此处取 $A=20\text{mm}$。根据式（2-29），得凸模的长度

$$L_p=h_g+h_x+h_{dl}+A=(20+12+8+20)\text{mm}=60\text{mm}$$

④ 上、下模座的计算。根据式（2-35），计算得下模座厚度

$$H_x=1.2H_a=(1.2\times 24)\text{mm}\approx 29\text{mm}$$

根据式（2-36），计算得上模座厚度

$$H_s=H_x-5=24\text{mm}$$

⑤ 标准模架的选取。依据已初算出来的各板厚度，估算模具闭合高度

$$H_{闭合}=H_x+H_a+h_{dl}+h_x+A+h_g+h_{db}+H_s$$
$$=(29+24+8+12+20+20+6+24)\text{mm}=143\text{mm}$$

由于模具要求导向平稳，因此选用对角导柱模架。根据凹模周界尺寸 125mm×100mm 及初算闭合高度 $H_{闭合}$，查冲模滑动导向对角导柱模架标准（GB/T 2851—2008《冲模滑动导向模架》），选取模架规格。

滑动导向模架 对角导柱 125×100×140～165 Ⅰ（GB/T 2851—2008《冲模滑动导向模架》）

并由此确定上、下模座及导柱、导套规格。

对角导柱上模座 125×100×30（GB/T 2855.1—2008《冲模滑动导向模座 第 1 部分：上模座》）

对角导柱下模座 125×100×35（GB/T 2855.2—2008《冲模滑动导向模座 第 2 部分：下模座》）

导柱 A 22 h5×130（GB/T 2861.1—2008《冲模导向装置 第 1 部分：滑动导向导柱》）

导套 A 22 H6×80×28（GB/T 2861.3—2008《冲模导向装置 第 3 部分：滑动导向导套》）

查表 1-5，初选的压力机 J23-16 的最大装模高度、工作台尺寸均能够满足模具的安装和使用要求。

### 特别提示

因为冲模模架及常用冲模零件均有相关标准（GB 为国家标准，JB 为机械行业标准），所以初算零件尺寸值后，尽可能查阅标准，圆整数值选用标准件，可大大缩短设计时间、降低制造成本。

**7. 绘制模具装配图**

按已确定的模具形式及模具各零件尺寸，绘制模具装配图，如图 2.69 所示。

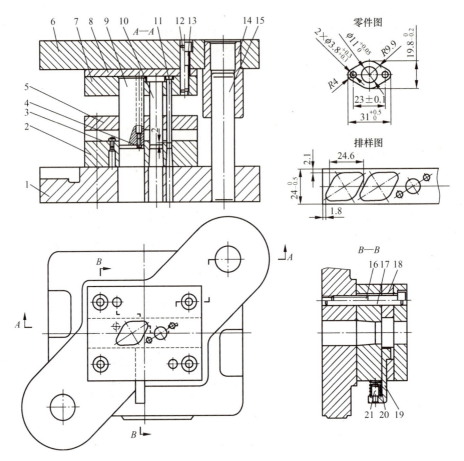

1—下模座；2—凹模；3—固定挡料销；4—导正销；5—固定卸料板；6—上模座；7—凸模固定板；8—垫板；9—大凸模；10，11—圆凸模；12，17—销钉；13，16—螺钉；14—导套；15—导柱；18—导料板；19—初始挡料销；20—小弹簧；21—芯柱

图 2.69　模具装配图

### 特别提示

绘制零件图时，最重要的是细节，所谓"差之毫厘，谬以千里"，在设计中的表现尤为突出，需注意以下方面。

（1）标注尺寸时，凸模与固定板之间的配合公差、导料板与条料之间的间隙、凸模与卸料板之间的间隙等数值虽小，但作用很大，所以标注时一定要细心。这些要求和数据都可以在《冲模设计手册》中查到。

（2）模具零部件的设计基准要尽量一致，很多学生不注意这一点。如模座采用中心基准，固定板却采用边基准，基准不一致，会造成尺寸标注混乱，也会给制造和检验带来麻烦。

（3）零件上任何局部轮廓都应包括两部分尺寸：定位尺寸和定形尺寸。定位尺寸确定这个轮廓在零件上相对于设计基准的具体位置，定形尺寸则确定轮廓形状和大小。二者缺一不可，但很多学生经常标注不全。

（4）重要部位的粗糙度和形位公差的标注很重要。它们决定了零件的加工精度，如不标注，加工人员则按未注公差处理，加工出来的零件能符合要求吗？能保证装配要求吗？

（5）根据零件的功能选用不同的材质、毛坯形式和热处理，选用不同的未注公差等级和粗糙度，这些一定要在标题栏和技术要求中说（标）明。

## 本章小结(Brief Summary of this Chapter)

本章对冲裁工艺及冲裁模设计进行了较详细的阐述，包括冲裁变形过程、冲裁件工艺性、排样设计、冲裁间隙、压力中心、冲裁工序力及单工序模、复合模和连续模的设计。

冲裁变形过程部分介绍了冲裁变形过程及制件的断面特征。

冲裁件工艺性部分介绍了满足冲裁工艺要求的制件的形状、精度、粗糙度和结构。

模具工艺设计部分介绍了典型模具结构、排样设计、冲裁间隙、冲裁工序力和压力中心计算；模具结构设计部分介绍了典型的模具结构和主要零部件的设计要求。

本章的教学目标是使学生掌握冲裁模设计的基础知识，通过典型模具结构和实例的讲解，掌握弯曲模设计的基础知识及冲裁模设计的一般流程。

## 习题(Exercises)

**1. 简答题**

（1）什么是冲裁？冲裁变形过程分为哪3个阶段？说明每个阶段的变形情况。

（2）冲裁时，断面质量分为哪几个区？各区有什么特征？各是如何形成的？

（3）什么是排样？冲压废料有哪两种？要提高材料利用率，应从减少哪种废料着手？

（4）什么是搭边？搭边值取决于哪些因素？

（5）什么是冲裁间隙？它对冲裁件的断面质量、冲裁工序力、模具使命寿命有什么影响？如何确定模具的合理冲裁间隙？

（6）求冲裁模的压力中心位置有哪几种方法？如何用解析法求冲裁模的压力中心位置？求冲裁模的压力中心位置有什么用处？

（7）冲裁模刃口尺寸计算的原则有哪些？

（8）在什么情况下采用凸模和凹模分别标注、分别加工？分别加工时应满足什么条件？

（9）在什么情况下采用凸模和凹模配合加工？配合加工有什么优点？

（10）何谓正装复合模？何谓倒装复合模？各有什么优点？设计复合模中的凸凹模时应注意什么问题？

（11）选择冲裁模的结构类型时应遵循什么原则？

（12）冲模工作时，毛坯在送进平面内如何定位？左右如何导向？各有哪几种方式和零件？

（13）模架由哪几种零件组成？标准中规定了哪几种模架形式？各有什么特点？模架在模具中起什么作用？

（14）垫板起什么作用？在什么情况下可以不加垫板？

**2. 设计题**

（1）设计计算图 2.70 所示制件的冲孔－落料复合模，并绘制出模具结构图。

（2）设计计算图 2.71 所示制件的冲孔－落料级进模，并绘制出模具结构图。

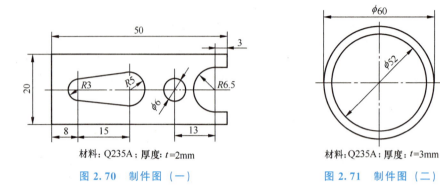

图 2.70　制件图（一）　　　　图 2.71　制件图（二）

（3）设计计算图 2.72 所示 4 个制件的冲裁模。生产批量和设计工作量由教师根据教学需要确定，模具类型由学生根据综合分析确定。

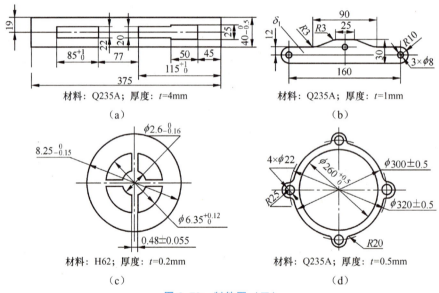

图 2.72　制件图（三）

## 综合实训（Comprehensive Practical Training）

1. 实训目标：提高学生的实践能力，增强其对冲裁模结构的感性认识，将冲裁模理论知识与模具实物相对应，提高其模具拆装的实际操作技能和绘图能力。

2. 实训内容：指导学生完成冲裁模的拆装，测量并填写冲模零件配合关系测绘表（见表 2-20），绘制拆卸模具的结构图和主要零件工作图。

3. 实训要求：模具的拆装与测绘按下面的要求进行。

（1）模具拆卸的一般规则。

在拆装模具时可先将模具的某个部分（如冲压模的上模、注射模的定模部分）托住，另一只手拿木锤或铜棒轻轻地敲击模具另一个部分（如冲压模的下模、注射模的动模部分）的座板，从而使模具分开。绝不可用很大的力来锤击模具的其他工作面或使模具左右摆动，从而对模具的精度产生不良影响。然后用铜棒顶住销钉，用手锤卸除销钉，再用内六角扳手卸下紧固螺钉和其他紧固零件。在拆卸时要特别小心，绝不可碰伤模具工作零件的表面。拆卸下来的零件应放在指定的容器内，以防生锈或遗失。在拆卸模具时，一般应遵循下列规则。

① 模具的拆卸工作应按照各模具的具体结构，预先考虑好拆卸程序。如果顺序倒置或贪图省事而猛拆猛敲，就会造成零件损伤或变形，严重时还会导致模具难以装配复原。

② 一般模具的拆卸顺序是先拆外部附件，再拆主体部件。在拆卸部件或组合件时，应按从外部拆到内部、从上部拆到下部的顺序进行，依次拆卸组合件或零件。

③ 拆卸时，必须保证使用的工具不会对合格零件造成损伤，应尽量使用专用工具，严禁用钢锤直接敲击零件的工作表面。

④ 拆卸时，应对容易产生位移而又无定位的零件做好标记；也需要辨别清楚各零件的安装方向，并做好相应标记，以免在装配复原时浪费时间。

⑤ 对于精密的模具零件，如凸模、凹模和型芯等，应放在专用的盘内或单独存放，以防碰伤工作部位。

⑥ 拆下的零件应尽快清洗，以免生锈腐蚀，最好涂上润滑油。

表 2-20 冲模零件配合关系测绘表

| 序号 | 相关配合关系 | 配合松紧程度 | 配合要求 | 配合尺寸测量值 | 配 合 尺 寸 |
|---|---|---|---|---|---|
| 1 | 凸模与凹模 | | 凸模实体小于凹模洞口一个间隙 | | |
| 2 | 凸模与凸模固定板 | | H7/m6 或 H7/n6 | | |
| 3 | 上模座与模柄 | | H7/r6 或 H7/s6 | | |
| 4 | 上模座与导套 | | H7/r6 或 H7/s6 | | |
| 5 | 下模座与导柱 | | H7/r6 或 H7/s6 | | |
| 6 | 导柱与导套 | | H7/h5 或 H7/h6 | | |
| 7 | 卸料板与凸模 | | 卸料板孔大于凸模实体 0.2～0.6mm | | |
| 8 | 销钉与模板 | | H7/m6 或 H7/n6 | | |

注：表中列出了模具配合零件间的配合要求，测绘者可根据测绘过程中的实感及实测数据填写有关栏目，为完成所测绘模具的装配图做准备。表中所留空行供记录所列的模具配合零件测绘数据用。

(2) 模具测绘的基本内容。

模具测绘在模具拆卸之后进行。模具测绘有助于进一步认识模具零件，了解模具相关零件之间的装配关系。

模具测绘的最后要完成所拆卸模具的装配图和重要零件图的绘制。由于模具测绘时主要采用游标卡尺、千分尺与直尺等普通测量工具，测量结果远不及采用专用测量工具时精确，再加上使用方法难免有不够完善的地方，由此产生的测量误差相对较大，因此需要按技术资料上的理论数据对测量结果进行必要的"圆整"。只有用"圆整"后的数据绘制模具装配图，才能较好地反映模具结构的实际情况。模具测绘可按下列步骤进行。

① 模具拆卸之前，应先画出模具的结构草图，并测量总体尺寸。

② 拆卸后对照实样，勾画各模具零部件的结构草图。

③ 选择基准，设计各模具零件的尺寸标注方案。对于相关零件的相关尺寸，建议用彩色笔标出，以便测量时引起重视。

④ 根据设计好的尺寸标注方案，测量所需尺寸数据并做好记录。在查阅有关技术资料的基础上，进行尺寸数值的"圆整"工作。

⑤ 完成所拆卸模具的装配图。

⑥ 根据指导教师的具体要求，完成重要模具零件的工作图。

(3) 模具装配复原的一般程序。

模具的装配复原程序主要取决于模具的类型和结构，基本与模具拆卸的程序相反。模具的装配复原应在模具测绘形成的模具装配图的基础上进行，并且在模具的装配复原过程中，要不断地修正模具装配图中的错误。模具装配复原的一般程序如下。

① 先装模具的工作零件（如凸模、凹模或型芯、镶件等）。一般情况下，冲压模先装下模部分，注射模先装动模部分。

② 装配推料或卸料零部件（塑料模装配推出机构）。

③ 在各模板上装入销钉并拧紧螺钉。

④ 总装其他零部件，最后将上模与下模合在一起（塑料模将动模与定模合在一起）。

⑤ 指导教师进行模具装配复原考评。

# 第 3 章

# 弯曲工艺与弯曲模
# (Bending Process and Bending Die)

 本章学习目标

了解弯曲工艺及弯曲件的结构工艺性分析,理解弯曲变形过程分析,掌握典型弯曲模的结构组成及工作过程,理解弯曲件的质量问题及防止措施,掌握弯曲工艺设计。

应该具备的能力:具备弯曲件的工艺性分析、工艺计算和典型结构选择的基本能力,初步具备根据弯曲件质量问题正确分析原因并给出防止措施的能力。

 本章教学要求

| 能 力 目 标 | 知 识 要 点 | 权 重 | 自测分数 |
|---|---|---|---|
| 了解弯曲工艺及弯曲件的结构工艺性分析 | 弯曲的概念、方法及弯曲件的结构工艺性分析 | 15% | |
| 理解弯曲变形过程分析 | 弯曲变形过程及变形分析 | 10% | |
| 掌握弯曲模的典型结构 | V形件、U形件、帽形件、Z形件、圆形件弯曲模等典型弯曲模的结构组成及工作过程 | 25% | |
| 理解弯曲件的质量问题及防止措施 | 弯曲件的回弹、滑移、弯裂的原因及防止措施 | 15% | |
| 掌握弯曲工艺设计 | 弯曲件的展开长度计算及工序安排、弯曲力的计算、弯曲模工作部分尺寸的计算 | 35% | |

### 导入案例

生产生活中经常见到弯曲件，图3.0所示的电器元件和弯管均为弯曲件。这些产品的共同特点如下：无论是板类件还是管形件，都有一定的弯曲角度。另外，很多弯曲件上有孔，是先冲孔还是先弯曲，如何确定这些工序的加工顺序呢？

图3.0 弯曲件

思考设计这些弯曲件模具要注意哪些问题，设计内容包括哪些。

## 3.1 弯曲工艺及弯曲件工艺性
（Bending Process and Processability of Bending Parts）

### 3.1.1 弯曲工艺（Bending Process）

**1. 弯曲**

弯曲是指把金属坯料弯成一定角度或形状的过程，是冲压生产中应用较广泛的一种工艺。弯曲时使用的模具称为弯曲模。

弯曲工艺可用于制造大型结构零件，也可用于生产中小型机器及电子仪器仪表零件。

**2. 弯曲方法**

弯曲方法有很多，如压弯、折弯、滚弯、拉弯等，如图3.1所示。弯曲所用的设备也有很多，如压力机、折弯机、滚弯机（卷板机）、拉弯机等。本章只介绍在压力机上进行的压弯工艺及弯曲模的设计。

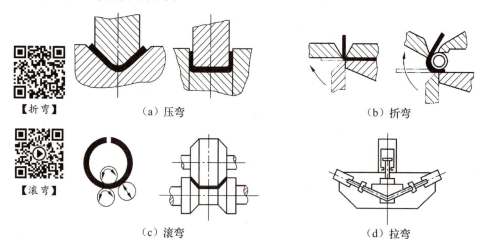

图3.1 弯曲方法

## 3.1.2 弯曲变形的过程 (Deformation Process in Bending)

前面已经讲过,弯曲是指把金属坯料弯成一定角度或形状的过程,属于冲压生产中的成形工序。下面以 V 形件的弯曲为例,简述弯曲变形的过程。

如图 3.2 (a) 所示,在弯曲的开始阶段,弯曲圆角半径 $r_0$ 很大,弯曲力臂 $l_0$ 也很大,弯曲力矩很小,仅引起材料的弹性变形。如图 3.2 (b) ~图 3.2 (d) 所示,随着凸模进入凹模深度的增大,凹模与毛坯的接触位置发生变化,弯曲力臂 $l_1$、$l_2$、$l_k$ 逐渐减小,即 $l_0 > l_1 > l_2 > l_3$;弯曲圆角半径也随之逐渐减小,即 $r_0 > r_1 > r_2 > r$。在整个弯曲过程中,当弯曲圆角半径减小到一定值时,毛坯变形区内外表面首先出现塑性变形,并逐渐向毛坯内部扩展,变形由弹性弯曲过渡到弹-塑性弯曲。在此变形过程中,促使毛坯塑性变形的弯曲力矩逐渐增大。由于弯曲力臂 $l$ 逐渐减小,因此弯曲力处于不断增大的趋势。凸模继续下行,毛坯与凸模 V 形斜面接触后被反后弯曲,如图 3.2 (c) 所示,再与凹模斜面逐渐靠紧,弯曲力矩继续增大;当凸模到达下止点位置时,毛坯被紧紧地压在凸模与凹模之间,使毛坯内侧弯曲半径与凸模的弯曲半径吻合,完成弯曲过程,变形由弹-塑性弯曲过渡到塑性弯曲。

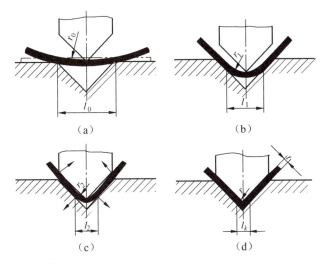

图 3.2 V 形件弯曲变形过程

弯曲分为自由弯曲和校正弯曲两大类。自由弯曲是指当弯曲过程结束,凸模、凹模、毛坯三者吻合后,凸模不再下压的弯曲工序,回弹量较大。校正弯曲是指弯曲过程结束,凸模、凹模、毛坯三者吻合后,凸模继续下压,产生刚性镦压,使毛坯产生进一步的塑性变形,从而对弯曲件的弯曲变形部分进行校正的弯曲工序。由于校正弯曲增强了弯曲变形部分的塑性变形成分,因此回弹量较小。

## 3.1.3 弯曲变形的特点 (Characteristic of Bending Deformation)

研究材料的变形时,常采用网格法。弯曲前,在毛坯侧面用机械刻线或照相腐蚀的方法画出网格;弯曲后,可根据坐标网格的变化情况来分析弯曲变形时毛坯的变形特点。弯曲前后网格的变化如图 3.3 所示。

1. 弯曲变形区的位置

通过观察网格，可见弯曲圆角部分的网格发生了显著变化，原来的正方形网格变成了扇形网格。靠近圆角部分的直边有少量变形，而其余直边部分的网格仍保持原状，没有变形。说明发生弯曲变形的区域主要在弯曲圆角部分，即弯曲带中心角 α 范围内。如图 3.4 所示，弯曲带中心角 α 和弯曲角 θ（弯曲边的夹角）为互补关系，即 α+θ=180°。

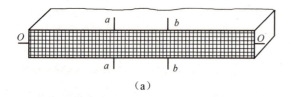

(a)

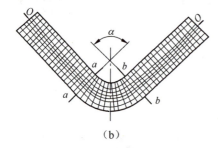

(b)

图 3.3 弯曲前后网格的变化

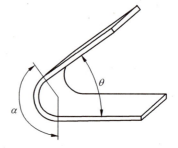

图 3.4 弯曲带中心角和弯曲角

2. 应变中性层

网格由正方形变成了扇形，靠近凹模的外侧纤维切向受拉伸长，靠近凸模的内侧纤维切向受压缩短，在拉伸与压缩之间存在一个既不伸长也不缩短的中间纤维层，称为应变中性层。

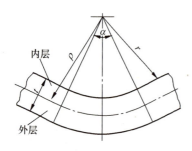

图 3.5 应变中性层位置的确定

如图 3.5 所示，应变中性层的位置可用其弯曲半径 ρ 确定。ρ 可按式（3-1）计算。

$$\rho = r + xt \tag{3-1}$$

式中，ρ——应变中性层弯曲半径（mm）；

r——弯曲半径（mm）；

x——应变中性层位移系数（弯曲变形时，一般情况下都是应变中性层内移，即 x≤0.50，见表 3-1）；

t——材料厚度（mm）。

表 3-1 应变中性层位移系数

| r/t | 0.1 | 0.2 | 0.3 | 0.4 | 0.5 | 0.6 | 0.7 | 0.8 | 1.0 | 1.2 |
|---|---|---|---|---|---|---|---|---|---|---|
| x | 0.21 | 0.22 | 0.23 | 0.24 | 0.25 | 0.26 | 0.28 | 0.30 | 0.32 | 0.33 |
| r/t | 1.3 | 1.5 | 2.0 | 2.5 | 3.0 | 4.0 | 5.0 | 6.0 | 7.0 | ≥8.0 |
| x | 0.34 | 0.36 | 0.38 | 0.39 | 0.40 | 0.42 | 0.44 | 0.46 | 0.48 | 0.50 |

### 3. 变形区厚度和材料长度

根据试验可知，弯曲半径与材料厚度之比 $r/t$ 较小（$r/t \leqslant 4$）时，应变中性层向内偏移。应变中性层内移的结果：内层纤维长度缩短，导致厚度增大；外层纤维拉长，厚度相应减小。由于厚度增大量小于减小量，因此材料总厚度在弯曲变形区内减小。同时，由于体积不变，因此变形区的变薄使材料长度略有增大。

### 4. 变形区横断面的变形

板料的相对宽度 $b/t$ 对弯曲变形区的材料变形有很大影响。一般将相对宽度 $b/t < 3$ 的板料称为窄板，将相对宽度 $b/t > 3$ 的板料称为宽板。

窄板弯曲时，宽度方向的变形不受约束。由于弯曲变形区外侧材料受拉而引起板料宽度方向收缩，内侧材料受压引起板料宽度方向增厚，因此其横断面形状变成外窄内宽的扇形。变形区横断面形状尺寸发生改变称为畸变。宽板弯曲时，材料在宽度方向上的变形会受到相邻金属的限制，其变形区横断面几乎不变，基本保持为矩形（变形量很微小，可以忽略不计）。大部分弯曲都属于宽板弯曲，可以忽略其宽度方向上的微小变化。板料宽度方向变形情况如图3.6所示。

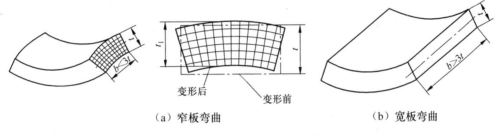

（a）窄板弯曲  （b）宽板弯曲

图3.6 板料宽度方向变形情况

## 3.1.4 弯曲件的结构工艺性（Processability of Bending Part Structure）

弯曲件的结构工艺性对弯曲生产有很大的影响。弯曲件良好的工艺性不仅能简化弯曲工序和弯曲模的设计，而且能提高弯曲件的精度、节约材料、提高生产率。

### 1. 弯曲件的形状

弯曲件的形状一般应对称，弯曲半径应左右一致，如图3.7（a）所示。图3.7（b）所示形状左右不对称，弯曲时由于工件受力不平衡将会产生滑动现象，影响工件精度。

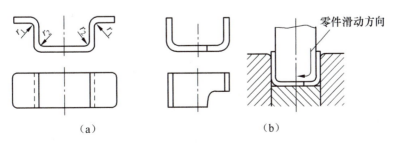

图3.7 弯曲件的形状

## 2. 最小弯曲半径

最小弯曲半径是指弯曲件弯曲部分的内角半径,用 $r_{min}$ 表示。弯曲件的弯曲半径越小,毛坯弯曲时外表面的变形程度就越大。如果弯曲半径过小,毛坯弯曲时,其外表面的变形就可能超过材料的变形极限而产生裂纹。因此弯曲工艺受最小弯曲半径的限制。

最小弯曲半径受材料的力学性能、弯曲方向、板料厚度、弯曲中心角等因素的影响。图 3.8 所示为板料的弯曲方向对 $r_{min}$ 的影响。由于弯曲所用冷轧钢板经多次轧制后具有多方向性,因此顺着纤维方向的塑性指标优于与纤维相垂直方向的指标。

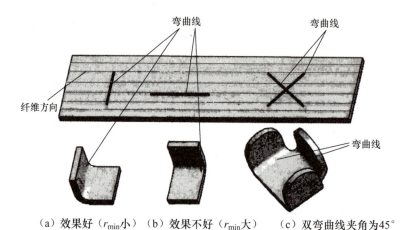

(a) 效果好($r_{min}$小) (b) 效果不好($r_{min}$大) (c) 双弯曲线夹角为45°

图 3.8 板料的弯曲方向对 $r_{min}$ 的影响

由于难以准确地建立 $r_{min}$ 与影响因素的关系,因此 $r_{min}$ 一般由试验确定。部分常用材料的 $r_{min}$ 见表 3-2。

表 3-2 部分常用材料的 $r_{min}$ (单位:mm)

| 材　料 | 退火或正火状态 | | 冷作硬化状态 | |
|---|---|---|---|---|
| | 弯曲线位置 | | | |
| | 垂直轧制纹方向 | 平行轧制纹方向 | 垂直轧制纹方向 | 平行轧制纹方向 |
| 08,10,Q195,Q215 | 0.1t | 0.4t | 0.4t | 0.8t |
| 15,20,Q235 | 0.1t | 0.5t | 0.5t | 1.0t |
| 25,30,Q255 | 0.2t | 0.6t | 0.6t | 1.2t |
| 35,40,Q275 | 0.3t | 0.8t | 0.8t | 1.5t |
| 45,50 | 0.5t | 1.0t | 1.0t | 1.7t |
| 55,60 | 0.7t | 1.3t | 1.3t | 2.0t |
| 06Cr19Ni10 | 1.0t | 2.0t | 3.0t | 4.0t |
| 磷青铜 | — | — | 1.0t | 3.0t |
| 半硬黄铜 | 0.1t | 0.35t | 0.5t | 1.2t |

续表

| 材 料 | 退火或正火状态 | | 冷作硬化状态 | |
|---|---|---|---|---|
| | 弯曲线位置 | | | |
| | 垂直轧制纹方向 | 平行轧制纹方向 | 垂直轧制纹方向 | 平行轧制纹方向 |
| 软黄铜 | 0.1t | 0.35t | 0.35t | 0.8t |
| 紫铜 | 0.1t | 0.35t | 1.0t | 2.0t |
| 铝 | 0.1t | 0.35t | 0.5t | 1.0t |

注：$t$ 为材料厚度。

### 3. 弯曲件的直边高度

弯曲件的直边高度是指弯曲件非变形区的边的长度，用 $H$ 表示。如果直边高度 $H$ 过小，那么直边在弯曲模上支承的长度也过小，不易形成足够的弯矩，弯曲件的形状难以控制。一般地，应保证弯曲件的直边高度不小于材料厚度的 2 倍，即 $H \geqslant 2t$。若 $H < 2t$（受结构限制），可增大直边高度 [图 3.9（a）]，待弯曲成形后，再将直边的高出部分切除；或采用先开槽后弯曲的方法 [图 3.9（b）]。当弯曲边带有斜度时，应保证 $H = (2 \sim 4)t$ 且 $H > 3$ mm，如图 3.9（c）所示。

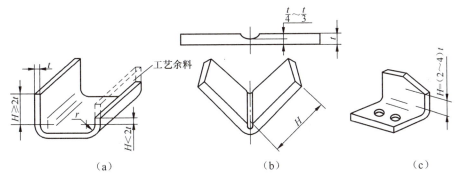

图 3.9 直边高度要求

### 4. 弯曲件孔边距

当弯曲带孔的工件时，如孔位于弯曲变形区附近，则弯曲后孔的形状会发生改变。为了避免这种缺陷的出现，必须使孔处于弯曲变形区之外。

弯曲件孔边距如图 3.10 所示，设孔边到弯曲半径 $r$ 的中心的最小距离为 $s$，则应满足：当 $t < 2$ mm 时，$s \geqslant t$；当 $t \geqslant 2$ mm 时，$s \geqslant 2t$。如果上述条件不成立，那么要采用先弯曲后冲孔的工艺。如果弯曲件结构允许，可采取图 3.11 所示的措施，吸收弯曲变形应力，防止孔在弯曲时变形。

### 5. 止裂孔、止裂槽

如图 3.12 所示，当局部弯曲某段边缘时，为了防止尖角处由于应力集中而产生裂纹，可增加工艺孔、工艺槽（即止裂孔、止裂槽）或将弯曲线移动一定距离，以避开尺寸突变处，并满足 $b \geqslant t$，$h = t + r + b/2$ 的条件。

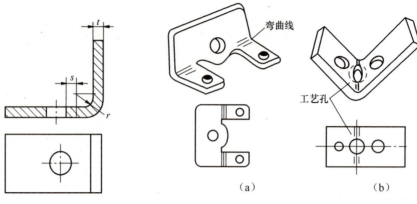

图 3.10　弯曲件孔边距　　　　图 3.11　防止孔变形的措施

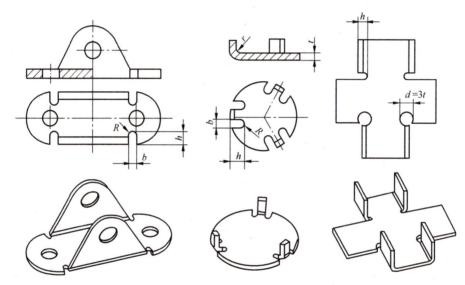

图 3.12　止裂孔、止裂槽

### 6. 弯曲件尺寸标注和精度

（1）尺寸标注。尺寸标注时要考虑弯曲工艺的特点，尽量避免对由回弹和变形引起的变形区进行尺寸标注。孔的位置尺寸标注有图 3.13 所示的 3 种标注方法。当孔无装配要求时尽量采用图 3.13（a）所示的标注方法，这种方法比较简单，可先进行冲孔落料工序，

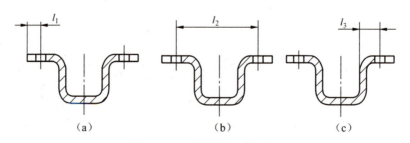

图 3.13　孔的位置尺寸标注

然后弯曲成形。采用图 3.13（b）和图 3.13（c）所示的标注方法时，只能在弯曲成形后进行冲孔。

(2) 精度要求。弯曲件的尺寸精度一般不高于 IT13 级，角度公差大于 ±15′。

## 3.2 弯曲模的典型结构 (Typical Structure of Bending Die)

弯曲模的结构主要取决于弯曲件的形状和弯曲工序的安排。

与冲裁模相同，弯曲模也由工作零件（凸模、凹模、凸凹模），定位装置（定位板、定位钉等），卸料及推件装置，导向装置（常用导柱导套式），连接固定类零件（模架、固定板、垫板、模柄、紧固件）5 部分组成，并且常常根据弯曲件的形状和精度要求省去某些组成部分。

### 3.2.1 V 形件弯曲模 (V-bending Die)

V 形件形状简单，能一次弯曲成形，常用的方法有两种：一种是沿弯曲件的角平分线方向弯曲，称为 V 形弯曲；另一种是垂直于直边方向的弯曲，称为 L 形弯曲。

V 形件弯曲模如图 3.14 所示。这类模具结构简单，在压力机上安装调整方便。因为凸、凹模之间的间隙是靠调节压力机的装模高度来控制的，所以对材料厚度公差要求不严。可实现校正弯曲，弯曲件的回弹小、平面度好。V 形件弯曲模适用于两直边相差不大的 V 形件。

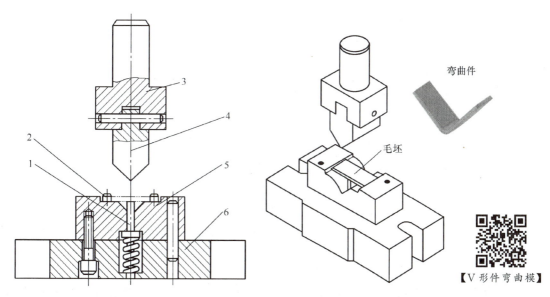

1—顶杆；2—定位钉；3—模柄；4—凸模；5—凹模；6—下模座

图 3.14 V 形件弯曲模

【V 形件弯曲模】

L 形件弯曲模如图 3.15 所示。这类模具在弯曲时固定工件长边，弯曲短边。因为竖起的短边无法得到校正，所以回弹较大。为克服这个缺点，可采用图 3.15 (b) 所示的有校正作用的结构。L 形件弯曲模适用于两直边长度相差较大的 V 形件。

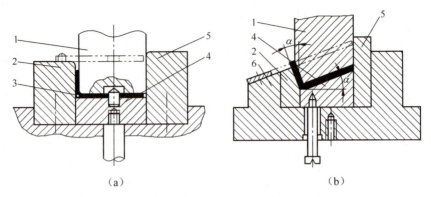

1—凸模；2—凹模；3—定位销；4—压料板；5—挡块；6—定位板

图 3.15　L 形件弯曲模

## 3.2.2　U 形件弯曲模（U-bending Die）

（1）模具典型结构。U 形件弯曲模如图 3.16 所示。因为该模具有回弹现象，所以工件一般不会包紧在凸模上，通常不需要卸料装置，而且两竖边无法得到校正，回弹较大。

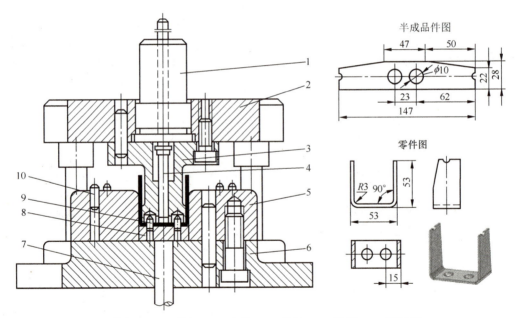

1—模柄；2—上模座；3—凸模；4—推杆；5—凹模；6—下模座；
7—顶杆；8—顶件块；9—圆柱销；10—定位销

图 3.16　U 形件弯曲模

（2）闭角弯曲模。图 3.17 所示为使用回转凹模结构的闭角弯曲模。工作过程如下：弯曲前，两个回转凹模 4 在弹簧 3 的作用下处于初始位置；弯曲时，凸模 1 先将毛坯弯曲成 U 形。然后凸模 1 继续下降，迫使毛坯底部压向回转凹模的缺口处，使两边的回转凹模 4 向内侧旋转，将工作弯曲成闭角形状；弯曲结束后，凸模 1 上升，弹簧 3 使两个回转凹模 4 复位，工件从凸模 1 侧向取出。这类模具的特点如下：成形件两侧弯曲形状依靠凸模压动回转凹模成形，压力大，可弯曲成形较厚的材料。

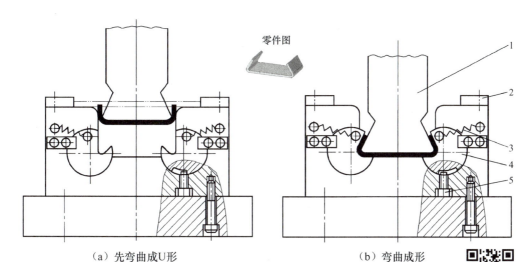

1—凸模；2—定位板；3—弹簧；4—回转凹模；5—限位钉

图 3.17　使用回转凹模的闭角弯曲模

图 3.18 所示为使用斜楔机构的闭角弯曲模。工作过程如下：弯曲前，两个活动凹模 7、8 在弹簧 9 的作用下处于初始（最外侧）位置；弯曲时，凸模 5 先将毛坯弯曲成 U 形，此时弹簧的预紧压力应大于弯曲成 U 形所需的弯曲力。然后上模座 4 继续下压，弹簧 3 被压缩，同时安装在上模座 4 上的斜楔 1 压向滚柱 11，使两侧的活动凹模分别向内侧移动，将 U 形件弯曲成闭角形状；弯曲结束后，上模座 4 上升，斜楔 1 上升，两侧的活动凹模在弹簧 9 的作用下向外侧复位，当上模的弹簧 3 恢复到初始位置时，凸模 5 继续随上模上升，工件从凸模侧向取出。该模具结构在弯曲时是靠弹簧将毛坯先弯曲成 U 形的，因此受弹簧弹力限制只适用于弯曲薄板。

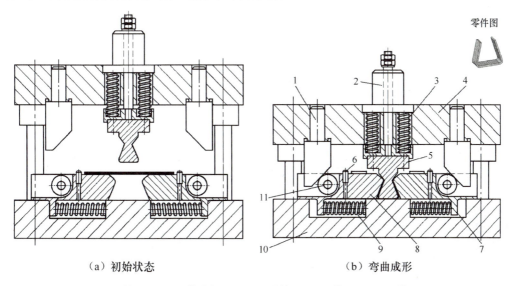

1—斜楔；2—凸模支杆；3，9—弹簧；4—上模座；5—凸模；
6—定位销；7，8—活动凹模；10—下模座；11—滚柱

图 3.18　使用斜楔结构的闭角弯曲模

### 3.2.3 帽形件弯曲模（Cap-bending Die）

帽形件成形有两种典型工艺：一种是使用两套单工序弯曲模分两次弯曲成形；另一种是使用一套复合弯曲模一次弯曲成形。

使用两套 U 形弯曲模时，模具结构简单，先弯曲成 U 形，然后弯曲成帽形，如图 3.19 所示。

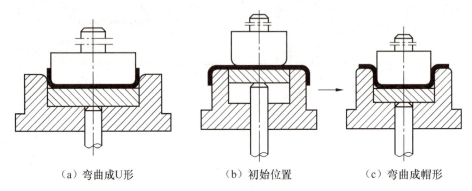

(a) 弯曲成U形　　　(b) 初始位置　　　(c) 弯曲成帽形

图 3.19　两次弯曲成形

当使用图 3.20 所示的弯曲模一次弯曲成帽形件时，在弯曲过程中内角先成形、外角后成形，并且外角处弯曲变形区的位置在弯曲过程中是变化的，毛坯在弯曲外角时有拉长现象，脱模后外角形状不准确，直边有变薄现象。此结构是一种不合理结构，生产中不采用。

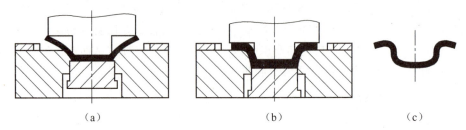

(a)　　　　　　　　(b)　　　　　　　　(c)

图 3.20　一次弯曲成形

当使用图 3.21 所示的复合弯曲模一次弯曲成帽形件时，先弯曲外角，后弯曲内角，并且内、外角的弯曲变形区位置在弯曲过程中是固定不变的。弯曲时，先将毛坯弯曲成 U

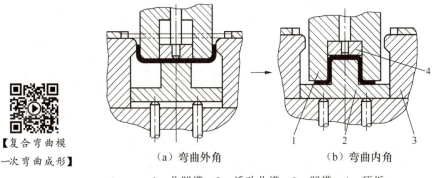

【复合弯曲模一次弯曲成形】

(a) 弯曲外角　　　　　(b) 弯曲内角

1—凸凹模；2—活动凸模；3—凹模；4—顶板

图 3.21　复合弯曲模一次弯曲成形

形,再弯曲成帽形。与复合冲裁模的结构相同,复合弯曲模中也有一个既起凸模作用又起凹模作用的凸凹模。

### 3.2.4 Z形件弯曲模(Z-bending Die)

Z形件弯曲模如图3.22所示。图3.22(a)所示为常用结构。弯曲前(即初始位置),由于橡胶3的作用,凹模6的下表面与凸模7的下表面平齐,此时压柱4与上模座5是分离的,顶件板1的上表面与下模板8的上表面是平齐的。弯曲时,凸模7与顶件板1夹紧毛坯,由于橡胶3的弹力大于顶件板1上弹顶装置的弹力(弹顶装置安装在下模板8的下面),因此顶件板1向下运动,完成左端弯曲。当顶件板1接触下模板8后,上模继续下降,迫使橡胶3压缩,凹模6随上模继续下降,与顶件板1完成右端的弯曲。当压柱4与上模座5接触时,工件得到校正,但两个直边得不到校正。设计时上模橡胶的弹力要大于顶件板弹顶装置的弹力。

图3.22(b)所示结构与图3.22(a)所示结构相近,不同的是将工件位置倾斜了20°~30°,使整个零件在弯曲结束时可以得到更有效的校正,因而回弹较小。这种结构适用于冲压折弯边较长的弯曲件。

【Z形件弯曲模】

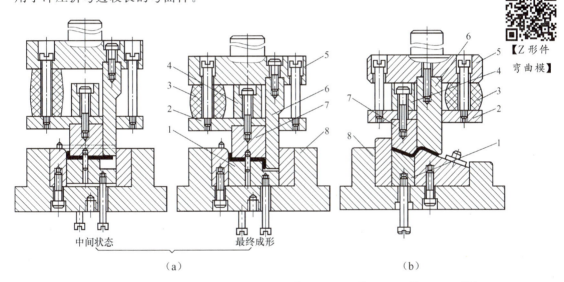

1—顶件板;2—托板;3—橡胶;4—压柱;5—上模座;6—凹模;7—凸模;8—下模板

图3.22 Z形件弯曲模

### 3.2.5 圆形件弯曲模(Circular-bending Die)

圆形件的弯曲方法据直径大小而不同,分为大圆弯曲和小圆弯曲,相应地有大圆弯曲模和小圆弯曲模。

(1)大圆弯曲模。圆筒内径$d \geqslant 20$mm的称为大圆。由于直径较大,回弹较大,一般采用两道工序弯曲成形。先将毛坯弯曲成波浪形,如图3.23(a)所示;然后弯曲成圆形,如图3.23(b)所示,但上部得不到校正。

对于直径为10~30mm、材料厚度约为1mm的圆形件,为了提高生产率,可以采用图3.24所示的大圆一次弯曲模。弯曲时凸模3下降,先将毛坯弯曲成U形;凸模继续下降,转动凹模2将U形弯曲成圆形。但弯曲件上部得不到校正,回弹较大。

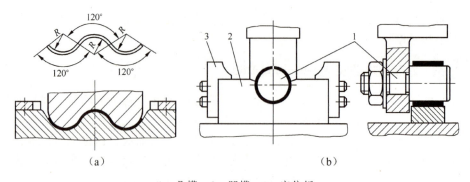

1—凸模；2—凹模；3—定位板

图 3.23 大圆两次弯曲模

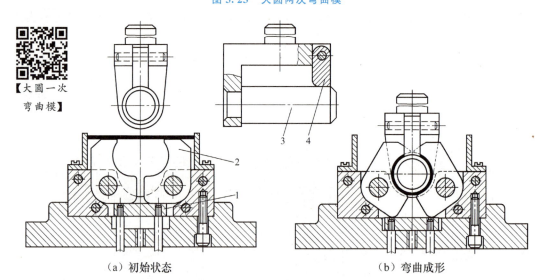

（a）初始状态　　　　　　　（b）弯曲成形

1—弹顶装置；2—转动凹模；3—凸模；4—支撑

图 3.24 大圆一次弯曲模

【小圆弯曲模】

（2）小圆弯曲模。圆筒内径 $d \leqslant 5mm$ 的称为小圆。一般也采用两道工序，先将毛坯弯曲成 U 形，再弯曲成圆形，并且在弯曲成形后，对其进行有效的校正，如图 3.25 所示。当制件太小时，分两道工序弯曲操作不便，可采用一次弯曲模。

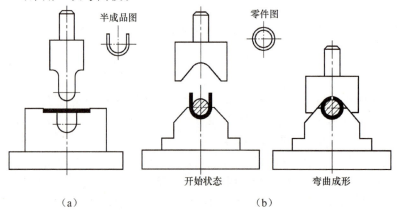

图 3.25 小圆两次弯曲成形

## 3.3 弯曲件的质量分析 (Quality Analysis of Bending Part)

弯曲件的主要质量问题有弯裂、滑移和回弹3种。

### 3.3.1 弯曲件的弯裂 (Rupture of Bending Part)

弯裂是指弯曲变形区外侧出现裂纹。弯曲件产生弯裂的原因很多，如相对弯曲半径过小、材料塑性差、弯曲模间隙小、润滑不良、材料厚度严重超差等，最主要的原因是相对弯曲半径过小。

防止弯裂的措施主要有以下几种。

（1）使用表面质量好的毛坯。

（2）采用合理的模具间隙，改善润滑条件，减小弯曲时毛坯的流动阻力。

（3）制件的相对弯曲半径大于最小相对弯曲半径。若不能满足，应分两次或多次进行弯曲。

（4）对于塑性差或加工硬化较严重的毛坯，先退火后弯曲。

（5）把毛坯有毛刺的一面置于变形区的内侧。

### 3.3.2 弯曲件的滑移 (Slipping of Bending Part)

滑移是指在弯曲过程中，毛坯沿凹模口滑动时由于两边承受摩擦阻力不相等而出现的毛坯向左或向右移动的现象，使弯曲件的尺寸精度达不到要求。形成滑移的主要原因是毛坯沿凹模口滑动时两边所受的摩擦阻力不相等，如图3.26所示。其中，图3.26（a）所示为由制件形状不对称造成的滑移；图3.26（b）所示为由凹模口两边圆角不相等造成的滑移；图3.26（c）所示为由制件两边弯曲角不相等造成的滑移。

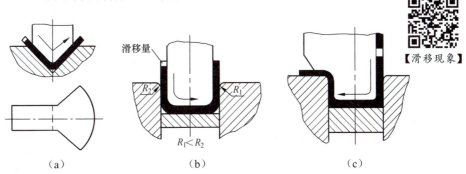

图 3.26　滑移现象

防止滑移的措施主要有以下几种。

（1）采用对称的凹模结构，保证模具间隙均匀。

（2）采用有顶件装置的弯曲模结构。如图3.14、图3.15（b）、图3.21和图3.22（b）所示，弯曲时顶件装置和凸模夹紧毛坯，限制其滑移。

（3）采用定位销防止滑移。如图3.15（a）、图3.16和图3.22（a）所示，利用制件底部的孔或工艺孔定位，使毛坯在弯曲时不能左右滑动，从而保证制件的尺寸精度。

### 3.3.3 弯曲件的回弹（Rebound of Bending Part）

**1. 弯曲件的回弹**

材料在弯曲过程中，总是伴随着塑性变形并存在弹性变形，弯曲力消失后，塑性变形部分保留下来，而弹性变形部分要恢复，从而使弯曲件与弯曲模的形状不完全一致，这种现象称为弯曲件的回弹。回弹是所有弯曲件都存在的问题，只不过回弹量不同而已。回弹量通常用角度回弹量 $\Delta\theta$ 和曲率回弹量 $\Delta r$ 表示。

角度回弹量 $\Delta\theta$ 是指模具在闭合状态下工件弯曲角 $\theta_0$ 与弯曲后工件的实际角度 $\theta$ 的差值，即 $\Delta\theta = \theta_0 - \theta$。曲率回弹量 $\Delta r$ 是指模具在闭合状态下工件的曲率半径 $r_0$（等于凸模的圆角半径 $r_p$）与弯曲后工件的实际曲率半径 $r$ 的差值，即 $\Delta r = r_0 - r$，如图 3.27 所示。

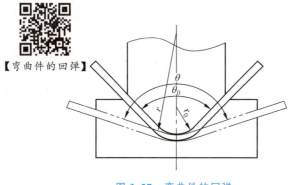

图 3.27 弯曲件的回弹

**2. 影响回弹的主要因素**

影响回弹的因素很多，主要有以下 5 个方面。

（1）材料的力学性能。下屈服强度 $R_{eL}$ 越大，材料在一定变形程度下的变形区断面内的应力越大，引起越大的弹性变形，回弹量越大。弹性模量 $E$ 越大，则抵抗弹性变形的能力越强，回弹量越小。

（2）材料的相对弯曲半径 $r/t$。随着 $r/t$ 的减小，塑性变形成分增加，回弹量减小。

（3）弯曲件的形状。一般 U 形件比 V 形件的回弹量小。弯曲角 $\theta$ 越大，参加变形的区域越大，弹性变形量越大，回弹量越大。弯曲件的形状复杂时，同时弯曲的部位多，由于各部位相互牵制，因此回弹量小。

（4）凸、凹模之间的间隙。在弯曲 U 形件时，模具间隙对回弹有直接影响。间隙越小，回弹量越小。

（5）弯曲校正力。弯曲校正力越大，塑性变形程度越大，回弹量越小。

**3. 减小回弹的措施**

由于影响回弹的因素很多，并且各因素之间往往相互影响，因此很难实现对回弹量的精确分析和计算。在设计模具时，大多按经验确定（也可查有关冲压资料进行估算）回弹量，最后通过试模来修正。

在设计模具时，要尽可能减小或消除回弹的影响（指消除回弹对弯曲件的影响，但并不能消除弯曲件的回弹现象），最常用的方法是补偿法和校正法。

（1）补偿法。补偿法是预先估算或试验出工件弯曲后的回弹量 $\Delta\theta$，在设计模具时，使弯曲件的变形量超过原设计的变形量，工件回弹后就得到所需的正确形状，如图 3.28（a）所示。图 3.28（b）使用的是抵消补偿法，弯曲后，底部的圆弧部分有回弹成直线的趋势，带动两侧板向内倾斜，使两侧板向外的回弹得到补偿。

（2）校正法。校正弯曲时，在模具结构上采取措施，使校正压力集中施加在弯曲变形区，使其塑性变形成分增加，弹性变形成分减少，从而使回弹量减小，如图 3.29 所示。

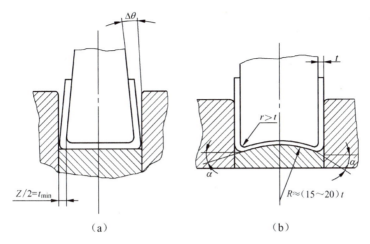

图 3.28 补偿法示意

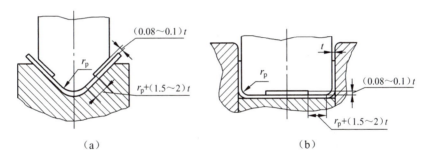

图 3.29 校正法示意

### 特别提示

减小回弹量的方法还有很多，如弯曲时增大压料力、减小凸模与凹模的间隙、采用软凹模弯曲等，其作用都是通过增大弯曲变形区的拉应变来增强塑性变形。这部分内容读者可查阅相关资料。

## 3.4 弯曲工艺计算（Bending Process Calculation）

### 3.4.1 弯曲件展开长度的计算（Length of Run Calculation of Bending Part）

弯曲件展开长度是指弯曲件在弯曲之前的展平尺寸。它是毛坯下料的依据，是弯曲出合格零件的基本保证。弯曲件展开长度根据弯曲件的形状、弯曲半径、弯曲方向的不同而不同。下面我们分两种情况进行介绍。

**1. 圆角半径 $r > 0.5t$**

圆角半径 $r > 0.5t$ 的弯曲件又称有圆角半径的弯曲件。在弯曲过程中，毛坯的中性层尺寸基本不发生变化,因此在计算展开长度时,只需计算中性层展开尺寸即可,如图 3.30 所示。

展开长度等于所有直线段和弯曲部分中性层展开长度之和,即

$$L = a_1 + a_2 + a_3 + \cdots + l_1 + l_2 + l_3 + \cdots \quad (3-2)$$

式中,　　　$L$——弯曲件展开长度(mm);

$a_1, a_2, a_3$——各圆弧线段的展开长度(mm);

$l_1, l_2, l_3$——各直线段的长度(mm)。

例如,图 3.31 所示的单角弯曲件的毛坯展开尺寸

$$\begin{aligned} L &= l_1 + l_2 + a \\ &= l_1 + l_2 + 2\pi\rho \times \frac{\alpha}{360} \\ &= l_1 + l_2 + \frac{\pi\alpha}{180} \times (r + xt) \end{aligned} \quad (3-3)$$

式中,$\alpha$——弯曲带中心角(°);

$x$——应变中性层位移系数。

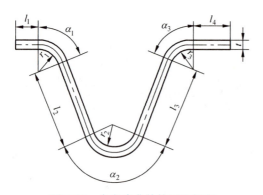

图 3.30　多角弯曲件的展开长度

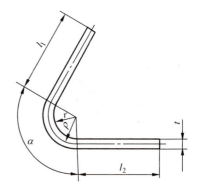

图 3.31　$\theta < 90°$ 的弯曲件示意

### 2. 圆角半径 $r < 0.5t$

圆角半径 $r < 0.5t$ 的弯曲件的中性层变化复杂,其毛坯展开长度是按体积不变的原则计算的,计算公式见表 3-3。计算时应注意以下两点。

(1) 对于形状相同的弯曲件,若弯曲方法不同,则毛坯的展开长度也不同。

(2) 对于尺寸精度要求高的弯曲件,其毛坯展开长度应在试件弯曲后校正,修改模具后才能进行批量下料。

表 3-3　圆角半径 $r < 0.5t$ 的弯曲件的展开长度计算公式

| 序号 | 弯曲特征 | 简图 | 公式 |
|---|---|---|---|
| 1 | 弯曲一个角(弯曲180°) |  | $L = l_1 + l_2 - 0.43t$ |

续表

| 序号 | 弯曲特征 | 简图 | 公式 |
|---|---|---|---|
| 2 | 弯曲一个角（弯曲90°） | 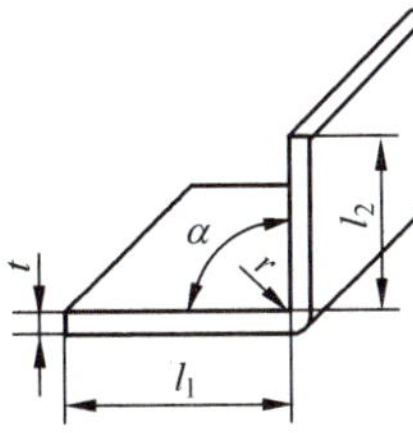 | $L \approx l_1 + l_2 + 0.4t$ |
| 3 | 一次同时弯曲两个角 | 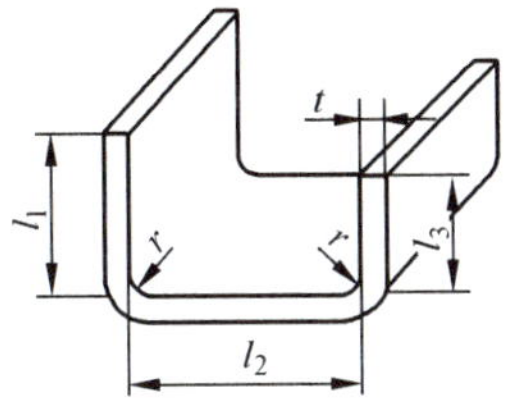 | $L = l_1 + l_2 + l_3 + 0.6t$ |
| 4 | 一次同时弯曲三个角 | 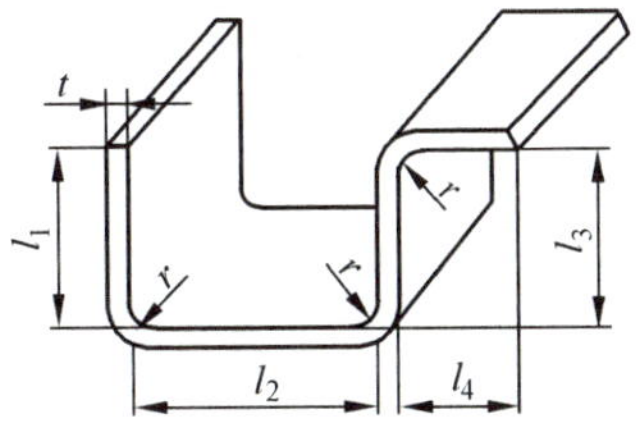 | $L = l_1 + l_2 + l_3 + l_4 + 0.75t$ |
| 5 | 第一次同时弯曲两个角，第二次弯曲第三个角 | | $L = l_1 + l_2 + l_3 + l_4 + t$ |
| 6 | 一次同时弯曲四个角 | 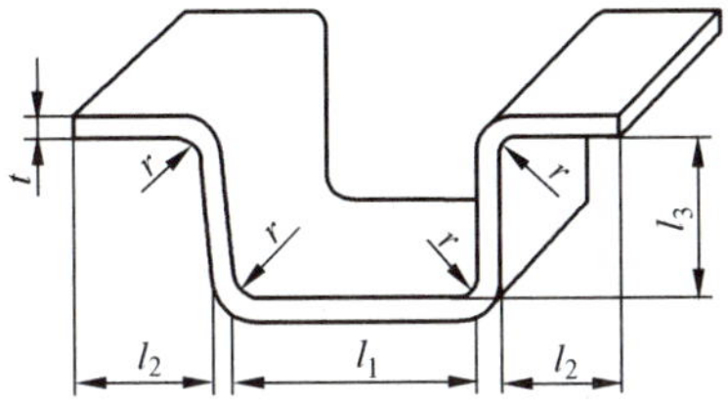 | $L = l_1 + 2l_2 + 2l_3 + t$ |
| 7 | 分两次弯曲四个角 | | $L = l_1 + 2l_2 + 2l_3 + 1.2t$ |

### 3.4.2 弯曲力的计算（Bending Force Calculation）

弯曲力是指压力机完成预定的弯曲工序所需施加的压力，是选择合适压力机的依据。

弯曲力与毛坯尺寸、材料力学性能、凹模支点间的距离、弯曲半径、凸凹模间隙等因素有关，计算过程非常复杂，生产中常用经验公式进行计算。

**1. 自由弯曲的弯曲力**

计算自由弯曲的弯曲力时，按弯曲件的形状可分为V形件和U形件两种情况，如图3.32所示。

（1）对于V形件

$$F_z = \frac{0.6kbt^2 R_m}{r+t} \qquad (3-4)$$

式中，$F_z$——自由弯曲力（冲压结束时的弯曲力，N）；

$k$——安全系数，一般取$k=1.3$；

$b$——弯曲件宽度（mm）；
$t$——弯曲件厚度（mm）；
$R_m$——材料的抗拉强度（MPa）；
$r$——弯曲半径（内角半径，mm）。

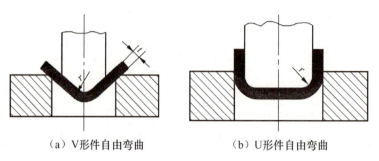

(a) V形件自由弯曲　　　　(b) U形件自由弯曲

图 3.32　自由弯曲

（2）对于 U 形件

$$F_z = \frac{0.7kbt^2 R_m}{r+t} \quad (3-5)$$

**2. 校正弯曲时的弯曲力**

校正弯曲是在自由弯曲阶段之后进行的，如图 3.33 所示。两个力并非同时存在，且校正弯曲力比自由弯曲力大得多，因此，在校正弯曲时，只需计算校正弯曲力。

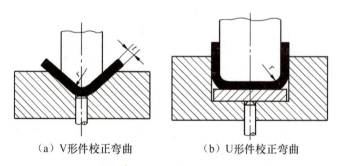

(a) V形件校正弯曲　　　　(b) U形件校正弯曲

图 3.33　校正弯曲

校正弯曲力可按式（3-6）进行计算。

$$F_j = Ap \quad (3-6)$$

式中，$F_j$——校正弯曲力（N）；
　　　$A$——工件被校正部分在凹模上的水平投影面积（mm²）；
　　　$p$——单位校正力（MPa），可查表 3-4。

表 3-4　单位校正力 $p$　　　　（单位：MPa）

| 材　料 | 材料厚度 $t$/mm | | | |
|---|---|---|---|---|
| | ≤1 | 1～2 | 2～5 | 5～10 |
| 铝 | 10～15 | 15～20 | 20～30 | 30～40 |

续表

| 材料 | 材料厚度 $t$/mm | | | |
|---|---|---|---|---|
| | ≤1 | 1~2 | 2~5 | 5~10 |
| 黄铜 | 15~20 | 20~30 | 30~40 | 40~60 |
| 10~20 钢 | 20~30 | 30~40 | 40~60 | 60~80 |
| 25~30 钢 | 30~40 | 40~50 | 50~70 | 70~100 |

**3. 顶件力和压料力**

对于设置顶件装置或压料装置的弯曲模，顶件力或压料力可根据式（3-7）进行估算。

$$F_Q=(0.3\sim0.8)F_z \quad (3-7)$$

式中，$F_Q$——顶件力或压料力（N）；

$F_z$——自由弯曲力（N）。

**4. 弯曲时压力机的确定**

弯曲时所用压力机是根据弯曲时所需的总弯曲工艺力 $F$ 选取的。总弯曲工艺力 $F$ 的确定方法如下。

（1）自由弯曲时：$F=F_z+F_Q$。

（2）校正弯曲时：$F=F_j+F_Q\approx F_j$。在校正弯曲时，校正弯曲力远大于自由弯曲力 $F_z$，当然也就远大于顶件力或压料力 $F_Q$。因此，在计算总弯曲工艺力 $F$ 时，顶件力或压料力 $F_Q$ 可以忽略不计，只考虑校正弯曲力 $F_j$ 即可。

选择压力机时，一般应使压力机的公称压力 $F_p\geqslant 1.3F$。

### 特别提示

（1）计算弯曲件展开长度时，弯曲半径 $r$ 不同，选用的计算方法也不同。

（2）因为弯曲力的计算与模具结构形式有关，所以计算时要首先确定模具结构设计方案，确定是采用自由弯曲形式还是校正弯曲形式。

## 3.5 弯曲模设计（Bending Die Design）

### 3.5.1 弯曲件的工序安排（Procedure Schedule of Bending Part）

弯曲件的弯曲次数和工序安排必须根据工件形状的复杂程度、弯曲材料的性质、尺寸精度要求、生产批量等因素综合考虑。合理安排弯曲工序可以简化模具结构、减少弯曲次数、提高弯曲件的质量和劳动生产率。

一般形状复杂的弯曲件需要多次弯曲才能成形，在确定工序安排和模具结构时，应反复比较，制定出合理的弯曲工序。

**1. 工序安排遵循的原则**

（1）先弯外角，后弯内角。

(2) 后道工序弯曲时，不能破坏前道工序弯曲的变形部分。

(3) 前道工序弯曲时，必须考虑后道工序弯曲时有合适的定位基准。

2. 工序安排的方法

(1) 对于形状简单的弯曲件，可以采用一次弯曲成形，如图 3.34 所示。

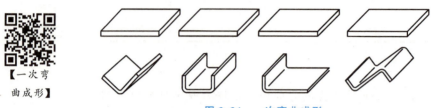

图 3.34　一次弯曲成形

(2) 对于形状复杂的弯曲件，一般采用两次弯曲成形或多次弯曲成形。

① 两道工序弯曲成形如图 3.35 所示。

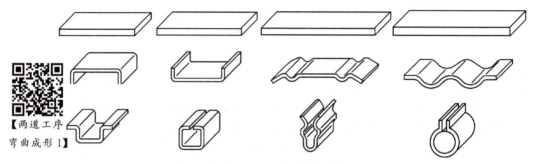

图 3.35　两道工序弯曲成形

② 三道工序弯曲成形如图 3.36 所示。

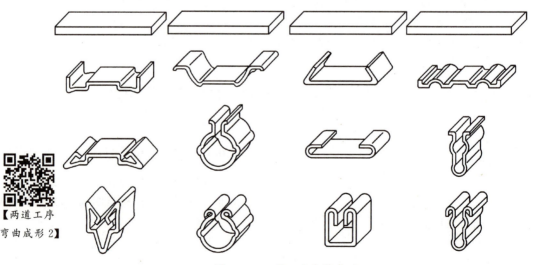

图 3.36　三道工序弯曲成形

(3) 对于某些结构不对称的零件，弯曲时毛坯容易发生滑移，可以采用工件对称弯曲成形、弯曲后再切开的方法，既防止了滑移，又改善了弯曲模的受力状态。成对弯曲成形如图 3.37 所示。

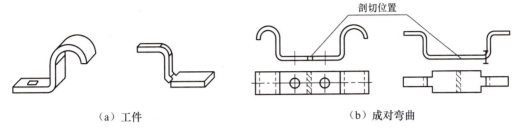

(a) 工件　　　　　　　　　　(b) 成对弯曲

图 3.37　成对弯曲成形

(4) 当弯曲件上孔的位置受到弯曲过程的影响，且孔的精度要求较高时，应在弯曲之后冲孔，否则孔的位置精度无法保证，如图 3.13(b) 所示。

(5) 对于批量大而尺寸较小的弯曲件（如电子产品中的元器件），为了提高生产率和产品质量，可以采用多工位连续模的冲压工艺方法，即在一套模具上完成冲裁（冲孔、落料）、弯曲、切断等多道工序，进行连续冲压成形。

### 3.5.2　弯曲模工作部分尺寸的计算（Dimension Determination in Working Portion of Bending Die）

**1. 凸、凹模间隙 $C$**

凸、凹模间隙是指弯曲模中凸、凹模之间的单边间隙，用 $C$ 表示。

弯曲 V 形件时，凸、凹模间隙靠调节压力机的装模高度控制，不需要模具结构保证。弯曲 U 形件时，凸、凹模间隙对弯曲件的回弹、弯曲力等都有很大的影响。间隙越小，弯曲力越大；间隙过小，会使工件壁变薄，并缩短凹模使用寿命；间隙过大，则回弹较大，还会降低工件精度。当 $C<t$ 时，可能会出现负回弹。

一般按经验公式计算间隙值：对于钢板，$C=(1.05\sim1.15)t$；对于有色合金，$C=(1\sim1.1)t$。

**2. 凸、凹模宽度尺寸（U 形件）**

按弯曲件的标注方法不同，标注凸、凹模宽度尺寸时有以下两种情况。

(1) 标注外形尺寸。

如图 3.38 所示，当标注外形尺寸时，应以凹模为基准件。

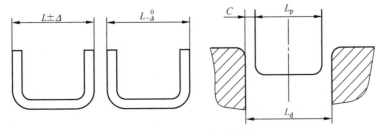

图 3.38　标注外形尺寸

① 凹模宽度。

$$L_d = (L - x\Delta)^{+\delta_d}_{0} \tag{3-8}$$

式中，$L_d$——凹模宽度（mm）；

　　　$L$——工件的公称尺寸（mm）；

　　　$\Delta$——工件宽度尺寸公差（mm）；

　　　$\delta_d$——凹模的制造公差（mm），一般取 IT7～IT9 级。

当标注双向对称偏差（$L\pm\Delta$）时，取 $x=0.5$；当标注单向偏差（$L^{\,0}_{-\Delta}$）时，取 $x=0.75$。

② 凸模宽度。

a. 用互换法：

$$L_p = (L_d - 2C)^{0}_{-\delta_p} \tag{3-9}$$

式中，$L_p$——凸模宽度（mm）；

　　　$\delta_p$——凸模的制造公差（mm），一般取 IT7～IT9 级。

b. 按凹模的实际尺寸配制，保证单边间隙值 $C$。

（2）标注内形尺寸。

如图 3.39 所示，当标注内形尺寸时，应以凸模为基准件。

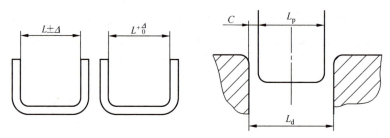

图 3.39　标注内形尺寸

① 凸模宽度。

$$L_p = (L + x\Delta)^{0}_{-\delta_p} \tag{3-10}$$

当标注双向对称偏差（$L\pm\Delta$）时，取 $x=0.5$；当标注单向偏差（$L^{+\Delta}_{\,0}$）时，取 $x=0.75$。

② 凹模宽度。

a. 用互换法：

$$L_d = (L_p + 2C)^{+\delta_d}_{0} \tag{3-11}$$

b. 按凸模的实际尺寸配制，保证单边间隙值 $C$。

**3. 凸、凹模圆角半径及凹模深度**

（1）凸模圆角半径 $r_p$。

① 当弯曲件的内侧弯曲半径为 $r$ 时，凸模的圆角半径应等于弯曲件的圆角半径，即 $r_p = r$，但必须使凸模圆角半径 $r_p$ 大于最小弯曲半径 $r_{min}$。

若因结构需要，必须使凸模圆角半径 $r_p$ 小于最小弯曲半径 $r_{min}$，则可先弯曲成较大的圆角半径，然后采用整形工序进行整形。

② 制件精度要求较高时，凸模圆角半径 $r_p$ 应根据回弹值做相应修正，可根据式（3-12）进行估算。

$$r_p = \cfrac{1}{\cfrac{1}{r} + \cfrac{3R_{eL}}{Et}} \qquad (3-12)$$

式中，$r$——弯曲件内侧弯曲半径（mm）；

$R_{eL}$——材料的下屈服强度（MPa）；

$E$——材料的弹性模量（MPa）；

$t$——弯曲件厚度（mm）。

(2) 凹模圆角半径 $r_d$。

为避免弯曲时毛坯表面出现裂纹，$r_d$ 通常可根据材料厚度 $t$ 取值或按表 3-5 查取。

$$\left.\begin{array}{ll} t \leqslant 2\mathrm{mm}, & r_d = (3\sim6)t \\ t = 2\sim4\mathrm{mm}, & r_d = (2\sim4)t \\ t > 4\mathrm{mm}, & r_d = 2t \end{array}\right\} \qquad (3-13)$$

表 3-5　凹模圆角半径 $r_d$ 与凹模深度 $l$　　　　（单位：mm）

| 材料厚度 $t$<br>弯曲件直边长度 $L$ | ≤0.5 | | 0.5～2.0 | | 2.0～4.0 | | 4.0～7.0 | |
|---|---|---|---|---|---|---|---|---|
| | $l$ | $r_d$ | $l$ | $r_d$ | $l$ | $r_d$ | $l$ | $r_d$ |
| 10 | 6 | 3 | 10 | 3 | 10 | 4 | — | — |
| 20 | 8 | 3 | 12 | 4 | 15 | 5 | 20 | 8 |
| 35 | 12 | 4 | 15 | 5 | 20 | 6 | 25 | 8 |
| 50 | 15 | 5 | 20 | 6 | 25 | 8 | 30 | 10 |
| 75 | 20 | 6 | 25 | 8 | 30 | 10 | 35 | 12 |
| 100 | — | — | 30 | 10 | 35 | 12 | 40 | 15 |
| 150 | — | — | 35 | 12 | 40 | 15 | 50 | 20 |
| 200 | — | — | 45 | 15 | 55 | 20 | 65 | 25 |

设计时注意凹模口两侧的圆角半径应相等，以避免弯曲时毛坯发生滑移。

(3) 凹模深度 $l$。

凹模深度是指弯曲件的弯曲边在凹模内的非变形区的直线段长度，如图 3.40 所示。

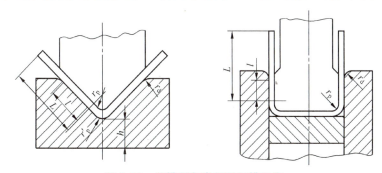

图 3.40　凹模圆角半径及凹模深度

凹模深度可查表 3-5。凹模深度过小，会使两边的自由部分过大，造成弯曲件的回弹量大，工件不平直；凹模深度过大，则增大了凹模尺寸，浪费模具材料，并且需要大行程的压力机。

### 3.5.3 弯曲模设计时应注意的问题（Matters need Attention in Bending Die Design）

（1）应根据工件形状的复杂程度、材料的性质、尺寸精度要求，合理安排弯曲工序。采用多工序弯曲时，各工序尽可能采用同一定位基准。

（2）毛坯放置在模具上时，必须有正确、可靠的定位。

（3）弯曲凸、凹模的定位要准确，结构要牢固。当弯曲过程中有较大的水平侧向力作用于模具上时，应设计侧向力平衡挡块等。当分体式凹模受到较大侧向力作用时，不能让定位销承受侧向力，要将凹模嵌入下模座内并固定。

（4）模具结构应能补偿回弹值。

（5）弯曲凸模圆角半径 $r_p$，可以先设计制作成最小允许尺寸，以便试模后根据需要修正放大。

（6）对于对称弯曲件，应保证弯曲凸模圆角半径和凹模圆角半径时两侧对称相等，以免弯曲时毛坯产生滑移。

（7）设计结构时，应考虑尽可能实现校正弯曲。

（8）设计模具时，应注意放入工件和取出工件的操作安全性。

## 3.6 综合案例（Comprehensive Case）

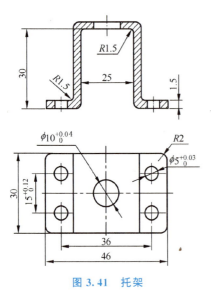

图 3.41 托架

零件名称：托架，如图 3.41 所示。
生产批量：2 万件/年。
材料：10 钢冷轧钢板。
请完成该零件冲压模的设计，并绘出模具的装配简图。

**1. 冲压件工艺性分析**

托架的材料为 10 钢，具有良好的冲压成形性能。冲裁件形状简单、对称，由圆弧和直线组成；查表 3-2 可知，$R1.5$mm 大于最小弯曲半径，符合弯曲工艺要求。$4×\phi 5_0^{+0.03}$mm 孔与边缘之间的距离为 2.5mm，满足 $s \geq t$ 的要求；与 $R1.5$mm 圆角中心的距离为 1.5mm，刚好满足 $s \geq t$，符合冲裁和弯曲工艺的孔边距要求。查标准公差数值表（GB/T 1800.1—2009《产品几何技术规范（GPS）极限与配合 第 1 部分：公差、偏差和配合的基础》），$\phi 10_0^{+0.04}$mm、$\phi 5_0^{+0.03}$mm、$15_0^{+0.12}$mm 的尺寸公差等级分别为 IT9、IT9、IT11，在冲裁的较高经济精度范围内，能够在冲裁加工中得到保证。

**2. 冲压工艺方案设计**

（1）工艺方案论证。

冲压加工该零件的基本工序为冲孔、落料和弯曲。其中，冲孔和落料为分离工序；弯曲为成形工序，弯曲成形的方法有 3 种，如图 3.42 所示。图 3.42（a）所示为一次弯曲四角成形，难以保证工件形状精度和表面粗糙度，不予考虑，只考虑图 3.42（b）和图 3.42（c）所示的两种方法。

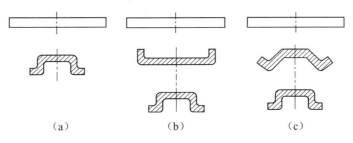

图 3.42　弯曲成形的方法

该零件上的 φ10mm 孔的边与弯曲中心的距离为 6mm，弯曲时不会引起孔变形，因此该孔可以在弯曲前冲出，并且冲出的 φ10mm 孔可以作为后续工序的定位孔。4 个 φ5mm 孔的边与弯曲中心的距离为 1.5mm，刚好满足最小边距离要求，先冲孔后弯曲会引起孔的变形，同时这 4 个孔本身的精度要求较高，所以这 4 个孔应在弯曲后冲出。

由以上分析可知，有以下 4 种工艺方案。

方案一：落料与冲 φ10mm 孔复合，如图 3.43（a）所示；弯曲外角并预弯内角成 45°，如图 3.43（b）所示；压弯内角，如图 3.43（c）所示；冲 4×φ5mm 孔，如图 3.43（d）所示。

方案二：落料与冲 φ10mm 孔复合，如图 3.43（a）所示；弯曲外角，如图 3.44（a）所示；压弯内角，如图 3.44（b）所示；冲 4×φ5mm 孔，如图 3.43（d）所示。

方案三：冲 φ10mm 孔、落料和压弯外角一套连续模，如图 3.45 所示；压弯内角，如图 3.44（b）所示；冲 4×φ5mm 孔，如图 3.43（d）所示。

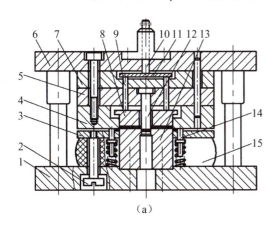

(a)

1—下模座；2—卸料螺钉；3—弹性卸料板；
4—凹模；5—凸模固定板；6—上模座；7—垫板；
8—推件块；9—推杆；10—打杆；11—小推板；
12—冲孔凸模；13—凸凹模；14—弹性导料销；
15—橡胶

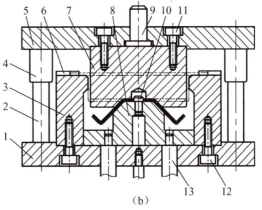

(b)

1—下模座；2—导柱；3—大凹模；4—导套；
5—上模座；6—定位块；7—凸凹模；8—弯曲凸模；
9—模柄；10—定位销；11、12—内六角螺钉；
13—顶杆

图 3.43　方案一

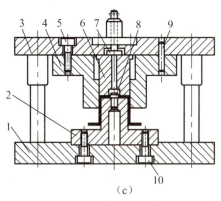
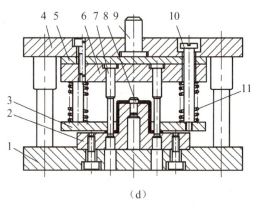

（c） （d）

1—下模座；2—凸模；3—上模座；4—凹模；　　　1—下模座；2—定位块；3—弹性卸料板；
5，10—螺钉；6—推件块；7—打杆；　　　　　4—上模座；5—垫板；6—凸模固定板；7—凸模；
8—定位销；9—销　　　　　　　　　　　　　8—定位销；9—模柄；10—卸料螺钉；11—弹簧

图 3.43 方案一（续）

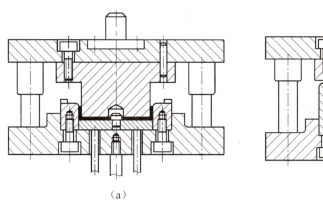
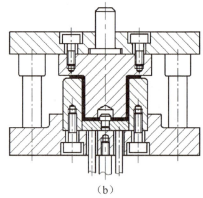

(a)　　　　　　　　　　　　　　(b)

图 3.44 方案二

【方案三】

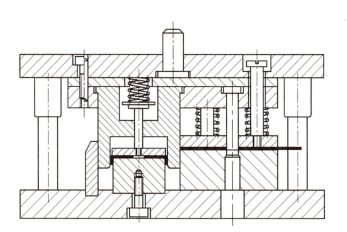

图 3.45 方案三

方案四：在一套模具上，全部工序组合采用带料连续冲压，排样图如图 3.46 所示。

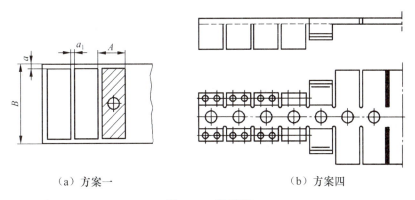

（a）方案一　　　　　　　　　　（b）方案四

图 3.46　排样图

工艺方案分析如下。

方案一：需 4 套模具完成工件加工。优点是模具结构简单，使用寿命长，制造周期短，投产快；工件的回弹容易控制，尺寸和形状精确，表面质量高；后续工序都能利用 $\phi$10mm 孔和同一个侧面定位，定位基准一致且与设计基准重合，操作比较简单方便。缺点是工序分散，模具多，工作量大。

方案二：需 4 套模具完成工件加工。优点是模具结构简单，使用寿命长，制造周期短，投产快；后续工序都能利用 $\phi$10mm 孔和同一个侧面定位，定位基准一致且与设计基准重合，操作比较简单、方便。缺点是回弹不易控制，尺寸和精度难以保证；工序分散，模具多，工作量大。

方案三：需 3 套模具完成工件加工。本质上与方案二同，但工序较集中，并且第 1 套模具结构较复杂，落料与弯曲外角时不能利用 $\phi$10mm 孔定位。

方案四：只需 1 套模具即可完成工件加工。优点是工序集中，操作工作量小。缺点是模具结构复杂，安装、调试、维护困难，制造周期长。

综上所述，由于该工件批量不大，为保证各项技术达到图样要求，选用方案一合适。

（2）计算毛坯长度。

如图 3.47 所示，由式（3-1）~式（3-3）可得到毛坯展开长度计算式

$$L = 2(l_1 + l_2) + l_3 + 4l_4$$
$$= 2(l_1 + l_2) + l_3 + 4 \times \frac{\pi \alpha}{180}(r + xt)$$
$$= 2(l_1 + l_2) + l_3 + 2\pi(r + xt)$$

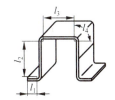

图 3.47　毛坯展开长度计算

由 $r/t = 1.5/1.5 = 1.0$，查表 3-1 得应变中性层位移系数 $x = 0.32$，则

$$L = [2 \times (7.5 + 25.5) + 22 + 2\pi \times (1.5 + 0.32 \times 1.5)] \text{mm} \approx 100.5 \text{mm}$$

3. 排样设计

（1）计算条料宽度和送进距离。

由于毛坯较大、为矩形，且生产批量不大，考虑模具结构应比较简单，因此采用单排，排样图如图 3.46（a）所示。

查表 2-10，得到侧边距 $a=2$mm，工件间距 $a_1=1.8$mm，则进距
$$A=D+a_1=(30+1.8)\text{mm}=31.8\text{mm}$$
查表 2-11，取 $\Delta=0.7$mm，$b_0=0.3$mm，要求手动送料且无侧压装置，则条料宽度按式（2-3）计算
$$B=(L+2a+b_0)_{-\Delta}^{\ 0}=[(100.5+2\times2+0.3)_{-0.7}^{\ 0}]\text{mm}=104.8_{-0.7}^{\ 0}\text{mm}$$
根据计算结果，最终确定工件间搭边值为 1.8mm，侧边搭边值为 2.15mm。

（2）计算材料利用率。

选用 $1.5\text{mm}\times1000\text{mm}\times1500\text{mm}$ 的钢板，裁成宽 104.8mm、长 1000mm 的条料，则每张板所出零件数
$$n=\frac{1500}{B}\times\frac{1000-a_1}{A}=\frac{1500}{104.8}\times\frac{1000-1.8}{31.8}\approx14\times31=434$$
裁成宽 24mm、长 1500mm 的条料，则每张板所出零件数
$$n=\frac{1000}{B}\times\frac{1500-a_1}{A}=\frac{1000}{104.8}\times\frac{1500-1.8}{31.8}\approx9\times47=423$$
由计算可知，板料采用第一种裁切方法比较经济。板料利用率
$$\eta=\frac{nS}{1000\times1500}\times100\%=\frac{434\times100.5\times30}{1000\times1500}\times100\%\approx87.23\%$$

**4. 计算工序力，初选压力机**

（1）落料与冲孔复合工序，如图 3.43（a）所示。

查表 1-3，取 $R_m=400$MPa。由式（2-17）有

矩形冲裁力
$$F_{c1}=L_1tR_m=[2\times(100.5+30)\times1.5\times400]\text{N}\approx156600\text{N}$$
$\phi10$mm 孔冲裁力
$$F_{c2}=L_2tR_m=(\pi\times10\times1.5\times400)\text{N}\approx18840\text{N}$$
卸料力和推件力如图 3.48 所示。

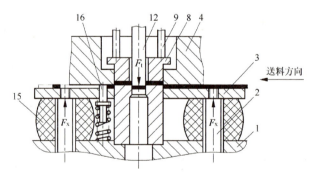

1—下模座；2—卸料螺钉；3—弹性卸料板；4—凹模；8—推件块；
9—推杆；12—冲孔凸模；15—橡胶；16—弹性挡料销

图 3.48 卸料力和推件力

查表 2-16，取 $K_x=0.05$，$K_t=0.055$。

由式（2-18），计算卸料力
$$F_x=K_xF_{c1}=(0.05\times156600)\text{N}=7830\text{N}$$

由式（2-19），计算推件力
$$F_t = nK_tF_{c2} = (3 \times 0.055 \times 18840)\text{N} = 3108.6\text{N}$$
故冲裁工序总力
$$F = F_{c1} + F_{c2} + F_x + F_t = 186378.6\text{N} \approx 186.4\text{kN}$$
根据 $F_p \geq 1.3F$ 的要求，并查表 1-5，选用型号规格为 J23-25 的压力机。

（2）第一次弯曲工序，如图 3.43（b）所示。

首次弯曲时的弯曲工序力包括先弯曲外角、后预弯内角。弯曲过程中，工序力并不同时发生作用，开始时只有弯曲外角的弯曲力和压料力，凸、凹模到一定位置时才开始有预弯内角的弯曲力和压料力。为保证安全可靠，根据这两种力的合力选择压力机。

由式（3-5），计算内角预弯力
$$F_{弯} = 0.7kbt^2R_m/(r+t) = [0.7 \times 1.3 \times 30 \times 1.5^2 \times 400/(1.5+1.5)]\text{N} = 8190\text{N}$$
此处所需的压料力比较小，所以由式（3-7），计算压料力
$$F_{压} = 0.6F_{弯} = (0.6 \times 8190)\text{N} = 4914\text{N}$$
故总弯曲工序力
$$F = 2F_{弯} + F_{压} = 21294\text{N} = 21.294\text{kN}$$
根据 $F_p \geq 1.3F$ 的要求，并查表 1-5，选用型号规格为 J23-16 的压力机。

（3）第二次弯曲，如图 3.43（c）所示。

为减小回弹量，内角采用校正弯曲。计算凹模水平面上的投影面积
$$A = (28 \times 30)\text{mm}^2 = 840\text{ mm}^2$$
查表 3-4，取 $p = 40\text{MPa}$；则由式（3-6）计算弯曲内角的校正压力
$$F_j = Ap = (840 \times 40)\text{N} = 33600\text{N} = 33.6\text{kN}$$
由于校正压力远大于自由弯曲力，因此有
$$F = F_j = 33.6\text{kN}$$
根据 $F_p \geq 1.3F$ 的要求，考虑制件高度，并查表 1-5，选用型号规格为 J23-16 的压力机。

（4）冲裁 $4 \times \phi 5\text{mm}$ 孔，如图 3.43（d）所示。

由式（2-17），计算 $4 \times \phi 5\text{mm}$ 孔的冲裁力
$$F_c = nLtR_m = (4 \times \pi \times 5 \times 400 \times 1.5)\text{N} \approx 37680\text{N}$$
由式（2-18），计算卸料力
$$F_x = K_xF_c = (0.05 \times 37680)\text{N} = 1884\text{N}$$
由式（2-19），计算推件力
$$F_t = nK_tF_c = (3 \times 0.055 \times 37680)\text{N} = 6217.2\text{N}$$
故冲裁工序总力
$$F = F_c + F_x + F_t = 45781.2\text{N} = 45.7812\text{kN}$$
根据 $F_p \geq 1.2F$ 的要求，考虑制件高度，并查表 1-5，选用型号规格为 J23-16 的压力机。

5. 编制冲压工艺过程卡

托架冲压工艺过程卡见表 3-6。

表 3-6 托架冲压工艺过程卡

| 序号 | 工序说明 | 工序简图 | 设备规格 | 模具形式 |
|---|---|---|---|---|
| 1 | 落料与冲孔 | 制件 30×100.5，$\phi 10^{+0.04}_{0}$；排样图 $104.8^{0}_{-0.7}$，2.15，31.8，1.8 | J23-5 | 落料冲孔复合模 |
| 2 | 一次弯曲（带预弯） | (a) 弯曲外角 91.43，10.5；(b) 预弯内角 (79.3)，(27.5)，22，10.5，45°，90°，(20.6)，R1.5，(7.24) | J23-16 | 弯曲模 |
| 3 | 二次弯曲 | R1.5，25，30，46 | J23-16 | 弯曲模 |
| 4 | 冲 4×$\phi$5mm 孔 | $\phi 5^{+0.03}_{0}$，$15^{+0.12}_{0}$，36 | J23-16 | 冲孔模 |

6. 冲模零部件的选用、设计和计算

（1）落料与冲孔复合工序。

① 计算凸、凹模刃口尺寸。

a. 由所用材料为 10 冷轧钢板、$t=1.5\text{mm}$，查表 2-12，确定冲裁间隙 $Z_{\min}=0.21\text{mm}$，$Z_{\max}=0.25\text{mm}$。

b. 计算落料刃口尺寸。按 IT14 确定工件未注尺寸公差。查标准公差数值表 [GB/T 1800.1—2009《产品几何技术规范（GPS）极限与配合 第 1 部分：公差、偏差和配合的基础》]，有 $A_1=30_{-0.52}^{\phantom{-}0}\text{mm}$，$A_2=100.5_{-0.87}^{\phantom{-}0}\text{mm}$。

采用配制加工，刃口尺寸以凹模为基准，凸模尺寸按相应的凹模实际尺寸进行配制，保证最小双面间隙为 0.21mm。

由 $A_1=30_{-0.52}^{\phantom{-}0}\text{mm}$，$A_2=100.5_{-0.87}^{\phantom{-}0}\text{mm}$，$t=1.5\text{mm}$，按非圆形工件查表 2-14，选取磨损系数 $x_{A1}=x_{A2}=0.5$。落料刃口尺寸均为 A 类尺寸，取 $\delta_m=\Delta/4$，按式（2-13）得

$$A_{m1}=(A_1-x_{A1}\Delta_{A1})_{0}^{+\delta_{mA1}}=(30-0.5\times 0.52)_{0}^{+0.52/4}\text{mm}\approx 29.7_{0}^{+0.13}\text{mm}=30_{-0.30}^{-0.17}\text{mm}$$

$$A_{m2}=(A_2-x_{A2}\Delta_{A2})_{0}^{+\delta_{mA2}}=(100.5-0.5\times 0.87)_{0}^{+0.87/4}\text{mm}\approx 100.1_{0}^{+0.22}\text{mm}=100.5_{-0.40}^{-0.18}\text{mm}$$

c. 计算冲孔刃口尺寸。采用互换法加工，以凸模为基准件进行刃口尺寸计算。

因为是圆形刃口，所以此处可取凸模的制造公差为 IT6，凹模的制造公差为 IT7。查标准公差数值表 [GB/T 1800.1—2009《产品几何技术规范（GPS）极限与配合 第 1 部分：公差、偏差和配合的基础》]，得 $\delta_{p1}=0.009\text{mm}$，$\delta_{d1}=0.015\text{mm}$。

检查是否满足 $\delta_p+\delta_d\leqslant Z_{\max}-Z_{\min}$ 的要求。

$$\delta_{p1}+\delta_{d1}=(0.009+0.015)\text{mm}=0.024\text{mm}$$

$$Z_{\max}-Z_{\min}=(0.250-0.210)\text{mm}=0.040\text{mm}$$

能够满足要求。

由 $d_1=10_{0}^{+0.04}\text{mm}$、$t=1.5\text{mm}$，查表 2-14，选取磨损系数 $x_{d1}=0.75$。

按式（2-7）和式（2-8）计算得

$$d_{p1}=(d_1+x_{d1}\Delta_{d1})_{-\delta_{p1}}^{0}=(10+0.75\times 0.04)_{-0.009}^{0}\text{mm}=10.03_{-0.009}^{0}\text{mm}=10_{+0.021}^{+0.030}\text{mm}$$

$$d_{d1}=(d_1+x_{d1}\Delta_{d1}+Z_{\min})_{0}^{+\delta_{d1}}=(10.03+0.21)_{0}^{+0.015}\text{mm}=10.24_{0}^{+0.015}\text{mm}=10_{+0.240}^{+0.255}\text{mm}$$

② 凹模外形尺寸的确定。

冲裁件外形的周长 $L_a=261\text{mm}$，查表 2-17，取 $K=1.37$。根据式（2-31），计算凹模厚度

$$H_a=K\sqrt[3]{0.1F_{c1}}=(1.37\times\sqrt[3]{0.1\times 156600})\text{mm}\approx 34.3\text{mm}$$

根据式（2-32），凹模壁厚

$$c=1.5H_a=(1.5\times 34.3)\text{mm}\approx 51.5\text{mm}$$

采用纵向送料，确定凹模宽度和长度。

a. 凹模宽度 $B$ 的确定。

$$B=\text{工件长}+\text{送料步距}+2c=(30+31.8+2\times 51.5)\text{mm}\approx 165\text{mm}$$

b. 凹模长度 $L$ 的确定。

$$L=\text{工件宽}+2c=(100.5+2\times 51.5)\text{mm}\approx 204\text{mm}$$

由于凹模内还要布置推件块，并留取推出距离和推件块台阶，因此初算凹模厚度

$$H'_a = H_a + t + 5 = (34.3 + 1.5 + 5)\text{mm} = 40.8\text{mm}$$

查冲模矩形凹模板标准（JB/T 7643.1—2008《冲模模板 第 1 部分：矩形凹模板》），考虑到还要包括推件块推出距离，所以初定凹模外形尺寸为 200mm×160mm×42mm。

③ 橡胶弹性体的计算。

由于橡胶的许用负荷比弹簧大，考虑到要控制模具闭合高度，因此本案例采用聚氨酯橡胶作为弹性体，如图 3.43（a）所示。

a. 确定橡胶的自由高度。因为冲裁的工作行程 $L_c = t + 2 = 3.5\text{mm}$，所以橡胶的自由高度

$$H_0 = \frac{L_c + \Delta H''}{K_{y1}} = \frac{3.5 + 6.5}{0.25}\text{mm} = 40\text{mm} \qquad (3-14)$$

式中，$H_0$——橡胶的自由高度（mm）；

$L_c$——冲裁的工作行程（指凸模从接触板料开始到完成冲裁的距离），一般取 $t + (2\sim 3)\text{mm}$；

$K_{y1}$——系数，一般在 0.25～0.30 选取。

$\Delta H''$——凸模刃磨量和调整量（mm），一般取 5～10mm。

计算自由高度时，要求 $0.5B \leq H_0 \leq 1.5B$。如果 $H_0 > 1.5B$，需将橡胶分成若干段，在其间加钢制垫圈；如果 $H_0 < 0.5B$，需要重新确定高度值，取 $H_0 = 0.5B$（$B$ 为橡胶弹性体的直径或宽度，由设计者根据模具空间进行初定）。

本例如图 3.48 所示，在凸凹模宽度两侧分设一个矩形橡胶块，每个的宽度 $B = 30\text{mm}$。可以明显看到计算得到的 $H_0$ 满足关系式，所以取 $H_0 = 40\text{mm}$。

b. 确定橡胶的安装高度 $H'$。

$$H' = K_{y2} H_0 = (0.85 \times 40)\text{mm} = 34\text{mm} \qquad (3-15)$$

式中，$K_{y2}$——橡胶安装时的预压缩比（%），一般在 85%～90% 选取。

c. 确定橡胶的实际承压面积 $S$。加上预压缩和卸料行程，取压缩比为 25%，查表 3-7，取橡胶单位弹压力 $q = 1.06\text{MPa}$，则每块橡胶的承压面积

$$S \geq \frac{F_x}{nq} = \frac{7830}{2 \times 1.06}\text{mm}^2 \approx 3693.4\text{mm}^2 \qquad (3-16)$$

式中，$F_x$——卸料力（N）；

$n$——橡胶块数目；

$q$——橡胶在一定压缩比时对应的单位弹压力（MPa），具体值见表 3-7。

则橡胶的长度

$$L \geq S/B = (3693.4/30)\text{mm} \approx 123\text{mm}$$

表 3-7　橡胶压缩比 $K_{y2}$ 与橡胶的单位弹压力值 $q$

| 橡胶压缩比 $K_{y2}$/（%） | 10 | 15 | 20 | 25 | 30 | 35 |
|---|---|---|---|---|---|---|
| 单位弹压力 $q$/MPa | 0.26 | 0.50 | 0.74 | 1.06 | 1.52 | 2.10 |

依据以上计算结果，并根据凹模与凸凹模外形尺寸确定的橡胶能够安装的许可空间，确定每块橡胶弹性体的外形尺寸为 130mm×30mm×30mm。

④ 凸模固定板、弹性卸料板、小推板、凸凹模、垫板、上下模座等厚度尺寸的确定。

a. 根据式（2-37）初算固定板厚度。

$$h'_g = 0.8H_a = (0.8 \times 34.3)\text{mm} \approx 27.4\text{mm}$$

其外形尺寸与凹模的相同，查矩形固定板标准（JB/T 7643.2—2008《冲模模板 第2部分：矩形固定板》），取固定板厚度 $h_g = 28\text{mm}$。

b. 弹性卸料板外形与大凹模相同，查表 2-19，取厚度 $h'_x = 16\text{mm}$。

c. 小推板放在垫板内，参照刚性卸料板设计，其外形与毛坯相近，为 100mm×30mm，查表 2-19，取其厚度 $h_t = 6\text{mm}$。

d. 凸凹模高度尺寸 $h_{pd}$，由式（2-30）得

$$h_{pd} = h'_g + h'_x + t + H' - (0.5 \sim 1) = (0 + 16 + 1.5 + 40 - 1)\text{mm} = 57.5\text{mm}$$

e. 根据凹模外形尺寸，查矩形垫板标准（JB/T 7643.3—2008《冲模模板 第3部分：矩形垫板》），取垫板厚度 $h_{db} = 8\text{mm}$，但此处的垫板还要留出小推板及推出距离，故有

$$h'_{db} = h_{db} + h_t + 4 = 18\text{mm}$$

f. 上、下模座厚度尺寸计算。

根据式（2-35），计算下模座厚度

$$H_x = 1.2H_a = (1.2 \times 34.3)\text{mm} \approx 41\text{mm}$$

根据式（2-36），计算上模座厚度

$$H_s = H_x - 5 = (41 - 5)\text{mm} = 37\text{mm}$$

⑤ 标准模架的选取。

根据已初算出来的各板厚度，初算模具闭合高度

$$H_{闭合} = H_s + h_{pd} + H_a + h_g + h'_{db} + H_x = (37 + 57.5 + 34.3 + 24 + 18 + 41)\text{mm} = 211.8\text{mm}$$

采用后侧导柱模架，根据凹模周界尺寸 200mm×160mm 及初算闭合高度 $H_{闭合}$，查冲模滑动导向后侧导柱模架标准（GB/T 2851—2008《冲模滑动导向架》），选取模架规格。

滑动导向模架 后侧导柱 200×160×190～235 Ⅰ（GB/T 2851—2008《冲模滑动导向模架》）

并由此确定上、下模座及导柱、导套规格。

后侧导柱上模座 200×160×45（GB/T 2855.1—2008《冲模滑动导向模座 第1部分：上模座》）

后侧导柱下模座 200×160×55（GB/T 2855.2—2008《冲模滑动导向模座 第2部分：下模座》）

导柱 A 28h5×180（GB/T 2861.1—2008《冲模导向装置 第1部分：滑动导向导柱》）

导套 A 28H6×110×43（GB/T 2861.3—2008《冲模导向装置 第3部分：滑动导向导套》）

经查表 1-5，初选的压力机 J23-25 的最大装模高度、工作台尺寸、双柱间距等均能够满足模具的安装和使用要求。

> **特别提示**
>
> （1）细心的读者会发现，第 2.6 节的案例与本节案例所用模板数量和结构并不完全相同，这是设计本身的需要。因此，在确定工艺方案和模具结构形式后，要先绘制模具装配草图，看需要哪些模板，并且有什么特殊要求，然后着手计算各板尺寸。
>
> （2）上述各板所得尺寸均为初算值，正式绘制装配图时，可能还需要调整。这非常正常，设计工作本身就是"边计算、边绘图、边调整"的一个反复过程，最终数据以达到设计要求为目标。

(2) 第一次弯曲工序。

① 计算凸、凹模成形部分尺寸。

a. 预弯内角根据工序表 3-6 中简图标注的尺寸即可。

b. 弯曲外角时凸、凹模成形尺寸。为保持总体尺寸能够满足要求,尺寸标注在内形上,计算时以凹模为基准。未注公差按 IT14 级,查标准公差数值表,确定尺寸 91.43mm 的公差为 ±0.435mm。凹模的制造公差取 IT9 级,查公差数值表可得 $\delta_p = 0.087$mm。

由式(3-10)计算凹模尺寸。

$$L_d = (L - x\Delta)_{-\delta_p}^{0} = (91.43 - 0.5 \times 0.87)_{0}^{+0.087} \text{mm} \approx 91_{0}^{+0.087} \text{mm}$$

为了减小回弹量,单边间隙值尽量取小一点,故有

$$C = 1.05t = (1.05 \times 1.5)\text{mm} \approx 1.58\text{mm}$$

凸模宽度尺寸按凹模进行配制,保证单面间隙为 1.58mm。

 **特别提示**

为减小回弹量,此处可通过补偿法计算,先计算回弹角,适当改变凸模形状,如图 3.28(a)所示。

c. 根据式(3-13),计算弯曲凹模圆角半径 $r_d = 4t = (4 \times 2)\text{mm} = 8\text{mm}$。

② 初定各主要零部件外形尺寸。

a. 初定弯曲内角的凸模的高度尺寸。凸模的高度设计依据表 3-6 中一次弯曲件的总高度,再加上 25mm(自行设计,根据情况确定)即可。

$$H_p = (20.6 + 25)\text{mm} \approx 45\text{mm}$$

b. 初定弯曲外角的大凹模的外形尺寸。

初定高度尺寸。如图 3.43(b)所示草图,大凹模的内部装有凸模,同时要完成外角的弯曲,所以其高度应包括凸模高度和外角高度(表 3-6),即

$$H_a = H_p + 2 \times 10.5 + r_d = (45 + 21 + 6)\text{mm} = 72\text{mm}$$

初定长度、宽度尺寸。大凹模上要放置毛坯,并设计毛坯定位原件,所以其长度、宽度尺寸取决于毛坯的外形尺寸。根据毛坯外形尺寸为 100.5mm×30mm,周边均匀外扩 25mm,初定凹模的尺寸为 150mm×80mm。

c. 初定上、下模座厚度尺寸。

参照冲孔落料时的厚度尺寸,初定下模座厚度 $H_x = 41$mm,上模座厚度 $H_s = 37$mm。

③ 标准模架的选取。

根据已初算出来的各板厚度,初算模具闭合高度

$$H_{闭合} = H_s + A + H_a + H_x = (37 + 20 + 72 + 41)\text{mm} = 170\text{mm}$$

 **特别提示**

在实际设计过程中,并不是所有的尺寸都需要计算,有些数据可以根据情况估算,有些数据则可以参照以前的设计。此处 $A$ 是自由尺寸,$A = 20$mm 就是根据弯曲情况估算的上下模合模状态时的预留量。

采用后侧导柱模架,根据凹模周界尺寸 150mm×80mm 及初算闭合高度 $H_{闭合}$,查冲模滑动导向后侧导柱模架标准(GB/T 2851—2008《冲模滑动导向架》),选取模架规格。

滑动导向模架 后侧导柱 160×100×160~190 I(GB/T 2851—2008《冲模滑动导

向模架》)

并由此确定上、下模座及导柱、导套规格。

后侧导柱上模座 160×100×35 (GB/T 2855.1—2008《冲模滑动导向模座 第1部分：上模座》)

后侧导柱下模座 160×100×40 (GB/T 2855.2—2008《冲模滑动导向模座 第2部分：下模座》)

导柱 A 25 h5×150 (GB/T 2861.1—2008《冲模导向装置 第1部分：滑动导向导柱》)

导套 A 25 H6×85×33 (GB/T 2861.3—2008《冲模导向装置 第3部分：滑动导向导套》)

经查表1-5，初选的J23-16压力机的最大装模高度、工作台尺寸等均能够满足模具的安装和使用要求。

(3) 第二次弯曲工序。

① 计算凸、凹模成形部分宽度尺寸。

由于尺寸标注在内形上，因此计算以凸模为基准。未注公差按IT14级，查公差数值表，确定尺寸25mm的公差为+0.52mm。凸模的制造公差取IT8级，查公差数值表可得 $\delta_p = 0.033$ mm。

由式(3-10)计算凸模尺寸。

$$L_p = (L + x\Delta)_{-\delta_p}^{\ 0} = [(25 + 0.75 \times 0.52)_{-0.033}^{\ 0}] \text{mm} = 25.4_{-0.033}^{\ 0} \text{mm}$$

单边间隙值 $C = 1.1t = (1.1 \times 1.5)$ mm $= 1.65$ mm。

凹模宽度尺寸按凸模进行配制，保证单面间隙为1.65mm。

② 凹模深度和凹模圆角。

根据弯曲直边长度 $L = 28.5$ mm，料厚 $t = 1.5$ mm，查表3-5，得凹模深度 $l = 15$ mm，凹模圆角 $r_d = 5$ mm。

③ 初定各主要零部件外形尺寸。

a. 凸模高度的确定。凸模高度包括制件的高度加上15mm（根据需要自行决定），则有

$$H_p = (30 + 15) \text{mm} = 45 \text{mm}$$

b. 凹模高度的确定。凹模内部需要放置推件块，并需留下推出距离，则有

$$H_a = 3l + r_d + 3(台阶高度) = (3 \times 15 + 5 + 3) \text{mm} = 53 \text{mm}$$

c. 凹模外形尺寸的确定。凹模外形尺寸取决于预弯内角后半成品件的尺寸，由表3-6中可知，半成品件最大外形尺寸为79.3mm×30mm。周边均匀外扩25mm，则初定凹模外形尺寸为130mm×80mm。

d. 初定上、下模座厚度尺寸。

参照冲孔落料时的厚度尺寸，初定下模座厚度 $H_x = 41$ mm，上模座厚度 $H_s = 37$ mm。

④ 标准模架的选取。

依据已初算出来的各板厚度，初算模具闭合高度

$$H_{闭合} = H_s + H_a + H_p + H_x - l = (37 + 53 + 45 + 41 - 15) \text{mm} = 161 \text{mm}$$

采用后侧导柱模架，根据凹模周界尺寸130mm×80mm及初算闭合高度 $H_{闭合}$，查冲模滑动导向后侧导柱模架标准 (GB/T 2851—2008《冲模滑动导向架》)，选取模架规格。

滑动导向模架 后侧导柱 125×80×140~165 Ⅰ (GB/T 2851—2008《冲模滑动导向模架》)

并由此确定上、下模座及导柱、导套规格。

后侧导柱上模座 125×80×30（GB/T 2855.1—2008《冲模滑动导向模座 第 1 部分：上模座》）

后侧导柱下模座 125×80×40（GB/T 2855.2—2008《冲模滑动导向模座 第 2 部分：下模座》）

导柱 A 22 h5×130（GB/T 2861.1—2008《冲模导向装置 第1部分：滑动导向导柱》）

导套 A 22 H6×70×28（GB/T 2861.3—2008《冲模导向装置 第 3 部分：滑动导向导套》）

经查表 1-5，初选的压力机 J23-16 的最大装模高度、工作台尺寸等均能够满足模具的安装和使用要求。

（4）冲裁 $4\times\phi 5^{+0.03}_{\ 0}$ mm 孔工序。

① 凸、凹模刃口尺寸计算。

采用互换加工法，刃口尺寸以凸模为基准进行刃口尺寸计算。因冲裁形状为圆形，故取凸模的制造公差为 IT6，凹模的制造公差为 IT7。查标准公差数值表 [GB/T 1800.1—2009《产品几何技术规范（GPS）极限与配合 第 1 部分：公差、偏差和配合的基础》]，得：$\delta_{p2}=0.008$mm，$\delta_{d2}=0.012$mm。

检查是否满足 $\delta_p+\delta_d\leqslant Z_{max}-Z_{min}$ 的要求

$$\delta_{p2}+\delta_{d2}=(0.008+0.012)\text{mm}=0.020\text{mm}$$
$$Z_{max}-Z_{min}=(0.250-0.210)\text{mm}=0.040\text{mm}$$

能够满足要求。

由 $d_2=5^{+0.03}_{\ 0}$mm，$t=1.5$mm，查表 2-14，选取磨损系数 $x_{d2}=0.75$。

按式（2-7）和式（2-8）计算得

$$d_{p2}=(d_2+x_{d2}\Delta_2)^{\ 0}_{-\delta_{p2}}=(5+0.75\times 0.03)^{\ 0}_{-0.008}\text{mm}=5.02^{\ 0}_{-0.008}\text{mm}=5^{+0.020}_{+0.012}\text{mm}$$

$$d_{d2}=(d_2+x_{d2}\Delta+Z_{min})^{-\delta_{d2}}_{\ 0}=(5.02+0.21)^{+0.012}_{\ 0}\text{mm}=5.23^{+0.012}_{\ 0}\text{mm}=5^{+0.242}_{+0.230}\text{mm}$$

② 凹模外形尺寸的确定。

冲裁件外形的周长 $L_a=\pi d\approx 15.7$mm，查表 2-17，取 $K=1$。根据式（2-31），计算凹模厚度

$$H_a=K\sqrt[3]{0.1F_c}=(1.00\times\sqrt[3]{0.1\times 9420})\text{mm}\approx 10\text{mm}$$

当 $H_a\leqslant 12$mm 时，取 $H_a=12$mm。根据式（2-32），凹模壁厚

$$c=1.2H_a=(1.2\times 12)\text{mm}=14.4\text{mm}$$

确定凹模宽度和长度。

a. 凹模宽度 $B$ 的确定

$$B=\text{孔中心距}+\text{孔直径}+2c=(15+5+2\times 14.4)\text{mm}\approx 49\text{mm}$$

b. 凹模长度 $L$ 的确定

$$L=\text{孔中心距}+\text{孔直径}+2c=(36+5+2\times 14.4)\text{mm}\approx 70\text{mm}$$

参照冲模矩形凹模板标准（JB/T 7643.1—2008《冲模模板 第 1 部分：矩形凹模板》），初定凹模外形尺寸为 80mm×63mm。

因为要将凹模与制件定位元件做为一体，所以需加上制件高度，故初算凹模体高度

$$H'_a=H_a+30=(12+30)\text{mm}=42\text{mm}$$

③ 弹簧的计算和选用。

a. 初定弹簧数量 $n=4$，计算出每个弹簧应有的预压力

$$F_0 = \frac{F}{n} = \frac{F_x}{n} = \frac{1884}{4} \text{N} = 471 \text{N} \tag{3-17}$$

式中，$F$——弹簧的实际工作负荷（N）。

b. 依据 $F_n \geqslant F_0$，查普通圆柱螺旋压缩弹簧标准 [GB/T 2089—2009《普通圆柱螺旋压缩弹簧尺寸及参数（两端圈并紧磨平或制扁）》]，初选弹簧。从表 3-6 中的工序简图中可知，弹簧工作时的压缩工作行程约为 2.5mm；另外，弹簧压缩后还要保证凸模固定板不能与制件发生干涉，综合这些因素，初选弹簧规格为 $4\times22\times85$，其具体参数为 $D=22$mm，$d=4$mm，$F_n=694$N，$f_n=30$mm，$H_0=85$mm，$n=10.5$（此处 $n$ 为弹簧圈数），$D_{T\min}=30$mm（$D_{T\min}$ 为弹簧安装所需的最小直径）。

c. 校核所选弹簧的最大许可压缩量是否满足压缩要求，即满足式（3-18）。

$$f_n \geqslant \Delta H \quad (\Delta H = \Delta H_0 + \Delta H' + \Delta H'') \tag{3-18}$$

式中，$f_n$——弹簧最大许可压缩量（mm）；

$\Delta H$——弹簧实际总压缩量（mm）；

$\Delta H_0$——弹簧预压缩量（mm）；

$\Delta H'$——弹簧的工作行程（mm），一般取 $\Delta H' = t + 1$，$t$ 为板料厚度；

$\Delta H''$——凸模刃磨量和调整量（mm），一般取 5~10mm。

计算弹簧的预压缩量

$$\Delta H_0 = \frac{F_0}{F_n} f_n = \left(\frac{471}{694} \times 30\right) \text{mm} \approx 20.36 \text{mm} \tag{3-19}$$

则有 $f_n \geqslant \Delta H_0 + \Delta H' + \Delta H'' = (20.36 + 2.5 + 5)\text{mm} = 27.86$mm，故所选弹簧能够满足要求。

d. 计算弹簧的安装高度。

$$H' = H_0 - \Delta H_0 = (85 - 20.36)\text{mm} \approx 64.6 \text{mm} \tag{3-20}$$

式中，$H_0$——弹簧的自由高度（mm）。

④ 凸模固定板、弹性卸料板、垫板、上下模座等厚度尺寸，小凸模长度尺寸。

a. 根据式（2-36）初算固定板厚度。

$$h'_g = 0.9 H_a = (0.9 \times 12)\text{mm} \approx 11 \text{mm}$$

考虑到弹簧 $D_{T\min}=30$mm 的安装要求，凸模固定板需在凹模外形尺寸的基础上扩大，查矩形固定板标准（JB/T 7643.2—2008《冲模模板 第 2 部分：矩形固定板》），选取凸模固定板的外形尺寸为 100mm×80mm，并确定固定板厚度 $h_g = 12$mm。

b. 弹性卸料板外形与凸模固定板相同，查表 2-19，取厚度 $h'_x = 12$mm。

c. 根据凸模固定板外形尺寸，查矩形垫板标准（JB/T 7643.3—2008《冲模模板 第 3 部分：矩形垫板》），取垫板厚度 $h_{db} = 6$mm。

d. 小凸模长度尺寸 $L_p$，由式（2-29）计算得

$$L_p = h_g + h'_x + t + H' - (0.5 \sim 1) = (12 + 12 + 1.5 + 64.6 - 0.7)\text{mm} = 89.4 \text{mm}$$

由于小凸模细长，为了增大刚度和强度，采用图 2.27（b）所示的结构形式。

e. 上、下模座厚度尺寸计算。

根据式（2-35），计算得下模座厚度：$H_x = 1.5 H_a = (1.5 \times 12)\text{mm} = 18$mm

根据式（2-36），计算得上模座厚度：$H_s = H_x - 5 = (18-5)\text{mm} = 13\text{mm}$

⑤ 标准模架的选取。

依据已初算出来的各板厚度，初算模具闭合高度。

$$H_{闭合} = H_s + h_{db} + h_g + H' + h'_x + t + H_a + H_x$$
$$= (13+6+12+64.6+12+1.5+12+18)\text{mm} \approx 139\text{mm}$$

由于冲孔凸模直径较小，模具要求导向平稳，采用对角导柱模架。根据凸模固定板周界尺寸100mm×80mm及初算闭合高度$H_{闭合}$，查冲模滑动导向对角导柱模架标准（GB/T 2851—2008《冲模滑动导向架》），选取模架规格。

滑动导向模架 对角导柱 100×80×130～150 Ⅰ（GB/T 2851—2008《冲模滑动导向模架》）

并由此确定上、下模座及导柱、导套规格。

对角导柱上模座 100×80×25（GB/T 2855.1—2008《冲模滑动导向模座 第1部分：上模座》）

对角导柱下模座 100×80×30（GB/T 2855.2—2008《冲模滑动导向模座 第2部分：下模座》）

导柱 A 20 h5×120（GB/T 2861.1—2008《冲模导向装置 第1部分：滑动导向导柱》）

导套 A 20 H6×65×23（GB/T 2861.3—2008《冲模导向装置 第3部分：滑动导向导套》）

经查表1-5，初选的J23-16压力机的最大装模高度、工作台尺寸、滑块行程等，均能够满足模具的安装和使用要求。

 **特别提示**

在案例的整体设计中，都采用经验公式计算。有兴趣的读者可以利用材料力学的相关知识，对本案例中凹模的抗弯强度、模座强度、细长凸模的强度和刚度等进行校核，以积累设计经验。

**7. 绘制模具装配图**

模具装配图共有4套，如图3.43所示。

## 本章小结(Brief Summary of this Chapter)

本章对弯曲工艺及常见弯曲件的模具设计进行了较详细的阐述，包括弯曲件工艺性、弯曲变形过程分析、弯曲件的回弹、弯曲工序安排和弯曲模典型结构设计。

弯曲件工艺性介绍了弯曲工艺的概念及弯曲件的结构工艺性。

弯曲变形过程分析中介绍了弯曲变形过程中的应变情况，着重讲解了应变中性层概念。

弯曲件的回弹介绍了产生回弹的原因及减小回弹的措施。

弯曲模典型结构设计介绍了V形件弯曲模、U形件弯曲模、帽形件弯曲模、Z形件弯曲模、圆形件弯曲模等典型弯曲模的结构组成及工作过程。

# 弯曲工艺与弯曲模(Bending Process and Bending Die) 第3章

本章的教学目标是使学生掌握弯曲模设计的基础知识,通过对弯曲成形工艺及典型弯曲模结构的了解,掌握弯曲模设计的基础知识。

## 习题(Exercises)

**1. 简答题**

(1) 板料弯曲分为哪几个阶段?各阶段有什么特征?

(2) 什么是"宽板"弯曲?什么是"窄板"弯曲?二者弯曲变形区横断面的变形有什么不同?

(3) 什么是应变中性层?如何确定应变中性层的位置?

(4) 什么是最小弯曲半径?简述弯曲线与板料轧制方向对最小弯曲半径的影响。

(5) 什么是弯曲件的回弹?影响弯曲回弹的因素有哪些?生产中减小回弹量的方法有哪些?

(6) 防止弯曲裂纹的措施有哪些?

(7) 弯曲过程中可能产生滑移的原因有哪些?防止产生滑移的措施有哪些?

(8) 如何设计弯曲模?设计弯曲模应注意什么问题?

**2. 设计题**

(1) 设计计算图 3.49 所示制件(材料为 10 钢)的弯曲模,并绘制模具结构图。

(2) 图 3.50 所示的弯曲件,材料为 Q235A,中批量生产。试计算毛坯展开长度,通过冲压件分析完成冲压工序安排,并填写工序表。

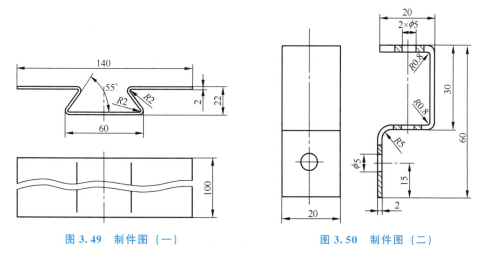

图 3.49 制件图 (一)　　　　　图 3.50 制件图 (二)

(3) 图 3.51 所示的制件,已知材料为 Q235A,试完成该制件模具的设计,并绘制模具结构图。生产批量和设计工作量由教师根据教学需要确定,要求确定工序安排和完成所有必要的计算。

(4) 图 3.52 所示的制件,已知材料为 H62,试完成该制件模具的设计,并绘制模具结构图。生产批量和设计工作量由教师根据教学需要确定,要求确定工序安排和完成所有必要的计算。

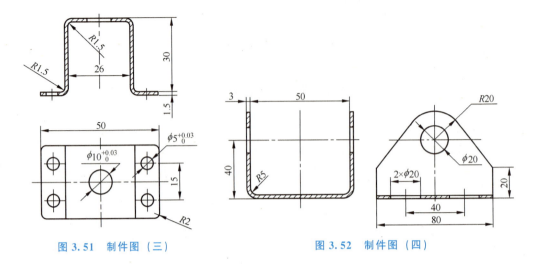

图 3.51　制件图（三）　　　　　　图 3.52　制件图（四）

## 综合实训（Comprehensive Practical Training）

1. 实训目标：提高学生的实践能力，增加对弯曲模结构的感性认识，将弯曲模理论知识与模具实物相对应，提高其模具拆装的实际操作技能和绘图能力。

2. 实训内容：指导学生完成弯曲模的拆装，测量并填写表 2-19 所示的冲模零件配合关系测绘表，绘制拆卸模具的结构图和主要零件工作图。

3. 实训要求：见第 2 章实训要求。

# 第 4 章

# 拉深工艺与拉深模
# (Drawing Process and Drawing Die)

 本章学习目标

了解拉深工艺及拉深件的结构工艺性,理解拉深过程分析,熟悉拉深模分类、典型结构及拉深模主要特点,理解拉深件的质量问题及防止措施,基本掌握拉深工艺设计,掌握拉深模设计。

应该具备的能力:拉深件的工艺性分析、工艺计算和典型结构工作过程分析、拉深模设计能力。

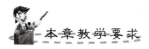 本章教学要求

| 能 力 目 标 | 知 识 要 点 | 权　重 | 自测分数 |
| --- | --- | --- | --- |
| 了解拉深工艺及拉深件的结构工艺性 | 拉深概念及拉深件的结构工艺性 | 12.5% | |
| 理解拉深过程分析 | 拉深过程及应力应变分析 | 12.5% | |
| 熟悉拉深模的典型结构 | 拉深模分类、典型结构及拉深模主要特点 | 12.5% | |
| 理解拉深件的质量问题及防止措施 | 拉深件的起皱和破裂 | 12.5% | |
| 基本掌握拉深工艺设计 | 毛坯尺寸的计算、拉深系数的计算、拉深次数的计算、各次拉深半成品尺寸的计算 | 25% | |
| 掌握拉深模设计 | 拉深力计算,压边装置及压边力、压力机的选择,凸、凹模工作尺寸计算 | 25% | |

> **导入案例**
>
> 在生产生活中经常见到壳形件，如图 4.0 所示的机壳、电动机叶片、摩托车轮护瓦，还有诸如不锈钢饭盒、易拉罐等。这些零件从板料成为深腔件，就是通过拉深工艺实现的，其发生的塑性变形比较大，那么所用模具如何设计呢？这就是本章要解决的问题。
>
>
>
> (a) 机壳　　(b) 电动机叶片　　(c) 摩托车轮护瓦
>
> 图 4.0　壳形件
>
> 思考电动机叶片模具的制造过程中包括哪些冲压工序。

# 4.1　拉深工艺与拉深件工艺性（Drawing Process and Processability of Drawing Part）

## 4.1.1　拉深件与拉深工艺分类（Drawing Part and Classification of Drawing Process）

拉深是指利用模具将平板毛坯冲压成各种开口的空心件，或将已制成的开口空心件压制成其他形状和尺寸空心件的一种冲压加工方法。

【拉深件】

**1. 拉深件分类**

冲压生产中，拉深件的种类有很多，按变形力学特点可以分为表 4-1 所示的基本类型。

表 4-1　拉深件分类

| 拉深件名称 | | | 拉深件简图 | 变 形 特 点 |
|---|---|---|---|---|
| 直壁类拉深件 | 轴对称零件 | 圆筒形件、带凸缘圆筒形件、阶梯形件 | | (1) 拉深过程中变形区是坯料的凸缘部分，其余部分是传力区。<br>(2) 坯料变形区在切向压应力和径向拉应力作用下，产生切向压缩与径向伸长的"一向受压一向受拉"的变形。<br>(3) 极限变形程度主要受坯料传力区承载能力的限制 |

续表

| 拉深件名称 | | | 变 形 特 点 |
|---|---|---|---|
| 直壁类拉深件 | 非轴对称零件 | 盒形件、带凸缘盒形件、其他形状零件 | (1) 变形性质同轴对称零件，区别在于"一向受拉一向受压"的变形在坯料周边分布不均匀，圆角部分变形大，直边部分变形小。<br>(2) 在坯料的周边，变形程度大与变形程度小的部分存在相互影响与作用 |
| | | 曲面凸缘零件 | 除具有前项相同的变形性质外，还有如下特点。<br>(1) 因零件各部分高度不同，在拉深开始时有严重的不均匀变形。<br>(2) 拉深过程中，坯料变形区内还要发生剪切变形 |
| 曲面类拉深件 | 轴对称零件 | 球面类零件、锥形件、其他曲面零件 | 拉深时坯料变形区由两部分组成。<br>(1) 坯料外部是"一向受拉一向受压"的拉深变形。<br>(2) 坯料的中间部分是受两向拉应力的胀形变形区 |
| | 非轴对称零件 | 平面凸缘零件、曲面凸缘零件 | (1) 拉深时坯料的变形区也是由外部的拉深变形区和内部的胀形变形区组成的，但这两种变形在坯料中的分布是不均匀的。<br>(2) 曲面凸缘零件拉深时，在坯料外周变形区内还有剪切变形 |

虽然这些零件的冲压过程都称为拉深，但是由于其几何形状不同，在拉深过程中，它们的变形区位置、变形性质、毛坯各部位的应力状态和分布规律等都有相当大的差别，因此拉深的工艺参数、工序数目与工艺顺序等不同。

圆筒形件是最典型的拉深件，掌握了它的拉深工艺性和工艺计算方法后，其他零件的拉深工艺可以借鉴其方法。本章主要围绕无凸缘圆筒形拉深件，介绍其结构工艺性、毛坯尺寸计算、拉深次数、半成品尺寸、拉深力及模具结构设计方法等。

2. 拉深工艺分类

(1) 按壁厚的变化情况分。

① 不变薄拉深：通过减小毛坯或半成品的直径来增大拉深件高度，拉深过程中材料厚度的变化很小，可以近似认为拉深件壁厚等于毛坯厚度。

② 变薄拉深：以开口空心件为毛坯，通过减小壁厚的方式来增大拉深件高度，拉深

过程中壁厚度显著减小。

(2) 按使用的毛坯的形状分。

① 首次拉深（使用平板毛坯）。

② 以后各次拉深（以开口空心件为毛坯）。

### 4.1.2 拉深过程（Deformation Process of Drawing）

图 4.1 所示为将圆形平板毛坯拉深成圆筒形件的过程。拉深时，圆形凸模（直径为 $d_p$）将圆形平板毛坯拉入凹模，形成开口空心的形状。在此过程中，圆形平板毛坯的直径逐渐缩小（图 4.1 所示扇形 abcd 在拉深过程中逐渐缩小），拉深形成的空心圆筒形件的高度不断增大，直到拉深成形。

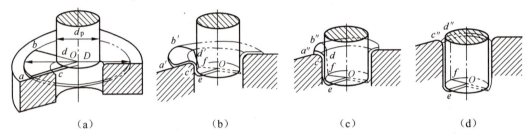

图 4.1 圆形平板毛坯拉深成圆筒形件的过程

### 4.1.3 拉深过程分析（Analysis on Drawing Proces）

下面我们以最常见的圆筒形件的拉深为例，进行拉深过程分析。

1. 在拉深过程中存在金属的塑性流动

如图 4.2 所示，我们只要剪去图中的阴影部分，再将剩余部分沿直径 $d$ 的圆周弯折起来并加以焊接，就可以得到一个直径为 $d$、高度为 $(D-d)/2$ 的圆筒形件，其周边带有多条焊缝，口部呈波浪状。

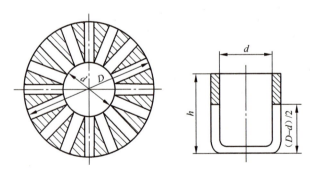

图 4.2 拉深时材料的"转移"

图 4.2 说明在圆形平板毛坯成为圆筒形件的过程中必须去除多余的材料，但在用圆形平板毛坯拉深成圆筒形件的过程中，并没有去除多余的材料，因此只能认为多余的材料在拉深过程中发生了流动，流向了拉深件的口部。

在拉深过程中产生了怎样的金属流动呢？下面我们做拉深网格试验加以说明。

## 2. 拉深网格试验

在圆形平板毛坯上，先画出间距相等的同心圆和分度相等的辐射线，作图 4.3（a）所示的网格，再进行拉深。

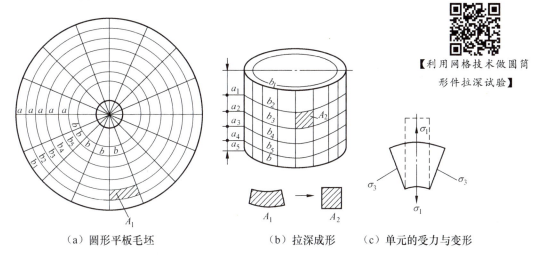

【利用网格技术做圆筒形件拉深试验】

（a）圆形平板毛坯　　（b）拉深成形　　（c）单元的受力与变形

图 4.3　利用网格技术做圆筒形件拉深试验

如图 4.3（b）所示，拉深后网格发生了如下变化。

（1）筒底的网格基本保持不变。这说明筒底的金属没有明显的流动，基本不变形。

（2）拉深前等距离的同心圆，拉深后变成与筒底平行、距离不相等的水平圆周线，并且越往上间距增大得越大，即 $a_1 > a_2 > a_3 > a_4 > a_5$。这说明越靠近外部，金属的径向流动量越大（因为这里多余的金属量大）。

（3）拉深前等角度的辐射线，拉深后变成了等距离、相互平行、垂直于筒底的平行线。这说明金属有切向缩小的应变，并且越往外应变量越大。

（4）拉深前筒壁上的扇形网格，拉深后变成了矩形网格。

## 3. 应力应变分析

我们取变形区内的一个网格单元进行分析。图 4.3（c）所示的网格单元，在拉深过程中主要受到由凸模作用传递过来的径向拉应力 $\sigma_1$ 和由直径缩小相互挤压产生的切向压应力 $\sigma_3$ 的作用。

（1）在 $\sigma_1$ 和 $\sigma_3$ 的作用下，网格由扇形变成矩形。

（2）多余的金属流向工件的口部，使其高度增大。

（3）越到口部，多余的金属越多，相互挤压越严重，切向压应力 $\sigma_3$ 越大。工件壁厚增大，又使径向拉应力 $\sigma_1$ 增大，在 $\sigma_1$ 和 $\sigma_3$ 的作用下，沿径向的拉伸量越大，变形越严重。

## 4. 拉深过程中毛坯各部位特征

（1）毛坯各部位的应力应变情况。

为便于分析，可以将毛坯分为 5 部分，如图 4.4 所示。

① 平面凸缘部分（主要变形区）。平面凸缘部分是前面讲的由扇形网格变为矩形网格的区域，是拉深的主要变形区。该部分受到凸模经过壁部传过来的径向拉应力 $\sigma_1$ 和切向

压应力 $\sigma_3$、（厚度方向受到）为防止起皱而设置的压边圈的压应力 $\sigma_2$ 的作用，产生径向伸长应变 $\varepsilon_1$ 和切向压缩应变 $\varepsilon_3$，虽然在厚度方向受到压力，但是仍产生伸长应变 $\varepsilon_2$，使壁部增厚（多余的金属都要流动到平面凸缘部分）。

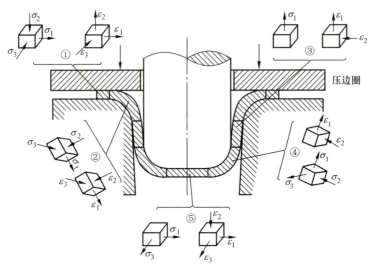

图 4.4 拉深件上网格的变化

② 凹模圆角部分（过渡区）。凹模圆角部分是由凸缘向筒壁变形的过渡区，材料变形比较复杂，除了有平面凸缘部分的变形特点外，由于材料还在凹模圆角处产生弯曲，因此根据平板弯曲的应力应变分析可知，它在厚度方向受到压应力 $\sigma_2$ 的作用，此处材料厚度减薄。

③ 筒壁部分（传力区）。金属流动到筒壁部分已形成筒形，材料不再产生大的变形。但由于该处是拉深力的传力区，因此承受单向拉应力 $\sigma_1$，同时产生较小的纵向伸长应变 $\varepsilon_1$ 和厚度方向压缩（变薄）应变 $\varepsilon_2$。

④ 凸模圆角部分（过渡区）。凸模圆角部分是筒壁和圆筒底部的过渡区，材料承受筒壁较大的径向拉应力 $\sigma_1$ 和切向拉应力 $\sigma_3$，厚度方向由于凸模的压力和弯曲作用而受到压应力 $\sigma_2$。由于在这个区域的筒壁与筒底转角处稍偏上的地方，拉深开始时材料处于凸、凹模之间，需要转移的材料较少，变形的程度小，冷作硬化程度低，加之该处材料变薄，使传力的截面面积减小，因此此处往往成为整个拉深件强度最低的地方，是拉深过程中的"危险断面"。

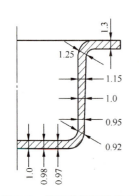

图 4.5 拉深件壁厚的变化

⑤ 筒底部分（小变形区）。筒底部分受到两向拉应力 $\sigma_1$ 和 $\sigma_3$ 的作用，但由于受到凸模摩擦阻力的作用，因此这部分材料变薄很小，一般只有 1%～3%，可以忽略不计。

（2）厚度变化。

在径向拉应力 $\sigma_1$ 和切向压应力 $\sigma_3$ 的作用下，材料发生流动，在往径向流动的同时也往厚度方向流动。越往口部，变形量越大，厚度的增加量也越大。拉深件壁厚的变化如图 4.5 所示。

① 筒底部分。筒底厚度与毛坯厚度基本相等，其厚度变化可以忽略不计。

② 筒壁部分。下薄上厚，在筒壁与筒底圆角相切处稍偏上部分最薄，越往口部越厚。

③ 平面凸缘处厚度最大。

(3) 硬度变化。

拉深是一个塑性变形过程，材料变形后必然要发生加工硬化现象。加工硬化会使拉深件的强度和刚度高于毛坯，同时引起塑性降低，使得进一步拉深时变形困难。

但拉深过程中的变形是不均匀的，从筒底到平面凸缘，其塑性变形由小到大，硬度也逐渐增大。拉深件硬度的变化如图 4.6 所示。这与工艺要求正好相反（从拉深工艺角度看，筒底硬度大，而口部的硬度小，便于金属流动）。

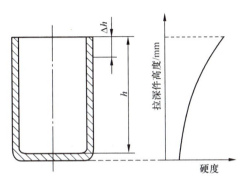

图 4.6　拉深件硬度的变化

## 4.1.4　拉深件的结构工艺性（Structure Processability of Drawing Part）

**1. 拉深件的工艺要求**

在拉深过程中，毛坯会发生金属流动，为利于毛坯的金属流动，拉深件应满足如下工艺要求。

(1) 拉深件的形状。

拉深件的形状应简单、对称，尽量避免外形急剧变化。对于多次拉深制件，其筒壁和凸缘的内、外表面应允许出现压痕。不对称的空心件应组合成对称形状进行拉深，之后再切开成形。

(2) 拉深件的高度。

拉深件的高度 $h$ 对拉深成形的次数和成形的质量有很大的影响。

常见零件一次成形的拉深高度应满足如下条件。

如图 4.7 (a) 所示，无凸缘圆筒形件：$h \leqslant (0.5 \sim 0.7)d$。

如图 4.7 (b) 所示，带凸缘圆筒形件：当 $d_t/d \leqslant 1.5$ 时，$h \leqslant (0.4 \sim 0.6)d$。

(3) 拉深件的圆角半径。

拉深件的圆角半径指的是内形半径，包括凸缘与筒壁之间的圆角半径 $r_d$ 和筒底与筒壁之间的圆角半径 $r_p$。

如图 4.7 所示，一般情况下，应满足 $r_d \geqslant 2t$，$r_p \geqslant 2t$，当 $r_d < 2t$ 或 $r_p < t$ 时，需增加整形工序。为了便于拉深的顺利进行，圆角半径的取值都较大，通常取 $r_d \geqslant (4 \sim 8)t$，$r_p \geqslant (3 \sim 5)t$。

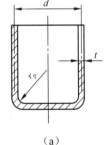

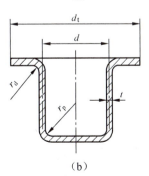

图 4.7　圆筒形件高度和圆角半径要求

## 2. 拉深件的尺寸标注

在拉深过程中存在金属的塑性流动现象，致使拉深件各部位的厚度不一致。标注尺寸时要注意以下几点。

（1）对于直径尺寸，应根据使用要求明确标注内形尺寸或外形尺寸，不得同时标注内形尺寸和外形尺寸。

（2）最好以底部为基准标注高度尺寸，不宜以口部为基准标注（口部要进行切边工序）。

（3）圆角半径只能标注在内形（内角半径）。

（4）材料的厚度尺寸最好标注在筒底部位（筒底的厚度尺寸基本不变）。

## 3. 拉深件的尺寸精度

拉深件的径向尺寸精度一般不高于 IT11 级，若超过 IT11 级，则需增加校形工序。只有高度方向有修边余量，裁切后的总高度才能满足较高的精度要求。

# 4.2 拉深模的典型结构（Typical Structure of Drawing Die）

## 4.2.1 拉深模分类（Classification of Drawing Die）

拉深模的种类很多，可以从不同的角度进行分类，常用的分类方法如下。

（1）按工序顺序分：①首次拉深模；②以后各次拉深模。

（2）按有无压边装置分：①带压边装置的拉深模；②无压边装置的拉深模。

（3）按使用的设备分：①单动压力机用拉深模；②双动压力机用拉深模；③三动压力机用拉深模。

（4）按工序的组合分：①单工序拉深模；②复合拉深模；③连续拉深模。

一般工件的拉深要经过数道拉深工序才能完成，一副拉深模一般只能完成一道拉深工序，所以拉深模多为单工序拉深模。较简单的拉深件可采用落料拉深复合模。

拉深模的结构设计是拉深模设计中的最基本的内容之一，下面分类介绍一些常用的典型结构。

## 4.2.2 首次拉深模（First Drawing Die）

### 1. 无压边装置的首次拉深模

图 4.8 所示为无压边装置的首次拉深模。图 4.8（a）所示为用校模圈调整凸、凹模间隙，图 4.8（b）所示为拉深完成状态。

该模具有如下特点。

（1）结构简单、制造方便。

（2）没有导向机构，安装时由校模圈调整凸、凹模的间隙，保证拉深间隙均匀。工作时须移走校模圈。

（3）定位：靠定位圈定位。

（4）卸料：拉深结束后，工件依靠凹模底部的台阶脱模，并由下模座底孔向下自然漏料。

拉深工艺与拉深模(Drawing Process and Drawing Die) 第4章

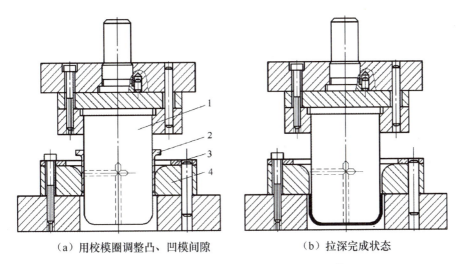

(a) 用校模圈调整凸、凹模间隙　　(b) 拉深完成状态

1—凸模；2—校模圈；3—定位圈；4—凹模

图 4.8　无压边装置的首次拉深模

（5）由于工作时凸模要深入凹模，因此只能用于浅拉深。

（6）适用于材料塑性好、相对厚度较大的工件拉深（拉深模没有压边装置，塑性好、相对厚度较大的工件在拉深过程中不易起皱）。

2. 带压边装置的首次拉深模

图 4.9 所示为带压边装置的首次拉深模。图 4.9（a）所示为拉深开始位置，图 4.9（b）所示为拉深完成状态。

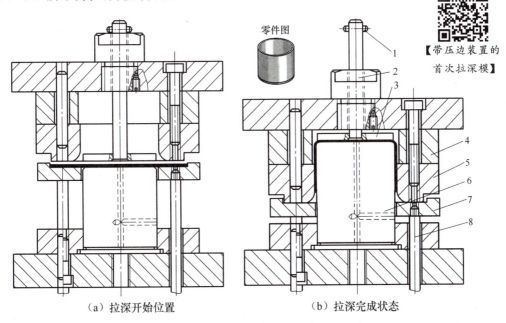

(a) 拉深开始位置　　(b) 拉深完成状态

1—挡销；2—打料杆；3—推件块；4—垫块；5—凹模；6—凸模；7—压边圈；8—卸料螺钉

图 4.9　带压边装置的首次拉深模

该模具有如下特点。

(1) 压边装置的作用是防止拉深过程中凸缘起皱。该模具使用的是弹性压边装置，在这类结构中经常采用的是倒装式，即拉深凸模在下模，拉深凹模在上模。因为提供压边力的弹性元件受到空间位置的限制，把压边装置和凸模安装在下模，可以有效利用压力机工作台（中间有落料孔）下面的空间位置。

(2) 定位：用压边圈定位（压边圈上方有一个定位槽）。

(3) 卸料：用压边圈的内孔卸料。

(4) 挡销用来防止推件系统在推件时掉落。

(5) 由于没有导向系统，因此安装、调整模具时需使用校模圈。

### 3. 落料拉深复合模

图 4.10 所示为落料拉深复合模，这类模具在一个工位上完成落料和拉深两道工序。其中图 4.10（a）所示为拉深开始位置，图 4.10（b）所示为拉深完成状态。

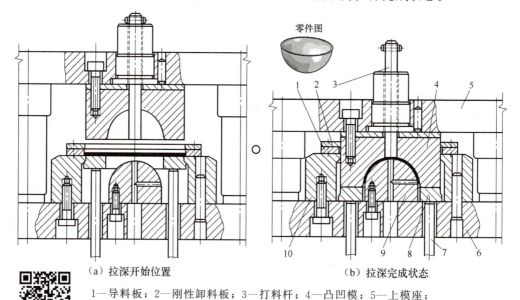

(a) 拉深开始位置　　　　　　　(b) 拉深完成状态

1—导料板；2—刚性卸料板；3—打料杆；4—凸凹模；5—上模座；
6—下模座；7—顶杆；8—压边圈；9—拉深凸模；10—落料凹模

图 4.10　落料拉深复合模

【落料拉深复合模】

该模具有如下特点。

(1) 因为一般用条料做毛坯，所以有落料用的导料板等定位装置及卸料装置等。

(2) 为了保证模具工作时先落料、后冲裁，在初始位置时必须使拉深凸模的顶面低于落料凹模，二者相差的高度为"毛坯厚度＋落料凹模刃磨量"。

(3) 压边圈还兼具卸料作用。拉深结束后，压边圈使拉深件留在凸凹模内，然后由打料杆推出。

(4) 生产效率高、操作方便、工件质量好，在生产中经常采用。

## 4.2.3　以后各次拉深模（Later Drawing Die）

以后各次拉深模与首次拉深模相比，主要的不同点在于所使用的毛坯形状不同。首次拉深模使用的毛坯是平板材料，而以后各次拉深模使用的毛坯是开口空心的拉深半成品，因而其定位装置不同。以后各次拉深模的定位方式有如下 3 种。

（1）采用特定的定位板定位，如图 4.11 所示。

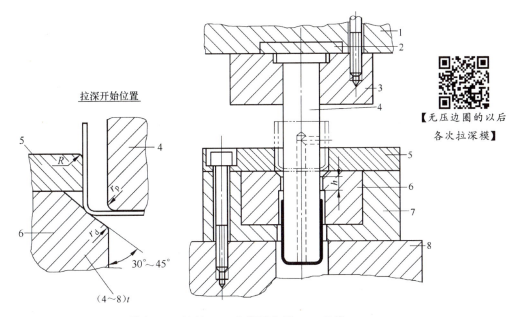

1—上模座；2—垫板；3—凸模固定板；4—凸模；
5—定位板；6—凹模；7—凹模固定板；8—下模座

图 4.11　无压边圈的以后各次拉深模

（2）在凹模上加工出与半成品形状一致的形状用于定位。因为这种形式的凹模加工困难，所以较少采用。

（3）利用半成品的内孔用压边圈的外形定位，如图 4.12 所示。

1. 无压边装置的以后各次拉深模

无压边装置时，拉深过程中平面凸缘易起皱，只适用于变形较小的拉深和整形等。无压边圈的以后各次拉深模如图 4.11 所示。

2. 带压边装置的以后各次拉深模

带压边装置的以后各次拉深模在生产中经常使用。带压边圈的以后各次拉深模如图 4.12 所示。为了防止弹性压边力随着拉深行程的增加而不断增大（因为弹性元件的变形越来越大），可以在压边圈上安装限位销来控制压边力。压边圈与凸模之间是小间隙配合。

### 特别提示

（1）第一次拉深即首次拉深，其定位装置与以后各次拉深的不同（因为使用的毛坯形状不同）。

（2）最后一次拉深意味着整个拉深工序的结束，模具的形状和尺寸要达到产品的要求，在设计模具时不能随意调整。

（3）第一次拉深与最后一次拉深之间的中间拉深环节，在设计模具时可做适当的尺寸调整。

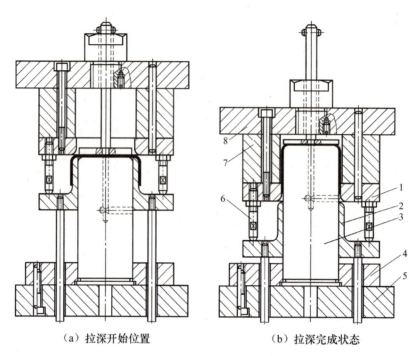

(a) 拉深开始位置　　　　(b) 拉深完成状态

1—凹模；2—压边圈；3—凸模；4—凸模固定板；5—下模座；6—限位销；7—垫块；8—上模座

图 4.12　带压边圈的以后各次拉深模

### 4.2.4　拉深模的主要特点（Main Feature of Drawing Die）

拉深模的主要特点如下。

（1）当拉深模结构中没有导向机构时，安装时要使用校模圈来完成拉深凸、凹模的对中，以保证拉深间隙均匀。

（2）为避免拉深后卸料时出现真空使卸料困难，必须在拉深凸模中心加工一个出气孔，直径一般为 5～10mm。

（3）拉深件也有回弹现象，一般不设计专用的卸料机构，常使压边圈兼具卸料作用。

（4）在拉深过程中，材料由于加工硬化而硬度增大、塑性降低，正常生产时需要很多辅助工序。

① 拉深工序前材料的软化热处理、清洗、润滑等。

② 拉深工序间材料的软化处理、涂漆、润滑等。

③ 拉深工序后制件的清除应力退火、清洗、打毛刺、表面处理等。

## 4.3　拉深件的起皱与破裂<br>（Wrinkling and Fracture of Drawing Part）

拉深件的起皱与破裂是拉深过程中的主要质量问题。

## 4.3.1 起皱（Wrinkling）

在拉深时，凸缘材料存在切向压应力 $\sigma_3$，当其大到一定程度时，材料切向将因失稳而拱起，这种现象称为起皱。起皱现象与毛坯的相对厚度（$t/D$）和切向压应力 $\sigma_3$ 有关。毛坯的相对厚度越小，切向压应力越大，则拉深时越容易起皱。由于最大切向压应力出现在凸缘的最外缘，因此起皱也先发生在凸缘的最外缘。拉深件凸缘区的起皱如图 4.13 所示。

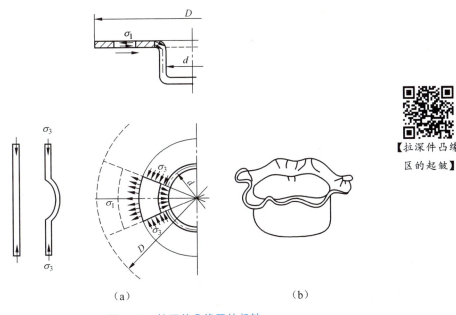

图 4.13 拉深件凸缘区的起皱

拉深件起皱以后，轻则使工件口部附近产生波纹，影响拉深件的质量；重则由于起皱凸缘材料不能通过凸、凹模之间的拉深间隙而拉破工件。防止起皱的主要措施是降低切向压应力 $\sigma_3$ 的影响。

① 在拉深模结构上加压边圈，在平面凸缘厚度方向上施加压应力 $\sigma_2$，以防止拱起。
② 减小变形程度（拉深件的高度），减小 $\sigma_3$ 的值。
③ 增大毛坯的相对厚度。

## 4.3.2 破裂（Fracture）

前面已经讲过，拉深件的厚度沿底部向口部方向是不同的，底部厚度基本不变，筒壁部分下薄上厚。而在筒壁与筒底圆角相切处稍靠上的位置，材料的厚度最薄，我们通常称此断面为危险断面。当该断面受到的径向拉应力 $\sigma_1$ 超过材料的下屈服强度 $R_{eL}$ 时，该部分变薄，超过材料的抗拉强度 $R_m$ 时，拉深件会在危险断面处破裂，如图 4.14 所示。在凸模圆角部位的金属承载能力也很弱，但因为凸模的摩擦作用，一般不会发生破裂。

（1）破裂的主要原因：径向拉应力 $\sigma_1$ 过大。
（2）防止破裂的主要措施：降低径向拉应力 $\sigma_1$ 的影响。

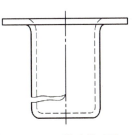

图 4.14 筒壁的破裂

① 增大凹模圆角半径和进行合理的润滑，以减小所需的拉应力 $\sigma_1$，防止破裂。

② 增大凸模的粗糙度，以增大毛坯与凸模表面之间的摩擦力，防止毛坯变薄，防止破裂。

③ 减小压边力，以减小所需的拉深力。

**特别提示**

拉深件的起皱与破裂是矛盾的。为了防止起皱而采取的减小切向压应力 $\sigma_3$ 的各项措施，恰好增大了径向拉应力 $\sigma_1$，会造成危险断面严重变薄，是产生破裂的主要影响因素；反之，减小径向拉应力 $\sigma_1$ 的各种措施恰恰可增大切向压应力 $\sigma_3$。因此，在进行拉深模设计时要综合考虑，两项兼顾，以保证拉深出合格的制件。

例如，使用压边装置给平面凸缘部分施加厚度方向上的压应力 $\sigma_2$，可以降低切向压应力 $\sigma_3$ 的影响，但增大了径向拉应力 $\sigma_1$，从而造成破裂的倾向增大。

## 4.4 拉深工艺计算（Drawing Process Calculation）

拉深工艺计算包括毛坯尺寸的计算、拉深系数的计算、拉深次数的计算、各次拉深半成品尺寸的计算等内容。

### 4.4.1 毛坯尺寸的计算（Blank Dimension Calculation）

**1. 毛坯尺寸的计算原则**

（1）增加修边余量。

拉深用的板料存在各向异性，在实际生产中，毛坯的中心与凸、凹模的中心不可能完全重合，因此拉深件口部不可能很整齐，通常需要修边工序，以切去口部不整齐的部分。为此，在计算毛坯时，应预先增加修边余量，如图 4.15 所示。

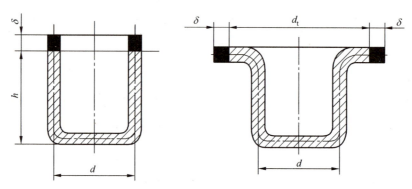

图 4.15 增加修边余量

（2）利用面积相等的原则。

虽然拉深后工件各部位的厚度不一致，但是拉深后工件的平均厚度与毛坯的厚度相差不大，可以近似认为毛坯在拉深过程中厚度不变。因此可以根据拉深件的表面积等于毛坯表面积的原则来计算毛坯尺寸。

(3) 当毛坯的厚度 $t<1$ mm 时，按工件标注尺寸计算；当 $t\geqslant 1$ mm 时，按工件厚度中线尺寸计算。

当 $t<1$ mm 时，按外形尺寸和内形尺寸来计算毛坯的尺寸相差不大，可以按工件的标注尺寸进行计算；当 $t\geqslant 1$ mm 时，计算结果相差较大，必须用工件的中线尺寸进行计算。

**2. 修边余量的确定**

由于材料的各向异性及拉深时金属流动条件存在差异，拉深后工件口部不平，通常拉深后需切边，因此计算毛坯尺寸时应在工作高度方向或凸缘上增加修边余量 $\delta$。因为变量太多，准确计算修边余量是非常困难的，所以进行模具设计时，可以据经验确定修边余量或查表求得修边余量。表 4-2 为无凸缘圆筒形拉深件的修边余量。

表 4-2 无凸缘圆筒形拉深件的修边余量

| 拉深高度 $h$/mm | 拉深相对高度 $h/d$ 或 $h/B$ | | | |
| --- | --- | --- | --- | --- |
| | 0.5~0.8 | 0.8~1.6 | 1.6~2.5 | 2.5~4 |
| | 修边余量/mm | | | |
| ≤10 | 1.0 | 1.2 | 1.5 | 2.0 |
| 10~20 | 1.2 | 1.6 | 2.0 | 2.5 |
| 20~50 | 2.0 | 2.5 | 3.3 | 4.0 |
| 50~100 | 3.0 | 3.8 | 5.0 | 6.0 |
| 100~150 | 4.0 | 5.0 | 6.5 | 8.0 |
| 150~200 | 5.0 | 6.3 | 8.0 | 10.0 |
| 200~250 | 6.0 | 7.5 | 9.0 | 11.0 |
| >250 | 7.0 | 8.5 | 10.0 | 12.0 |

注：1. $B$ 为正方形的各边宽度或长方形的短边宽度。
　　2. 必须规定高拉深件的中间修边余量。
　　3. 对毛坯的厚度小于 0.5mm 的薄材料做多次拉深时，应按表值增大 30%。

**3. 简单形状拉深件的毛坯计算**

根据表面积相等的原则，可得

$$A=\frac{\pi D^2}{4} \tag{4-1}$$

式中，$A$——拉深件（包括修边余量）的总表面积（mm²）；
　　　$D$——毛坯直径（mm）。

则毛坯直径

$$D=\sqrt{\frac{4A}{\pi}}=\sqrt{\frac{4}{\pi}\sum_{i=1}^{n}a_i} \tag{4-2}$$

式中，$a_i$——各简单形状的表面积（mm²），部分旋转体表面积的计算公式可查表 4-3。

表 4-3 部分旋转体表面积的计算公式

| 序号 | 表面形状 | 图　形 | 表面计算公式 |
|---|---|---|---|
| 1 | 圆形 | | $A = \dfrac{\pi}{4} D^2 \approx 0.785 D^2$ |
| 2 | 圆环形 | | $A = \dfrac{\pi}{4}(D^2 - d^2)$ |
| 3 | 圆筒形 | | $A = \pi d h$ |
| 4 | 截头锥形 | | $A = \dfrac{\pi}{2} l (d_1 + d_2)$ <br> $l = \sqrt{h^2 + \left(\dfrac{d_2 - d_1}{2}\right)^2}$ |
| 5 | 球带 | | $A = 2\pi r h$ |
| 6 | 1/4 球环 | | $A = \dfrac{\pi}{2} r (\pi d + 4r)$ |

**例：** 图 4.16 所示无凸缘圆筒形拉深件毛坯尺寸的计算。图中拉深件由 3 个简单形状的几何体组成，查表 4-3 可知各部分的面积。

$$A_1 = \pi d(h_0 + \delta),\quad A_2 = \dfrac{\pi}{2} r(\pi d_0 + 4r),\quad A_3 = \dfrac{\pi}{4} d_0^2$$

根据式（4-2），并将 $d_0 = d - 2r$，$h_0 = h - r - \delta$ 代入整理，可得

$$D = \sqrt{\dfrac{4}{\pi} \sum_{i=1}^{3} A_i} = \sqrt{\dfrac{4}{\pi}\left[\pi d(h + \delta) + \dfrac{\pi}{2} r(\pi d_0 + 4r) + \dfrac{\pi}{4} d_0^2\right]}$$

$$\approx \sqrt{d^2 - 1.72 dr - 0.56 r^2 + 4dh}$$

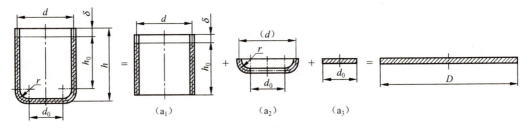

图 4.16　无凸缘圆筒形拉深件毛坯尺寸的计算

**4. 复杂形状旋转体的毛坯计算**

（1）久里金法则。

久里金法则：任何形状的母线绕某轴旋转一周构成的旋转体的表面积，等于该母线的长度与该母线形心绕该轴旋转所得周长的乘积，即

$$A = l \times 2\pi R_x = 2\pi R_x l \tag{4-3}$$

式中，$A$——旋转体的表面积（$mm^2$）；

　　　$l$——母线的长度（mm）；

　　　$R_x$——母线形心的旋转半径（mm）。

其中：直线的形心在直线的中点，圆弧的形心按表 4-4 中的计算公式求得。

表 4-4　圆弧长度和形心到旋转轴的距离计算公式

| 中心角 $\alpha < 90°$ 时的弧长 | 中心角 $\alpha = 90°$ 时的弧长 |
|---|---|
| $l = \pi R \dfrac{\alpha}{180°}$ | $l = \dfrac{\pi}{2} R$ |
| 中心角 $\alpha < 90°$ 时弧的形心到 $yy$ 轴的距离 | 中心角 $\alpha = 90°$ 时弧的形心到 $yy$ 轴的距离 |
| $R_x = R \dfrac{180° \sin\alpha}{\pi\alpha}$，$R_x = R \dfrac{180°(1-\cos\alpha)}{\pi\alpha}$ | $R_x = \dfrac{2}{\pi} R$ |

（2）计算步骤。

下面以图 4.17 所示的复杂形状旋转体拉深件为例，说明其计算步骤。

① 将工件厚度中线的轮廓线（包括修边余量）分成若干段直线段和圆弧（或近似直线段和圆弧）。

② 计算出各线段的长度 $l_1$，$l_2$，…，$l_n$ 和各线段形心的旋转半径 $R_{x1}$，$R_{x2}$，…，$R_{xn}$。

③ 根据久里金法则计算旋转体的表面积之和。

$$\begin{aligned} A &= 2\pi R_{x1} l_1 + 2\pi R_{x2} l_2 + \cdots + 2\pi R_{xn} l_n \\ &= 2\pi \sum_{i=1}^{n} R_{xi} l_i \end{aligned} \tag{4-4}$$

④ 根据面积相等原则，计算出毛坯直径 $D$。根据毛坯表面积等于工件表面积原则，有

$$\frac{\pi D^2}{4} = A = 2\pi(R_{x1}l_1 + R_{x2}l_2 + \cdots + R_{xn}l_n)$$

可得

$$D = \sqrt{8(R_{x1}l_1 + R_{x2}l_2 + \cdots + R_{xn}l_n)} = \sqrt{8\sum_{i=1}^{n} R_{xi}l_i} \qquad (4-5)$$

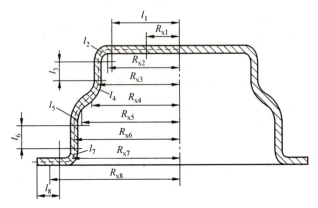

图 4.17 复杂形状旋转体拉深件

## 4.4.2 拉深系数的计算（Drawing Coefficient Calculation）

### 1. 拉深系数的概念

拉深系数是指拉深后的工件直径与拉深前的工件（或毛坯）直径之比。

拉深系数是拉深变形程度的标志。拉深系数小，表示拉深前后工件直径的变化大，即拉深的变形程度大；反之则小。

图 4.18 所示为用直径为 $D$ 的毛坯经过多次拉深制成直径为 $d_n$、高度为 $h_n$ 的工件的工艺过程。

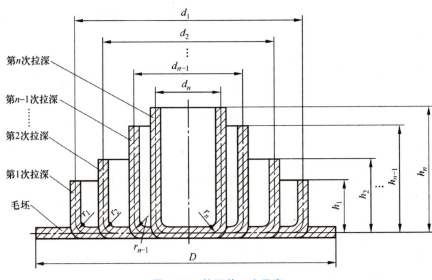

图 4.18 拉深件工序示意

(1) 各次拉深系数。

$$\text{第 1 次拉深} \quad m_1 = \frac{d_1}{D}$$

$$\text{第 2 次拉深} \quad m_2 = \frac{d_2}{d_1}$$

$$\text{第 3 次拉深} \quad m_3 = \frac{d_3}{d_2}$$

$$\vdots$$

$$\text{第 } n \text{ 次拉深} \quad m_n = \frac{d_n}{d_{n-1}}$$

式中，$m_1$，$m_2$，$m_3$，…，$m_n$——第 1，2，3，…，n 次拉深系数；

$d_1$，$d_2$，$d_3$，…，$d_n$——第 1，2，3，…，n 次拉深直径（mm）。

(2) 总拉深系数 $m$ 等于工件直径 $d_n$ 与毛坯直径 $D$ 之比，即

$$m = \frac{d_n}{D} \tag{4-6}$$

(3) 总拉深系数 $m$ 与各次拉深系数之间的关系：

$$m = \frac{d_n}{D} = \frac{d_1}{D} \times \frac{d_2}{d_1} \times \frac{d_3}{d_2} \times \cdots \times \frac{d_n}{d_{n-1}} = m_1 \times m_2 \times m_3 \times \cdots \times m_n$$

**2. 极限拉深系数**

使拉深件不拉裂的最小拉深系数称为极限拉深系数。无凸缘圆筒形件带压边圈的极限拉深系数见表 4-5，无凸缘圆筒形件无压边圈的极限拉深系数见表 4-6。

表 4-5　无凸缘圆筒形件带压边圈的极限拉深系数

| 拉深系数 | 毛坯相对厚度 $t/D/(\%)$ | | | | | |
| --- | --- | --- | --- | --- | --- | --- |
| | 0.08~0.15 | 0.15~0.3 | 0.3~0.6 | 0.6~1.0 | 1.0~1.5 | 1.5~2.0 |
| $m_1$ | 0.60~0.63 | 0.58~0.60 | 0.55~0.58 | 0.53~0.55 | 0.50~0.53 | 0.48~0.50 |
| $m_2$ | 0.80~0.82 | 0.79~0.80 | 0.78~0.79 | 0.76~0.78 | 0.75~0.76 | 0.73~0.75 |
| $m_3$ | 0.82~0.84 | 0.81~0.82 | 0.80~0.81 | 0.79~0.80 | 0.78~0.79 | 0.76~0.78 |
| $m_4$ | 0.85~0.86 | 0.83~0.85 | 0.82~0.83 | 0.81~0.82 | 0.80~0.81 | 0.78~0.80 |
| $m_5$ | 0.87~0.88 | 0.86~0.87 | 0.85~0.86 | 0.84~0.85 | 0.82~0.84 | 0.80~0.82 |

注：1. 表中拉深数据适用于 08、10 和 15Mn 等普通拉深钢及 H62。对于拉深性能较差的材料（如 20、25、Q215、Q235 钢及硬铝等），应比表中数值大 1.5%~2.0%；而对于塑性较好的材料（如软铝），应比表中数值小 1.5%~2.0%。

2. 表中数据适用于未经中间退火的拉深，若采用中间退火，应比表中数据小 1.5%~2.0%。

3. 表中较小值适用于大的凹模圆角半径 $[r_d = (8~15)t]$，较大值适用于小的凹模圆角半径 $[r_d = (4~8)t]$。

表 4-6　无凸缘圆筒形件无压边圈的极限拉深系数

| 拉深系数 | 毛坯相对厚度 t/D/（%） | | | | |
|---|---|---|---|---|---|
| | 1.5 | 2.0 | 2.5 | 3.0 | >3.0 |
| $m_1$ | 0.65 | 0.60 | 0.55 | 0.53 | 0.50 |
| $m_2$ | 0.80 | 0.75 | 0.75 | 0.75 | 0.70 |
| $m_3$ | 0.84 | 0.80 | 0.80 | 0.80 | 0.75 |
| $m_4$ | 0.87 | 0.84 | 0.84 | 0.84 | 0.78 |
| $m_5$ | 0.90 | 0.87 | 0.87 | 0.87 | 0.82 |
| $m_6$ | — | 0.90 | 0.90 | 0.90 | 0.85 |

3. 影响极限拉深系数的因素

在不同的条件下，极限拉深系数是不同的，影响极限拉深系数的主要因素如下。

（1）材料的力学性能。屈强比 $R_{eL}/R_m$ 越小，对拉深越有利。$R_{eL}$ 小表示变形区抗力小，材料容易变形；$R_m$ 大则说明危险断面处强度高且易破裂，所以 $R_{eL}/R_m$ 小的材料拉深系数可取小些。材料的伸长率 $A$ 小时，因塑性变形能力差，故拉深系数要取大些。材料的厚向异性系数 $\gamma$ 和硬化指数 $n$ 大时易于拉深，可以采用较小的拉深系数。这是由于 $\gamma$ 大时，板平面方向比厚度方向变形容易，即板厚方向变形较小，不易起皱，传力区不易拉裂。$n$ 大表示加工硬化程度大，抗局部颈缩失稳能力强，变形均匀，因此板料的总体成形极限提高。

（2）毛坯的相对厚度 $t/D$。板料的相对厚度越大，凸缘抗失稳起皱的能力就越强，所需压边力越小，减小了因压边力引起的摩擦力，从而使总的变形抗力减小，极限拉深系数也减小。

（3）拉深模的几何参数。模具间隙小时，材料进入间隙后的挤压力增大，摩擦力增大，拉深力增大，极限拉深系数提高。凹模圆角半径过小时，材料沿圆角部分流动时的阻力增大，拉深力增大，此时极限拉深系数应取较大值。凸模圆角半径过小时，毛坯在此处弯曲变形程度增加，危险断面强度过多地被削弱，此时极限拉深系数应取大值。模具表面光滑，粗糙度小，则摩擦力小，极限拉深系数小。

（4）拉深条件。若拉深时不采用压边圈，变形区起皱的倾向增加，每次拉深时变形不能太大，则极限拉深系数增大。拉深时润滑好，则摩擦小，极限拉深系数可小些。但凸模不必润滑，否则会减弱凸模表面摩擦对危险断面处的有益作用（盒形件例外）。

### 4.4.3　拉深次数的计算（Drawing Frequency Calculation）

确定拉深次数有两种方法：一是推算法，通过极限拉深系数推算确定；二是查表法，根据毛坯的相对厚度 $t/D$ 和工件的相对高度 $h/d$ 通过查表确定。下面只介绍推算法。

（1）当拉深件的拉深系数 $m$ 大于第一次极限拉深系数 $m_1$ 时，工件只需一次拉深。极限拉深系数可查《冲压模设计手册》或根据表 4-5 和表 4-6 查取。

（2）若 $m \leq m_1$，则需要多次拉深（当 $m = m_1$ 时，最好采用两次拉深）。

① 从表 4-5 和表 4-6 中查得各次拉深的极限拉深系数 $m_1, m_2, \cdots, m_n$。

② 计算每次拉深的直径；

$$d'_1 = m_1 D$$
$$d'_2 = m_2 d_1 = m_1 m_2 D$$
$$\vdots$$
$$d'_n = m_n d_{n-1} = m_1 m_2 \cdots m_n D$$

当 $d'_n \leqslant d$（工件直径）时，说明第 $n$ 次拉深的直径已能够达到拉深工件直径的要求，故 $n$ 为拉深次数。

## 4.4.4 各次拉深半成品尺寸的计算 (Dimension Calculation of Semi-finished Part in Each Drawing)

### 1. 半成品直径的计算

由拉深系数的定义可得

$$d_1 = m'_1 D$$
$$d_2 = m'_2 d_1 = m'_1 m'_2 D$$
$$\vdots$$
$$d_n = m'_n d_{n-1} = m'_1 m'_2 \cdots m'_n D$$

式中，$m'_1, m'_2, \cdots, m'_n$——调整后的各次拉深系数。各次拉深系数可按如下方法调整。

$$m'_1 = Y m_1, m'_2 = Y m_2, \cdots, m'_n = Y m_n$$
$$Y = \sqrt[n]{m/m_e}$$

式中，　　　　$Y$——调整拉深系数的加权系数；

$m_1, m_2, \cdots, m_n$——查表所得的各次极限拉深系数；

$m$——工件的总拉深系数，$m = d/D$；

$m_e$——查表得到的各次极限拉深系数之积，$m_e = m_1 m_2 \cdots m_n$；

$n$——拉深次数。

### 特别提示

(1) 调整各次拉深系数时，要满足以下 3 个条件：①$m'_1 < m'_2 < \cdots < m'_n$；②$m'_1 - m_1 \approx m'_2 - m_2 \approx \cdots \approx m'_n - m_n$；③$d_n = d$。

(2) $Y$ 及 $m'_1, m'_2, \cdots, m'_n$，小数点后要保留 3 位有效数字。

(3) 调整好的各次拉深工序直径最好为整数或一位小数，以利于模具设计。

### 2. 半成品高度的计算

由无凸缘圆筒形件（图 4.16）毛坯计算公式

$$D = \sqrt{d^2 - 1.72 dr - 0.56 r^2 + 4 dh} \tag{4-7}$$

推导，得

$$h = 0.25 \left( \frac{D^2}{d} - d \right) + 0.43 \frac{r}{d}(d + 0.32 r)$$

根据表面积相等的原则，各次拉深半成品高度的计算公式为

$$h_n = 0.25 \left( \frac{D^2}{d_n} - d_n \right) + 0.43 \frac{r_n}{d_n}(d_n + 0.32 r_n) \tag{4-8}$$

式中，$h_n$——第 $n$ 次拉深后工件的高度（mm）；
　　　　$D$——毛坯直径（mm）；
　　　　$d_n$——第 $n$ 次拉深后工件的直径（mm）；
　　　　$r_n$——第 $n$ 次拉深后工件的底部圆角半径（mm），当 $t<1$mm 时，$r_n=r_{pn}$，当 $t\geqslant 1$mm 时，$r_n=r_{pn}+0.5t$，$r_{pn}$ 为第 $n$ 次拉深的凸模圆角半径，详见第 4.5 节。

## 4.5　拉深模设计（Drawing Die Design）

### 4.5.1　拉深力的计算（Drawing Force Calculation）

由于拉深过程中影响因素很多，因此精确计算拉深力是极其困难的，实际生产中常采用下列经验公式计算。下面只介绍圆筒形件拉深力的计算公式。

（1）采用压边装置。

首次拉深：　　　　　　　$\left. \begin{array}{l} F_1 = k_1 \pi d_1 t R_m \\ F_n = k_2 \pi d_n t R_m \end{array} \right\}$　　　　　　　　（4-9）
以后各次拉深：

（2）不采用压边装置。

首次拉深：　　　　　　　$\left. \begin{array}{l} F_1 = 1.25\pi(D-d_1)tR_m \\ F_n = 1.3\pi(d_{n-1}-d_n)tR_m \end{array} \right\}$　　　　（4-10）
以后各次拉深：

式中，$d_1$，$d_{n-1}$，$d_n$——首次、第 $n-1$ 次和第 $n$ 次拉深后的工件直径（mm）；
　　　　$F_1$，$F_n$——首次和第 $n$ 次拉深时的拉深力（N）；
　　　　$D$——毛坯直径（mm）；
　　　　$t$——材料厚度（mm）；
　　　　$R_m$——材料的抗拉强度（MPa）；
　　　　$k_1$，$k_2$——修正系数，查表 4-7 选取。

表 4-7　拉深相关系数

| 拉深系数 $m_1$ | 0.55 | 0.57 | 0.60 | 0.62 | 0.65 | 0.67 | 0.70 | 0.72 | 0.75 | 0.77 | 0.80 | — | — | — |
|---|---|---|---|---|---|---|---|---|---|---|---|---|---|---|
| 修正系数 $k_1$ | 1.00 | 0.93 | 0.86 | 0.79 | 0.72 | 0.66 | 0.60 | 0.55 | 0.50 | 0.45 | 0.40 | | | |
| 系数 $\lambda_1$ | 0.80 | — | 0.77 | — | 0.74 | — | 0.70 | — | 0.67 | — | 0.64 | | | |
| 拉深系数 $m_2$ | — | — | — | — | — | — | 0.70 | 0.72 | 0.75 | 0.77 | 0.80 | 0.85 | 0.90 | 0.95 |
| 修正系数 $k_2$ | — | — | — | — | — | — | 1.00 | 0.95 | 0.90 | 0.85 | 0.80 | 0.70 | 0.60 | 0.50 |
| 系数 $\lambda_2$ | — | — | — | — | — | — | 0.80 | — | 0.80 | — | 0.75 | — | 0.70 | — |

### 4.5.2　压边装置及压边力（Blank Holder and Blank Holder Force）

**1. 压边装置的作用**

压边装置的作用是在凸缘变形区施加轴向力 $\sigma_2$，以防止拉深过程中凸缘起皱。是否需要采用压边装置是一个非常复杂的问题。实际生产中采用或不采用压边圈的条件见表 4-8。

表 4-8 采用或不采用压边圈的条件

| 拉深方法 | 首次拉深 | | 以后各次拉深 | |
|---|---|---|---|---|
| | $(t/D) \times 100\%$ | $m_1$ | $(t/D) \times 100\%$ | $m_n$ |
| 采用压边圈 | <1.5 | <0.6 | <1.0 | <0.8 |
| 可采用压边圈 | 1.5~2.0 | 0.6 | 1.0~1.5 | 0.8 |
| 不采用压边圈 | >2.0 | >0.6 | >1.5 | >0.8 |

**2. 压边力的计算**

当确定需要采用压边装置后，压边力必须适当。

若压边力过大，则会增大拉深力，从而使径向拉应力 $\sigma_1$ 增大，工件易被拉裂；若压边力过小，则不能防止凸缘起皱，无法起到压边作用。

压边力常用如下公式计算。

$$\left. \begin{array}{l} Q = Aq \\ A = \dfrac{\pi}{4}\left[D^2 - (d_{d1}+r_{d1})^2\right] \\ A_n = \dfrac{\pi}{4}\left[d_{d(n-1)}^2 - (d_{dn}+r_{dn})^2\right] \end{array} \right\} \quad (4-11)$$

式中，$d_{d1}$，$d_{d(n-1)}$，$d_{dn}$——首次、第 ($n-1$) 次和第 $n$ 次拉深凹模直径（mm）；

$Q$——压边力（N）；

$A$，$A_n$——在压边圈上毛坯的投影面积（mm²）；

$D$——毛坯直径（mm）；

$q$——单位压边力（MPa），可按表 4-9 查取。

$r_{d1}$，$r_{dn}$——首次、第 $n$ 次拉深凹模口部圆角半径（mm）。

表 4-9 单位压边力 $q$

| 材料名称 | 单位压边力 $q$/MPa | 材料名称 | 单位压边力 $q$/MPa |
|---|---|---|---|
| 铝 | 0.8~1.2 | 镀锡钢板 | 2.5~3.0 |
| 纯铜、硬铝（已退火） | 1.2~1.8 | 高合金钢、不锈钢 | 3.0~4.5 |
| 黄铜 | 1.5~2.0 | | |
| 软钢 $t<0.5$mm | 2.5~3.0 | 高温合金 | 2.8~3.5 |
| 软钢 $t>0.5$mm | 2.0~2.5 | | |

**3. 压边装置的设计**

常用的压边装置有两大类：弹性压边装置和刚性压边装置。

（1）弹性压边装置。

弹性压边装置常用于普通压力机（即单动压力机），有橡胶压边装置、弹簧压边装置和气垫压边装置 3 种形式，如图 4.19 所示。

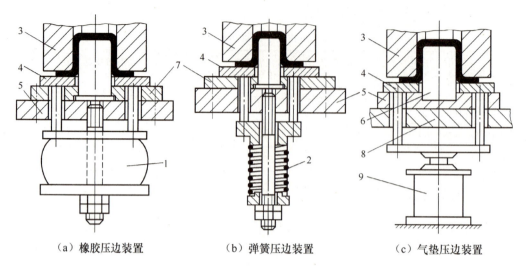

(a) 橡胶压边装置　　　　(b) 弹簧压边装置　　　　(c) 气垫压边装置

1—橡胶；2—弹簧；3—凹模；4—压边圈；5—下模座；6—凸模；
7—凸模固定板；8—压力机工作台；9—气缸

图 4.19　弹性压边装置

橡胶和弹簧的压边力随着拉深深度的增大而增大，因而这两种形式通常只用于浅拉深。气垫的压边力随行程的变化很小，可以认为是不变的，压边效果好；但气垫的结构复杂，制造和维修不易，且需要压缩空气，因而限制了其应用。

为了克服橡胶和弹簧压边力变化的缺点，可采用图 4.20 所示的限位装置，使用定位销、栓销或螺栓，使压边圈与凹模间始终保持一定的距离 $s$，限制了压边力的增大。

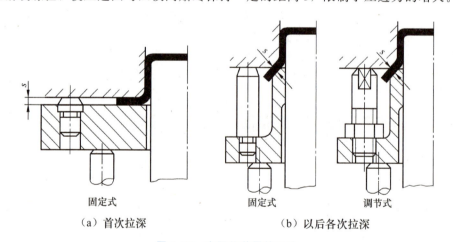

固定式　　　　　　　　固定式　　　　　　调节式
(a) 首次拉深　　　　　　　(b) 以后各次拉深

图 4.20　有限位装置的压边

(2) 刚性压边装置。

特点：压边力不随行程变化，拉深效果较好，模具结构简单。

适用范围：双动压力机用拉深模（压边圈和上模座安装在外滑块上）。

### 4.5.3　压力机的选择（Press Selection）

(1) 一般的拉深件，可按拉深时的最大工序力直接确定压力机。

浅拉深：
$$F_p \geqslant (1.2 \sim 1.4)F \quad (4-12)$$

深拉深：
$$F_p \geqslant (1.6 \sim 2.0)F \quad (4-13)$$

式中，$F$——拉深时的最大工序力（最大拉深力、压边力和其他力的总和，kN）；

$F_p$——压力机公称压力（kN）。

(2) 对于深度较大的拉深件，需对压力机的电动机功率进行校核。

**对于深度较大的拉深件，特别是落料、拉深复合冲压时，可能会出现压力足够而功率不足的现象，需要对压力机的电动机功率进行校核，以防止过早地出现最大冲压力而使压力机超载损坏。** 校核步骤如下。

① 计算拉深功 $A$。

首次拉深：
$$A_1 = \frac{\lambda_1 F_{1\max} h_1}{1000} \quad (4-14)$$

以后各次拉深：
$$A_n = \frac{\lambda_n F_{n\max} h_n}{1000} \quad (4-15)$$

式中，$A_1$，$A_n$——首次和第 $n$ 次所需的拉深功（N·m）；

$F_{1\max}$，$F_{n\max}$——首次和第 $n$ 次拉深的最大拉深力（N）；

$h_1$，$h_n$——首次和第 $n$ 次拉深的高度（mm）；

$\lambda_1$，$\lambda_n$——平均变形力与最大变形力的比值，从表 4-7 中查取。

② 计算所需压力机的电动机功率。
$$N = \frac{A \xi n}{61200 \eta_1 \eta_2} \quad (4-16)$$

式中，$N$——所需压力机的电动机功率（kW）；

$A$——拉深功（N·m）；

$\xi$——不均衡系数，取 $\xi = 1.2 \sim 1.4$；

$n$——压力机每分钟的行程次数；

$\eta_1$——压力机效率，一般取 $\eta_1 = 0.6 \sim 0.8$；

$\eta_2$——电动机效率，一般取 $\eta_2 = 0.9 \sim 0.95$。

③ 校核。若计算的所需功率 $N < P$（电动机功率），说明能够满足拉深要求；若计算的所需功率 $N \geqslant P$，说明应另选电动机功率较大的压力机。

(3) 压力机滑块的行程。拉深工序一般需要较大的行程。对于拉深件，为方便安放毛坯和取出制件，滑块行程要大于制件高度 $h_0$ 的 2 倍以上，一般要求 $s \geqslant (2.3 \sim 2.5)h_0$。

## 4.5.4 凸、凹模工作部分的尺寸设计（Dimension Design in Working Portion of Punch-die）

### 1. 凸、凹模的圆角半径

(1) 凸、凹模圆角对拉深的影响。

① 凹模圆角的影响。毛坯经凹模圆角进入凹模时，受弯曲和摩擦作用。凹模圆角半

径 $r_d$ 过小，则径向拉应力 $\sigma_1$ 增大，易产生表面划伤或拉裂；凹模圆角半径 $r_d$ 过大，则悬空面积增大、压边面积减小，易起皱。

② 凸模圆角的影响。凸模圆角半径 $r_p$ 对拉深的影响也很大。凸模圆角半径 $r_p$ 过小，则 $r_p$ 处弯曲变形程度增加，危险断面受到的拉力增大，工件易产生局部变薄现象；若凸模圆角半径 $r_p$ 过大，则凸模与毛坯的接触面减小，易产生底部变薄和内皱。

（2）凹模圆角半径 $r_d$ 的计算。

① 首次拉深模

$$r_{d1}=0.8\sqrt{(D-d_1)t} \tag{4-17}$$

② 以后各次拉深模

$$r_{dn}=(0.6\sim 0.8)r_{d(n-1)} \tag{4-18}$$

式中，$r_{d1}$，$r_{d(n-1)}$，$r_{dn}$ ——首次、第（$n-1$）次和第 $n$ 次拉深模的凹模圆角半径（mm）；

$D$ ——毛坯直径（mm）；

$d_1$ ——首次拉深后的工件直径（mm）；

$t$ ——工件厚度（mm）。

③ 对于有平面凸缘的拉深件，最后一次拉深时拉深模的凹模圆角半径应与拉深件的一致。

（3）凸模圆角半径的计算。

① 首次拉深模

$$r_{p1}=(0.7\sim 1.0)r_{d1} \tag{4-19}$$

② 中间工序拉深模

$$r_{p(n-1)}=(0.6\sim 0.8)r_{p(n-2)} \tag{4-20}$$

式中，$r_{p1}$，$r_{p(n-1)}$，$r_{pn}$ ——首次、第（$n-1$）次和第 $n$ 次拉深模的凸模圆角半径（mm）。

③ 最后一次拉深模

$$r_{pn}=r$$

式中，$r$ ——工件底部圆角半径（mm）。当 $r$ 过小时，应增加整形工序以保证底部圆角尺寸。

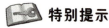
**特别提示**

（1）对于中间各工序，凸模和凹模的圆角半径可做适当的调整。

（2）当拉深系数大时，圆角半径可取小些，一般情况下可取 $r_p=r_d$。

### 2. 凸、凹模间隙

（1）拉深间隙。

拉深间隙是指拉深凸、凹模间的单边间隙，用 $C$ 表示，如图 4.21 所示。

拉深间隙过大，容易起皱，工件有锥度，精度差；拉深间隙过小，摩擦加剧，工件变薄严重，甚至拉裂。

（2）拉深间隙值的确定。

无压边圈拉深模的间隙

$$C=(1\sim 1.1)t_{max} \tag{4-21}$$

式中，$C$ ——拉深单边间隙（mm）；

$t_{max}$ ——板料最大厚度（mm）。

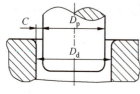

图 4.21 拉深间隙

对于最后一次拉深或精密工件拉深，$C$ 取偏小值；对于首次拉深和中间工序拉深，$C$ 取偏大值。

带压边圈拉深模的单边间隙按表 4-10 选取。

表 4-10 带压边圈拉深模的单边间隙

| 总拉深次数 | | | | | | | | | | | |
|---|---|---|---|---|---|---|---|---|---|---|---|
| 1 | 2 | | 3 | | | 4 | | | 5 | | |
| 拉深工序 | | | | | | | | | | | |
| 1 | 1 | 2 | 1 | 2 | 3 | 1、2 | 3 | 4 | 1、2、3 | 4 | 5 |
| 凸、凹模之间的单边间隙/mm | | | | | | | | | | | |
| 1～1.1$t$ | 1.1$t$ | 1～1.05$t$ | 1.2$t$ | 1.1$t$ | 1～1.05$t$ | 1.2$t$ | 1.1$t$ | 1～1.05$t$ | 1.2$t$ | 1.1$t$ | 1～1.05$t$ |

注：$t$ 为材料厚度，取材料允许偏差的中间值。当拉深精密零件时，最后一次拉深的间隙值 $C=(0.9\sim 0.95)t$。

**3. 凸、凹模工作部分的尺寸计算**

确定凸、凹模工作部分尺寸时，主要考虑拉深模的磨损和拉深件的回弹。

(1) 最后一道工序。

由于拉深件的最终成形尺寸是由最后一道工序保证的，因此工件的尺寸公差只在最后一道工序考虑。最后一道工序凸、凹模的尺寸由拉深件的尺寸标注方法决定。

① 如图 4.22 (a) 所示，当尺寸标注在外形时 ($D_{-\Delta}^{0}$)，应以凹模为基准件。

凹模：
$$D_d = (D - 0.75\Delta)_{0}^{+\delta_d} \tag{4-22}$$

凸模：
$$D_p = (D - 0.75\Delta - 2C)_{-\delta_p}^{0} \tag{4-23}$$

② 如图 4.22 (b) 所示，当尺寸标注在内形时 ($d_{0}^{+\Delta}$)，应以凸模为基准件。

凸模：
$$d_p = (d + 0.4\Delta)_{-\delta_p}^{0} \tag{4-24}$$

凹模：
$$d_d = (d + 0.4\Delta + 2C)_{0}^{+\delta_d} \tag{4-25}$$

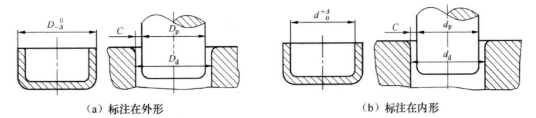

(a) 标注在外形　　　　　　　　(b) 标注在内形

图 4.22 尺寸标注在外形和标注在内形

(2) 中间各次拉深。

对工序件尺寸没有严格要求，凸、凹模尺寸如下。

① 尺寸标注在外形时。

凹模：
$$D_{\mathrm{d}i} = D_i{}^{+\delta_{\mathrm{d}i}}_{\ 0} \tag{4-26}$$

凸模：
$$D_{\mathrm{p}i} = (D_i - 2C){}^{\ 0}_{-\delta_{\mathrm{p}i}} \tag{4-27}$$

② 尺寸标注在内形时。

凸模：
$$d_{\mathrm{p}i} = d_i{}^{\ 0}_{-\delta_{\mathrm{p}i}} \tag{4-28}$$

凹模：
$$d_{\mathrm{d}i} = (d_i + 2C){}^{+\delta_{\mathrm{d}i}}_{\ 0} \tag{4-29}$$

式中，$D_\mathrm{d}$，$d_\mathrm{d}$——最后一次拉深凹模的基本尺寸（mm）；

　　　$D_\mathrm{p}$，$d_\mathrm{p}$——最后一次拉深凸模的基本尺寸（mm）；

　　　$D$——拉深件的外径尺寸（mm）；

　　　$d$——拉深件的内径尺寸（mm）；

　　　$\Delta$——工件公差（mm）；

　　　$\delta_\mathrm{p}$，$\delta_\mathrm{d}$——凸、凹模的制造公差（mm），具体可查表4-11；

　　　$d_i$，$D_i$——中间各次拉深工序件的基本尺寸（mm）；

　　　$D_{\mathrm{d}i}$，$d_{\mathrm{d}i}$——中间各次拉深凹模的基本尺寸（mm）；

　　　$D_{\mathrm{p}i}$，$d_{\mathrm{p}i}$——中间各次拉深凸模的基本尺寸（mm）。

表4-11　凸、凹模的制造公差　　　　　　　　（单位：mm）

| 材料厚度 $t$ | 拉深件直径 $d$ | | | | | |
|---|---|---|---|---|---|---|
| | ≤20 | | 20～100 | | >100 | |
| | $\delta_\mathrm{p}$ | $\delta_\mathrm{d}$ | $\delta_\mathrm{p}$ | $\delta_\mathrm{d}$ | $\delta_\mathrm{p}$ | $\delta_\mathrm{d}$ |
| ≤0.5 | 0.01 | 0.02 | 0.02 | 0.03 | — | — |
| 0.5～1.5 | 0.02 | 0.04 | 0.03 | 0.05 | 0.05 | 0.08 |
| >1.5 | 0.04 | 0.06 | 0.05 | 0.08 | 0.06 | 0.10 |

注：凸、凹模的制造公差可按IT6～IT10级选取，工件公差小的可取IT6～IT8级，工件公差大的可取IT10级。

（3）凸、凹模工作表面的粗糙度。

凸、凹模工作表面的粗糙度要求较高。

① 凹模：工作表面和型腔表面的粗糙度要求 $Ra = 0.8\mu\mathrm{m}$，凹模圆角处的表面粗糙度要求 $Ra = 0.4\mu\mathrm{m}$。

② 凸模：为增大摩擦力，凸模工作表面的粗糙度要求较低，$Ra = 0.8 \sim 1.6\mu\mathrm{m}$。

**4．凸、凹模工作部分形状**

凸模和凹模工作部分的形状对产品质量和拉深系数都有一定的影响，下面分类介绍。

(1) 不带压边圈的拉深。

① 浅拉深（即一次拉深成制件，$m>m_1$）。

浅拉深的凹模有圆弧形凹模、锥形凹模和平端面凹模三种形式，其结构形式及有关尺寸如图 4.23 所示。

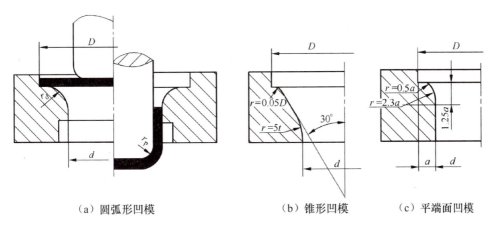

图 4.23 不带压边圈的凹模形状

其中：a. 圆弧形凹模结构用于大件；b. 锥形凹模和平端面凹模结构用于小件；c. 相对于平端面凹模结构，锥形凹模的抗失稳能力强，摩擦阻力和弯曲变形应力小，因而可以采用较小的拉深系数。

② 深拉深（即两次以上拉深成制件，$m \leqslant m_1$）。

深拉深时常采用的凹模结构如图 4.24 所示。每次拉深时，凸模端面只与拉深件内表面接触，以减轻毛坯反弯曲变形的程度，提高拉深件侧壁的质量，使工件的底部平整。

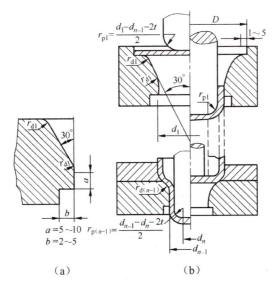

图 4.24 不带压边圈多次拉深模及两次拉深尺寸配合

(2) 带压边圈的拉深。

当拉深件的直径 $d \leqslant 100 mm$ 时，其首次拉深和以后各次拉深的凸、凹模结构如

图 4.25（a）所示，其中凹模为平端面凹模；当拉深件的直径 $d>100$mm 时，其首次拉深模的凸模设计成 45°的锥形，中间各次拉深用的凹模均为锥形凹模，如图 4.25（b）所示。下一次拉深时，压边圈的外形尺寸应与上一次拉深凸模的外形尺寸相同。每次拉深时，凸模端面只与拉深件内底接触。

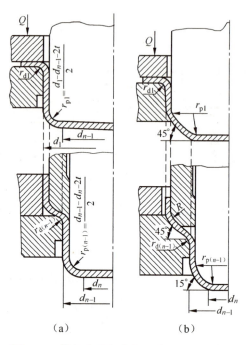

图 4.25　带压边圈多次拉深模及其尺寸配合

拉深凸模的中心必须钻一个出气孔，以免卸料时出现真空而使卸料困难。拉深凸模出气孔的直径见表 4-12。

表 4-12　拉深凸模出气孔的直径　　　　　　　　　　（单位：mm）

| 凸模直径 | <50 | 50～100 | 100～200 | >200 |
| --- | --- | --- | --- | --- |
| 出气孔直径 | 5 | 6.5 | 8 | 9.5 |

## 4.6　综合案例（Comprehensive Case）

工件名称：镜筒，如图 4.26 所示。
生产批量：大批量。
材料：08 钢，$t=2$mm。
要求进行工艺计算，并绘出模具装配图。

### 1. 冲压件工艺性分析

该工件材料为 08 钢，为深拉深级材料，具有良好的拉深成形性能。零件为无凸缘拉深件，底部圆角半径为 $R$3mm，满足底部圆角大于一倍料厚的要求，因此具有良好的结构工艺性。零件尺寸均未标注公差，普通拉深即可满足零件的精度要求。

**2. 冲压工艺方案设计**

（1）计算毛坯直径。

① 确定是否加修边余量。根据工件相对高度 $h/d = 59/40 = 1.475$，查表 4-2，取修边余量 $\delta = 3.8$mm。

② 计算毛坯直径。因为 $t > 1$mm，所以按料厚中心层尺寸计算。已知 $h = 59 + 3.8 = 62.8$mm，$d = 40$mm，$r = 4$mm。代入式（4-7），则毛坯直径为

$$D = \sqrt{d^2 - 1.72dr - 0.56r^2 + 4dh}$$
$$= \sqrt{40^2 - 1.72 \times 40 \times 4 - 0.56 \times 4^2 + 4 \times 40 \times 62.8}\,\text{mm}$$
$$\approx 107\,\text{mm}$$

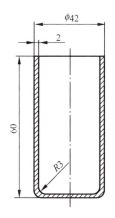

图 4.26　镜筒

③ 确定是否需要压边圈。根据毛坯相对厚度 $(t/D) \times 100\% = (2/107) \times 100\% \approx 1.87$，查表 4-5，确定首次极限拉深系数 $m_1 = 0.50$。查表 4-8 可知，为保证工件质量，需采用压边圈。

（2）确定拉深次数。

因首次极限拉深系数 $m_1 = 0.50$，而工件总的拉深系数 $m = d/D = 40/107 \approx 0.374 < m_1$，所以需多次拉深成形。

查表 4-5，各次极限拉深系数：$m_1 = 0.50$，$m_2 = 0.75$，$m_3 = 0.78$。计算每次拉深圆筒形件的直径。

$$d'_1 = m_1 D = (0.50 \times 107)\,\text{mm} = 53.5\,\text{mm}$$
$$d'_2 = m_2 d_1 = (0.75 \times 53.5)\,\text{mm} \approx 40.1\,\text{mm}$$
$$d'_3 = m_3 d_2 = (0.78 \times 40.1)\,\text{mm} \approx 31.3\,\text{mm} < 40\,\text{mm}$$

由以上计算可知，需要 3 次拉深成形。

（3）拟定工艺方案。

由以上计算可知，该工件的生产需要落料、3 次拉深、切边等工序，为提高生产效率，考虑采用工序复合。经比较，基本工序组合和排列采用下述方案：落料与首次拉深复合、第 2 次拉深、第 3 次拉深、机械加工切边，需要 3 套模具。

（4）计算各次拉深尺寸。

① 调整拉深系数。

计算调整拉深系数时的加权系数：

$$Y = \sqrt[3]{\frac{m}{m_1 m_2 m_3}} = \sqrt[3]{\frac{0.374}{0.50 \times 0.75 \times 0.78}} \approx 1.085$$

则调整后的各次拉深系数：$m'_1 = Ym_1 = 0.543$，$m'_2 = Ym_2 = 0.814$，$m'_3 = Ym_2 = 0.846$。

② 计算各次拉深直径。

$$d_1 = m'_1 D = (0.543 \times 107)\,\text{mm} \approx 58\,\text{mm}$$
$$d_2 = m'_2 d_1 = (0.814 \times 58)\,\text{mm} \approx 47\,\text{mm}$$
$$d_3 = m'_3 d_2 = (0.846 \times 47)\,\text{mm} \approx 40\,\text{mm}$$

③ 计算各次拉深高度。

由式 (4-17)、式 (4-18)，计算得

$$r_{d1} = 0.8\sqrt{(D-d_1)t} = [0.8 \times \sqrt{(106.6-57.9) \times 2}]\text{mm} \approx 8\text{mm}$$

$$r_{d2} = 0.8 r_{d1} \approx 6\text{mm}, r_{d3} = 0.8 r_{d2} \approx 5\text{mm}$$

由式 (4-19)、式 (4-20)，计算得

$$r_{p1} = 0.8 r_{d1} \approx 6\text{mm}, r_{p2} = 0.6 r_{p1} \approx 4\text{mm}, r_{p3} = r = 3\text{mm}$$

由式 (4-8)，计算得各次拉深高度为

$$h_1 = \left\{0.25 \times \left(\frac{107^2}{58} - 58\right) + 0.43 \times \frac{6+1}{58} \times [58 + 0.32 \times (6+1)]\right\}\text{mm} \approx 38\text{mm}$$

$$h_2 = \left\{0.25 \times \left(\frac{107^2}{47} - 47\right) + 0.43 \times \frac{4+1}{47} \times [47 + 0.32 \times (4+1)]\right\}\text{mm} \approx 51.4\text{mm}$$

$$h_3 = \left\{0.25 \times \left(\frac{107^2}{40} - 40\right) + 0.43 \times \frac{3+1}{40} \times [40 + 0.32 \times (3+1)]\right\}\text{mm} \approx 63.3\text{mm}$$

3. 排样设计

(1) 计算条料宽度和送进距离。毛坯直径为 107mm，考虑操作方便，采用直单排排样，无侧向压边装置。

查表 2-10，取侧边搭边值 $a = 1.5\text{mm}$，工件间搭边值 $a_1 = 1.2\text{mm}$。

送进距离：$A = D + a_1 = (107 + 1.2)\text{mm} = 108.2\text{mm}$

条料宽度按式 (2-3) 计算。查表 2-11，取 $\Delta = 0.7\text{mm}$，$b_0 = 0.3\text{mm}$，则有

$$B = (L + 2a + b_0)_{-\Delta}^{0} = (107 + 2 \times 1.5 + 0.3)_{-0.7}^{0}\text{mm} \approx 110.4_{-0.7}^{0}\text{mm}$$

根据计算结果，最终确定工件间搭边值为 1.2mm，侧边搭边值为 1.7mm。

(2) 计算材料利用率。选用 2mm×1000mm×1500mm 的 08 钢钢板。裁成宽 110mm、长 1000mm 的条料，则每张板所出零件数

$$n = \frac{1500}{B} \times \frac{1000 - a_1}{A} = \frac{1500}{110.4} \times \frac{1000 - 1.2}{108.2} \approx 13 \times 9 = 117$$

板料利用率

$$\eta = \frac{n\pi(D/2)^2}{1000 \times 1500} \times 100\% = \frac{117 \times \pi \times (107/2)^2}{1000 \times 1500} \times 100\% \approx 70.1\%$$

4. 计算工序力，初选压力机

(1) 落料与第一次拉深复合工序。模具为落料拉深复合模，动作顺序为先落料后拉深，故分别计算冲裁力、拉深力和压边力。

① 计算落料工序力。落料工序时，采用刚性卸料下出件结构。

查表 1-3，取 $R_m = 420\text{MPa}$，按式 (2-17) 计算落料冲裁力

$$F_c = LtR_m = (\pi \times 107 \times 2 \times 420/1000)\text{kN} \approx 282.22\text{kN}$$

查表 2-15，取 $K_t = 0.055$，按式 (2-19) 计算推件力

$$F_t = nK_t F_c = (1 \times 0.055 \times 282.22)\text{kN} \approx 15.5\text{kN}$$

按式 (2-21) 计算冲裁工序力

$$F_{落料} = F_c + F_t = (282.22 + 15.5)\text{kN} = 297.72\text{kN}$$

② 计算拉深工序力。按式 (4-9) 计算首次拉深力。查表 4-7，近似取 $k_1 = 1.00$，则首次拉深力

$$F_1 = k_1 \pi d_1 t R_m = (1.00 \times \pi \times 58 \times 2 \times 420/1000) \text{kN} \approx 152.98 \text{kN}$$

查表 4-9，取 $q = 2.5 \text{MPa}$。由式（4-11）计算压边力

$$Q = Aq = \frac{\pi}{4}[D^2 - (d_1 + t + 2r_d)^2]q$$

$$= \left\{\frac{\pi}{4}[106.6^2 - (58 + 2 + 2 \times 8)^2] \times 2.5/1000\right\} \text{kN} \approx 11 \text{kN}$$

则拉深工序力

$$F_{拉深} = F_1 + Q(152.98 + 11) \approx 163.98 \text{kN}$$

③ 初选压力机。因为 $F_{落料} > F_{拉深}$，所以按 $F_{落料}$ 来初选压力机。

根据 $F_p \geq 1.2 F_{落料} = 357.3 \text{kN}$，且滑块行程满足 $s \geq 2.3(h_1 + 1) = 89.7 \text{mm}$，查表 1-5，初选压力机型号为 J23-40，其电动机功率 $P = 5.5 \text{kW}$，每分钟行程次数 $n = 80$。

④ 电动机功率校核。查表 4-7，取 $\lambda_1 = 0.8$。按式（4-14）计算拉深功

$$A_1 = \frac{\lambda_1 F_1 h_1}{1000} = \frac{0.8 \times 152980 \times 38}{1000} \text{N} \cdot \text{m} \approx 4650.592 \text{N} \cdot \text{m}$$

按式（4-16）计算所需压力机的电动机功率

$$N_1 = \frac{A_1 \xi n}{61200 \eta_1 \eta_2} = \frac{4650.592 \times 1.3 \times 80}{61200 \times 0.7 \times 0.9} \text{kW} \approx 12.54 \text{kW}$$

因为 $P < N_1$，所以 J23-40 压力机不能满足拉深要求。

查表 1-5，重新选定压力机型号为 J23-100，其电动机功率 $P = 11 \text{kW}$，每分钟行程次数 $n = 60$。

计算所需压力机的电动机功率

$$N_1 = \frac{A_1 \xi n}{61200 \eta_1 \eta_2} = \frac{4650.592 \times 1.3 \times 60}{61200 \times 0.7 \times 0.9} \text{kW} \approx 9.41 \text{kW}$$

因为 $P > N_1$，所以 J23-100 压力机能够满足拉深要求。

(2) 第 2 次拉深工序。按式（4-10）计算拉深力。查表 4-7，近似取 $k_2 = 0.8$，则有

$$F_2 = k_2 \pi d_2 t R_m = (0.8 \times \pi \times 47 \times 2 \times 420/1000) \text{kN} \approx 99.2 \text{kN}$$

根据 $F_p \geq 2.0 F_2 = 198.4 \text{kN}$，且保证满足 $s \geq 2.3(h_2 + 1) = 120 \text{mm}$，查表 1-5，初选压力机型号为 J23-80，其电动机功率 $P = 7.5 \text{kW}$，每分钟行程次数 $n = 60$。

电动机功率校核。查表 4-7，取 $\lambda_2 = 0.75$。按式（4-14）计算拉深功

$$A_2 = \frac{\lambda_2 F_2 h_2}{1000} = \frac{0.75 \times 99200 \times 51.4}{1000} \text{N} \cdot \text{m} = 3824.16 \text{N} \cdot \text{m}$$

计算所需压力机的电动机功率

$$N_2 = \frac{A_2 \xi n}{61200 \eta_1 \eta_2} = \frac{3824.16 \times 1.3 \times 60}{61200 \times 0.7 \times 0.9} \text{kW} \approx 7.74 \text{kW}$$

因为 $P < N_2$，所以 J23-80 压力机不能满足拉深要求。

查表 1-5，重新选定压力机型号为 J23-100，其电动机功率 $P = 11 \text{kW}$，每分钟行程次数 $n = 60$。根据首次拉深时电动机功率的校核情况，该压力机完全能够满要求。

(3) 第 3 次拉深工序。按式（4-10）计算拉深力。查表 4-7，近似取 $k_3 = 0.7$，则有

$$F_3 = k_3 \pi d_3 t R_m = (0.7 \times \pi \times 40 \times 2 \times 420/1000) \text{kN} \approx 73.85 \text{kN}$$

根据 $F_p \geq 2.0 F_2 = 147.7 \text{kN}$，且保证满足 $s \geq 2.3(h_3 + 1) = 146.74 \text{mm}$，查表 1-5，初选压力机型号为 J23-125，其电动机功率 $P = 11 \text{kW}$，每分钟行程次数 $n = 50$。根据首次拉

深时电动机功率的校核情况，所选压力机能够满足要求。

5. 编制冲压工艺过程卡

镜筒冲压工艺过程卡见表 4-13。

表 4-13 镜筒冲压工艺过程卡

| 序号 | 工序说明 | 工序简图 | 设备规格 | 模具形式 |
|---|---|---|---|---|
| 1 | 落料与首次拉深 | 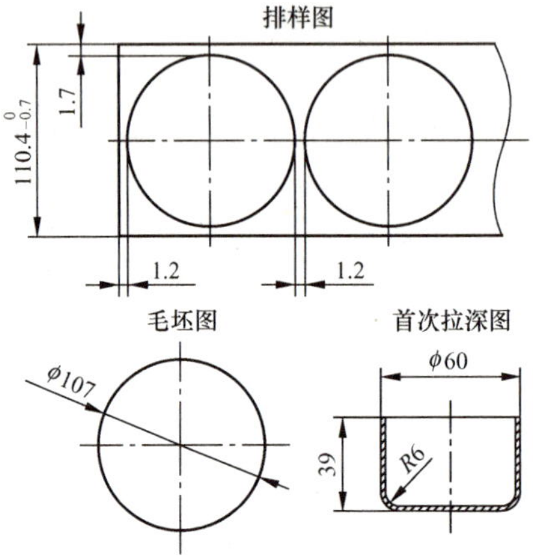 排样图（110.4$_{-0.7}^{0}$，1.2，1.2）毛坯图 $\phi107$；首次拉深图 $\phi60$，39，R6 | J23-100 | 落料拉深复合模 |
| 2 | 第2次拉深 | 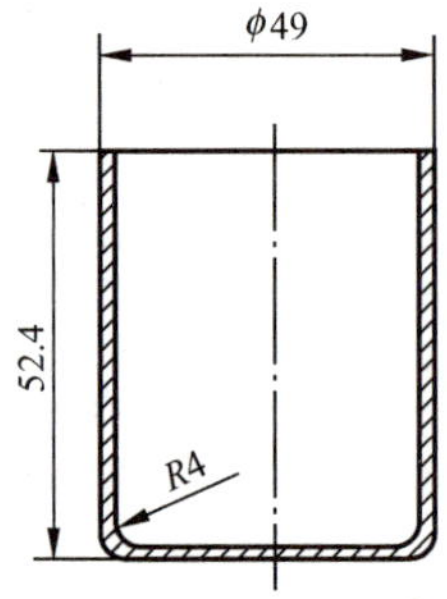 $\phi49$，52.4，R4 | J23-100 | 以后各次拉深模 |
| 3 | 第3次拉深 | 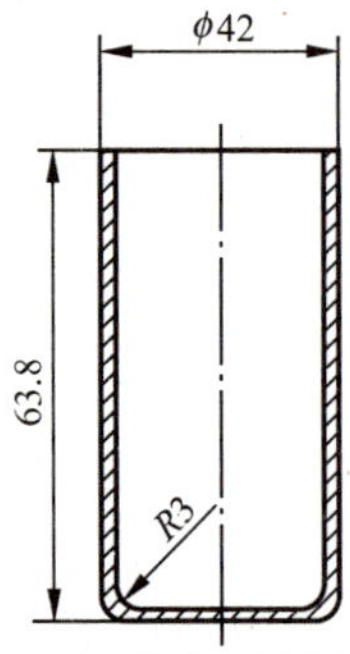 $\phi42$，63.8，R3 | J23-125 | 以后各次拉深模 |

6. 冲模零部件的选用、设计和计算

(1) 落料与首次拉深复合模。

① 落料凸、凹模刃口尺寸计算。

a. 查表 2-12，确定冲裁间隙 $Z_{min}=0.22mm$，$Z_{max}=0.26mm$。

b. 计算落料刃口尺寸。采用互换加工法，以凹模为基准件。毛坯尺寸公差按 IT14 级选取，查标准公差数值表［GB/T 1800.1—2009《产品几何技术规范（GPS）极限与配合 第1部分：公差、偏差和配合的基础》］，得 $D=107_{-0.87}^{0}$ mm。查表2-13，选取

$$\delta_p=0.025\text{mm},\delta_d=0.035\text{mm}$$

检查是否满足 $\delta_p+\delta_d \leqslant Z_{\max}-Z_{\min}$ 的要求

$$\delta_p+\delta_d=(0.025+0.035)\text{mm}=0.06\text{mm}$$

$$Z_{\max}-Z_{\min}=(0.26-0.22)\text{mm}=0.04\text{mm}$$

不满足要求，所以取

$$\delta_p=0.4(Z_{\max}-Z_{\min})=0.016\text{mm},\delta_d=0.6(Z_{\max}-Z_{\min})=0.024\text{mm}$$

查表2-14，选取磨损系数为 $x=0.5$，按式（2-9）和式（2-10）计算得

$$D_d=(D-x\Delta)_{0}^{+\delta_d}=(107-0.5\times0.87)_{0}^{+0.024}\text{mm}\approx106.6_{0}^{+0.024}\text{mm}$$

$$D_p=(D-x\Delta-Z_{\min})_{-\delta_p}^{0}=(107-0.5\times0.87-0.22)_{-0.016}^{0}\text{mm}\approx106.3_{-0.016}^{0}\text{mm}$$

② 首次拉深凸、凹模工作尺寸计算。

因工作尺寸标注在外形上，故以凹模为基准件进行计算。

查表4-10，取单边间隙 $C=1.2t=2.4$mm。首次拉深直径 $D_1=60$mm，$t=2$mm，查表4-11，选取 $\delta_{p1}=0.05$mm，$\delta_{d1}=0.08$mm。根据式（4-26）、式（4-27）有

$$D_{d1}=D_{1\,0}^{\,+\delta_{d1}}=60_{0}^{+0.08}\text{mm}$$

$$D_{p1}=(D_1-2C)_{-\delta_{p1}}^{0}=(60-2\times2.4)_{-0.05}^{0}\text{mm}=55.2_{-0.05}^{0}\text{mm}$$

凸、凹模圆角半径见各次拉深高度计算：$r_{d1}=8$mm，$r_{p1}=6$mm。

③ 凹模外形尺寸的确定。

冲裁件外形的周长 $L_a=\pi D=335.98$mm，查表2-17，取 $K=1.5$。根据式（2-31），计算凹模初算厚度：

$$H_a=K\sqrt[3]{0.1F_c}=(1.50\times\sqrt[3]{0.1\times282220})\text{mm}\approx45\text{mm}$$

根据式（2-32），计算凹模壁厚：$c=1.2H_a=(1.2\times45)\text{mm}=54$mm

采用矩形凹模，则 $L=B=$ 毛坯直径 $+2c=(107+2\times54)$mm$=215$mm

故取凹模外形尺寸为220mm×220mm。由于本套模具为落料拉深复合模，凹模内部还要安装拉深凸模和压边圈，因此厚度随后确定。

④ 垫板、凸模固定板、卸料板、导料板、模座、压边圈等厚度尺寸的确定。

a. 垫板厚度尺寸确定。根据凹模外形尺寸，查矩形垫板标准（JB/T 7643.3—2008《冲模模板 第3部分：矩形垫板》），取垫板厚度 $h_{db}=20$mm。

b. 根据式（2-37），初算固定板厚度 $h_g=0.8H_a=(0.8\times45)$mm$=36$mm。取外形尺寸与凹模的相同，查矩形固定板标准（JB/T 7643.2—2008《冲模模板 第2部分：矩形固定板》），选取凸凹模固定板厚度 $h_g=36$mm。

c. 采用刚性卸料，卸料板外形与凹模的相同，查表2-19，取厚度 $h_x=16$mm。

d. 导料板的厚度要大于挡料销顶端高度与条料厚度之和，并有2～8mm的空隙。导料板的外形尺寸约为220mm×45mm，查冲模导料板标准（JB/T 7648.5—2008《冲模侧刃和导料装置 第5部分：导料板》），取 $h_{dl}=8$mm。

e. 取压边圈厚度与卸料板厚度相同，查得 $h_{y1}=16$mm。

f. 初算上、下模座厚度尺寸。

根据式 (2-35)，计算得下模座厚度：$H_x = 1.2H_a = (1.2 \times 45)\text{mm} = 54\text{mm}$

根据式 (2-36)，计算得上模座厚度：$H_s = H_x - 5 = (54-5)\text{mm} = 49\text{mm}$

⑤ 标准模架的选取。

凹模厚度应大于压边圈厚度和首次拉深高度，估算厚度

$$H'_a = h_{y1} + h_1 + r_{d1} + t + 15(\text{设计裕量}) = (16+38+8+2+15)\text{mm} = 79\text{mm}$$

依据已初算出来的各板厚度，估算模具闭合高度

$$H_{闭合} = H_s + h_{db} + h_g + A + h_x + h_{dl} + H'_a + H_x$$
$$= (49+20+36+15+16+8+79+54)\text{mm} = 277\text{mm}$$

式中，$A$——自由尺寸（mm）。包括3部分：闭合状态时固定板和卸料板之间的距离，凸模的修磨量，凸模进入凹模的距离（0.5～1mm），一般取 $A=15\sim20\text{mm}$。

采用后侧导柱模架，根据凹模周界尺寸 220mm×220mm，查冲模滑动导向后侧导柱模架标准（GB/T 2851—2008《冲模滑动导向模架》），选取模架规格。

滑动导向模架　后侧导柱 250×250×240～285　Ⅰ（GB/T 2851—2008《冲模滑动导向模架》）

并由此确定上、下模座及导柱、导套规格。

后侧导柱上模座 250×250×50（GB/T 2855.1—2008《冲模滑动导向模座 第1部分：上模座》）

后侧导柱下模座 250×250×65（GB/T 2855.2—2008《冲模滑动导向模座 第2部分：下模座》）

导柱 A 35h5×230（GB/T 2861.1—2008《冲模导向装置 第1部分：滑动导向导柱》）

导套 A 35H6×125×48（GB/T 2861.3—2008《冲模导向装置 第3部分：滑动导向导套》）

经查表对比，初选的压力机 J23-80 的最大装模高度、工作台尺寸，均能够满足模具的安装要求。模具安装在压力机上时需加垫块。

(2) 第2次拉深模。

① 凸、凹模工作尺寸计算。

因为工作尺寸标注在外形上，所以以凹模为基准件进行计算。

查表 4-10，取单边间隙 $C=1.1t=2.2\text{mm}$。第2次拉深直径 $D_2=49\text{mm}$，$t=2\text{mm}$，查表 4-11，选取 $\delta_{p2}=0.05\text{mm}$，$\delta_{d2}=0.08\text{mm}$。根据式 (4-26)、式 (4-27)，有

$$D_{d2} = D_2{}^{+\delta_{d2}}_{\ 0} = 49{}^{+0.08}_{\ 0}\text{mm}$$

$$D_{p2} = (D_2 - 2C){}^{\ 0}_{-\delta_{p2}} = (49 - 2\times2.2){}^{\ 0}_{-0.05}\text{mm} = 44.6{}^{\ 0}_{-0.05}\text{mm}$$

凸、凹模圆角半径见各次拉深高度计算：$r_{d2}=6\text{mm}$，$r_{p2}=4\text{mm}$。

② 凹模外形尺寸的确定。

参照首次拉深模凹模壁厚：$c=45\text{mm}$。

采用圆形凹模，初定直径：$D'_a=$ 第2次拉深外直径 $+2c=(49+2\times45)\text{mm}=139\text{mm}$

查冲模圆形凹模板标准（JB/T 7643.4—2008《冲模模板 第4部分：圆形凹模板》），确定凹模直径为 ϕ125mm。

③ 固定板、推件块、模座等厚度及压边圈高度尺寸的确定。

a. 参照首次拉深固定板厚度取值，由于拉深直径减小，凹模外形尺寸减小，查矩形固定板标准（JB/T 7643.2—2008《冲模模板 第2部分：矩形固定板》），取固定板厚度 $h_g=32\text{mm}$。

b. 推件块参照刚性卸料板设计，取 $h_t=12\mathrm{mm}$。

c. 模座的初算值，仍参照落料拉深模的初算值，取 $H_s=49\mathrm{mm}$。

d. 压边圈高度尺寸的初算。压边圈还起到定位的作用，所以其外径等于首次拉深件的内径，高度 $h_{y2}=h_{y1}+h_1+r$(自行设计的过渡半径)$=(16+39+5)\mathrm{mm}=60\mathrm{mm}$。

④ 凹模厚度、凸模高度尺寸计算。

a. 凹模厚度包括拉深高度、推件块厚度等尺寸，即
$$H_a=h_2+h_t+r_{d2}+10=(52.4+12+6+10)\mathrm{mm}=80.4\mathrm{mm}$$

b. 凸模高度尺寸包括压边圈高度、拉深高度、固定板厚度等尺寸，即
$$L_p=h_2+h_{y2}+h_g+r_{d2}+5=(52.4+60+32+6+5)\mathrm{mm}=155.4\mathrm{mm}$$

⑤ 标准模架的选取。依据已初算出来的各零件的厚度和高度，估算模具闭合高度
$$H_{闭合}=H_s+H_a+L_p+H_x-h_2-r_{d2}$$
$$=(49+80.4+155.4+54-52.4-6)\mathrm{mm}=280.4\mathrm{mm}$$

采用中间导柱模架，根据凹模周界尺寸 $\phi 125\mathrm{mm}$，查冲模滑动导向中间导柱模架标准(GB/T 2851—2008《冲模滑动导向模板》和 GB/T 23565.3—2009《冲模滑动导向钢板模架 第3部分：中间导柱模架》)，没有合适的模架可供选择。此时可自行设计。

a. 上、下模座基本尺寸参照中间导柱钢板模架（GB/T 23565.3—2009《冲模滑动导向钢板模架 第3部分：中间导柱模架》），材料采用45调质钢，厚度自行设计：中间导柱上模座 $125\times 125\times (45)$，中间导柱下模座 $125\times 125\times (50)$。

b. 导柱、导套采用不同直径：导柱 A 40 (35) h5×260 (GB/T 2861.1—2008《冲模导向装置 第1部分：滑动导向导柱》)

导套 A 40 (35) H6×115×43 (GB/T 2861.3—2008《冲模导向装置 第3部分：滑动导向导套》)。

(3) 第3次拉深模（最终成形）。

① 凸、凹模工作尺寸计算。

这是最后一次拉深，因为工作尺寸标注在外形上，所以以凹模为基准件进行计算。未注尺寸公差可按IT13级（根据制件使用情况自行设定）选取，查标准公差值表[GB/T 1800.1—2009《产品几何技术规范（GPS）极限与配合 第1部分：公差、偏差和配合的基础》]，得到第3次拉深直径 $D_3=42_{-0.390}^{0}\mathrm{mm}$。

查表4-10，取单边间隙 $C=1.05t=2.1\mathrm{mm}$。因是最终成形，凸、凹模工作尺寸的制造精度可适度提高，故凸模制造公差取IT8，凹模制造公差取IT9。查标准公差值表：$\delta_{p3}=0.039\mathrm{mm}$，$\delta_{d3}=0.062\mathrm{mm}$。根据式（4-22）、式（4-23），有

$$D_{d3}=(D_3-0.75\Delta)_{0}^{+\delta_{d3}}=(42-0.75\times 0.39)_{0}^{+0.062}\mathrm{mm}\approx 41.7_{0}^{+0.062}\mathrm{mm}$$

$$D_{p3}=(D_{d3}-2C)_{-\delta_{p3}}^{0}=(41.7-2\times 2.1)_{-0.039}^{0}\mathrm{mm}=37.5_{-0.039}^{0}\mathrm{mm}$$

凸、凹模圆角半径各次拉深高度计算：$r_{d3}=5\mathrm{mm}$，$r_{p3}=3\mathrm{mm}$。

② 其他零件的计算、模架的选择与设计与第2次拉深模类似，此处不再赘述。

**7. 绘制模具装配图**

图4.27所示为落料拉深复合模装配图，图4.28所示为第2次拉深复合模装配图。第3次拉深模结构与图4.28类似，此处不再绘出。

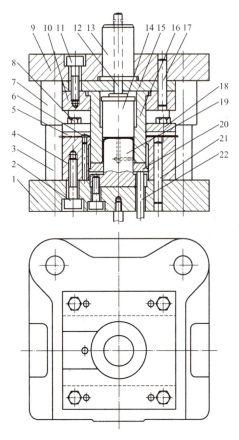

【落料拉深复合模装配图】

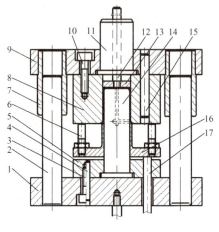
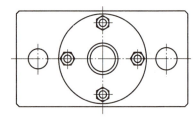

1—下模座；2，11—内六角螺钉；3—导柱；4—落料凹模；
6—挡料销；7—导套；8—外六角螺钉；9—上模座；
10—凸凹模固定板；12—打杆；13—模柄；14—推件块；
15—垫板；16—凸凹模；17，21—圆柱销；18—刚性卸料板；
19—拉深凸模；20—弹性压边圈；22—顶杆

图 4.27　落料拉深复合模装配图

1—下模座；2—导柱；3，10—内六角螺钉；
4，15—销；6—可调限位柱；7—导套；8—凹模；
9—上模座；11—模柄；12—打杆；13—推件板；
14—凸模；16—弹性压边圈；17—顶杆

图 4.28　第 2 次拉深复合模装配图

## 本章小结(Brief Summary of this Chapter)

本章对拉深工艺及筒形无凸缘拉深件的模具设计进行了较详细的阐述，包括拉深件工艺性、拉深件的质量、拉深工艺设计和拉深模结构设计。

拉深件工艺性部分介绍了拉深件与拉深模分类，拉深件结构工艺性。

拉深件的质量部分介绍了起皱与破裂产生的原因及防范措施。

拉深工艺设计包括毛坯尺寸的计算、拉深系数的计算、拉深次数的计算、拉深半成品尺寸的计算。

拉深模结构设计包括典型结构介绍、拉深力及压边力、压力机选择和成形零件工作部分尺寸的计算。

本章的教学目标是使学生掌握拉深模设计的基础知识，通过学习圆筒形无凸缘拉深件模具设计知识，掌握拉深模设计的一般流程。

## 习题(Exercises)

**1. 简答题**

（1）拉深变形过程是怎样的？其应力和应变状态如何？

（2）圆筒形拉深件在拉深过程中何处是主变形区？何处是传力区？

（3）拉深后圆筒形件的壁厚如何变化？圆筒形件拉深时的危险断面在哪里？试分析原因。

（4）什么是拉深系数？什么是极限拉深系数？影响拉深系数的因素有哪些？

（5）造成拉深件起皱的原因是什么？防止起皱的措施有哪些？

（6）造成拉深件破裂的原因是什么？防止破裂的措施有哪些？

（7）为什么拉深时要校核压力机的电动机功率？

（8）设计拉深模时，选择压力机时需要注意哪几个方面的问题？为什么？

（9）单动压力机用的拉深模常用的典型结构有哪些？各结构有什么特点？

（10）双动压力机的拉深模结构有什么特点？

（11）拉深模的压边装置有哪几种类型？弹性压边圈有哪几种形式？

**2. 设计题**

（1）图4.29（a）所示制件，材料为08F，其厚度为1mm；图4.29（b）所示制件，材料为10钢，其厚度为3mm。试计算其毛坯尺寸。

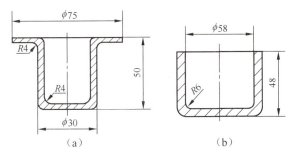

图 4.29　制件图（一）

（2）图4.30（a）所示制件，材料为08F，其厚度为1mm；图4.30（b）所示制件，

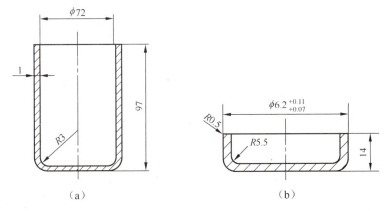

图 4.30　制件图（二）

材料为 10 钢，其厚度为 3mm。试设计计算两制件的弯曲模并绘出模具结构图（根据教学需要确定生产批量和设计工作量）。

## 综合实训（Comprehensive Practical Training）

1. 实训目标：提高学生的实践能力，增加对拉深模结构的感性认识，将拉深模理论知识与模具实物相对应，并提高其模具拆装的实际操作能力和绘图能力。

2. 实训内容：指导学生完成拉深模的拆装，测量并填写表 2-19 所示冲模零件配合关系测绘表，绘制拆卸模具的结构图和主要零件工作图。

3. 实训要求：见第 2 章实训要求。

# 第 5 章

# 其他冲压成形工艺与模具设计
# (Other Stamping Process and Corresponding Die Design)

本章学习目标

了解胀形、翻边、缩口的概念及成形工艺。

本章教学要求

| 能力目标 | 知识要点 | 权 重 | 自测分数 |
| --- | --- | --- | --- |
| 了解胀形的概念及成形工艺 | 胀形的概念、起伏成形工艺、空心毛坯胀形工艺及胀形模结构 | 35% | |
| 了解翻边的概念及成形工艺 | 翻边的概念，内孔翻边、变薄翻边的成形工艺，翻边模结构 | 35% | |
| 了解缩口的概念及成形工艺 | 缩口的概念、缩口成形的特点与变形程度、缩口工艺计算、缩口模结构 | 30% | |

## 导入案例

仔细观察图5.0所示产品，注意到不锈钢锅有鼓肚现象，水瓶口部有收缩现象，而第三种产品有底部边缘翻起现象。虽然这些现象与前面介绍的拉深现象有相似之处，但显然不能采用前面讲过的冲压工序成形来完成最终的加工。那么应该采用什么成形方法呢？这就是下面要讲的内容。

图5.0 冲压产品

思考实现这些零件的成形方法有哪些。

## 5.1 胀形（Bulging）

### 5.1.1 胀形工艺（Bulging Process）

在冲压生产中，利用模具强迫平板毛坯的局部凸起变形和强迫空心件或管状件沿径向向外扩张的成形工序统称为胀形。按工件的形状来分，胀形分为平板毛坯的胀形和空心毛坯的胀形。图5.1所示为胀形件实例。

（a）平板毛坯胀形例1　（b）平板毛坯胀形例2　（c）空心毛坯胀形例1　（d）空心毛坯胀形例2

图5.1 胀形件实例

常用的胀形方法有刚模胀形和以液体、气体、橡胶等为传力介质的软模胀形。因为软模胀形模结构简单、工件变形均匀、能成形复杂形状的工件，所以应用广泛，如液压胀形、橡胶胀形等。另外，高速、高能特种成形的应用越来越受到人们的重视，如爆炸胀形、电磁胀形等。

## 5.1.2 平板毛坯的胀形（Bulging of Plate Blank）

平板毛坯的胀形常称起伏成形，是在板料上局部发生胀形而形成凸起或凹进的冲压工艺方法。常见的起伏成形有压筋成形，压凸包，压字、凹坑、花纹图案及标记。采用这些方法不仅提高了冲压件的强度、刚度，而且美化了零件的外观。下面介绍压筋成形和压凸包。

**1. 压筋成形**

压筋成形就是在平板毛坯上压出加强筋。压筋后零件惯性矩的改变和材料加工后的硬化能够有效地提高零件的刚度和强度。

压筋成形的极限变形程度主要受材料的性能、筋的几何形状、模具结构及润滑等因素的影响。对于形状比较简单的压筋件，可按式（5-1）近似地确定极限变形程度。

$$\varepsilon = \frac{l-l_0}{l} < k[A] \tag{5-1}$$

式中，$l$，$l_0$——材料变形前后的长度（mm）（图 5.2）；

[A]——材料的许用伸长率；

$k$——系数，一般取 0.7~0.75，视筋的形状而定，球形筋取大值，梯形筋取小值。

若满足式（5-1）的条件，则可一次成形；否则，可先压制弧形过渡形状，达到在较大范围内聚料和均匀变形的目的，得到最终变形所需的表面积材料，第二次成形再压出零件所需形状，如图 5.3 所示。

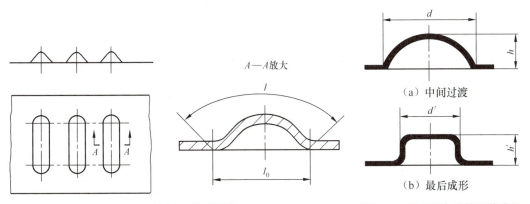

图 5.2　材料变形前后的长度　　　　图 5.3　深度较大时的压筋成形

因为压制加强筋是靠毛坯的局部变薄来实现的，所以压筋成形可按拉伸变形来处理，所需的冲压力可用式（5-2）近似计算。

$$F = KLtR_m \tag{5-2}$$

式中，$K$——系数，一般取 $K=0.7~1.0$（加强筋形状窄而深时取大值，宽而浅时取小值）；

$L$——加强筋的周长（mm）；

$t$——材料厚度（mm）；

$R_m$——材料的抗拉强度（MPa）。

**2. 压制凸包**

在平板毛坯上压制凸包时，有效坯料直径与凸包直径的比值 $D/d > 4$，此时坯料凸缘区是相对的强区，不会向里收缩，属于胀形性质的起伏成形；否则为拉深。

压制凸包时，凸包的高度受材料塑性的限制不能太大。凸包成形高度还与凸模形状及润滑条件有关，球形凸模较平底凸模成形高度大，润滑条件较好时成形高度也较大。

### 5.1.3 空心毛坯的胀形（Bulging of Hollow Blank）

空心毛坯的胀形俗称凸肚，是使材料沿径向拉伸，胀出所需的凸起曲面，如壶嘴、带轮、波纹管、各种接头等。

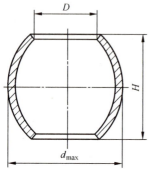

图 5.4 空心毛坯的胀形

**1. 胀形的变形系数**

如图 5.4 所示，胀形的变形系数

$$K = \frac{d_{max}}{D} \quad (5-3)$$

式中，$d_{max}$——胀形后零件的最大直径（mm）；
$D$——空心毛坯的原始直径（mm）。

因为空心毛坯胀形的变形主要是依靠材料的切向拉伸，所以胀形的变形程度受材料的伸长率限制。胀形系数 $K$ 与材料切向伸长率 $A$ 的关系为

$$K = 1 + A \quad (5-4)$$

由于毛坯的变形程度受材料的伸长率限制，因此只要知道材料的切向许用伸长率便可以按式（5-4）求出相应的极限胀形系数 $[K]$。表 5-1 是部分材料的极限胀形系数和切向许用伸长率（试验值）。

表 5-1 部分材料的极限胀形系数和切向许用伸长率（试验值）

| 材　料 | 厚度 $t$/mm | 极限胀形系数 $[K]$ | 切向许用伸长率/（%） |
|---|---|---|---|
| 铝合金 3A21M | 0.5 | 1.25 | 25 |
| 纯铝 1070A，1060，1050A，1035，1200，8A06 | 1.0 | 1.28 | 28 |
| | 1.5 | 1.32 | 32 |
| | 2.0 | 1.32 | 32 |
| 黄铜 H62，H68 | 0.5～1.0 | 1.35 | 35 |
| | 1.5～2.0 | 1.40 | 40 |
| 低碳钢 08F，10，20 | 0.5 | 1.20 | 20 |
| | 1.0 | 1.24 | 24 |
| 不锈钢 | 0.5 | 1.26 | 26～32 |
| | 1.0 | 1.28 | 28～34 |

**2. 胀形的毛坯尺寸计算**

空心毛坯一般采用空心管坯料或拉深件。为了便于材料的流动，减少变形区材料的变薄量，胀形时坯料端部一般不固定，能自由收缩，因此要考虑毛坯长度增加一定的收缩量并留出切边余量。图 5.5 所示为胀形的毛坯尺寸。

(1) 毛坯直径。

根据式（5-3），可以求出毛坯的原始直径。

$$D = \frac{d_{\max}}{K} \quad (5-5)$$

(2) 毛坯高度。计算胀形毛坯高度时除考虑修边余量外，还应考虑毛坯切向伸长时引起的高度缩小。毛坯高度 $H_0$ 可用式（5-6）计算。

$$H_0 = L_0[1 + (0.3 \sim 0.4)A] + \Delta H \quad (5-6)$$

式中，$L_0$——胀形区母线展开长度（mm）；

$A$——切向伸长率（%）；

$\Delta H$——切边余量（mm），一般取 5~15mm。

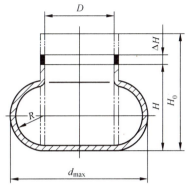

图 5.5　胀形的毛坯尺寸

**3. 胀形力的计算**

胀形时，所需的胀形力 $F$ 可按式（5-7）计算。

$$F = pA \quad (5-7)$$

式中，$p$——胀形时所需的单位面积压力（MPa）；

$A$——胀形面积（mm$^2$）。

胀形时所需的单位面积压力 $p$ 可按式（5-8）近似计算。

$$p = 1.15 R_m \frac{2t}{d_{\max}} \quad (5-8)$$

式中，$R_m$——材料的抗拉强度（MPa）；

$t$——材料厚度（mm）；

$d_{\max}$——胀形后零件的最大直径（mm）。

## 5.1.4　胀形模结构（Bulging Die Structure）

毛坯的胀形根据模具结构的不同分为两类：刚模胀形和软模胀形。

**1. 刚模胀形**

如图 5.6 所示，凸模做成分瓣式结构形式，零件由下凹模 7 定位，当上凹模 1 下行

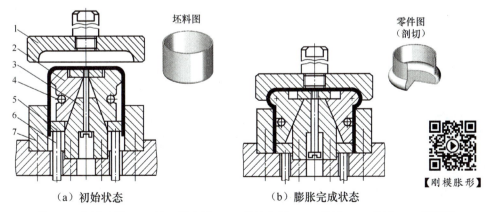

1—上凹模；2—分瓣凸模；3—锥面导向轴；4—弹性卡圈；5—顶板；6—顶杆；7—下凹模

图 5.6　刚模胀形

时，分瓣凸模2沿锥面导向轴3向下移动，在锥面导向轴3的作用下向外胀开，使毛坯胀形成所需形状尺寸的工件。胀形结束后，在顶杆6和顶板5的作用下将分瓣凸模2连同工件一起顶起，分瓣凸模2在弹性卡圈4箍紧力的作用下，始终紧贴着锥面导向轴3上升，同时直径不断减小，至上止点，能保证胀形完的工件顺利地从分瓣凸模2上抽出。凸模分瓣数目越多，胀出工件的形状和精度越好。这种胀形方法的缺点是模具结构复杂、成本高，并且难以得到精度较高的复杂形状件。

### 2. 软模胀形

软模胀形以液体、气体、橡胶、石蜡等作为传力介质，代替金属凸模进行胀形。软模胀形时板料的变形比较均匀，容易保证工件的几何形状和尺寸精度要求，而且不对称的形状复杂的空心件很容易实现胀形加工。因此软模胀形的应用比较广泛，并具有广阔的发展前途。

图5.7所示为自行车的接头橡胶胀形模，空心毛坯在分块凹模2内定位，胀形时，冲头1和4一起挤压橡胶和坯料，使坯料与凹模型腔紧密贴合而完成胀形。胀形完成以后，先取下模套3，再揭开分块凹模2便可取出工件。图5.8所示为液压胀形，液体4作为胀形凸模，上模下行时侧楔3先使分块凹模2合拢，然后柱塞1的压力传给液体，凹模内坯料的直径在高压液体的作用下胀大，最终坯料紧贴凹模内壁成形。液压胀形可加工大型零件，零件表面质量较好。

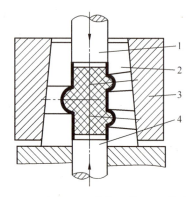

1,4—冲头；2—分块凹模；3—模套

图5.7 自行车的接头橡胶胀形模

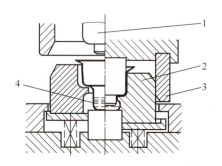

1—柱塞；2—分块凹模；3—侧楔；4—液体

图5.8 液压胀形

## 5.2 翻边（Flanging）

### 5.2.1 翻边工艺（Flanging Process）

利用模具将工序件的孔边缘或外边缘翻成竖直的直边称为翻边。翻边工艺主要用于零件的边部强化、改进外貌、增强刚性、去除切边，以及在零件上制成与其他零件装配、连接的部位（如铆钉孔、螺纹底孔等）或焊接面等。翻边按工艺特点可分为内孔翻边、变薄翻边、外缘翻边（外缘翻边这里不做介绍）等。

## 5.2.2 内孔翻边 (Flanging of Internal Hole)

**1. 内孔翻边的变形特点和变形程度**

将画有距离相等的坐标网格 [图 5.9 (a)] 的坯料放入翻边模内进行翻边 [图 5.9 (c)]。翻边后从图 5.8 (b) 所示的冲件坐标网格的变化可以看出,坐标网格由扇形变为矩形,说明金属沿切向伸长,越靠近孔口伸长越大。同心圆之间的距离变化不明显,即金属径向变形很小。竖边的壁厚有所减薄,尤其在孔口处减薄较显著。由此不难看出,翻孔时坯料的变形区是 $d$ 与 $D_1$ 之间的环形部分。变形区受两向拉应力(切向拉应力 $\sigma_3$ 和径向拉应力 $\sigma_1$)的作用 [图 5.9 (c)],其中切向拉应力是最大主应力。在坯料孔口处,切向拉应力达到最大值。因此,内孔翻边的成形障碍在于孔口边缘被拉裂。破裂的条件取决于变形程度。变形程度以翻边前孔径 $d$ 与翻边后孔径 $D$ 的比值来表示,即

$$K = \frac{d}{D} \tag{5-9}$$

式中,$K$——翻边系数。$K$ 越小,则变形程度越大。翻边时孔边不破裂所能达到的最小值 $K_{min}$ 称为极限翻边系数。极限翻边系数取决于材料的塑性、待翻边孔的边缘质量、材料的相对厚度和凸模的形状等因素。

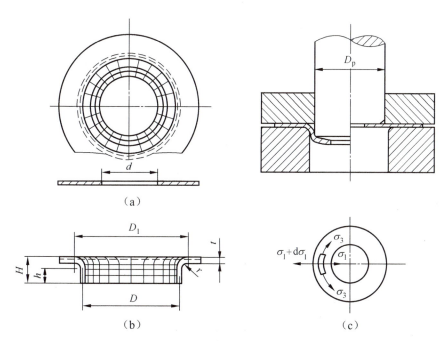

图 5.9 圆孔翻边时的应力与变形情况

表 5-2 列出部分材料的一次翻边系数。当翻边壁上允许有不大的裂痕时,可以采用 $K_{min}$,一般情况下均采用 $K$。

表 5-2 部分材料的一次翻边系数

| 经退火的毛坯材料 | | 翻边系数 | |
|---|---|---|---|
| | | K | $K_{min}$ |
| 镀锌钢板（白铁皮） | | 0.70 | 0.65 |
| 软钢 | $t=0.25\sim2.0$mm | 0.72 | 0.68 |
| | $t=3.0\sim6.0$mm | 0.78 | 0.75 |
| 黄铜（H62） $t=0.5\sim6.0$mm | | 0.68 | 0.62 |
| 铝 $t=0.5\sim5.0$mm | | 0.70 | 0.64 |
| 硬质合金 | | 0.89 | 0.80 |
| 钛合金 | TA1（冷态） | 0.64~0.68 | 0.55 |
| | TA1（加热300~400℃） | 0.40~0.50 | 0.45 |
| | TA5（冷态） | 0.85~0.90 | 0.75 |
| | TA5（加热500~600℃） | 0.70~0.65 | 0.55 |
| 不锈钢、高温合金 | | 0.69~0.65 | 0.614~0.57 |

**2. 翻边的工艺计算**

（1）平板坯料翻边的工艺计算。图 5.10 所示平板坯料翻边的尺寸计算，在进行翻边之前，需要在坯料上加工出待翻边的孔，其孔径 $d$ 按弯曲展开的原则求出，即

$$d=D-2(H-0.43r-0.72t) \qquad (5-10)$$

竖边高度

$$H=\frac{D-d}{2}+0.43r+0.72t \qquad (5-11)$$

或

$$H=\frac{D}{2}(1-K)+0.43r+0.72t \qquad (5-12)$$

如以极限翻边系数 $K_{min}$ 代入，便求出一次翻边可达到的极限高度

$$H_{max}=\frac{D}{2}(1-K_{min})+0.43r+0.72t \qquad (5-13)$$

当零件要求的高度 $H>H_{max}$ 时，不能一次翻边达到制件高度，可以采用加热翻边、多次翻边或先拉深后冲底孔再翻边的方法。

采用多次翻边时，应在每两次工序间进行退火。第一次翻边以后的极限翻边系数为

$$K'_{min}=(1.15\sim1.20)K_{min} \qquad (5-14)$$

（2）先拉深后冲底孔再翻边的工艺计算。采用多次翻边所得制件，竖边壁部有较严重的变薄，若对壁厚有要求，则可采用预先拉深，在底部冲孔后再翻边的方法。这种情况下，应先决定预拉深后翻边所能达到的最大高度，然后根据翻边高度及零件高度确定拉深高度及预冲孔直径。

先拉深后翻边的翻边高度由图 5.11 可知（按板厚中线计算）。

# 其他冲压成形工艺与模具设计(Other Stamping Process and Corresponding Die Design) 第5章

$$h=\frac{D-d}{2}+0.57r=\frac{D}{2}(1-K)+0.57r \qquad (5-15)$$

以极限翻边系数 $K_{\min}$ 代入式（5-15），可求得翻边的极限高度

$$h_{\max}=\frac{D}{2}(1-K_{\min})+0.57r \qquad (5-16)$$

此时，预制孔直径

$$d=K_{\min}D \text{ 或 } d=D+1.14r-2h_{\max} \qquad (5-17)$$

拉深高度

$$h'=H-h_{\max}+r \qquad (5-18)$$

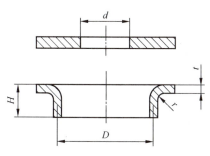

图 5.10 平板坯料翻边的尺寸计算

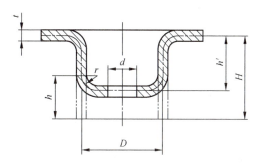

图 5.11 预先拉伸的翻边

（3）翻边力的计算。

一般翻边力不大，用圆柱形平底凸模翻边时，可按式（5-19）计算。

$$F=1.1\pi(D-d)tR_{eL} \qquad (5-19)$$

式中，$D$——翻边后直径（按中线算，mm）；
 $d$——坯料预制孔直径（mm）；
 $t$——材料厚度（mm）；
 $R_{eL}$——材料的下屈服强度（MPa）。

## 5.2.3 变薄翻边（Thining Flanging）

翻边时材料竖边变薄，是拉应力作用下材料的自然变薄，是翻边的自然情况。当工件很高时，也可采用减小凸、凹模间隙，强迫材料变薄的方法提高工件的竖边高度，达到提高生产率和节省材料的目的，这种翻边成形方法称为变薄翻边。

图 5.12 所示为用阶梯形凸模变薄翻边。由于凸模采用阶梯形，因此经过不同阶梯工序件竖壁部分逐步变薄，而高度增大。凸模各阶梯之间的距离大于零件高度，以便前一个阶梯的变形结束后进行后一个阶梯的变形。用阶梯形凸模进行变薄翻边时，应有能够产生更大作用力的压料装置和良好的润滑。

从变薄翻边的过程可以看出，变形程度不仅取决于翻边系数，而且取决于壁部的变薄系数。变薄系数为

$$K_b=\frac{t_后}{t_前} \qquad (5-20)$$

式中，$t_后$——变薄翻边后竖边材料的厚度（mm）；
 $t_前$——变薄翻边前竖边材料的厚度（mm）。

一次翻边中的变薄系数 $K_b=0.4\sim0.5$，甚至更小。竖边的高度应按体积不变定律进行计算。变薄翻边经常用于平板坯料或工序件上冲制 M5 以下的小螺孔（其翻边参数如图 5.13 所示）。

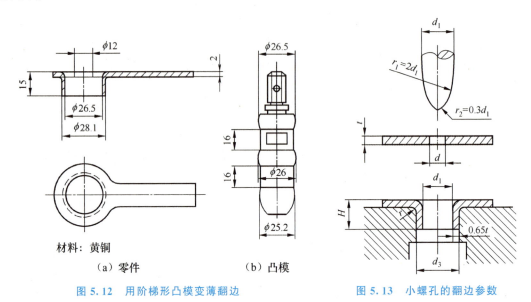

图 5.12　用阶梯形凸模变薄翻边

图 5.13　小螺孔的翻边参数

## 5.2.4　翻边模结构（Die Structure for Flanging）

图 5.14 所示为内孔翻边模，其结构与拉深模基本相似。图 5.15 所示为内、外缘同时翻边模。

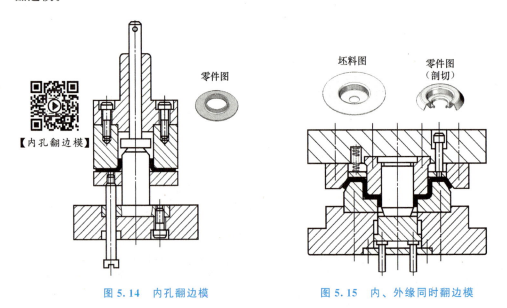

图 5.14　内孔翻边模

图 5.15　内、外缘同时翻边模

翻孔翻边模的凹模圆角半径对翻孔翻边成形的影响不大，可直接按工件圆角半径确定。一般凸模圆角半径取得较大，平底凸模可取 $r_p\geqslant 4t$，以利于翻孔或翻边成形。为了改善金属塑性流动条件，翻孔时还可采用抛物线形凸模或球形凸模。从利于翻孔变形角度看，以抛物线形凸模最好，球形凸模次之，平底凸模再次之；从凸模的加工难易角度看则相反。

由于翻孔后材料会变薄，翻边凸、凹模单边间隙 $C$ 可小于材料原始厚度 $t$，一般取 $C=(0.75\sim 0.85)t$，其中 $0.75t$ 用于拉深后的翻孔，$0.85t$ 用于平板坯料的翻孔。

## 5.3　缩口（Necking）

### 5.3.1　缩口工艺（Necking Process）

缩口是将管坯或预先拉深好的圆筒形件通过缩口模缩小直径的一种成形方法。缩口工艺可用于子弹壳、炮弹壳、钢制气瓶、自行车车架立管、自行车坐垫鞍管等零件的成形。对细长的管状类零件，若用缩口代替拉深加工某些零件，可以减少成形工序。

### 5.3.2　缩口成形的特点与变形程度（Necking Forming Feature and Deformation Degree）

缩口的应力应变特点如图 5.16 所示。缩口时，在压力 $F$ 的作用下，缩口凹模压迫坯料口部，坯料口部发生变形而成为变形区。在缩口变形过程中，坯料变形区受两向压应力的作用，而切向压应力是最大主应力，使坯料直径减小，壁厚和高度增大，因而切向可能产生失稳起皱。同时，在非变形区的筒壁，在缩口压力的作用下，轴向可能产生失稳变形。故缩口的极限变形程度主要受失稳条件限制，防止失稳是缩口工艺要解决的主要问题。缩口的变形程度用缩口系数 $m$ 表示，即

$$m=\frac{d}{D} \quad (5-21)$$

式中，$d$——缩口后直径（mm）；
　　　$D$——缩口前直径（mm）。

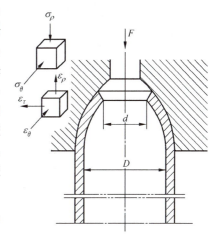

图 5.16　缩口的应力应变特点

缩口系数 $m$ 越小，变形程度越大。一般来说，材料的塑性越好，厚度越大，模具对筒壁的支承刚性越好，允许的缩口系数就越小。图 5.17 所示的模具对筒壁的 3 种支承方式中，图 5.17（a）所示为无支承方式，缩口过程中坯料的稳定性差，因而允许的缩口系数较大；图 5.17（b）所示为外支承方式，缩口时坯料的稳定性较前者好，允许的缩口系数小些；图 5.17（c）所示为内外支承方式，缩口时坯料的稳定性最好，允许的缩口系数为三者中最小的。

实际生产中，极限缩口系数一般是在一定缩口条件下通过试验得出的。表 5-3 所示为极限缩口系数 $[m]$。表 5-4 所示为平均缩口系数 $m_0$。

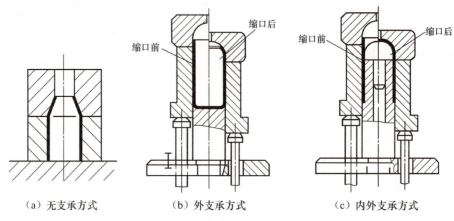

(a) 无支承方式　　　(b) 外支承方式　　　(c) 内外支承方式

图 5.17　模具对筒壁的 3 种支承方式

表 5-3　极限缩口系数 [m]

| 材料 | | 支承方式 | | |
|---|---|---|---|---|
| | | 无支承 | 外支承 | 内外支承 |
| 软钢 | | 0.70～0.75 | 0.55～0.60 | 0.30～0.35 |
| 黄铜 H62、H68 | | 0.65～0.70 | 0.50～0.55 | 0.27～0.32 |
| 铝 | | 0.68～0.72 | 0.53～0.57 | 0.27～0.32 |
| 硬铝 | 退火 | 0.73～0.80 | 0.60～0.63 | 0.35～0.40 |
| | 淬火 | 0.75～0.80 | 0.68～0.72 | 0.40～0.43 |

表 5-4　平均缩口系数 $m_0$

| 材料 | 材料厚度 $t$/mm | | |
|---|---|---|---|
| | <0.5 | 0.5～1 | >1 |
| 黄铜 | 0.85 | 0.8～0.7 | 0.7～0.65 |
| 钢 | 0.8 | 0.75 | 0.7～0.65 |

### 5.3.3　缩口工艺计算（Necking Process Calculation）

**1. 缩口次数**

当工件的缩口系数 $m$ 大于允许的极限缩口系数 $[m]$ 时，可以一次缩口成形；否则，需进行多次缩口。缩口次数 $n$ 可按式（5-22）估算。

$$n = \frac{\lg m}{\lg m_0} = \frac{\lg d - \lg D}{\lg m_0} \tag{5-22}$$

式中，$m_0$——平均缩口系数，取值参见表 5-4。

**2. 颈口直径**

多次缩口时，最好每道缩口工序之后都进行中间退火，各次缩口系数可参考下面公式确定。

首次缩口系数：
$$m_1 = 0.9 m_0 \tag{5-23}$$

以后各次缩口系数：
$$m_n = (1.05 \sim 1.10) m_0 \tag{5-24}$$

各次缩口后的颈口直径：
$$\begin{aligned} d_1 &= m_1 D \\ d_2 &= m_n d_1 = m_1 m_n D \\ d_3 &= m_n d_2 = m_1 m_n^2 D \\ &\vdots \\ d_n &= m_n d_{n-1} = m_1 m_n^{n-1} D \end{aligned} \tag{5-25}$$

式中，$d_n$ 应等于工件的直径。缩口后，由于回弹，工件尺寸要比模具尺寸大 0.5%～0.8%。

3. 坯料高度

一般缩口前坯料的高度根据变形前后体积不变的原则计算。缩口工件如图 5.18 所示，缩口前坯料高度 $H$ 的计算公式如下。

图 5.18（a）所示锥形缩口工件：
$$H = 1.05 \left[ h_1 + \frac{D^2 - d^2}{8D\sin\alpha} \left( 1 + \sqrt{\frac{D}{d}} \right) \right] \tag{5-26}$$

图 5.18（b）所示带圆筒部分缩口工件：
$$H = 1.05 \left[ h_1 + h_2 \sqrt{\frac{D}{d}} + \frac{D^2 - d^2}{8D\sin\alpha} \left( 1 + \sqrt{\frac{D}{d}} \right) \right] \tag{5-27}$$

图 5.18（c）所示圆弧形缩口工件：
$$H = h_1 + \frac{1}{4} \left( 1 + \sqrt{\frac{D}{d}} \right) \sqrt{D^2 - d^2} \tag{5-28}$$

式中，凹模的半锥角 $\alpha$ 对缩口成形过程有重要影响。若半锥角取值合理，则允许的缩口系数可以比平均缩口系数小 10%～15%。一般应使 $\alpha < 45°$，最好使 $\alpha < 30°$。

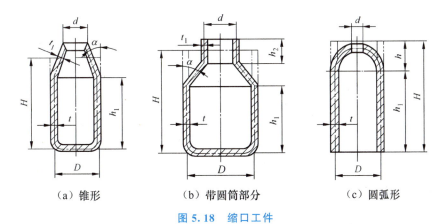

（a）锥形　　（b）带圆筒部分　　（c）圆弧形

图 5.18 缩口工件

4. 缩口力

图 5.18（a）所示工件，在无心柱支承［图 5.17（a）］的缩口模上进行缩口时，其缩口力 $F$ 可按式（5-29）计算。

$$F = K\left[1.1\pi D t R_m \left(1 - \frac{d}{D}\right)(1 + \mu\cot\alpha)\frac{1}{\cos\alpha}\right] \tag{5-29}$$

图 5.18（c）所示工件，在有内外心柱支承［图 5.17（c）］的缩口模上进行缩口时，其缩口力 $F$ 可按式（5-30）计算。

$$F = K\left\{\left[1.1\pi D t R_m \left(1 - \frac{d}{D}\right)(1 + \mu\cot\alpha)\frac{1}{\cos\alpha}\right] + 1.82 R'_m t_1^2 [d + r_d(1 - \cos\alpha)]\frac{1}{r_d}\right\} \tag{5-30}$$

式中，$K$——速度系数，在曲柄压力机上工作时 $K = 1.15$；

$R_m$——材料的抗拉强度（MPa）；

$\mu$——坯料与凹模接触面间的摩擦系数；

$\alpha$——凹模圆锥孔的半锥角（°）；

$R'_m$——材料缩口硬化的变形应力（MPa）；

$t_1$——缩口后制件颈部壁厚（mm）；

$r_d$——凹模圆角半径（mm）。

### 5.3.4 缩口模结构（Necking Die Structure）

缩口模结构根据支承情况分为无支承、外支承和内外支承三种形式（图 5.17）。设计缩口模时，可根据缩口变形情况和缩口件的尺寸精度要求选取相应的支承结构。

缩口模的主要工作零件是凹模。凹模工作部分的尺寸根据工件缩口部分的尺寸确定，但应考虑工件缩口后的尺寸比缩口模实际尺寸大 0.5%～0.8% 的弹性恢复量，以减少试模时的修正量。另外，凹模圆锥孔的半锥角 $\alpha$ 对缩口成形过程有重要影响，$\alpha$ 取值要合理。为了便于坯料成形和避免划伤工件，一般要求凹模的表面粗糙度 $Ra$ 不大于 $0.4\mu m$。当缩口件的刚性较差时，应在缩口模上设置支承坯料的结构，具体支承方式视坯料的结构和尺寸而定；反之，可不采用支承方式，以简化模具结构。

## 5.4 综合案例（Comprehensive Case）

零件名称：气瓶。

生产批量：中批量。

材料：08 钢。

厚度：$t = 1\text{mm}$。

要求进行工艺设计并绘出模具简图。

1. 工艺分析

气瓶为带底的筒形缩口工件，可采用拉深工艺制成圆筒形件，再进行缩口成形。缩口时下部不变，仅计算缩口工序。

2. 工艺计算

（1）计算缩口系数 $m$。

由图 5.19（b）可知，$d = 35\text{mm}$，$D = 50\text{mm}$，则由式（5-21）计算缩口系数。

$$m = \frac{d}{D} = \frac{35}{50} = 0.7$$

因为该工件是有底的缩口件,所以只能采用外支承方式的缩口模,查表 5-3 得极限缩口系数为 0.6,则该工件可一次缩口成形。

(2) 计算缩口前毛坯高度 $H$。由图 5.19 可知,$h_1=79$mm。由式(5-26)计算毛坯高度。

$$H=1.05\left[h_1+\frac{D^2-d^2}{8D\sin\alpha}\left(1+\sqrt{\frac{D}{d}}\right)\right]\approx 99.2\text{mm}$$

取 $H=99.5$mm,缩口前毛坯如图 5.19(a)所示。

(3) 计算缩口力。已知凹模与坯料的摩擦系数 $\mu=0.1$,$R_m=430$MPa。缩口力 $F$ 按式(5-29)计算,得

$$F=K\left[1.1\pi DtR_m\left(1-\frac{d}{D}\right)(1+\mu\cot\alpha)\frac{1}{\cos\alpha}\right]\approx 32057\text{N}\approx 32\text{kN}$$

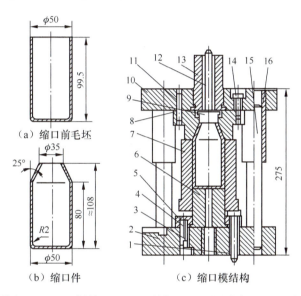

1—顶杆;2—下模座;3,14—螺栓;4,11—销钉;5—下固定板;6—垫板;7—外支撑套;8—凹模;9—推件块;10—上模座;12—打杆;13—模柄;15—导柱;16—导套

图 5.19 气瓶缩口模

3. 缩口模结构设计

缩口模采用外支承式一次成形,凹模工作面要求表面粗糙度 $Ra=0.4\mu$m,使用标准下弹顶器,采用后侧导柱模架,导柱、导套加长为 210mm。考虑到模具闭合高度为 275mm,选用 400kN 开式可倾压力机。

缩口模结构如图 5.19(c)所示。

## 本章小结(Brief Summary of this Chapter)

本章主要对胀形、翻边、缩口等常用的冲压成形方法进行了较详细的阐述。

胀形部分介绍了胀形的概念及两大分类(平板毛坯的胀形和空心毛坯的胀形),并分别讲解了各种胀形的变形特点和工艺计算,在此基础上说明了胀形模结构。

翻边部分主要介绍了翻边的概念及分类（包括内孔翻边、变薄翻边和外缘翻边），并分别讲解了各种翻边的变形特点和工艺计算，在此基础上说明了翻边模结构。

缩口部分主要介绍了缩口的概念、成形特点、变形系数、有关工艺的计算及缩口模结构。

本章的教学目标是使学生了解胀形、翻边、缩口的概念及成形工艺过程。

## 习题(Exercises)

**1．简答题**

（1）什么是胀形？胀形方法一般有哪几种？各有什么特点？

（2）什么是起伏成形？它有什么特点？

（3）什么是内孔翻边？什么是外缘翻边？其变形特点各是什么？

（4）什么是极限翻边系数？影响极限翻边系数的主要因素有哪些？常见的翻边废品有哪些？如何避免出现翻边废品？

（5）什么是缩口？常用的缩口方式有哪几种？如何确定缩口次数？

（6）缩口与拉深在变形特点上有何相同和不同的地方？

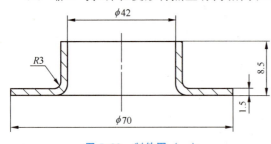

图 5.20　制件图（一）

**2．设计题**

（1）零件如图 5.20 所示，判断该零件内形是否能冲底孔、翻边成形，计算底孔冲孔尺寸及翻边凸、凹模工作部分的尺寸（材料为 10 钢）。

（2）已知工件材料为 08 钢，厚度为 1mm，断后伸长率 $A=32\%$，抗拉强度 $R_m=380\text{MPa}$。要压制图 5.21 所示的凸包，判断能否一次胀形成形，并计算用刚性模具成形的冲压力。

（3）图 5.22 所示零件，材料为 08F，厚度为 1.5mm，中批量生产。该零件既能采用拉深工艺生产，也可以采用缩口工艺生产，试通过工艺性分析和设计计算确定采用何种工艺最好。

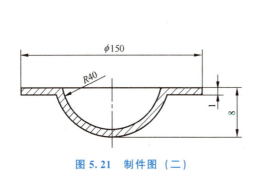

图 5.21　制件图（二）

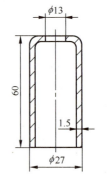

图 5.22　制件图（三）

# 第 6 章

# 冲模设计流程及 CAD/CAE/CAM 软件简介
# (Stamping Die Design Procedure and CAD/CAE/CAM Software Introduction)

本章学习目标

前面我们讲解了典型冲压工序的模具设计,本章总结冲模设计包括的主要内容及设计流程,同时简单介绍了常用的二维、三维冲模设计软件。这些 CAD/CAE/CAM 软件能够加快整个模具的开发过程。

应该具备的能力:掌握典型工序的工艺及冲模设计知识、CAD/CAE/CAM 的概念。

本章教学要求

| 能力目标 | 知识要点 | 权 重 | 自测分数 |
| --- | --- | --- | --- |
| 掌握冲模设计内容 | 冲压件工艺性分析,冲压工艺方案设计,冲模结构设计,冲模零部件的选用、设计和计算,绘制冲模装配图 | 65% | |
| 掌握冲模设计流程 | 普通冲裁模的设计流程 | 20% | |
| 了解冲模 CAD/CAE/CAM 软件 | 常用软件的主要功能 | 15% | |

> **导入案例**
>
> 冲压成形一个复杂的零件往往需要多个冲压工序，这些工序如何排列组合、模具结构如何选择等是关乎制件质量的关键问题。冲压成形零件如图 6.0 所示。
>
>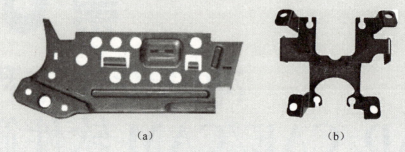
>
> 图 6.0　冲压成形零件
>
> 思考图 6.0 (a) 和图 6.0 (b) 所示零件包括哪些冲压工序，如何排列组合。了解常用冲模 CAD/CAE/CAM 软件的主要功能，有兴趣的学生可以自学。

## 6.1　冲模设计内容及流程（Design Procedure of Stamping Die）

冲模设计的主要内容包括冲压件工艺性分析、冲压工艺方案设计、冲模结构设计。冲模的设计流程不是一成不变的，根据制件情况会有所不同。

### 6.1.1　冲模设计内容（Design of Stamping Die）

**1. 冲压件工艺性分析**

根据生产批量，对冲压件的形状、特点、材料、精度和技术要求按各种冲压件的工艺要求进行工艺分析，确定其冲压加工的可能性。

**2. 冲压工艺方案设计**

(1) 确定毛坯的形状和尺寸。根据冲压件图样和工艺要求，确定毛坯的形状和尺寸。例如，弯曲件的毛坯展开尺寸、拉深件的毛坯或半成品的形状和尺寸等。

(2) 必要的有关工艺计算。根据冲压件塑性变形的极限条件进行必要的工艺计算。例如，弯曲件的最小弯曲半径；拉深件的拉深次数，各次拉深的形状和尺寸；一次翻边的高度和翻边方法；缩口或胀形变形程度的计算；等等。

(3) 确定合理的工艺方案。先确定冲压件的基本工序，对基本工序进行排列组合，设计出多种工艺方案并进行分析、比较，从中选择一种最合理的工艺方案。

(4) 绘制工序图。根据选定的工艺方案和各工序的形状和尺寸绘制工序图。

(5) 排样和计算材料利用率。确定合理的排样形式、裁板方法并计算材料利用率。

**3. 冲模结构设计**

(1) 确定模具的类型。

冲模的类型很多，一般根据下列原则确定。

① 根据生产批量，确定是用单工序模、复合模还是级进模。一般生产批量大的用复合模，凸凹模强度低时用级进模。

② 根据冲裁件精度要求，确定是用普通冲裁模还是精冲模。冲裁件的精度高于IT10时，一般应采用精冲模。

③ 根据设备能力，确定模具类型。用双动压力机时，其模具结构简单。

④ 根据模具制造的技术条件和经济性，确定模具类型。

（2）确定模具的总体结构形式。

确定模具类型后，进一步确定模具总体结构形式。

① 尽量采用标准结构。对于普通冲裁模，如单工序模、复合模和工步不多的级进模，尽量采用标准的典型组合。

② 操作结构的确定。根据生产批量确定操作方式，其结构除手工送料外，还有半自动送料和自动送料，相应地有不同的结构。

③ 压料与卸料（件）结构的确定。根据坯料厚度、形状和冲压件要求，确定压料和卸料（件）的结构形式，即是用弹性结构还是用刚性结构。

④ 导向和定位结构。根据冲压件的精度要求和冲压工序，选取合理的导向结构，凸、凹模的固定结构和定位结构等。

（3）草绘模具总体结构图。

根据确定的结构形式，手绘总体结构草图。草图只需表达出需要哪些零件、零件的大体形状及其之间的装配关系即可，便于在后续选用、设计和计算零部件时参考。

> **特别提示**
>
> 冲压工艺方案设计和冲模结构设计在设计过程中往往是穿插进行的，没有严格界线。

#### 4. 计算工序力，初选压力机

计算工序力，根据工序力选择压力机。若选择曲柄压力机，应使工序力曲线在压力机允许的压力曲线范围内。对于工作行程大的工序，还要校核曲柄压力机的电动机功率。

#### 5. 编制冲压工艺过程卡

根据工艺设计，将各工序内容、所需板料、设备、模具、工时定额等填入工艺卡片中。每个企业的工序卡片的格式都不尽相同。

#### 6. 冲模零部件的选用、设计和计算

若冲模的工作件、定位件、卸料件、导向件、固定件及其他零件能按冲模标准选用，则应选用标准件；若无标准件可选，则需进行设计和计算。应对弹簧和橡胶弹性体进行选用和计算。

根据凹模周界尺寸（或其他模板的最大外形尺寸）选择标准模架。

必要时，应对凸、凹模和模架中的下模座进行强度校核（利用材料力学的知识）。

#### 7. 绘制冲模装配图

（1）冲模装配图的绘制要求。

冲模装配图应有足够说明模具结构的视图，一般要按投影关系绘出主视图和俯视图。主视图画冲压结束时的工作位置，俯视图画下模部分。按机械制图国家标准绘出视图，考虑到冲模工作图的特点，允许采用一些常用的习惯画法。

① 未剖到的销钉、螺钉等在能画出的情况下，可以旋转到剖切面上画出。

② 同一规格、尺寸的螺钉和销钉在剖视图上可各画一个，各引出一个零件序号。当剖视图比较小时，螺钉和销钉可各画一半。

③ 装在下模座下面的弹顶装置可不用全部画出，只在下模座上画出连接的螺孔、弹顶装置的顶杆等即可。

④ 冲模的装配图应标注必要尺寸（如闭合高度、轮廓尺寸）、安装尺寸或压力中心位置、装配必须保证的尺寸、精度及必要的形位公差等，应填写标题栏、明细表和技术要求等，并按规定位置画出制件图和排样图（一般画在图纸的右上部）。

(2) 绘制冲模装配图的一般步骤。

① 在图中的适当位置绘制制件的主视图和俯视图。

② 绘制主视图。按照"先内后外，先工作件后其他件"的原则逐步绘出。主视图应绘出冲压结束时的工作位置，以便直观地看出闭合高度。

③ 绘制俯视图。按照投影关系画出下模部分俯视图。

④ 绘图时应使工艺设计和计算与确定的模具结构和类型联合进行，做到模具设计与工艺设计相互照应，如发现模具无法保证工艺的实现，应更改工艺设计。

8. 绘制模具零件图

按设计的装配图拆绘零件图。已有国家标准或行业标准的零件并有图样时，可借用。拆绘的零件图应是非标准的专用零件。零件图上应标注全尺寸、制造公差、形位公差、表面粗糙度、材料和热处理，提出必须的技术要求等。

 **特别提示**

需要对有些标准零件进行补充加工，这些零件也要拆绘出零件图。例如上模座、下模座，其外形尺寸标准中已有，但还需加工出螺钉过孔、销孔等，所以也需要绘出。在这些零件图上标注尺寸时，只需标注补充加工部分所需的形状尺寸及定位尺寸即可。

9. 编制工艺文件

为了有序地进行生产，保证产品质量，需根据各种生产方式编写不同的工艺文件。

(1) 大批量生产时，需编制工件的工艺过程卡片、每道工序的工序卡片、材料的排样卡片。

(2) 成批生产时，需编制工件的工艺过程卡片。

(3) 小批量生产时，只需编制工艺路线明细表。

10. 编写设计说明书

对于一些重要冲压件的工艺制订和模具设计，在设计的最后阶段应编写设计说明书，以供以后审阅备查。

设计说明书应包括以下内容。

(1) 目录。

(2) 设计任务书及冲压件图。

(3) 冲压工艺性分析。

(4) 冲压工艺方案的拟订及技术性、经济性综合分析比较。

(5) 排样设计及计算板料利用率。
(6) 计算冲压工序力,初选压力机。
(7) 确定压力中心位置。
(8) 选择模具类型和结构形式。
(9) 模具工作部分尺寸的计算,如冲裁刃口尺寸计算、拉深凸模直径计算等。
(10) 模具零部件的选用,主要零件的强度核算、弹性元件的选用和校核等。
(11) 其他需要说明的内容。
(12) 参考资料。

## 6.1.2 普通冲裁模的设计流程（Procedure of General Blanking Die Design）

普通冲裁模的设计流程如图 6.1 所示。

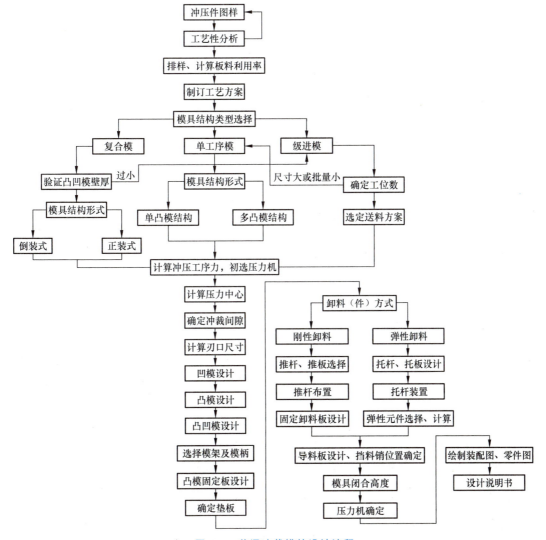

图 6.1 普通冲裁模的设计流程

## 6.2 冲模 CAD/CAE/CAM 软件简介（Introduction to CAD/CAE/CAM Software of Stamping Die）

### 6.2.1 二维冲模 CAD 设计软件（Two-dimensional CAD software for Stamping Die）

**1. 五金模具设计软件 PressCAD**

PressCAD 模具设计软件以 AutoCAD 为平台，凝聚众多资深模具工程师的智慧与经验，因其易操作性和独到的设计模式，在广大用户中享有良好的声誉。PressCAD 软件已停止升级更新，但还有较多用户使用。该软件具有以下功能：可将公司设计作业标准化，并累积设计经验，减少人为错误；采用参数式、图像化的操作界面，好学易用，缩短学习时间；全自动旋转测试，找出最省料的排样方式，轻易解决"设计变更"的恼人难题；模具图完成后，即可产生详细的加工说明资料及零件、材料明细表；可精确地全自动生成整组模具详细的开模装配图和闭模装配图；自动计算整组模具的压力中心及所需的冲裁力、冲床吨数、弹簧数目；完全以加工的观念管理图层操作，简单、便捷、彻底解决冲模设计的图层管理问题；自动检查冲头位置，可轻易检测零件位置，避免发生干涉现象；具有智能型的全自动模具尺寸标注功能；具有智能型的图形组管理系统，能够建立所需的标准零件、模座资料。

**2. TsaiPress 冲模设计软件**

TsaiPress 冲模设计软件是基于 AutoCAD 二次开发的冲压模具设计软件。软件由模具设计师开发，采用参数式、图像化的操作界面；可自定义各模板的名称、图层名、颜色等，让用户拥有符合自己习惯的设计软件；创新的断面展开功能可以自动画出展开断面图及分步折弯、加入回弹后的断面图形；排料辅助功能可以对展形图进行全自动旋转测试，找出最省料的排料方式；可保存各种组件的固定方式，便于下次调用，减少重复工作，提高工作效率；具有编组方式的标准件，编辑更快捷；富有创意的图层管理功能淡化图层概念，直接使用以模板的方式管理图层；具有自动化穿线孔、线割计价等其他实用功能；具有智能型的全自动模具尺寸标注功能；模具图完成后，即可产生详细的加工注解及零件、材料明细表，并可输出到 Excel；批量打印可使几十张模具图纸输出到打印机。

**3. 中望 CAD 冲压模具设计软件**

中望 CAD 冲压模具设计软件是基于中望 CAD 平台的全新专业模具行业 CAD 设计软件，界面友好、易用，用户可轻松上手。中望 CAD 冲压模具设计软件可自动对模具的相关参数进行计算和分析，是完全智能化、自动化的模具设计系统。其主要功能、特点如下：简单、实用，界面友好；可根据图元的位置与大小自动套图框；图框内容自动填写；可依图框的位置与大小自动打印全套模具图；模具总装配图绘制完成后，可自动拆分出模板图，绘制穿孔，列出加工说明，标注模板尺寸及自动套图框；支持钻、铣、割等多种加工方式；系统可自动对模具的相关参数进行计算和分析，具有丰富的模具专业计算功能——"冲裁力计算""压力中心""毛重净重""弹簧数量计算""弹簧压缩量计算""两用销让位计算""A 冲让位计算"等，从而省去大量的手工计算及参数设置工作。

#### 4. 冷冲模设计师 CAXA – CPD

冷冲模设计师 CAXA – CPD 在设计过程中，设计者仅须从模具的结构、辅助机构、部件的功能、模具零件加工的工艺性等概念上参与设计，无须直接绘制模具图。全部模具图都是在"概念"设计之后，根据设计者的指定（投影方向、剖切位置）自动生成的，自动生成的图样信息准确可靠、信息完备度超过 95%。冷冲模设计师 CAXA – CPD 适用于以下场合：①级进模，工步数不受限制，可切废料，可含翻边、压印、制耳等简单成形工步；②复合模，冲孔落料复合模，冲孔切边/切槽复合模，倒装/正装，厚型/薄型可选；③落料模，倒装/正装可选；④冲孔模，多种结构选择；⑤翻边模，小孔单工序翻边（单孔或多孔）；⑥弯曲模，常规结构单工序弯曲、V 形弯曲、U 形弯曲；⑦拉深模，落料、拉深复合模、落料拉深冲孔复合模、再次拉深模（适合旋转体）。以上各类模具的卸料方式、出料/漏料方式、定位方式可在设计时选用，大型冲模的凹模、凸模可采用镶拼或分块结构，冲件和模具的尺寸原则上不受限制。冷冲模设计师 CAXA – CPD 的设计结果为全套模具图，由通用 2D 绘图软件进行后续处理（编辑、输出及存档）。冷冲模设计师 CAXA – CPD 支持目前国内流行的各种 2D 绘图平台，包括国产的 CAXA 电子图板和 AutoCAD 的各个版本。

### 6.2.2 三维冲模 CAD 设计软件（Three-dimensional CAD software for Stamping Die）

#### 1. UG NX 冲模设计模块——PDW 和 EDW

PDW 级进模设计模块是 UG NX 软件的一个模块。该模块建立了一套完整的级进模设计环境，封装了模具设计专家知识，提供了丰富的框架库、镶件库和标准件库，支持典型的级进模模具设计的全过程，采取了关联设计技术，即从读取产品模型开始到零件展开、项目初始化、坯料排样、废料设计、条料排样、模架设计、镶件的设计及标准零部件选择、让位设计、开孔设计、模具零部件清单等，设计流程上、下游间紧密关联，设计便捷，修改灵活，从而极大地提高了级进模的设计效率。

EDW 汽车覆盖件模块是 UG NX 软件的另一个模块，是 UG 面向汽车钣金件冲压模具设计推出的一个模块，其功能包括冲压工艺过程定义、冲压工序件的设计（如工艺补充面的设计、拉深压料面的设计）等，以帮助用户完成冲压模具的设计。

#### 2. Pro/Engineer 冲模设计辅助模块——PDX

PDX 扩展级进模是 Pro/Engineer 软件的一个扩展模块。该模块可以用于为钣金件快速和方便地设计级进模和单工序模；利用制定的解决方案开发级进模的模具以取得更好的效果；可指导用户完成自定义钢带布局定义、冲头模具创建及模具组件的放置和修改；可自动创建文档、间隙切口和钻孔，能够避免手动执行出现的错误。

#### 3. 3DQuickPress 级进模设计软件

3DQuickTools for SolidWorks 是一套基于 SolidWorks 的三维级进模设计软件，与 SolidWorks 界面统一，具有完全一致的使用风格。该软件包含零件分析及展开、料带布排、模架及冲头设计等功能，为电子、家电及汽车结构设计等提供从三维建模、零件展开、三维组装到二维出图的完整解决方案。3DQuickPress 是使用 3D 解决在 2D 作业中无法预知的错误并透过协同设计达到快速准确的冲模设计，直接透过 3D 模型，迅速完成连续冲模的设计，并透过 eDrawing 有效地达到资料沟通，因而能在短期内完成冲模设计。强大的钣金特征辨识处理技术可以快速依据 SolidWorks 钣金或其他 CAD 系统输入的零件和所提供的资料库来计算出弹性与弯曲的误差，以及冲压行程的调整与模具的自动产生。

### 6.2.3 冲压成形分析 CAE 软件（CAE software for Stamping Forming Analysis）

**1. eta/DYNAFORM 冲压和压延成形仿真软件**

eta/DYNAFORM 软件是美国 ETA 公司和 LSTC 公司联合开发的用于板料成形数值模拟的专用软件，是当今流行的板料成形与模具设计的 CAE 工具之一。eta/DYNAFORM 软件基于有限元方法建立，包含 BSE、DFE、Formability 三大模块，涵盖冲压成形模具设计的所有要素，包括最佳冲压方向的确定、坯料的设计、工艺补充面的设计、拉深筋的设计、凸凹模圆角的设计、冲压速度的设置、压边力的设计、摩擦系数的求解、切边线的求解、压力机吨位的确定等。eta/DYNAFORM 软件可以预测成形过程中板料的裂纹、起皱、减薄、划痕、回弹、成形刚度、表面质量，评估板料的成形性能，从而为板料成形工艺及模具设计提供帮助；可以对冲压生产的全过程（坯料在重力作用下的变形、压边圈闭合过程、拉深过程、切边回弹、回弹补偿、翻边、胀形、液压成形、弯管成形）进行模拟；适用的设备有单动压力机、双动压力机、无压边压力机、螺旋压力机、锻锤、组合模具和特种锻压设备等。

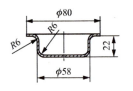

图 6.2 带凸缘圆筒形件

利用 eta/DYNAFORM 对图 6.2 所示的带凸缘圆筒形件进行分析。无压边圈分析结果如图 6.3 所示，筒部和底部均为安全区，而凸缘和靠近凸缘的过渡圆弧部分有起皱；有压边圈分析结果如图 6.4 所示，压边圈使得有起皱的部分减少，基本分布在凸缘上。

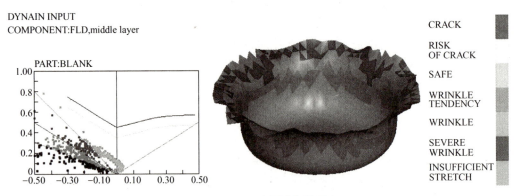

图 6.3 无压边圈分析结果

**2. PAM-STAMP 冲压和压延成形仿真软件**

PAM-STAMP 软件包含模具设计、下料估计、快速分析、精确分析、耦合输出等功能，整合了所有钣金成形过程的有限元分析仿真系统，可应用于级进模、翻边成形、三维翻边成形、修边线、拉延成形、冲压工艺优化等。

# 冲模设计流程及CAD/CAE/CAM软件简介(Stamping Die Design Procedure and CAD/CAE/CAM Software Introduction) 第6章

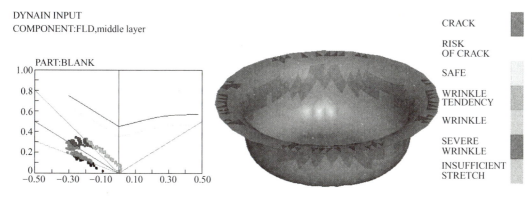

图 6.4　有压边圈分析结果

PAM-STAMP 软件从 CAD 模型输入零件几何参数后，能够在几分钟内完成模面和工艺补充面的设计与优化。用户可以简便快捷地建立对复杂的多工序成形过程的单一仿真模拟模型，充分考虑了成形过程中的速度、温度、表面摩擦、压料力、冲床刚度等因素的影响，对预测成形过程中的材料流动、起皱、破裂和回弹等具有非常高的精度，以解决裂口、褶皱等有关成形性能的验证问题。采用的自动切边、隐式解法计算回弹、快速预压、抽象压延筋模型、成形零件刚度分析等大大增强了软件的适用性，实现了软件模拟与实际成形的无缝贯通。

## 本章小结(Brief Summary of this Chapter)

本章主要讲述冲压模设计内容、设计流程及冲模 CAD/CAE/CAM 软件等。

本章的教学目标是使学生对冲压件工艺性分析、冲压工艺方案的拟订、模具结构设计、编制设计说明书等整个模具设计流程有一个系统的认识。并通过介绍冲模 CAD/CAE/CAM 软件，使学生了解这些冲模设计分析软件的主要功能，引导学生在设计过程中不断采用新技术，提高设计效率和设计质量。

## 习题(Exercises)

**1. 简答题**

（1）冲压的工艺设计和计算的主要内容有哪些？

（2）如何绘制模具的装配图？

（3）冲模设计说明书一般应包括哪些内容？

**2. 设计题**

（1）图 6.5 所示的零件为汽车玻璃升降器外壳，材料为 08 钢，厚度为 1.5mm，中批量生产。试分析其冲压工艺性能，并拟订冲压工艺方案，画出模具结构图。

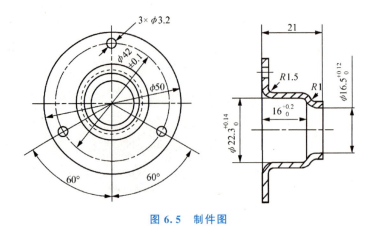

图 6.5 制件图

（2）有兴趣的读者可自学并使用 eta/DYNAFORM 软件，分析图 6.5 所示的零件的成形过程。

# 第2篇

# 塑料成型工艺与模具设计

# 第 7 章
# 塑料成型工艺基础
# (Basic of Plastics Molding Process)

本章学习目标

了解塑料的基础知识,理解塑件的结构工艺性设计,了解塑料成型设备。
应该具备的能力:塑件结构工艺性分析的基本能力。

本章教学要求

| 能力目标 | 知识要点 | 权 重 | 自测分数 |
| --- | --- | --- | --- |
| 了解塑料的基础知识 | 塑料的基本组成、塑料成型的工艺特性 | 30% | |
| 理解塑件的结构工艺性设计 | 塑件的结构工艺性设计包含的内容 | 50% | |
| 了解塑料成型设备 | 塑料成型设备分类及注射机工作原理、技术参数 | 20% | |

> **导入案例**

1869年，美国人 J. W. 海厄特发现了赛璐珞。1872年，在美国纽瓦克建厂生产赛璐珞，从此开创了塑料工业，相应地也发展了模压成型技术。1920年以后，随着高分子化学理论的发展，塑料工业也获得了快速发展。随着聚乙烯、聚氯乙烯和聚苯乙烯等通用塑料的发展，塑料制品的原料也从煤转向了以石油为主，不仅保证了高分子化工原料的充分供应，也促进了石油化工的发展，使原料得以多层次利用，创造了更高的经济价值。

今天，塑料制品在机电、仪表、化工、汽车和航空航天等领域得到了广泛的应用，并占据了重要地位。日常生活中使用的洗漱用具与餐具［图7.0（a）］、塑料玩具、塑封电子产品等数不胜数，而且颜色多样。这些制品绝大多数是通过塑料模具加工完成的。那么塑料的组成是什么？它们的工艺性又如何呢？塑料模使用的设备是什么样的？

（a）塑料制具　　　　　　　　　　（b）塑料粒状原料

图7.0　塑料制品与粒状原料

查阅资料或通过市场调查，了解生产中所用的塑料原料［图7.0（b）］是什么样子的、不同颜色的塑料是如何得到的。

## 7.1　塑料的基本组成、分类与特性
### （Basic Composition, Classification and Characteristic of Plastic）

### 7.1.1　塑料及其组成（Plastics and Composition）

【塑料及其组成】

1. 塑料

塑料是一种以树脂为主要成分，加入适量的添加剂制成的高分子有机化合物。在一定的温度和压力条件下，塑料可以用模具成形出具有一定形状和尺寸的制件，并且当外力解除后，在常温下仍能使形状保持不变。

2. 塑料的组成

塑料是由合成树脂和添加剂组成，在一定条件下可塑成型，并在常温下保持形状不变的材料。

（1）树脂。树脂是塑料的主要成分，起胶黏剂作用，它将塑料的其他部分胶结成一

体。树脂的种类、性能、在塑料中所占比例对塑料的类型、物理性能、化学性能、力学性能、电性能等起决定性作用。因此,绝大多数塑料是以所用树脂命名的。树脂分为天然树脂和合成树脂两大类。合成树脂是由低分子化合物经聚合反应获得的高分子化合物,如聚乙烯、聚氯乙烯、酚醛树脂等。合成树脂来源广、种类多、性质容易控制,因而应用广泛。塑料中的树脂含量为40%~100%。

(2) 添加剂。添加剂包括填充剂、增塑剂、稳定剂、着色剂、固化剂等。

填充剂又称填料,其作用是调整塑料的物理性能、提高材料强度、扩大使用范围,同时减少合成树脂的用量、降低塑料的成本。常用的填充剂有木粉、纸张、布、硅石、硅藻土、云母、石棉、石墨、金属粉、玻璃纤维和碳纤维等。

增塑剂用来提高塑料的可塑性、柔软性和耐寒性。常用的增塑剂是一些不易挥发的高沸点的液体有机化合物或低熔点的固体有机化合物。大多数塑料不加增塑剂,唯有软质聚氯乙烯含有大量的增塑剂(邻苯二甲酸二丁酯)。

稳定剂可防止塑料在光照、热和其他条件的影响下过早老化,以延长塑料的使用寿命。

着色剂又称色母。为满足塑件的外观色泽和光学性能要求,塑件中常加入着色剂。

固化剂又称硬化剂,它的作用是促使合成树脂进行交联反应而形成体型网状结构,或加快交联反应速度。固化剂多用在热固性塑料中。

## 7.1.2 塑料的分类(Classification of Plastics)

按树脂的分子结构及其特性分类,塑料可分为热塑性塑料和热固性塑料。

(1) 热塑性塑料。热塑性塑料是在特定的温度范围内能反复加热和冷却硬化的塑料。这类塑料在成型过程中只有物理变化,而无化学变化,塑料的树脂分子结构呈线形或支链形,通常互相缠绕在一起,受热后能软化或熔融,从而可以进行成型加工,冷却后固化。如再加热又可变软,可如此反复进行多次。常见的热塑性塑料有聚乙烯、聚丙烯、聚苯乙烯、聚氯乙烯、有机玻璃、聚酰胺、聚甲醛、ABS、聚碳酸酯、聚苯醚、聚砜、聚四氟乙烯等。

(2) 热固性塑料。热固性塑料是在初次受热时变软,可以制成一定形状,但加热一定时间或加入固化剂后就硬化定型,再加热不熔化也不溶解的塑料。这类塑料在成型过程中发生了化学变化,树脂分子结构在开始受热时为线形或支链形,因此可以软化或熔融,但受热后这些分子逐渐结合成网状结构(称为交联反应),成为既不熔化又不溶解的物质,称为体型聚合物。此时,即使加热到接近分解的温度也无法软化,而且不会溶解在溶剂中。常用的热固性塑料有酚醛塑料、氨基塑料、环氧树脂、尿醛塑料、三聚氰胺甲醛、不饱和聚酯等。

## 7.1.3 塑料的特性(Characteristic of Plastics)

塑料的品种越来越多,应用也日益广泛,归纳起来,其主要特性有如下几个方面。

(1) 密度小。塑料的密度一般只有 $0.8 \sim 2.2 \mathrm{g/cm}^3$,约是铝的1/2,钢的1/5。塑料的这种特性对要求减轻自身质量的机械装备具有特别重大的意义。如在航天器上采用碳纤维或硼纤维增强塑料代替铝合金或钛合金,质量可减轻15%~30%。

(2) 比强度高。强度与质量之比称为比强度。由于工程塑料比金属轻得多,因此有些工程塑料的比强度比一般的金属高得多。例如玻璃纤维增强的环氧树脂,其单位质量的抗拉强度比一般钢材的高2倍左右。

(3) 化学稳定性好。一般工程塑料对酸、碱、盐等化学药品有良好的抗腐蚀能力,这是一般金属无法比的。例如,被称为"塑料王"的聚四氟乙烯能抵抗"王水"的腐蚀。因而塑料在化工设备制造中具有极其广泛的用途。

(4) 绝缘性能好。工程塑料具有优良的绝缘性能和耐电弧性能,在电动机、电器和电子工业方面有广泛的应用,如电线外皮、开关外壳、空气开关的防弧片等。

(5) 减摩、耐磨性能优良。由于一些塑料的摩擦系数较小、硬度高、具有优良的减摩性和耐磨性,因此可以用来制造各种自润滑轴承、齿轮和密封圈等。

(6) 成型加工方便。一般塑料都可以一次成型出复杂的塑件,如各种家用电器的外壳等。塑料的机械加工也比金属容易。

由于以上特性和优点,塑料在各行业中应用很广泛。但是,塑料的特性也有不足的地方,如刚性差、尺寸精度低、易老化、耐热性差等。

## 7.2 塑料成型的方法及工艺特性(Methods and Processability of Plastic Molding)

### 7.2.1 塑料成型的方法(Methods of Plastic Molding)

塑料成型的方法很多,常用的有注射成型、压缩成型、压注成型、挤出成型、吹塑成型等。

(1) 注射成型。通过设备的螺杆或柱塞作用,将熔融状态的塑料经浇注系统射入闭合的模具型腔内,经保压、冷却、硬化定型后,从模具中取出成型的塑件。所用设备为注射机。

(2) 压缩成型。将预热过的塑料原料放在经过加热的模具型腔内,凸模向下运动,在压力和热的共同作用下,熔融状态的塑料充满型腔,然后固化成型。所用设备为液压机。

(3) 压注成型。通过设备的压柱或柱塞,将加料室内受热的熔融的塑料经浇注系统压入加热的模具型腔,然后固化成型。所用设备为液压机。

(4) 挤出成型。利用设备的螺杆旋转加压,连续将熔融状态的塑料从料筒中挤出,通过特定截面形状的机头口模成型,并借助牵引装置将挤出的塑件均匀拉出,同时冷却定型,获得截面形状一致的连续型材。所用设备为挤出机。

(5) 吹塑成型。先通过挤出或注塑的成型方法生产出高弹状态的塑料型坯,再把塑料型坯放入处于打开状态的瓣合式吹塑模具内,闭合模具,然后向型坯内吹入压缩空气,使高弹状态的塑料型坯胀开,并紧贴在模腔表壁,经冷却定型后,获得与模具型腔形状一致的中空制品。吹塑成型主要用于制造瓶类、桶类、箱类等中空塑料容器。所用设备为各种专用中空吹塑设备或吸塑设备。

除了上面介绍的5种常用的塑料成型方法外,还有气动成型、泡沫塑料成型、浇注成型、滚塑成型、压延成型、聚四氟乙烯冷压成型等。

### 7.2.2 塑料成型的工艺特性(Processability of Plastic Molding)

塑料成型的工艺特性是指塑料在成型过程中表现出来的特有性质,在进行模具设计时必须充分考虑。塑料成型的主要工艺特性如下。

### 1. 流动性

塑料在一定的温度、压力作用下能够充满模具型腔的能力，称为塑料的流动性。塑料的流动性差，就不容易充满型腔，易产生缺料或熔接痕等缺陷，因此需要较大的成型压力才能成型；相反，塑料的流动性好，则可以用较小的成型压力充满型腔，但流动性太好会使塑料在成型时产生严重的溢料，从而产生飞边。

热塑性塑料的流动性一般可通过分子量、熔融指数、阿基米德螺线长度、表观黏度、流动比等指数进行分析。熔融指数高、阿基米德螺线长度大、表观黏度小、流动比大的，流动性好。

热固性塑料的流动性通常以拉西格流动性（以 mm 计）表示，数值大，则流动性好。每种的塑料通常有 3 个不同等级的流动性，以供不同塑件及成型工艺选用。

影响塑料流动性的主要因素有以下 4 个。

（1）塑料的分子结构与成分。具有线形分子结构而没有或很少有交联结构的塑料，其流动性好。塑料中加入填料，会降低其流动性；而加入增塑剂或润滑剂可增强其流动性。

（2）温度。塑料温度高，则流动性好。

（3）注射压力。注射压力增大，则塑料受剪切作用大，流动性增强，尤其是聚乙烯和聚甲醛较敏感。成型时可通过调节注射压力来控制塑料的流动性。

（4）模具结构。模具型腔表面粗糙度，型腔的形式，模具浇注系统、冷却系统、排气系统的形式及尺寸等因素都会直接影响塑料的流动性。

### 2. 收缩性

塑件从温度较高的模具中取出并冷却到室温后，其尺寸或体积会发生收缩变化，这种性质称为收缩性。收缩性以单位长度塑件收缩量的百分数来表示，称为收缩率。由于成型模具与塑料的线膨胀系数不同，收缩率分为计算收缩率和实际收缩率两种，其计算公式分别为

$$S_j = \frac{a-b}{b} \times 100\% \quad (7-1)$$

$$S_s = \frac{c-b}{b} \times 100\% \quad (7-2)$$

式中，$S_j$——计算收缩率（%）；

$S_s$——实际收缩率（%）；

$a$——模具型腔在室温时的尺寸（mm）；

$b$——塑件在室温时的尺寸（mm）；

$c$——模具型腔或塑件在成型温度时的尺寸（mm）。

塑件成型收缩主要与塑料品种，塑件结构，模具结构，成型时的模具温度、压力，注射速度，冷却时间等因素有关。由于影响塑料收缩率变化的因素很多，而且相当复杂，因此收缩率在一定范围内是变化的。一般在进行模具设计时，根据塑料的平均收缩率计算出模具型腔尺寸；而对于高精度塑件，在进行模具设计时应留有修模余量，在试模后逐步修正模具，以达到塑件尺寸精度要求及改善成型条件。

### 3. 结晶性

结晶性是指塑料从熔融状态到冷凝过程中，分子由无次序的自由运动状态逐渐排列成正规模型倾向的一种现象。热塑性塑料按冷凝时是否出现结晶现象可分为结晶型塑料和非

结晶型塑料两大类。塑件的结晶度大，则其密度大，硬度和强度高，力学性能好，耐磨性、耐化学腐蚀性及电性能提高；反之，则塑件的柔软性、透明性好，伸长率提高，冲击强度增大。一般来说，不透明的或半透明的是结晶型塑料，透明的是非结晶型塑料。但也有例外，如离子聚合物属于结晶型塑料，但高度透明；ABS 为非结晶型塑料，但不透明。

#### 4. 硬化特性

硬化是指热固性塑料成型时完成交联反应的过程。硬化速度对成型工艺有很重要的影响。在塑化、充型过程中，希望硬化速度慢，以保持长时间的流动性；充满型腔后，希望硬化速度快，以提高生产效率。

#### 5. 吸湿性

吸湿性是指塑料对水分的敏感程度。吸湿性塑料具有吸湿或黏附水分倾向，在成型过程中高温、高压的作用容易使水分变成气体或发生水降解，成型后塑件上会出现气泡、斑纹等缺陷。因此，在成型前必须对塑料进行干燥处理。

#### 6. 热敏性及水敏性

热敏性塑料是指对热较敏感的塑料，其成型过程在不太高的温度下也会发生热分解、热降解，从而影响塑件的性能、色泽和表面质量。因此，在模具设计、选择注射机及成型时都应注意，如选用螺杆式注射机、浇注系统截面面积大、模具表面镀铬、严格控制注射参数等措施，必要时还可在塑料中添加热稳定剂。

有的塑料即使含有少量水分，在高温、高压下也会发生分解，这种现象称为塑料的水敏性，对此必须预先加热干燥。

## 7.3 塑件的结构工艺性（Processability of Plastic Parts Structure）

要想获得优质的塑件，除合理选用塑件的原材料外，还必须考虑塑件的结构工艺性，这样不仅可使成型工艺顺利进行，而且满足了塑件和模具的经济性要求。了解塑件的结构工艺性是模具设计成功的基础。

### 7.3.1 塑件的尺寸、精度及表面粗糙度（Dimension, Precision and Surface Roughness of Plastic Parts）

#### 1. 尺寸

塑件的尺寸主要取决于塑件的流动性。流动性好，塑件尺寸可大些；流动性差，塑件尺寸不可过大，以免充型不满或形成熔接痕，影响塑件的外观和强度。

#### 2. 精度

影响塑件精度的因素很多，因此塑件的精度一般不高，在保证使用要求的前提下尽可能选用较低的精度等级。

我国已颁布《塑料模塑件尺寸公差》（GB/T 14486—2008），见表 7-1。

表 7-1 塑料模塑件尺寸公差(GB/T 14486—2008)

(单位: mm)

| 公差等级 | 公差种类 | >0~3 | >3~6 | >6~10 | >10~14 | >14~18 | >18~24 | >24~30 | >30~40 | >40~50 | >50~65 | >65~80 | >80~100 | >100~120 | >120~140 | >140~160 | >160~180 | >180~200 | >200~225 | >225~250 | >250~280 | >280~315 | >315~355 | >355~400 | >400~450 | >450~500 |
|---|---|---|---|---|---|---|---|---|---|---|---|---|---|---|---|---|---|---|---|---|---|---|---|---|---|---|
| | | | | | | | | 标注公差的尺寸公差值 | | | | | | | | | | | | | | | | | | |
| MT1 | A | 0.07 | 0.09 | 0.10 | 0.11 | 0.12 | 0.14 | 0.16 | 0.18 | 0.20 | 0.23 | 0.26 | 0.29 | 0.32 | 0.36 | 0.40 | 0.44 | 0.48 | 0.52 | 0.56 | 0.60 | 0.64 | 0.70 | 0.78 | 0.86 |
| | B | 0.14 | 0.18 | 0.20 | 0.21 | 0.22 | 0.24 | 0.26 | 0.28 | 0.30 | 0.33 | 0.36 | 0.39 | 0.42 | 0.46 | 0.50 | 0.54 | 0.58 | 0.62 | 0.66 | 0.70 | 0.74 | 0.80 | 0.88 | 0.96 |
| MT2 | A | 0.10 | 0.12 | 0.14 | 0.16 | 0.18 | 0.20 | 0.22 | 0.26 | 0.30 | 0.34 | 0.38 | 0.42 | 0.46 | 0.50 | 0.54 | 0.60 | 0.66 | 0.72 | 0.76 | 0.84 | 0.92 | 1.00 | 1.10 | 1.20 |
| | B | 0.20 | 0.22 | 0.24 | 0.26 | 0.30 | 0.32 | 0.34 | 0.36 | 0.40 | 0.44 | 0.48 | 0.52 | 0.56 | 0.60 | 0.64 | 0.70 | 0.76 | 0.82 | 0.86 | 0.94 | 1.02 | 1.10 | 1.20 | 1.30 |
| MT3 | A | 0.12 | 0.14 | 0.16 | 0.20 | 0.24 | 0.28 | 0.32 | 0.36 | 0.40 | 0.46 | 0.52 | 0.58 | 0.64 | 0.70 | 0.78 | 0.86 | 0.92 | 1.00 | 1.10 | 1.20 | 1.30 | 1.44 | 1.60 | 1.74 |
| | B | 0.32 | 0.34 | 0.36 | 0.40 | 0.44 | 0.48 | 0.52 | 0.56 | 0.60 | 0.66 | 0.72 | 0.78 | 0.84 | 0.90 | 0.98 | 1.06 | 1.12 | 1.20 | 1.30 | 1.40 | 1.50 | 1.64 | 1.80 | 1.94 |
| MT4 | A | 0.16 | 0.18 | 0.20 | 0.24 | 0.28 | 0.32 | 0.36 | 0.42 | 0.48 | 0.56 | 0.64 | 0.72 | 0.82 | 0.92 | 1.02 | 1.12 | 1.24 | 1.36 | 1.48 | 1.62 | 1.80 | 2.00 | 2.20 | 2.40 | 2.60 |
| | B | 0.36 | 0.38 | 0.40 | 0.44 | 0.48 | 0.52 | 0.56 | 0.62 | 0.68 | 0.76 | 0.84 | 0.92 | 1.02 | 1.12 | 1.22 | 1.32 | 1.44 | 1.56 | 1.68 | 1.82 | 2.00 | 2.20 | 2.40 | 2.60 | 2.80 |
| MT5 | A | 0.20 | 0.24 | 0.28 | 0.32 | 0.36 | 0.44 | 0.50 | 0.56 | 0.64 | 0.74 | 0.86 | 1.00 | 1.14 | 1.28 | 1.44 | 1.60 | 1.76 | 1.92 | 2.10 | 2.30 | 2.50 | 2.80 | 3.10 | 3.50 | 3.90 |
| | B | 0.40 | 0.44 | 0.48 | 0.52 | 0.56 | 0.64 | 0.70 | 0.76 | 0.84 | 0.94 | 1.06 | 1.20 | 1.34 | 1.48 | 1.64 | 1.80 | 1.96 | 2.12 | 2.30 | 2.50 | 2.70 | 3.00 | 3.30 | 3.70 | 4.10 |
| MT6 | A | 0.26 | 0.32 | 0.38 | 0.46 | 0.54 | 0.62 | 0.70 | 0.80 | 0.94 | 1.10 | 1.28 | 1.48 | 1.72 | 2.00 | 2.20 | 2.40 | 2.60 | 2.90 | 3.20 | 3.50 | 3.80 | 4.30 | 4.70 | 5.30 | 6.00 |
| | B | 0.46 | 0.52 | 0.58 | 0.66 | 0.74 | 0.82 | 0.90 | 1.00 | 1.14 | 1.30 | 1.48 | 1.68 | 1.92 | 2.20 | 2.40 | 2.60 | 2.80 | 3.10 | 3.40 | 3.70 | 4.00 | 4.50 | 4.90 | 5.50 | 6.20 |
| MT7 | A | 0.38 | 0.48 | 0.58 | 0.68 | 0.78 | 0.88 | 1.00 | 1.14 | 1.32 | 1.54 | 1.80 | 2.10 | 2.40 | 2.70 | 3.00 | 3.30 | 3.70 | 4.10 | 4.50 | 4.90 | 5.40 | 6.00 | 6.70 | 8.40 | 8.20 |
| | B | 0.58 | 0.68 | 0.78 | 0.88 | 0.98 | 1.08 | 1.20 | 1.34 | 1.52 | 1.74 | 2.00 | 2.30 | 2.60 | 2.90 | 3.20 | 3.50 | 3.90 | 4.30 | 4.70 | 5.10 | 5.60 | 6.20 | 6.90 | 8.60 | 8.40 |
| | | | | | | | | 未注公差的尺寸允许偏差 | | | | | | | | | | | | | | | | | | |
| MT5 | A | ±0.10 | ±0.12 | ±0.14 | ±0.16 | ±0.19 | ±0.22 | ±0.25 | ±0.28 | ±0.32 | ±0.37 | ±0.43 | ±0.50 | ±0.57 | ±0.64 | ±0.72 | ±0.80 | ±0.88 | ±0.96 | ±1.05 | ±1.15 | ±1.25 | ±1.40 | ±1.55 | ±1.75 | ±1.95 |
| | B | ±0.20 | ±0.22 | ±0.24 | ±0.26 | ±0.28 | ±0.32 | ±0.35 | ±0.38 | ±0.42 | ±0.47 | ±0.53 | ±0.60 | ±0.67 | ±0.74 | ±0.82 | ±0.90 | ±0.98 | ±1.06 | ±1.15 | ±1.25 | ±1.35 | ±1.50 | ±1.65 | ±1.85 | ±2.05 |
| MT6 | A | ±0.13 | ±0.16 | ±0.19 | ±0.23 | ±0.27 | ±0.31 | ±0.35 | ±0.40 | ±0.47 | ±0.55 | ±0.64 | ±0.74 | ±0.86 | ±1.00 | ±1.10 | ±1.20 | ±1.30 | ±1.45 | ±1.60 | ±1.75 | ±1.90 | ±2.15 | ±2.35 | ±2.65 | ±3.00 |
| | B | ±0.23 | ±0.26 | ±0.29 | ±0.33 | ±0.37 | ±0.41 | ±0.45 | ±0.50 | ±0.57 | ±0.65 | ±0.74 | ±0.84 | ±0.96 | ±1.10 | ±1.20 | ±1.30 | ±1.40 | ±1.55 | ±1.70 | ±1.85 | ±2.00 | ±2.25 | ±2.45 | ±2.75 | ±3.10 |
| MT7 | A | ±0.19 | ±0.24 | ±0.29 | ±0.34 | ±0.39 | ±0.44 | ±0.50 | ±0.57 | ±0.66 | ±0.77 | ±0.90 | ±1.05 | ±1.20 | ±1.35 | ±1.50 | ±1.65 | ±1.85 | ±2.05 | ±2.25 | ±2.45 | ±2.70 | ±3.00 | ±3.35 | ±3.70 | ±4.10 |
| | B | ±0.29 | ±0.34 | ±0.39 | ±0.44 | ±0.49 | ±0.54 | ±0.60 | ±0.67 | ±0.76 | ±0.87 | ±1.00 | ±1.15 | ±1.30 | ±1.45 | ±1.60 | ±1.75 | ±1.95 | ±2.15 | ±2.35 | ±2.55 | ±2.80 | ±3.10 | ±3.45 | ±3.80 | ±4.20 |

按此标准规定，塑件尺寸公差的代号为MT，公差等级分为7级，每级又可分为A、B两部分。其中，A为不受模具活动部分影响尺寸的公差；B为受模具活动部分影响尺寸的公差（如由于水平分型面溢料厚薄不同，影响塑件高度方向的尺寸公差）。该标准只规定标准公差值，而基本尺寸的上下偏差可根据塑件的配合性质来分配。塑件精度等级的选用见表7-2。

表7-2 塑件精度等级的选用

| 类别 | 塑料品种 | 公差等级 | | |
|---|---|---|---|---|
| | | 标注公差尺寸 | | 未注公差尺寸 |
| | | 高精度 | 一般精度 | |
| 1 | ABS<br>聚苯乙烯（PS）<br>聚丙烯（PP，无机填料填充）<br>聚砜（PSU）<br>聚醚砜（PESU）<br>聚苯醚（PPO）<br>聚苯硫醚（PPS）<br>聚碳酸酯（PC）<br>有机玻璃（PMMA）<br>环氧树脂（EP）<br>聚酰胺（PA，玻璃纤维填充）<br>丙烯腈-苯乙烯共聚物（AS）<br>聚对苯二甲酸丁二醇酯（PBTP，玻璃纤维填充）<br>聚对苯二甲酸乙二醇酯（PETP，玻璃纤维填充）<br>聚邻苯二甲酸二丙烯酯（PDAP）<br>酚醛塑料（PF，无机填料填充）<br>氨基塑料和氨基酚醛塑料（VF/MF，无机填料填充）<br>30%玻璃纤维增强塑料 | MT2 | MT3 | MT5 |
| 2 | 聚酰胺6，66，610，9，1010（PA）<br>氯化聚醚（CPT）<br>聚氯乙烯（硬）（HPVC）<br>乙酸纤维素材料（CA）<br>聚酰胺（PA，无机填料填充）<br>聚甲醛（POM，≤150mm）<br>聚丙烯（PP，无机填料填充）<br>氨基塑料和氨基酚醛塑料（VF/MF，有机填料填充）<br>酚醛塑料（PF，有机填料填充） | MT3 | MT4 | MT6 |
| 3 | 聚甲醛（POM，>150mm）<br>聚乙烯（高密度）（HDPE） | MT4 | MT5 | MT7 |
| 4 | 聚氯乙烯（软）（SPVC）<br>聚乙烯（低密度）（LDPE） | MT5 | MT6 | MT7 |

### 3. 表面粗糙度

塑件的表面粗糙度是决定塑件表面质量的主要因素。塑件的表面粗糙度主要与模具型腔表面的粗糙度有关。一般来说,模具表面的粗糙度数值要比塑件低 1～2 级。一般塑件的表面粗糙度 $Ra=0.2\sim0.8\mu m$。模具在使用过程中,由于型腔磨损,表面粗糙度不断增大,因此应随时给予抛光复原。透明塑件要求型腔和型芯的表面粗糙度相同,而不透明塑件根据使用情况来决定其表面粗糙度。

## 7.3.2　壁厚(Wall Thickness)

合理确定塑件的壁厚是很重要的。塑件的壁厚决定了塑件的使用性能,即强度、刚度、结构、电气性能、尺寸稳定性及装配等各项要求。壁厚过大,则浪费材料,还易因收缩产生气泡、缩孔等缺陷;壁厚过小,则成型时流动阻力大,难以充型。

壁厚应尽可能均匀,否则会因冷却或固化速度不同而产生内应力,使塑件产生变形、缩孔及凹陷等缺陷。如果在结构上要求塑件具有不同的壁厚,那么壁厚变化比不应大于 1∶2,并且应采用适当的修饰半径使厚薄部分缓慢过渡。表 7-3 列出了部分热塑性塑件的最小壁厚和常用壁厚推荐值。表 7-4 列出了热固性塑件的壁厚推荐值,供设计时参考。表 7-5 为改善塑件壁厚的典型实例。

表 7-3　部分热塑性塑件的最小壁厚和常用壁厚推荐值

| 塑 料 品 种 | 最小壁厚/mm | 小型塑件推荐壁厚/mm | 中型塑件推荐壁厚/mm | 大型塑件壁厚/mm |
| --- | --- | --- | --- | --- |
| 聚酰胺(PA) | 0.45 | 0.76 | 1.50 | 2.4～3.2 |
| 聚乙烯(PE) | 0.60 | 1.25 | 1.60 | 2.4～3.2 |
| 聚苯乙烯(PS) | 0.75 | 1.25 | 1.60 | 3.2～5.4 |
| 改性聚苯乙烯 | 0.75 | 1.25 | 1.60 | 3.2～5.4 |
| 有机玻璃(PMMA) | 0.80 | 1.50 | 2.20 | 4.0～6.5 |
| 聚甲醛(POM) | 0.80 | 1.40 | 1.60 | 3.2～5.4 |
| 聚丙烯(PP) | 0.85 | 1.45 | 1.75 | 2.4～3.2 |
| 聚碳酸酯(PC) | 0.95 | 1.80 | 2.30 | 3.0～4.5 |
| 硬聚氯乙烯(HPVC) | 1.15 | 1.60 | 1.80 | 3.2～5.8 |

注:试验证明,壁厚与流程成正比。流程是指塑料熔体从内浇口流向型腔各部分的距离。

表 7-4　热固性塑件的壁厚推荐值　　　　　　　　(单位:mm)

| 塑 料 名 称 | 塑件外形高度 | | |
| --- | --- | --- | --- |
| | <50 | 50～100 | >100 |
| 粉状填料的酚醛塑料 | 0.7～2.0 | 2.0～3.0 | 5.0～6.5 |
| 纤维状填料的酚醛塑料 | 1.5～2.0 | 2.5～3.5 | 6.0～8.0 |

续表

| 塑料名称 | 塑件外形高度 | | |
|---|---|---|---|
| | <50 | 50～100 | >100 |
| 氨基塑料 | 1.0 | 1.3～2.0 | 3.0～4.0 |
| 聚酯玻璃纤维填料的塑料 | 1.0～2.0 | 2.4～3.2 | >4.8 |
| 聚酯无机物填料的塑料 | 1.0～2.0 | 3.2～4.8 | >4.8 |

表7-5 改善塑件壁厚的典型实例

| 序号 | 不合理 | 合理 | 说明 |
|---|---|---|---|
| 1 |  | 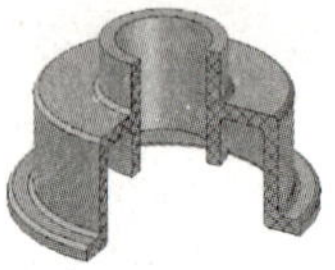 | 壁厚不可过大,否则塑件易产生气泡、缩孔或凹陷等缺陷,使塑件变形;热固性塑料则交联不完全,强度降低 |
| 2 |  |  | 在不影响塑件使用功能的情况下,可设置加强筋以减小壁厚,保证原有强度 |
| 3 | 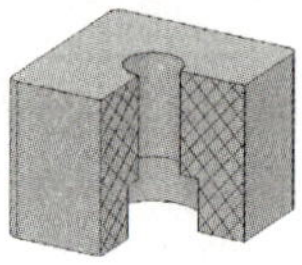 | 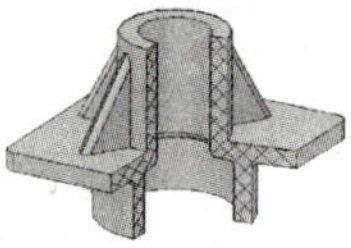 | 在不影响塑件使用功能的情况下,可设置加强筋以减小壁厚,保证原有强度 |
| 4 |  |  | 全塑齿轮轴应在中心设置钢芯嵌件,增强强度,减小塑件壁厚 |

## 7.3.3 形状设计(Shape Design)

塑件内外表面的形状设计在满足使用性能的前提下,应尽量有利于成型,尽量不采用侧向抽芯机构。因此,进行塑件设计时应尽可能避免侧向凹凸或侧孔,某些塑件只要适当地改变形状,即能避免使用侧向抽芯机构,使模具设计简化。表7-6所示为改变塑件形状以利于塑件成型的典型实例。

表7-6 改变塑件形状以利于塑件成型的典型实例

| 序号 | 不合理 | 合理 | 说明 |
|---|---|---|---|
| 1 | 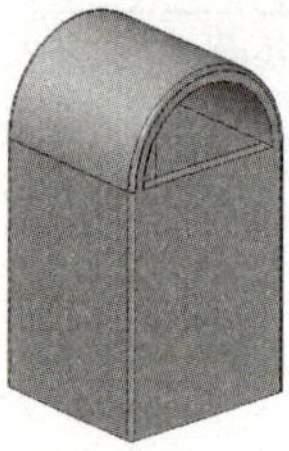 | 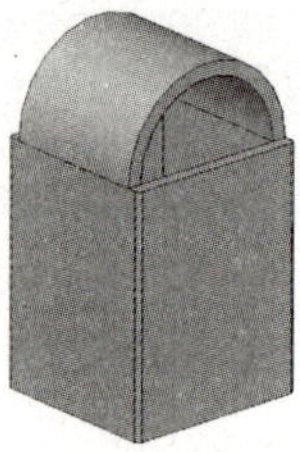 | 改变形状后,不需要采用侧抽芯,使模具结构简单 |

续表

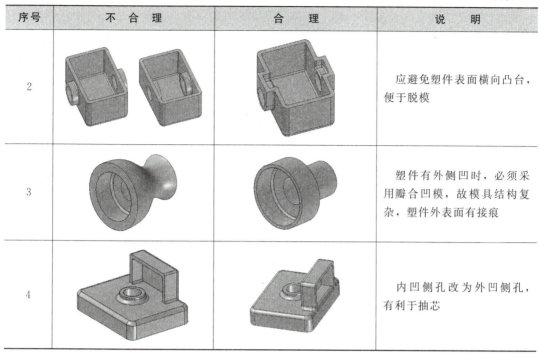

| 序号 | 不合理 | 合理 | 说明 |
|---|---|---|---|
| 2 | | | 应避免塑件表面横向凸台,便于脱模 |
| 3 | | | 塑件有外侧凹时,必须采用瓣合凹模,故模具结构复杂,塑件外表面有接痕 |
| 4 | | | 内凹侧孔改为外凹侧孔,有利于抽芯 |

塑件内侧凹陷或凸起较浅并允许有圆角时,可以采用整体式凸模并采取强制脱模的方法。这种方法要求塑件在脱模温度下具有足够的弹性,以保证塑件在强制脱模时不会变形。

## 7.3.4 孔的设计(Hole Design)

塑件上常见的孔有通孔、盲孔、异形孔(形状复杂的孔)和自攻螺钉孔等。这些孔均应设置在不易削弱塑件强度的地方,并且在孔与孔之间、孔与边壁之间应留有足够的距离。孔间距及孔边距 b 见表 7-7,当两孔直径不相等时,按小的孔径取值。塑件上的孔周围可设计凸边或凸台加强孔的强度,如图 7.1 所示。

表 7-7 孔间距与孔边距 b （单位:mm）

| 孔径 d | <1.5 | 1.5~3 | 3~6 | 6~10 | 10~18 | 18~30 |
|---|---|---|---|---|---|---|
| 热固性塑料 | 1~1.5 | 1.5~2.0 | 2~3 | 3~4 | 4~5 | 5~7 |
| 热塑性塑料 | 0.8 | 1.0 | 1.5 | 2 | 3 | 4 |

(a)

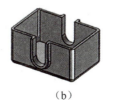
(b)

(c)

图 7.1 孔的加强

（1）通孔。设计通孔时孔深不能太大，通孔深度不应超过孔径的 3.75 倍。通孔用型芯成型，型芯一般有 3 种形式。通孔成型方法如图 7.2 所示。在图 7.2（a）中，型芯一端固定，这种方法虽然简单，但会出现不易修整的横向飞边，而且当孔较深或孔径较小时型芯易弯曲。在图 7.2（b）中，用两个型芯成型，并使一个型芯的径向尺寸比另一个的大 0.5~1.0mm，这样即使稍有不同心也不致引起安装和使用上的困难，其特点是型芯长度缩短了一半，稳定性增强。这种方法适用于较深的孔且孔径要求不是很高的场合。在图 7.2（c）中，型芯一端固定，另一端导向支撑，这种方法使型芯既有较好的强度和刚度，又能保证同心度，较常用；但导向部分因导向误差发生磨损后，会产生圆周纵向溢料。

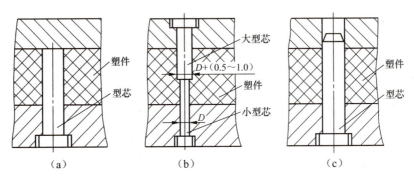

图 7.2 通孔成型方法

（2）盲孔。盲孔只能用一端固定的型芯来成型，因此其深度应浅于通孔。注射成型或压注成型时，孔深不应超过孔径的 4 倍；压缩成型时，孔深应浅些，平行于压制方向的孔深一般不超过孔径的 2.5 倍，垂直于压制方向的孔深一般不超过孔径的 2 倍。直径小于 1.5mm 的孔或深度太大（大于以上值）的孔最好用成型后机械加工的方法获得。

（3）异形孔。当塑件孔为异形孔（斜孔或复杂形状孔）时，常采用拼合的方法成型，以避免侧向抽芯。图 7.3 所示为型芯拼合成型异形孔的典型实例。

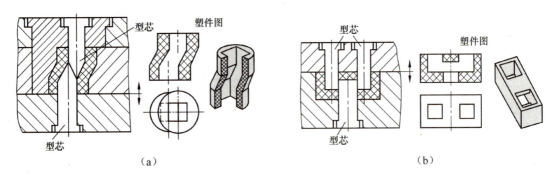

图 7.3 型芯拼合成型异形孔的典型实例

（4）自攻螺钉孔。设计自攻螺钉孔时，切割螺纹的螺钉孔的孔径等于螺钉的中径；旋压螺纹的螺钉孔的孔径等于螺钉中径的 80%。为保证足够的联接强度，螺钉旋入的最小深度必须大于或等于螺钉外径的 2 倍。一般将自攻螺钉的孔设计成圆管状，如图 7.1（c）所示，为承受旋压产生的应力和变形，圆管外径约为内径的 3 倍，高度为圆管外径的 2 倍，孔深应超过螺钉的旋入长度。

## 7.3.5 嵌件设计（Embedded Part Design）

在塑件中嵌入其他零件形成不可拆卸的连接，所嵌入的零件称为嵌件（或镶件）。塑件中嵌入嵌件的目的是提高塑件的强度、硬度、耐磨性、导电性、导磁性等。嵌件材料可以是金属，也可以是玻璃、木材和已成型的塑件等非金属材料，其中金属嵌件应用最广泛。金属嵌件的设计原则如下。

（1）为防止嵌件受力时在塑件内转动或脱出，嵌件表面必须设计适当的凹凸形状，可采用开槽、表面滚花、板件折弯、管件局部砸扁等方法固定，如图7.4所示。

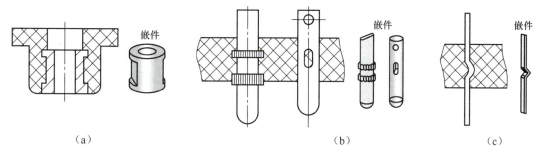

图7.4 嵌件的止转与防脱方法

（2）模具中嵌件应定位可靠。模具中的嵌件在成型时会受到高压熔体流的冲击，可能发生位移和变形，同时熔料可能挤入嵌件上预制的孔或螺纹线中，影响嵌件的使用，因此嵌件必须在模具中可靠定位。一般情况下，注射成型时，嵌件与模板安装孔的配合为 H8/f8；压缩成型时，嵌件与模板安装孔的配合为 H9/f9。图7.5所示为外/内螺纹嵌件在注射模内的固定方法。

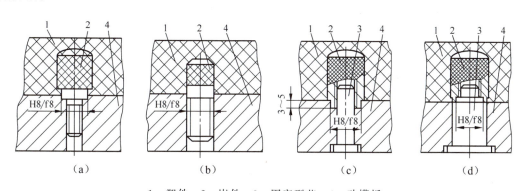

1—塑件；2—嵌件；3—固定型芯；4—动模板
图7.5 外/内螺纹嵌件在注射模内的固定方法

（3）嵌件周围的壁厚应足够大。由于金属嵌件与塑件的收缩率相差较大，因此嵌件周围的塑料存在很大的内应力，如果设计不当，会造成塑件的开裂；而保持嵌件周围适当的塑料层厚度可以减少塑件的开裂倾向（或顶部鼓泡）。酚醛塑料及与之类似的热固性塑料的金属嵌件周围塑料层厚度可参见表7-8。另外，热塑性塑料注射成型时，应将大型嵌件预热到接近物料温度。对于应力难以消除的塑料，可在嵌件周围覆盖一层高聚物弹性体或在成型后进行退火。

表 7-8　酚醛塑料及与之类似的热固性塑料的金属嵌件周围塑料层厚度

| 图　例 | 金属嵌件直径 D/mm | 周围塑料层最小厚度 C/mm | 顶部塑料层最小厚度 H/mm |
|---|---|---|---|
| 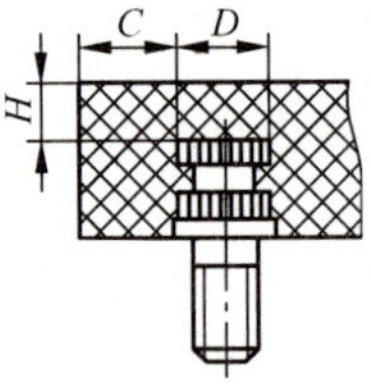 | ≤4 | 1.5 | 0.8 |
| | >4~8 | 2.0 | 1.5 |
| | >8~12 | 3.0 | 2.0 |
| | >12~16 | 4.0 | 2.5 |
| | >16~25 | 5.0 | 3.0 |

### 7.3.6　螺纹设计（Thread Design）

塑料螺纹的机械强度低，仅为金属螺纹的 1/10~1/5，因此对塑料螺纹成型直径有一定要求，如注射成型螺纹直径不得小于 2mm，压制成型螺纹直径不得小于 3mm，精度不得高于 IT8。塑件上的螺纹在冷却后要收缩，螺距会发生变化，影响螺纹的旋出，因此，在保证使用的前提下，螺纹拧合长度要短些，一般不大于螺纹直径的 1.5~2 倍。表 7-9 为塑件螺纹设计要求。

表 7-9　塑件螺纹设计要求

| 类　别 | 不　合　理 | 合　理 | 说　明 |
|---|---|---|---|
| 内螺纹 | 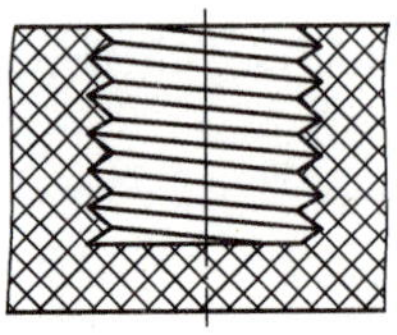 | 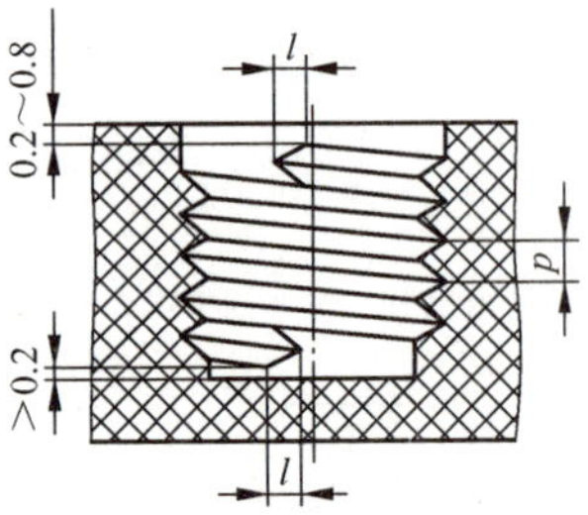 | 为防止塑件螺纹孔最外圈的螺纹崩裂或变形，螺纹始端应有高为 0.2~0.8mm 的台阶孔，螺纹末端与底面应有 0.2mm 的距离；塑件外螺纹的始端应留有 0.2mm 以上的距离，末端也应留有 0.5mm 以上的距离。螺纹的始端和末端均不应突然开始和结束，而应设计出过渡区 l（可参考《塑料模设计手册》） |
| 外螺纹 | 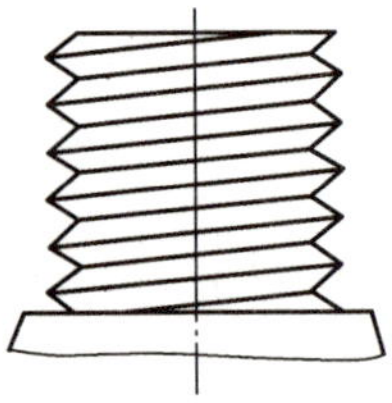 | 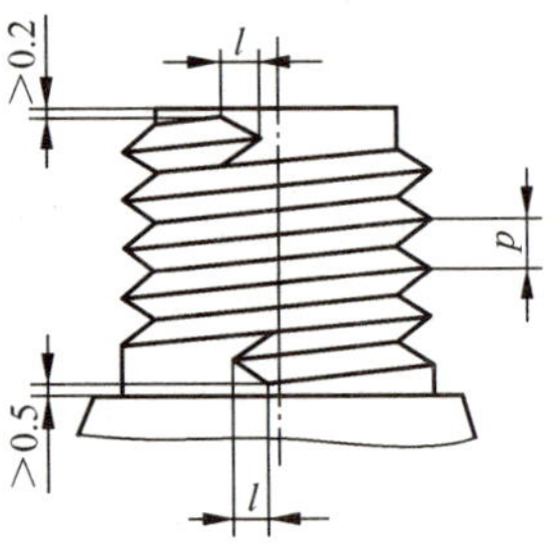 | |

### 7.3.7　其他结构要素（Other Structure Element）

**1. 脱模斜度**

由于塑件在冷却过程中产生收缩，因此在脱模前会紧紧地包住凸模（型芯）或模腔中的其他凸起部分。为了便于脱模，防止塑件表面在脱模时划伤、擦毛等，在设计时应考虑与脱模方向平行的塑件内外表面具有一定的脱模斜度。

脱模斜度与塑件的性质、收缩率、摩擦系数、塑件壁厚和几何形状有关。硬质塑料比软质塑料脱模斜度大；形状复杂或成型孔较多的塑件应取较大的脱模斜度；塑件高度越大，孔越深，则应取越小的脱模斜度；壁厚增加，脱模斜度也应大些。一般情况下，脱模斜度不包括在塑件公差范围内，否则在图样上应予以注明。在塑件图上标注时，内孔以小端为基准，脱膜斜度沿扩大的方向取得；外形以大端为基准，脱模斜度沿缩小的方向取得，如图 7.6 所示。一般塑件的脱模斜度见表 7-10。

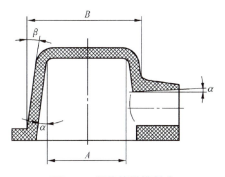

图 7.6 塑件的脱模斜度

表 7-10 一般塑件的脱模斜度

| 塑料名称 | 脱模斜度 | |
|---|---|---|
| | 塑件内壁 α | 塑件外壁 β |
| 聚乙烯（PE）、聚丙烯（PP）、软聚氯乙烯（SPVC）、聚酰胺（PA）、氯化聚醚（CPT） | 20′～45′ | 20′～45′ |
| 硬聚氯乙烯（HPVC）、聚碳酸酯（PC）、聚砜（PSU） | 35′～40′ | 30′～50′ |
| 聚苯乙烯（PS）、有机玻璃（PMMA）、ABS、聚甲醛（POM） | 35′～1°30′ | 30′～40′ |
| 热固性塑料 | 25′～40′ | 20′～50′ |

注：本表所列脱模斜度适合开模后塑件留在凸模上的情形。

2. 圆角

为了避免应力集中、提高塑件的强度、改善熔体的流动情况和便于脱模，在塑件各内外表面的连接处均应采用过渡圆弧。此外，圆弧还使塑件变得美观，模具型腔在淬火或使用时也不致因应力集中而开裂。而对于塑件的某些部位，如成型必须处于分型面、型芯与型腔配合处等位置，则不便制成圆角，而应采用尖角。在无特殊要求时，塑件各连接处的圆角半径不小于 0.5～1mm，一般内圆角半径 $R=0.5t$（$t$ 为塑件壁厚），外圆角半径 $R_1=1.5t$，尺寸如图 7.7 所示。

3. 加强肋

加强肋的作用是在不增大壁厚的情况下增强塑件的强度和刚度，防止塑件翘曲变形。加强肋的尺寸如图 7.8 所示。若塑件壁厚为 $t$，则加强肋的高度 $L=(1～3)t$，肋根宽 $A=(0.25～1)t$，$R=(0.125～0.25)t$，肋端部圆角 $r=t/8$，$\alpha=2°～5°$。当 $t\leqslant 2$mm 时，可取 $A=t$。加强肋的厚度不能大于塑件的壁厚，否则壁面会因肋根的内切圆处缩孔而产生凹陷；加强肋应设计得矮一些，与支承面的间隙应大于 0.5mm。表 7-11 所示为加强肋设计的典型实例。

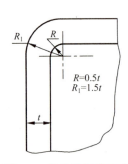

图 7.7 圆角半径的尺寸

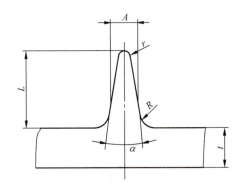

图 7.8 加强肋的尺寸

表 7-11 加强肋设计的典型实例

| 序号 | 不 合 理 | 合 理 | 说 明 |
|---|---|---|---|
| 1 | | | 过高或局部过厚的塑件应设置加强肋，以减小塑件壁厚，保持原有强度 |
| 2 | | | 对于平板状塑件，加强肋应与料流方向平行，以免造成充模阻力过大和降低塑件韧性 |
| 3 | | | 加强肋的设置应避免或减少塑料的局部集中，否则会产生缩孔、气泡等缺陷。同时，加强肋应设计得矮一些，与支承面的间隙应大于 0.5mm |

**4. 支承面**

以塑件的整个底面为支承面是不合理的，因为塑件稍有翘曲或变形就会使底面不平。通常情况下采用塑件凸起的边框或底脚（三点或四点）做支承面，如图 7.9 所示。图 7.9（a）所示以整个底面为支承面，是不合理结构；图 7.9（b）和图 7.9（c）所示分别以塑件的边框和凸起底脚为支承面，设计较合理。

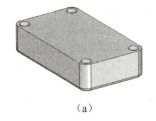
(a)

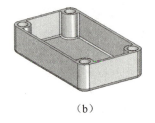
(b)      (c)

图 7.9 塑件的支承面

## 7.4 塑料成型设备 (Plastic Molding Equipment)

### 7.4.1 塑料成型设备分类 (Classification of Plastic Molding Equipment)

塑料成型设备的类型很多，按照成型工艺分有挤出机、注射机、浇注机、中空成型机、发泡成型机、塑料液压机及与之配套的辅助设备等。生产中应用最广的是注射机和挤出机，其次是液压机和压延机。就成型设备而言，注射机的产量最大，是塑料设备生产中增长最快、产量最多的机种，并且从其发展趋势看，世界各国近年来都在向大型、高速、高效、精密、特殊用途、连续化、自动化及小型和超小型的方向发展。下面重点介绍注射机。

【塑料成型设备分类】

注射机的分类方法较多，按外形特征可分为卧式注射机、立式注射机、角式注射机、多模注射机等多种。其中卧式螺杆注射机塑化充分、注射量大，适用的塑料品种范围广，应用最广泛。

（1）卧式注射机。卧式注射机是使用最广泛的注射机，它的注射系统与合模系统、锁模系统的轴线都呈水平布置。其注射系统有柱塞式和螺杆式两种结构，注射量 60cm³ 及以上的均为螺杆式。卧式注射机的优点是机器重心低，比较稳定，操作、维修方便，成型后的塑件推出后可利用其自重自动落下，便于实现自动化生产，对大、中、小型模具都适用；主要缺点是模具安装比较困难。卧式注射机的结构如图 7.10 所示。

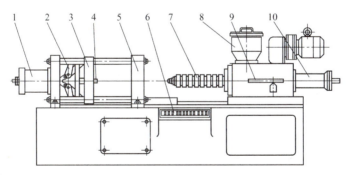

1—锁模液压缸；2—锁模机构；3—移动模板；4—顶杆；5—固定模板；6—控制台；
7—螺杆及加热器；8—料斗；9—定量供料装置；10—注射液压缸

图 7.10 卧式注射机的结构

（2）立式注射机。立式注射机的结构如图 7.11 所示，其注射系统与合模系统、锁模系统的轴线一致且垂直于地面。注射系统多为柱塞式结构，注射量一般小于 60cm³。立式注射机的优点是占地面积较小，模具装卸方便，动模一侧安放嵌件便利；缺点是机器重心高、不稳定，加料比较困难，推出的塑件需要用人工或其他方法取出，不易实现自动化生产。

（3）角式注射机。角式注射机的结构如图 7.12 所示，其注射系统与合模系统的轴线相互垂直。常见的角式注射机是沿水平方向合模，沿垂直方向注射［图 7.12（b）］，其注射系统一般为柱塞式结构，采用齿轮齿条传动或液压传动，注射量较小，一般小于 45cm³。角式注射机的优点介于卧式注射机与立式注射机之间，其结构比较简单，可利用开模时的丝杠转动对有螺纹的塑件实现自动脱卸；缺点是机械传动无法准确可靠地注射及保持压力和锁模力，模具受冲击和振动较大。

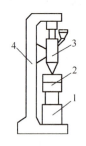
1—锁模机构；2—模具；
3—料筒、加热器及注射液压缸；4—机体

图 7.11　立式注射机的结构

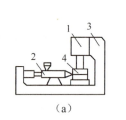 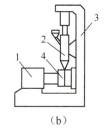
1—锁模机构；2—料筒、加热器及注射液压缸；
3—机体；4—模具

图 7.12　角式注射机的结构

另外，还有许多专用注射机，如多模注射机、热固性塑料注射机、发泡注射机、排气注射机、多色注射机、精密注射机、气体辅助注射机、高速注射机等。

### 7.4.2　注射机型号规格的表示方法（Model and Specification of Injection Machine）

注射机型号规格的表示方法主要有注射量表示法、合模力表示法、注射量与合模力同时表示法 3 种。

（1）注射量表示法。注射量表示法是用注射机的注射容量表示注射机规格的方法，即注射机以标准螺杆（常用普通型螺杆）注射时的 80% 理论注射量表示。这种表示法比较直观，规定了注射机成型塑件的体积范围。由于注射容量与加工塑料的性能、状态有着密切的关系，因此注射量表示法不能直接判断规格。

我国标准采用的是注射量表示法。例如 XS‑ZY‑125，其中 XS 表示塑料成型机械；Z 表示注射成型；Y 表示螺杆式（无 Y 表示柱塞式）；125 表示注射机的公称注射量为 $125 cm^3$。

（2）合模力表示法。合模力表示法是用注射机最大合模力表示注射机规格的方法。这种表示法直观、简单，注射机合模力不会受到其他取值的影响，可直接反映出注射机成型面积。合模力表示法不能直接反映注射机注射量，也就不能反映注射机全部加工能力及规格。

（3）注射量与合模力同时表示法。注射量与合模力同时表示法是国际上通用的表示方法，以注射量为分子、以合模力为分母表示设备的规格。例如 XZ‑63/50 型注射机，X 表示塑料机械；Z 表示注射机；63 表示注容量为 $63 cm^3$；50 表示合模力为 $50×10 kN$。

### 7.4.3　注射机的主要技术参数（Primary Technical Parameters of Injection Machine）

常用注射机的规格和性能见表 7‑12。注射机的主要技术参数包括注射量，注射压力，锁模力，与模具的配合、连接尺寸等。

（1）注射量。注射量是指在对空注射的条件下，注射螺杆或柱塞做一次最大注射行程时，注射装置所能达到的最大注射量。柱塞式注射机的注射量与螺杆式注射机的注射量表示方法不同。柱塞式注射机的注射量是用一次注射聚苯乙烯的最大克数为标准表示的；而螺杆式注射机的最大注射量是以体积表示的，与塑料的品种无关。

## 表7-12 常用注射机的规格和性能

| 项目 | XS-ZS-22 | XS-Z-30 | XS-Z-60 | XS-ZY-125 | G54-S200/400 | SZY-300 | XS-ZY-500 | XS-ZY-1000 | SZY-2000 | XS-ZY-4000 |
|---|---|---|---|---|---|---|---|---|---|---|
| 额定注射量/cm³ | 30、20 | 30 | 60 | 125 | 200/400 | 320 | 500 | 1000 | 2000 | 4000 |
| 螺杆(柱塞)直径/mm | 25、20 | 28 | 38 | 42 | 55 | 60 | 65 | 85 | 110 | 130 |
| 注射压力/MPa | 75、115 | 119 | 122 | 120 | 109 | 78.5 | 145 | 121 | 90 | 106 |
| 注射行程/mm | 130 | 130 | 170 | 115 | 160 | 150 | 200 | 260 | 280 | 370 |
| 注射方式 | 双柱塞(双色) | 柱塞式 | 柱塞式 | 螺杆式 | 螺杆式 | 螺杆式 | 螺杆式 | 螺杆式 | 螺杆式 | 螺杆式 |
| 锁模力/kN | 250 | 250 | 500 | 900 | 2540 | 1500 | 3500 | 4500 | 6000 | 10000 |
| 最大开合模行程/cm² | 90 | 90 | 130 | 320 | 645 | 340 | 1000 | 1800 | 2600 | 3800 |
| 模具最大厚度/mm | 160 | 160 | 180 | 300 | 260 | 355 | 500 | 700 | 750 | 1100 |
| 模具最小厚度/mm | 180 | 180 | 200 | 300 | 406 | 285 | 450 | 700 | 800 | 1000 |
| 喷嘴圆弧半径/mm | 60 | 60 | 70 | 200 | 165 | | 300 | 300 | 500 | 700 |
| 喷嘴孔直径/mm | 12 | 12 | 12 | 12 | 18 | 12 | 18 | 18 | 18 | |
| | 2 | 2 | 4 | 4 | 4 | | 3、5、6、8 | 8.5 | 10 | |
| 顶出形式 | 四侧设有顶杆、机械顶出 | 四侧设有顶杆、机械顶出 | 中心设有顶杆、机械顶出 | 两侧设有顶杆、机械顶出 | 动模板设顶板,开模时模具顶杆固定板上的顶杆通过与顶板相碰、机械顶出 | 中心及上、下两侧设有顶杆、机械顶出 | 中心液压顶出、顶出距100mm、两侧顶杆机械顶出 | 中心液压顶出、两侧顶杆机械顶出 | 中心液压顶出、顶出距125mm、两侧顶杆机械顶出 | 中心液压顶出、两侧顶杆机械顶出 |
| 动、定模固定板尺寸/mm² | 250×280 | 250×280 | 330×440 | 428×458 | 532×634 | 620×520 | 700×850 | 900×1000 | 1180×1180 | 1050×950 |
| 拉杆尺寸/mm | 235 | 235 | 190×300 | 260×290 | 290×368 | 400×300 | 540×440 | 650×550 | 760×700 | |
| 合模方式 | 液压-机械 | 液压-机械 | 液压-机械 | 液压-机械 | 液压-机械 | 液压-机械 | 液压-机械 | 两次动作液压式 | 液压-机械 | 两次动作液压式 |
| 液压泵 流量/(L/min) | 50 | 50 | 70、12 | 100、12 | 170、12 | 103.9、12.1 | 200、25 | 200、18、1.8 | 175.8×2、14.2 | 50、50 |
| 液压泵 压力/MPa | 6.5 | 6.5 | 6.5 | 6.5 | 6.5 | 8.0 | 6.5 | 14 | 14 | 20 |
| 电动机功率/kW | 5.5 | 5.5 | 11 | 11 | 18.5 | 17 | 22 | 40、5.5、5.5 | 40、40 | 17、17 |
| 螺杆驱动功率/kW | | | | 4 | 5.5 | 8.8 | 8.5 | 13 | 23.5 | 30 |
| 加热功率/kW | 1.75 | | 2.7 | 5 | 10 | 6.5 | 14 | 16.5 | 21 | 37 |
| 机器外形尺寸/mm×mm×mm | 2340×800×1460 | 2340×850×1460 | 3160×850×1550 | 3340×750×1550 | 4700×1400×1800 | 5300×940×1815 | 6500×1300×2000 | 7670×1740×2380 | 10908×1900×3430 | 11500×3000×4500 |

(2) 注射压力。注射时为了克服塑料流经喷嘴、流道和型腔时的流动阻力，注射机螺杆（或柱塞）必须对塑料熔体施加足够的压力，此压力称为注射压力。注射压力与流动阻力、塑件的形状、塑料的性能、塑化方式、塑化温度、模具温度、塑件的精度要求等因素有关。

(3) 锁模力。当高压的塑料熔体充满模具型腔时，会产生使模具分型面涨开的力，该力等于塑件和浇注系统在分型面上的投影面积之和乘以型腔的压力，应小于注射机的额定锁模力 $F_p$，才能保证在注射时不发生溢料现象。

(4) 与模具的配合、连接尺寸。选定设备时，必须考虑设备与模具之间有关配合、连接尺寸。有关配合、连接尺寸主要包括模板尺寸、模具的最大和最小厚度及模具最大开合模行程等。

## 本章小结(Brief Summary of this Chapter)

本章主要学习塑料模设计的基础，主要介绍了塑料的组成和主要分类方法、塑料成型的工艺特性、塑件的结构工艺性和常用塑料成型设备4方面的内容。

塑料是以树脂为主要成分，加入适量添加剂组成的高分子有机化合物，使用非常广泛。其中树脂决定了塑料的性质和特点，添加剂可以改善或增强塑料的某些特性。

塑料成型的工艺特性是指塑料在成型过程中所表现出来的特有性质。无论是热塑性塑料还是热固性塑料，在其成型过程中都要充分考虑收缩性、流动性等工艺特性的影响。

塑件的结构工艺性主要包括尺寸和精度、表面粗糙度、壁厚、塑件形状、脱模斜度、孔、加强肋、嵌件等内容，在进行塑件设计时应予以全面考虑。

注射成型是塑料成型的一种重要方法，能一次成型出形状复杂、尺寸精确、带有金属或非金属嵌件的塑件等，对常用注射机的类型特点和工作原理应能理解掌握并能够合理选择应用。

## 习题(Exercises)

**1. 简答题**

(1) 什么是热塑性塑料？什么是热固性塑料？各有什么特点？试各举两个实例。

(2) 塑料是由什么组成的？主要性能有哪些？

(3) 塑料成型的工艺特性有哪些？

(4) 常用的塑料成型设备有哪些？注射机的主要技术参数包括哪些？

(5) 塑料制品几何形状的设计包括哪些内容？

(6) 查阅资料，试述塑料模技术的现状及发展趋势。

**2. 分析题**

综合运用所学知识，分析图7.13所示塑件在结构工艺性上存在哪些问题，试画出正确结构。

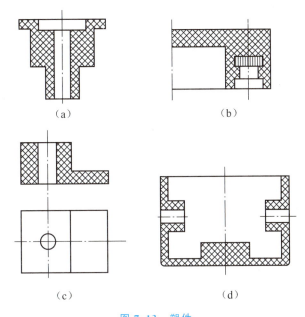

图 7.13 塑件

## 综合实训（Comprehensive Practical Training）

1. 实训目标：提高学生对注射机和塑料模的感性认知，帮助学生认识模具在注射机上安装的过程，提高学生的动手操作能力。

2. 实训内容：指导学生掌握注射机基本结构和基本操作，使学生掌握注射模在注射机上的安装与拆卸过程，有条件的可以使用塑料进行注射演示，增强对塑料模工作过程的感性认知。

3. 实训要求：模具在注射机的安装与拆卸要严格按照以下要求进行。

（1）塑料模的安装过程。

① 根据模具的外形尺寸及合模距离选择合适的注射机。

② 检查注射机动模板与定模板上有无安装螺栓过孔，若有则用螺栓连接；若没有则用压板连接，并调整压板、螺栓。

③ 调节动、定模板间的距离，使其大于模具总厚度 1~3mm。

④ 打开注射机的动、定模安装板。

⑤ 将模具与注射机的接触面擦拭干净，将完全闭合的模具放入安装板之间，把模具的定位环套入定模安装板上的定位环孔内。

⑥ 点动合模，使模具压在动、定模安装板之间。

⑦ 用压板和螺栓将动、定模座分别固定在动、定模安装板上。如果注射机为曲柄合模机构，可调整大杠调节螺母，使动、定模安装板之间的距离符合模具厚度的安装要求。

⑧ 点动开合模多次，观察模具开、合模时是否有卡滞现象。

⑨ 调节顶出距离和次数，调节相应行程开关位置，使其能顶出塑件为止。

（2）注射模卸模步骤。

① 使模具冷却至室温，并使模具处于闭合状态。

② 卸开动、定模座板上的压板螺钉。

③ 托住模具（如果有吊车，最好用吊车将模具托住），打开注射机动、定模安装板。

④ 轻轻摇动模具，使定位环从定模安装板中脱出。

⑤ 将模具从动、定模安装板中间移开。

# 第 8 章

# 注射成型工艺及注射模
# (Injection Molding Process and Injection Mould)

 **本章学习目标**

了解注射成型工艺原理及工艺条件,掌握注射模的结构组成、典型结构及各部分(包括分型面、浇注系统、成型零件、侧向分型抽芯机构、推出机构、合模导向机构及温度调节系统等)设计,理解模具与注射机有关参数的校核。

应该具备的能力:中等复杂程度塑件的工艺分析、工艺计算和典型结构选择及零部件结构设计的能力。

 **本章教学要求**

| 能力目标 | 知识要点 | 权 重 | 自测分数 |
|---|---|---|---|
| 了解注射成型工艺原理及工艺条件 | 注射成型工艺原理及工艺条件 | 10% | |
| 掌握注射模的结构组成、典型结构及各部分设计 | 注射模的结构组成、典型结构,分型面、浇注系统、成型零件、侧向分型抽芯机构、推出机构、合模导向机构及温度调节系统等的设计方法 | 80% | |
| 理解模具与注射机有关参数的校核 | 注射机最大注射量的校核、锁模力的校核、模具与注射机安装部分相关尺寸的校核 | 10% | |

### 导入案例

塑料成型模具产量中约一半以上是注射模。图 8.0 所示的注射工艺产品均是通过注射模生产的。我国注射模产品水平自 2008 年以来取得了长足进步,在大型注射模方面,可以生产 63in(1in≈2.54cm)的电视机外壳模具、6.5kg 的洗衣机内筒模具及汽车保险杠、整体仪表板等模具,最大的单套模具质量已超过 50t;在精密注射模方面,可以生产照相机模具、多型腔小模数齿轮模具及高光学要求的车灯模具等。

(a)汽车前保险杠　　　　　(b)啤酒转运箱

图 8.0　注射工艺产品

通过市场调查,了解并列举日常生活中注射工艺生产的塑料制品,并仔细观察模具在产品上留下的痕迹。

## 8.1　注射成型工艺原理及工艺条件(Injection Molding Principle and Process Condition)

近年来,除了常见的注射成型工艺以外,出现了许多注射新工艺、新技术,并在生产中得到了推广应用,如双色注射成型、双层注射成型、多材质塑料注射成型、高效多色注射成型、气体辅助注射成型、热固性塑料注射模、应用热流道技术的特种注射模、橡胶注射成型等,读者如有兴趣,可查阅相关资料学习。本章介绍一般注射成型工艺及模具设计。

### 8.1.1　注射成型工艺原理及特点(Injection Molding Principle and Feature)

**1. 注射成型工艺原理**

注射成型又称注塑成型,是热塑性塑料的主要成型方法之一,其工艺原理如图 8.1 所示。注射成型主要包括以下 4 个步骤。

(1) 将粒状或粉状的塑料原料加入注射机的料斗中。
(2) 在注射机内,塑料受热变成熔融状态。
(3) 在注射压力作用下,熔融状态的塑料充满型腔。
(4) 冷却固化后得到所需的塑件。

# 注射成型工艺及注射模(Injection Molding Process and Injection Mould) 第8章

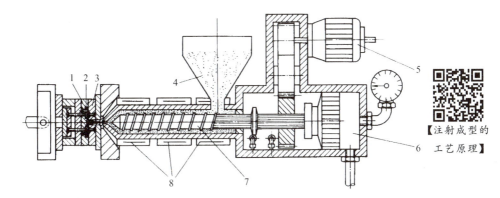

1—动模；2—塑件；3—定模；4—料斗；5—传动装置；6—液压缸；7—螺杆；8—加热器

图8.1 注射成型的工艺原理

2. 注射成型的特点

（1）能一次成型形状复杂、尺寸精确、带有嵌件的塑件。

（2）成型周期短，生产率高，易实现自动化生产。

（3）除氟塑料以外，几乎所有的热塑性塑料都可以注射成型，一些流动性好的热固性塑料也可以注射成型。

（4）注射机价格较高，注射模结构复杂，成本较高，不适合单件小批量生产。

## 8.1.2 注射成型过程（Injection Molding Process）

注射成型过程包括3个阶段：成型前的准备工作、注射过程和塑件的后处理。

1. 成型前的准备工作

**(1) 原料检查、预热、干燥**。根据塑料特性和供料情况，成型之前应对物料进行外观（指色泽、颗粒大小及均匀性等）和工艺性能（流动性、热稳定性、收缩性及含水量等）方面的检查。对吸水性强的塑料（如聚碳酸酯、聚酰胺等），在成型之前必须进行干燥处理，控制其含水量在0.4%以下。

**(2) 料筒清洗**。在生产中需要改变产品、更换原料、调换颜色，发现塑料变质时，必须清洗注射机料筒。

**(3) 嵌件预热**。由于金属的热膨胀系数和塑料的收缩率差别较大，为缩小塑料与嵌件的温度差，使嵌件周围的塑料缓慢冷却，减小塑件成型后的内部应力，需要对嵌件进行预热处理。

**(4) 模具预热**。使模具达到正常工作的温度，保证塑件质量。

**(5) 脱模剂的选用**。脱模剂可以使脱模困难的塑件顺利地从模具中脱出。

2. 注射过程

**(1) 加料**。加料是指将预热过的粒状或粉状塑料加入注射机料斗中。

**(2) 塑化**。塑化即塑料熔融，是指加入的塑料在料筒中被加热，由粒状或粉状变成熔融状态并具有良好的可塑性的全过程。

**(3) 充模。** 充模是指塑化好的熔融状态的塑料,在注射机柱塞杆或螺杆的推进作用下,由料筒经喷嘴、浇注系统充满注射模的型腔的过程。

**(4) 保压。** 由于塑件在由熔融状态冷却凝固到固态的过程中有收缩现象,因此需要柱塞或螺杆对料筒中熔融状态的塑料保持一定的压力,使熔融状态的塑料经浇注系统不断补充到模具中,从而得到形状完整、质地致密的塑件。但保压时间应适当,保压时间过长,易使塑件产生内应力,引起塑件翘曲或开裂;保压时间过短,会使型腔中熔融状态的塑料的压力比浇口处的压力大,如果浇口尚未冻结,那么型腔中熔融状态的塑料就会通过浇口流向浇注系统,该过程称为倒流。倒流会使塑件产生收缩、变形及质地疏松等缺陷。在实际生产中,要避免倒流现象的发生。

**(5) 冷却。** 冷却是指从浇口处的熔料完全冻结起,到塑件从模具型腔内被推出为止的全过程。塑料的冷却速度应适中,如果冷却过急,则会导致冷却不均匀、收缩率不一致,使塑件产生内应力,产生翘曲变形。

**(6) 脱模。** 塑件冷却到固化定型后即可开模、脱模。

### 3. 塑件的后处理

**(1) 退火处理。** 退火处理是指将塑件放在定温的加热介质(如热水、热的矿物油、甘油、乙二醇和液体石蜡等)或热空气循环烘箱中静置一段时间,然后缓慢冷却的工艺。其目的是减小塑件的内应力,这在生产厚壁或带有金属嵌件的塑件时尤为重要。退火的温度一般控制在高于塑料的使用温度 10~20℃ 或低于塑料的热变形温度 10~20℃。温度过高,塑件会产生翘曲变形;温度过低,达不到后处理的目的。

**(2) 调湿处理。** 调湿处理是指将刚脱模的塑件放入热水中,隔绝空气,防止塑件氧化,加快吸湿平衡。适当的调湿处理可以改善塑件的柔韧性,提高抗拉、抗冲击等力学性能,稳定颜色、尺寸。通常聚酰胺类塑件需进行调湿处理。

## 8.1.3 注射成型的工艺条件(Process Condition of Injection Molding)

塑件质量不仅取决于原材料、生产方式、设备及模具结构,还取决于注射成型的工艺条件。注射成型的工艺条件中最重要的是注射成型时的温度、压力和时间。

### 1. 温度

**(1) 料筒温度。** 料筒温度是决定塑料塑化质量的重要依据。料筒温度要适当,温度过低,则塑化不充分;温度过高,则会产生塑料分解现象。料筒温度分布一般遵循前高后低的原则,即料筒后端温度最低,喷嘴处的前端温度最高。但当塑料偏湿时,也可适当升高后端温度。

**(2) 喷嘴温度。** 喷嘴温度通常略低于料筒的最高温度,因塑料不同而不同,其目的是防止喷嘴处产生"流涎"现象。但是,喷嘴温度不能过低,否则熔料在喷嘴处会产生早凝现象,将喷嘴堵住。

**(3) 模具温度。** 模具温度对塑料熔体的充型能力及塑件的内在性能和外观质量有很大影响。温度高,则熔料流动性好,塑件密度和结晶度就会增大,但塑件的收缩率和脱模后的翘曲变形增加,冷却时间长又使生产率下降;温度过低,则会使塑件产生较大的内应力,引起开裂,使得表面质量下降。

对于复杂塑件,设计注射模时应有温度控制系统。

## 2. 压力

在注射成型过程中需要控制的压力有塑化压力和注射压力两种，它们直接影响塑料的塑化和塑件质量。

(1) **塑化压力**。塑化压力又称背压，是指采用螺杆式注射机时，螺杆头部熔料在螺杆转动后退时所受到的压力。增大塑化压力能提高熔融体温度，使温度分布均匀化，使色料混合一体化，并且能逐出熔料中的气体。但增大塑化压力会延长成型温度时间、降低塑化速率，甚至导致塑料降解。一般操作中，在保证塑件质量的前提下，塑化压力越小越好，一般不大于20MPa。

(2) **注射压力**。注射压力是指为了克服熔融状态的塑料流经喷嘴、浇注系统和型腔时的流动阻力，由注射机柱塞或螺杆的头部对熔料施加的压力。其取决于注射机的类型、模具结构、塑料品种、塑件壁厚等。一般地，在型腔复杂、流道长、薄壁深腔等情况下需要的注射压力较大。

## 3. 时间

此处的时间即成型周期，指完成一次注射成型过程所需的时间。成型周期直接影响生产率和注射机的利用率，应在保证塑件质量的前提下，尽量缩短成型周期中各个阶段的时间。一个成型周期包括以下3部分：①注射时间，包括充型时间和保压时间；②模具内冷却时间，应以塑件脱模时不产生变形为原则，一般为30～120s；③其他时间，包括开模时间、脱模时间、喷涂脱模剂时间、安放嵌件时间和合模时间等。

# 8.2 注射模结构（Injection Mould Structure）

注射模的分类方法有很多，按注射模的典型结构特征可分为单分型面注射模、双分型面注射模、斜导柱侧向分型与抽芯注射模、带有活动镶件的注射模、定模带有推出机构的注射模和自动卸螺纹注射模。另外，注射模按型腔数量可分为单型腔注射模和多型腔注射模。

## 8.2.1 注射模结构组成（Composition of Injection Mould）

注射模由定模和动模两部分组成。其中定模部分安装在注射机的固定模板上，动模部分安装在注射机的移动模板上。在注射成型过程中，动模部分随注射机上的合模系统运动，由导柱导向与定模部分闭合而构成浇注系统和型腔，塑料熔体从注射机喷嘴经浇注系统进入型腔，冷却后开模时，动模部分与定模部分分离，取出塑件。

注射模的结构如图8.2所示。根据模具上各部分的作用，注射模可分为以下8个组成部分。

(1) **成型部分**。成型部分由凸模（型芯）、凹模（型腔）、嵌件和镶块等组成。凸模（型芯）形成塑件的内表面形状，凹模（型腔）形成塑件的外表面形状。图8.2所示模具中，成型部分由动模板1、定模板2和凸模7组成。

(2) **浇注系统**。熔融塑料从注射机喷嘴进入模具型腔所流经的通道称为浇注系统。浇注系统由主流道、分流道、浇口及冷料穴4部分组成，如图8.2中定模板2和浇口套6中的

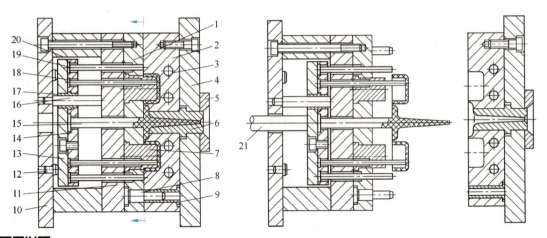

(a) 合模状态　　　　　　　　　　(b) 塑件推出状态

1—动模板；2—定模板；3—冷却水道；4—定模座板；5—定位圈；6—浇口套；7—凸模；8—导柱；9—导套；10—动模座板；11—支承板；12—支承柱；13—推板；14—推杆固定板；15—拉料杆；16—推板导柱；17—推板导套；18—推杆；19—复位杆；20—垫块；21—注射机顶杆

图 8.2 注射模的结构

浇注系统通道。

(3) 导向机构。为确保动模和定模之间的正确合模，需要在动模和定模部分采用导柱、导套（图 8.2 中的 8、9）或在动模和定模部分设置相互吻合的内外锥面。为确保推出机构运动平稳，其导向通常由推板导柱和推板导套（图 8.2 中的 16、17）组成。

(4) 侧向分型与抽芯机构。当塑件的侧壁有孔、凹槽或凸台时，就需要有侧向的凸模或成型块成型。在塑件被推出之前，必须先抽出侧向型芯或侧向成型块，然后才能顺利脱模。带动侧向型芯或侧向成型块移动的机构称为侧向分型与抽芯机构（图 8.4 中的锁紧块 6，弹簧 3，拉杆 4，侧滑块 5，斜导柱 7、11，侧型芯 8 和挡块 2、14）。

(5) 推出机构。推出机构是指模具分型后将塑件从模具中推出的装置。一般情况下，推出机构由推杆、复位杆、推杆固定板、推板、主流道拉料杆及推板导柱和推板导套等组成，如图 8.2 中推出机构的推板 13、推杆固定板 14、拉料杆 15、推板导柱 16、推板导套 17、推杆 18 和复位杆 19。

(6) 温度调节系统。为满足注射工艺对模具温度的要求，必须控制模具温度，所以模具常常设有冷却或加热温度调节系统。冷却系统一般是在模具上开设冷却水道（图 8.2 中的 3），而加热系统是指在模具内部或四周安装的加热元件。

(7) 排气系统。在注射成型过程中，为了将型腔内的气体排出模外，常需要开设排气系统。排气系统通常是在分型面上有目的地开设多条排气沟槽，另外，许多模具的推杆或活动型芯与模板之间的配合间隙也可起排气作用。小型塑件的排气量不大，可直接利用分型面排气。

(8) 支承零部件。用来安装固定或支承成型零部件及前述各部分机构的零部件均称为支承零部件。支承零部件组装在一起，可以构成注射模的基本骨架，如图 8.2 中的定模座板 4、动模座板 10、支承板 11、垫块 20 等。

## 8.2.2 注射模典型结构（Typical Structure of Injection Mould）

**1. 单分型面注射模**

单分型面注射模又称二板式注射模，是注射模中最简单、最基本的一种结构形式，对成型塑件的适应性很强，因而应用十分广泛。这种模具只有动模与定模之间的一个分型面，其典型结构如图8.2所示。

**2. 双分型面注射模**

双分型面注射模有两个分型面，如图8.3所示。A—A为第一分型面，分型后用于取出浇注系统凝料；B—B为第二分型面，分型后用于取出塑件。与单分型面注射模相比，双分型面注射模定模部分增加了一块可以局部移动的中间板（定模板）12，所以也称三板式注射模。

双分型面注射模在定模部分必须设置定距分型装置（图8.3中的限位销6、弹簧7、定距拉板8），因此结构比较复杂，成本较高，适用于点浇口注射模或侧向分型抽芯机构设在定模一侧的注射模。

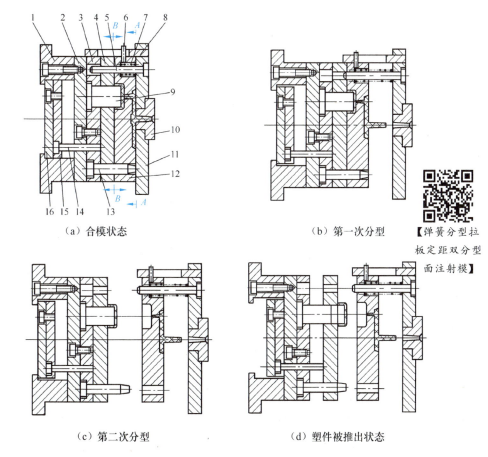

（a）合模状态　　（b）第一次分型　【弹簧分型拉板定距双分型面注射模】

（c）第二次分型　　（d）塑件被推出状态

1—支架；2—支承板；3—型芯固定板；4—推件板；5，13—导柱；6—限位销；7—弹簧；8—定距拉板；9—型芯；10—浇口套；11—定模座板；12—中间板（定模板）；14—推杆；15—推杆固定板；16—推板

图8.3　弹簧分型拉板定距双分型面注射模

3. 侧向分型与抽芯注射模

当塑件有侧凹或侧凸时，其侧型芯必须先侧向移出塑件，才可将塑件推出模具；否则塑件无法脱模。带动型芯侧向移动的机构称为侧向分型抽芯机构，图 8.4 所示为斜导柱侧向分型与抽芯注射模。

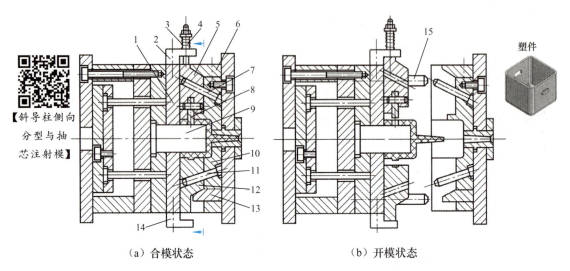

（a）合模状态　　　　　　　　（b）开模状态

1—推件板；2，14—挡块；3—弹簧；4—拉杆；5—侧滑块；6，13—锁紧块；7，11—斜导柱；
8—侧型芯；9—凸模；10—定模板；12—侧向成型块；15—导柱

图 8.4　斜导柱侧向分型与抽芯注射模

## 8.3　分型面（Parting Surface）

注射模中用于取出塑件和浇注系统凝料的可分离的接触表面称为分型面。分型面是决定模具结构形式的一个重要因素。分型面的形状和位置直接影响模具的结构、浇注系统的设计、塑件的脱模、模具的制造和塑件的成型质量等。注射模有单个分型面和多个分型面之分。当注射模有两个或两个以上的分型面时，常将脱模时取出塑件的分型面称为主分型面，其他分型面称为辅助分型面。

### 8.3.1　分型面的形状（Parting Surface Shape）

分型面的形状有多种，视塑件的具体形状而定。图 8.5 中，图 8.5（a）所示为平直分型面；图 8.5（b）所示为倾斜分型面；图 8.5（c）所示为阶梯分型面；图 8.5（d）所示为曲面分型面；图 8.5（e）所示为瓣合分型面，其中平直分型面结构简单、加工方便，设计时应尽量采用。

### 8.3.2　分型面的表示方法（Representation of Parting Surface）

在模具的装配图上，分型面的表示方法如下。

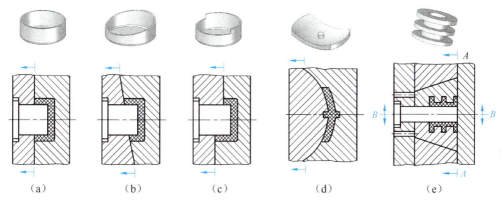

图 8.5 分型面的形式

（1）当模具分型时，若分型面两边的模板面都移动分开，则用"←│→"表示；若其中一方不动，另一方移动，则用"←│"或"│→"表示，箭头指向移动的方向。

（2）当有多个分型面时，应按开模先后次序依次标出 A、B、C 或 Ⅰ、Ⅱ、Ⅲ 等字样，如图 8.5（e）所示。

## 8.3.3　分型面的选择原则 (Selection Principle of Parting Surface)

分型面的选择应遵循如下原则。

**（1）分型面应选在塑件外形的最大轮廓处**。如图 8.6 所示，在 A—A 处设置分型面，塑件可顺利脱模；在 B—B 处设置分型面，塑件无法脱模。这是最基本的选择原则。

**（2）分型面应使塑件留在动模**。由于注射机动模设有推出装置，因此选择分型面时应将型芯设置在动模部分，依靠塑件冷却收缩后包紧型芯，使塑件在开模后留在动模一侧，通过在动模部分设置推出机构，使塑件顺利脱模。图 8.7 中，图 8.7（a）所示分型面不合理，图 8.7（b）所示分型面合理。

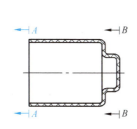

图 8.6　分型面选在最大轮廓处

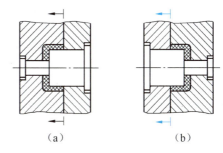

图 8.7　分型面应使塑件留在动模

**（3）分型面应有利于保证塑件外观质量**。塑件光滑的外表面不应设计成分型面，以避免出现飞边痕迹而影响外观。图 8.8 中，图 8.8（a）所示分型面不合理，图 8.8（b）所示分型面合理。

**（4）分型面应有利于保证尺寸精度**。对于受分型面影响的高精度尺寸，为避免注射时分型面涨开趋势的影响，应放在分型面的同侧。图 8.9 中，图 8.9（a）所示分型面不合理，图 8.9（b）所示分型面合理。

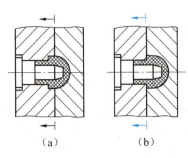
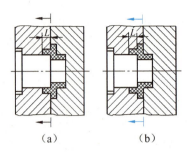

图 8.8 分型面对塑件外观质量的影响　　　图 8.9 分型面对尺寸精度的影响

塑件中要求同轴度的尺寸放在分型面的同侧,以保证同轴度要求。图 8.10 中,图 8.10(a)所示分型面不合理,图 8.10(b)所示分型面合理。

(5) **分型面应有利于型腔排气。**图 8.11 中,图 8.11(a)所示分型面不合理,排气不顺畅;图 8.11(b)所示分型面合理,塑料熔体的料流末端在分型面上,排气顺畅。

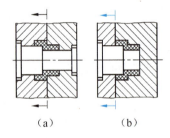
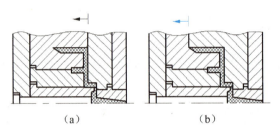

图 8.10 分型面对同轴度的影响　　　图 8.11 分型面对型腔排气的影响

(6) **分型面应有利于模具制造。**图 8.12 中,图 8.12(a)所示的分型面,推管前端制造困难,需采取止转措施,合模时,推管与定模型腔配合接触,推管制造难度较大;图 8.12(b)所示的阶梯分型面,利用推件板推出塑件,模具制造难度较低。

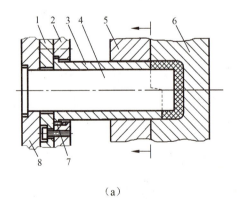
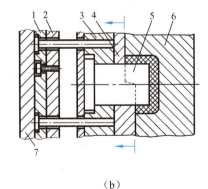

(a)　　　　　　　　　　　　　　　　(b)

1—推板；2—推杆固定板；3—推管；4—型芯；　　1—推板；2—推杆固定板；3—动模板；
5—动模板；6—定模板；7—止转销；8—动模座板　　4—推件板；5—型芯；6—定模板；7—动模座板

图 8.12 分型面对模具制造的影响

(7) **分型面应有利于侧向抽芯。**塑件有侧凹或侧凸时,侧向型芯放在动模一侧时模具结构简单、制造方便。由于模具侧向分型多由机械式分型机构完成(液压抽芯机构除外),

抽拔距离较小，因此选择分型面时应以浅的侧向凹孔或短的侧向凸台作为抽芯方向，而将较深的凹孔或较高的凸台放置在开合模方向。图8.13中，图8.13（a）和图8.13（c）所示分型面合理，图8.13（b）和图8.13（d）所示分型面不合理。

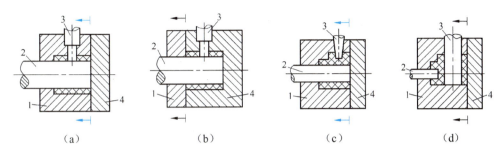

1—动模板；2—型芯；3—侧向型芯；4—定模板

图8.13 分型面对侧向抽芯的影响

以上阐述了选择分型面的一般原则及部分示例，但在实际设计时不可能全部满足上述原则，应抓住主要矛盾，从而较合理地确定分型面。

## 8.4 浇注系统设计（Gating System Design）

浇注系统是指熔融塑料从注射机喷嘴进入模具型腔所流经的通道，分为普通浇注系统和热流道浇注系统两种形式。本节只讨论普通浇注系统的设计。普通浇注系统一般由主流道、分流道、浇口和冷料穴4部分组成，如图8.14所示。

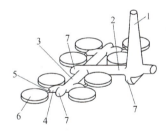

1—主流道；2—第一分流道；3—第二分流道；4—第三分流道；5—浇口；6—型腔；7—冷料穴

图8.14 浇注系统的组成

### 8.4.1 主流道设计（Sprue Design）

主流道通常位于模具的中心，它将注射机喷嘴注出的塑料熔体导入模具分流道或型腔，其形状为圆锥形，便于熔体顺利向前流进，开模时主流道凝料又能顺利拉出来。由于主流道要与高温塑料和注射机喷嘴反复接触和碰撞，因此通常不直接开在定模板上，而是由单独设计的浇口套（图8.15中的2）形成，结构设计如下：进料口直径$d=d_1+(0.5\sim1)$mm；球面凹坑半径$SR=SR_1+(1\sim2)$mm；锥角$\alpha=6°\sim12°$；主流道的表面粗糙度$Ra\leqslant0.8\mu m$。

浇口套常用碳素工具钢T8、T10制造并经热处理淬火至54~58HRC，作为标准件可直接采购。

浇口套与定模板的配合采用 H7/m6，浇口套与定位圈的配合采用 H9/f9，如图 8.16 所示。

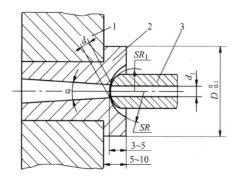

1—定模座板；2—浇口套；3—注射机喷嘴

图 8.15　主流道形状及其与注射机喷嘴的关系

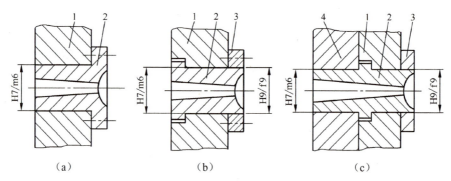

1—定模座板；2—浇口套；3—定位圈；4—定模板

图 8.16　浇口套的固定形式

### 8.4.2　分流道设计（Runner Design）

分流道是指浇注系统中主流道末端与浇口之间的一段塑料熔体的流动通道。分流道的作用是改变塑料熔体流向，使其以平稳的流态均衡地分配到各个型腔。设计时应尽量减小塑料熔体流动过程中的热量损失与压力损失。

**1. 分流道的形状与尺寸**

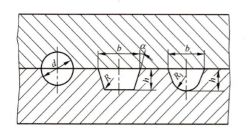

图 8.17　分流道的截面形状

分流道可开设在动模分型面和定模分型面的两侧或任一侧，其截面形状应尽量使其比表面积（流道表面积与体积之比）小。分流道的截面形状有圆形、梯形、U 形等，如图 8.17 所示。

分流道的截面尺寸由塑料品种、塑件尺寸、成型工艺条件及流道的长度等因素决定。

圆形截面分流道直径常为 2~10mm。对流动性较好的塑料，截面直径可取较小值；对流动性较差的塑料，截面直径可取较大值；对于大多数塑料，截面直径常取 5~6mm。U 形截面分道流的宽度 $b$ 可在 5~10mm 内选取，半径 $R_1=0.5b$，深度 $h=1.25R$，斜角 $\alpha=5°~10°$。

2. 分流道的长度

根据型腔在分型面上的排布情况，分道流可分为一次分流道、二次分流道和三次分流道。分流道要尽可能短，弯折要少，以便减小压力损失和热量损失，节约原材料和能耗。图 8.18 所示为分流道的长度设计尺寸，其中 $L_1=6~10$mm，$L_2=3~6$mm，$L_3=6~10$mm。$L$ 的尺寸根据型腔数量和型腔尺寸而定。

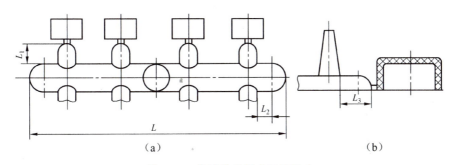

图 8.18 分流道的长度设计尺寸

3. 分流道的表面粗糙度

分流道的表面粗糙度不能太低，为保证与分流道接触的外层塑料熔体迅速冷却，形成绝热层，只有内部熔体平稳流动，故一般表面粗糙度 $Ra=1.6\mu m$。

4. 分流道在分型面上的布置形式

分流道在分型面上的布置形式有平衡式布置和非平衡式布置两种。平衡式布置是指分流道到各型腔浇口的长度、断面形状、尺寸都采用相同的布置形式，如图 8.19（a）所示。这种布置形式可实现均衡送料和同时充满型腔，使成型的塑件质量一致，但分流道长度较大。非平衡式布置是指分流道到各型腔浇口长度不相等的布置形式，如图 8.19（b）所示。这种布置形式使塑料熔体进入各型腔有先有后，不利于均衡进料。但对于多型腔模具，为减小分流道长度，常采用这种形式。为实现塑料熔体同时充满各型腔，各浇口的断面尺寸要做得不同，并通过多次修模达到。

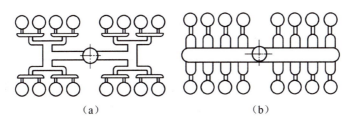

图 8.19 分流道的布置形式

> **特别提示**
>
> （1）分流道通常开设在分型面上，可单独开在动模板或定模板上，如图8.20（a）所示；也可同时开在动、定模板上，如图8.20（b）所示。
>
> （2）分流道与浇口连接处应加工成斜面，并用圆弧过渡，如图8.20所示。

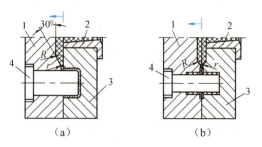

1—动模板；2—浇口套；3—定模板；4—型芯

图 8.20 分流道与浇口的连接方式

## 8.4.3 冷料穴设计（Cold-slug Well Design）

冷料穴的作用是容纳浇注系统中料流前锋的"冷料"，防止"冷料"注入型腔而影响成型塑件的质量；还可在冷料穴处设置拉料杆，开模时，先将主流道凝料从定模浇口套中拉出，然后由推出机构将塑件和浇注系统凝料一起推出模外。卧式注射机或立式注射机所用注射模的冷料穴如图8.21所示，冷料穴位于主流道正对的动模板上或分流道末端。冷料穴的形式有以下两种。

（1）底部带有推杆的冷料穴。开模时起拉凝料作用，推出时将凝料自动推出。图8.21（a）

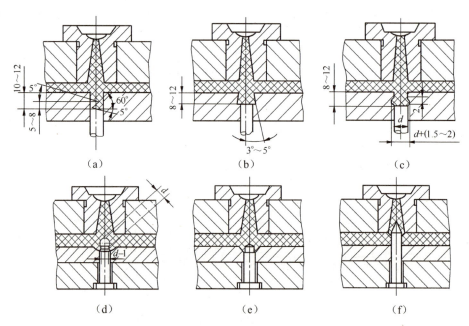

图 8.21 卧式注射机或立式注射机所用注射模的冷料穴

所示为 Z 形冷料穴，图 8.21（b）所示为倒锥形冷料穴，图 8.21（c）所示为圆环形冷料穴。

（2）底部带有拉料杆的冷料穴。只在开模时起拉凝料作用，图 8.21（d）所示为球头形冷料穴，图 8.21（e）所示为菌头形冷料穴，图 8.21（f）所示为圆锥头形冷料穴。圆锥头形冷料穴无储存冷料的作用，仅靠塑料收缩的包紧力拉出主流道凝料，可靠性欠佳。

### 特别提示

图 8.21（a）～图 8.21（c）中冷料穴底部带有推杆时，推杆应安装固定在推杆固定板上；而图 8.21（d）～图 8.21（f）中动模部分冷料穴底部带有拉料杆时，拉料杆应安装固定在动模板上。

## 8.4.4 浇口设计（Gate Design）

浇口也称进料口，是指浇注系统中连接分流道与型腔的熔体通道，其位置、尺寸、形状直接关系到塑件的内在质量和外观质量，是浇注系统的关键部位。浇口按截面尺寸不同，可分为限制性浇口和非限制性浇口两大类。

#### 1. 限制性浇口

限制性浇口是指分流道与型腔间采用一段距离很短、截面很小的流道。其作用如下。

（1）通过截面的突然变化，塑料熔体流速增大，摩擦加剧，温度升高，黏度降低，流动性提高，有利于填充型腔。

（2）对多型腔模具，可调节浇口截面尺寸以保证非平衡布置的型腔同时充满。

（3）型腔充满后，熔体首先在浇口处凝固，以防止熔体倒流，保证型腔内熔料自由收缩固化成型，减小塑件内残余应力。

（4）便于浇注系统与塑件的分离，塑件上残留痕迹小。

但浇口尺寸过小会使压力损失增大，冷凝加快，补缩困难。

#### 2. 非限制性浇口

非限制性浇口是指塑料熔体从主流道直接进入型腔，是整个浇口系统中截面尺寸最大的部位。

#### 3. 常用浇口形式及使用范围

**（1）直接浇口。**

直接浇口如图 8.22 所示，属于非限制性浇口，一般 $\alpha = 4° \sim 12°$。这类浇口流程短、流动阻力小、进料速度快，有利于排除深型腔中的气体，容易成型；但浇口去除困难，遗留痕迹明显，浇口附近热量集中，冷却速度慢，内应力大，易产生变形、缩孔等缺陷。

直接浇口适用于成型大型、深腔、壁厚的壳体类塑件（如盆、桶等），对各种塑料都适用，特别是黏度高、流动性差的塑料，但不宜成型平薄类塑件。

**（2）中心浇口。**

当筒类或壳类塑件的底部中心或接近中心部位有通孔时，内浇口可开设在该孔口处，同时在中心处设置分流锥，这种类型的浇口称为中心浇口，如图 8.23 所示。环形厚度一般不小于 0.5mm。

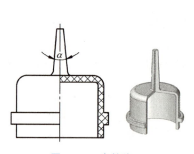
图 8.22 直接浇口

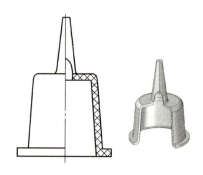
图 8.23 中心浇口

(3) 侧浇口。

侧浇口又称边缘浇口，开在主分型面上，从塑件侧面进料，断面形状为矩形，尺寸小，属于限制性浇口。侧浇口的优点如下：加工容易，可按需要合理选择浇口位置和调整尺寸；使模具结构简单，只需采用二板模即可；去浇口容易，痕迹较小，对塑件外观影响小，适用于各种形状的塑件。侧浇口的缺点如下：这种浇口成型的塑件往往存在熔接痕，而且注射压力损失大，对深型腔塑件的排气不利。如图 8.24 所示，对于中小型塑件，侧浇口尺寸经验取值如下：宽度 $b=1.5\sim5$ mm，厚度 $t=0.5\sim2$ mm（也可取塑件壁厚的 $1/3\sim2/3$），长 $l=0.7\sim2$ mm。塑件厚、大，数值取上限；反之，数值取下限。

(4) 轮辐式浇口。

轮辐式浇口是侧浇口的变异形式，如图 8.25 所示，多用于底部有大孔的圆筒形或壳形塑件。轮辐式浇口增加了熔接痕，影响塑件的强度。

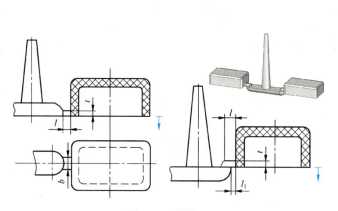
图 8.24 侧浇口

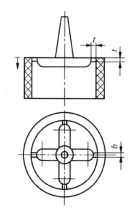
图 8.25 轮辐式浇口

(5) 点浇口。

点浇口又称针式浇口，是一种尺寸很小的浇口。点浇口的形式如图 8.26 所示，其中图 8.26 (a) 所示形式常用；图 8.26 (b) 所示形式为防止点浇口拉断时损坏塑件，增加了一个小倒锥凸台。但这两种形式都会在塑件表面留下浇口凸起，影响表面质量，为此可采用图 8.26 (c) 所示的形式。

点浇口尺寸经验取值如下：$d=0.5\sim1.5$ mm（常取 $0.8\sim1.2$ mm），$l=0.5\sim2$ mm，$l_0=0.5$ mm，$l_1=1.0\sim1.5$ mm，$\alpha=6°\sim15°$，$\beta=60°\sim90°$。

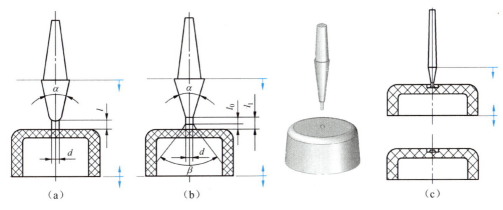

图 8.26 点浇口的形式

点浇口的优点如下：①对浇口位置限制较小，可自由选定；②在多点进料或多型腔模具中，容易实现均衡进料；③有利于薄壁、长流程和表面带精细花纹图案的塑件成型，减小浇口附近的残余应力；④容易从塑件上自行拉断，几乎看不出浇口痕迹，容易实现脱模时的自动化。

点浇口的缺点如下：①必须采用三板模结构，增加了模具结构复杂性；②加工较困难；③要求采用较大的注射压力。

点浇口广泛用于低黏度塑料（如苯乙烯树脂、聚乙烯等）和各种壳体类塑件，不适用于高黏度塑料和壁厚塑件。

**(6) 潜伏浇口。**

潜伏浇口又称隧道式浇口，由点浇口演变而来，用于两板模，简化了模具结构。潜伏浇口开设在塑件内侧或外侧隐蔽部位，使浇口痕迹不影响塑件外形美观，其形式如图 8.27 所示。其中，图 8.27（a）所示为浇口开设在定模部分；图 8.27（b）所示为浇口开设在动模部分；图 8.27（c）所示为浇口开设在推杆上而进料口在推杆上端。

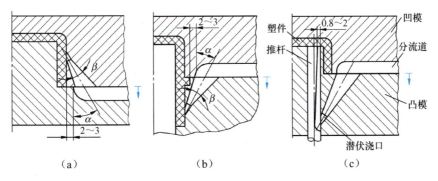

图 8.27 潜伏浇口的形式

潜伏浇口一般是圆形截面，其尺寸设计可参考点浇口。潜伏浇口的锥角 $\beta$ 取 $10°\sim20°$，倾斜角 $\alpha$ 为 $45°\sim60°$，推杆上进料口宽度为 $0.8\sim2\text{mm}$，视塑件大小而定。

潜伏浇口适用于表面质量要求高、不允许留浇口痕迹的塑件，不适用于较强韧的塑料。

### 8.4.5 浇注系统及浇口位置的选择 (Selection of Gating system and Gate Position)

浇注系统设计（特别是浇口位置）对塑件的性能、尺寸、内外部质量及模具的结构、塑料的利用率等都有较大影响。在进行设计时，需要根据塑件的结构、质量要求与成型工艺条件等综合考虑，一般应遵循以下原则。

**(1) 了解塑料的成型性能。** 设计浇注系统要适应所用塑料的成型特性要求，以保证塑件质量。

**(2) 尽量采用较短的流程充满型腔。** 选择浇注系统及浇口位置时，应保证流程短，拐弯小，压力损失和热量损失小，使熔体容易充满型腔。图 8.28（a）所示为不合理的浇注系统，图 8.28（b）所示为合理的浇注系统。

要对大型塑件进行流动比的校核。流动比是指塑料熔体在模具中进行最长距离的流动时，其截面厚度相同的各段料流通道及各段型腔的长度与其对应截面厚度之比的总和，即

$$\Phi = \sum_{i=1}^{n} \frac{L_i}{t_i} \qquad (8-1)$$

式中，$\Phi$——流动距离比；

$L_i$——模具中各段料流通道及各段型腔的长度（mm）；

$t_i$——模具中各段料流通道及各段型腔的截面厚度（mm）。

图 8.29 所示为侧浇口进料的塑件，其流动距离比

$$\Phi = \frac{L_1}{t_1} + \frac{L_2}{t_2} + \frac{L_3}{t_3} + \frac{2L_4}{t_4} + \frac{L_5}{t_5}$$

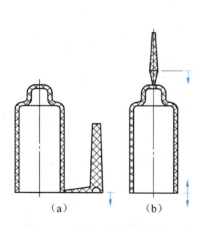

图 8.28 浇注系统对填充的影响

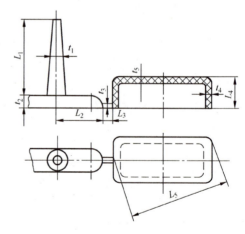

图 8.29 流动距离比计算实例

当计算出的熔体实际流动比大于允许的数值时会出现充型不足现象，应调整浇口位置或增加浇口。表 8-1 所示为常用塑料的注射压力与流动距离比，供模具设计时参考。

表 8-1 常用塑料的注射压力与流动距离比

| 塑料品种 | 注射压力/MPa | 流动距离比 | 塑料品种 | 注射压力/MPa | 流动距离比 |
|---|---|---|---|---|---|
| 聚乙烯（PE） | 49 | 140～100 | 聚苯乙烯（PS） | 88.2 | 300～260 |
| | 68.6 | 240～200 | | | |
| | 147 | 280～250 | 聚醛（POM） | 98 | 210～110 |

续表

| 塑料品种 | 注射压力/MPa | 流动距离比 | 塑料品种 | 注射压力/MPa | 流动距离比 |
|---|---|---|---|---|---|
| 聚碳酸酯（PC） | 88.2 | 130～90 | 聚酰胺66 | 88.2 | 130～90 |
| | 117.6 | 150～120 | | 127.4 | 160～130 |
| | 127.4 | 160～120 | | | |
| 软聚氯乙烯（SPVC） | 68.6 | 240～160 | 硬聚氯乙烯（HPVC） | 68.6 | 110～70 |
| | | | | 88.2 | 140～100 |
| | 88.2 | 280～200 | | 117.6 | 160～120 |
| | | | | 127.4 | 170～130 |

**(3) 尽量避免或减少产生熔接痕，提高熔接痕处的强度。** 在选择浇口位置时，尽量减少分流次数，避免产生熔接痕，如图8.30所示。为避免熔接痕的产生，在熔接痕处增设溢流槽，如图8.31所示。若无法避免熔接痕，应注意熔接痕方向，提高熔接痕处强度。图8.32（a）所示布置，熔接痕与小孔位于一条直线上，塑件强度较差，布置不合理；改用图8.32（b）所示布置可提高塑件强度，布置合理。

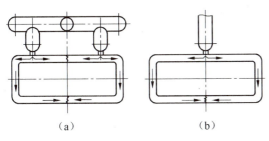

图8.30 浇口位置对熔接痕的影响

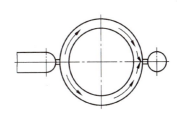

图8.31 浇注系统对外观的影响

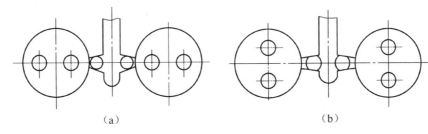

图8.32 浇口位置对熔接痕方位及强度的影响

**(4)** 设计浇注系统时应考虑到浇口去除、修理方便，痕迹小，不能影响塑件外表美观。对多型腔模具，保证各型腔均衡进料。

**(5)** 型腔布置和浇口开设位置力求对称，防止模具承受偏载而产生溢料现象。图8.33（a）所示设计不合理，图8.33（b）所示设计合理。

**(6) 选择内浇口位置时应防止型芯的变形和嵌件的位移。** 选择内浇口位置时应尽量避免塑料熔体直接冲击细小型芯和嵌件，以防止塑料熔体冲击力使细小型芯变形或嵌件位移。图8.28（a）所示浇口位置不合理，图8.28（b）所示浇口位置合理。

**(7) 选择内浇口位置时应使其利于型腔中气体的排出。** 图8.28（a）所示设计不合理，塑

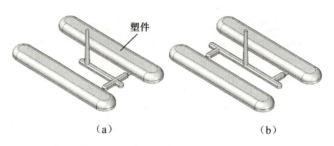

图 8.33 型腔、浇口位置力求对称

料熔体可能会先封住分型面,造成气体聚集在型腔深处,不能排出;图 8.28(b)所示设计合理。

(8) 选择内浇口位置时应避免塑件变形。图 8.34(a)所示平板形塑件只用一个中心浇口,塑件会因内应力较大而翘曲变形;而图 8.34(b)所示塑件采用多个点浇口,就可以克服翘曲变形缺陷。

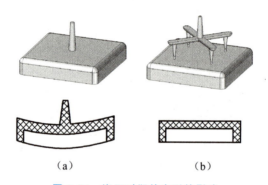

图 8.34 浇口对塑件变形的影响

## 8.5 成型零件设计(Molding Part Design)

### 8.5.1 成型零件的结构设计(Structural Design of Cavity Block)

凹模也称型腔,是成型塑件外表面的主要零件,按结构不同可分为整体式凹模和组合式凹模两种。

#### 1. 整体式凹模

整体式凹模是凹模成型零件和凹模固定板均在一整块金属模板上加工而成的结构,如图 8.35 所示。其优点是牢固、不易变形,不会使塑件产生拼接痕迹;缺点是浪费优质模具材料,加工困难,热处理不方便,常用于形状简单的中、小型模具上。

#### 2. 组合式凹模

组合式凹模是凹模成型零件和凹模固定板不在一整块金属模板上加工的结构。按组合方式不同,

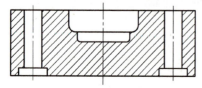

图 8.35 整体式凹模

组合式凹模可分为整体嵌入式凹模、局部镶嵌式凹模和四壁拼合式凹模等。

（1）整体嵌入式凹模。整体嵌入式凹模是指型腔在一整块材料上加工，再整体嵌入凹模固定板的结构形式，如图 8.36 所示。型腔板与凹模固定板采用 H7/m6 过渡配合。图 8.36（a）所示为台阶固定法，适用于圆形凹模的嵌入固定；图 8.36（b）和图 8.36（c）所示为螺钉固定法，适用于非圆形凹模的嵌入固定。整体嵌入式凹模的特点是塑件表面无镶拼线痕迹、节约优质模具材料、加工方便、热处理变形小、维修方便，常用于精度要求高、使用标准模架的模具。

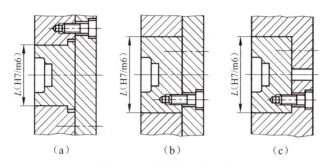

图 8.36 整体嵌入式凹模

（2）局部镶嵌式凹模。针对型腔局部强度不够、容易损坏、型腔局部形状复杂、不便加工等问题，可采用图 8.37 所示的局部镶嵌式凹模。以上镶嵌均采用 H7/m6 的过渡配合。

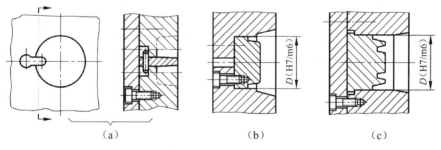

图 8.37 局部镶嵌式凹模

（3）四壁拼合式凹模。对大型和形状复杂的凹模，可以分别加工其四壁和底板，经研磨后压入模套中，称为四壁拼合式凹模，如图 8.38 所示。

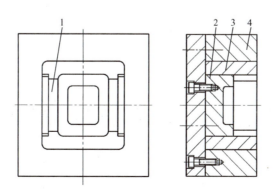

1，3—侧向镶拼块；2—底部镶拼块；4—模套

图 8.38 四壁拼合式凹模

常采用整体嵌入式凹模和局部镶嵌式凹模。

### 3. 凹模型腔侧壁厚度的计算

凹模型腔侧壁应具有足够的厚度以承受熔融塑料的高压作用,若壁厚不够,可能产生变形,即刚性不足;也可能产生破裂,即强度不够。事实证明,对于尺寸大的型腔,刚度不够是主要的,应按刚度进行试算;对于尺寸小的型腔,发生大的塑性变形前,其内应力往往已超过许用应力,应按强度进行计算。

(1) 圆形凹模侧壁厚度的计算。

① 组合式圆形凹模侧壁厚度的计算。如图 8.39 所示,当型腔侧壁承受高压熔融塑料的作用时,其半径变形量为

$$\delta = \frac{rp}{E}\left(\frac{R^2+r^2}{R^2-r^2}+\mu\right) \quad (8-2)$$

如果已知 $p$、$r$、$E$ 和刚度条件(半径变形量)$\delta$,则式(8-2)可改写为

$$R = r\sqrt{\frac{1-\mu+\frac{E\delta}{rp}}{\frac{E\delta}{rp}-\mu-1}} \quad (8-3)$$

则侧壁厚度

$$H = R - r$$

如果是小塑件的型腔,应进行强度计算。按第三强度理论,其计算公式为

$$H = r\left(\sqrt{\frac{[\sigma]}{[\sigma]-2p}}-1\right) \quad (8-4)$$

② 整体式圆形凹模侧壁厚度的计算。如图 8.40 所示,整体式圆形型腔在熔融塑料压力的作用下,由于侧壁的限制,越靠近底部,受到的约束越大,近似认为在底板内半径变形为零,但当侧壁高到一定的界限 $L$ 以上时,内半径变形值与自由变形的组合式圆形型腔变形值 $\delta$ 相等。自由变形与约束变形的分界点高度为

$$L = \sqrt[4]{2r(R-r)^3} \quad (8-5)$$

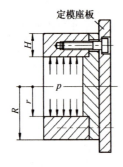 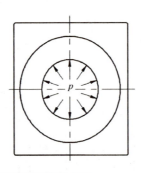

图 8.39 组合式圆形凹模受力图

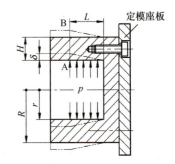

图 8.40 整体式圆形凹模受力图

当型腔高度大于 $L$ 时,按组合式圆形型腔进行刚度和强度计算;当型腔高度小于 $L$ 时,按式(8-3)进行刚度计算。最后根据具体结构确定型腔外半径 $R$ 和型腔侧壁厚度 $H$,再按式(8-6)进行强度校核。

$$\sigma = \frac{3pL^2}{H^2}\left(\frac{R^2+r^2}{R^2-r^2}+\mu\right) \leqslant [\sigma] \quad (8-6)$$

式中，$p$——型腔内压力（MPa）；

$H$——型腔侧壁厚度（mm）；

$R$——型腔外半径（mm）；

$r$——型腔内半径（mm）；

$\mu$——泊松比，碳钢取 $\mu=0.25$；

$E$——弹性模量（MPa），碳钢取 $E=2.1\times 10^5$ MPa；

$[\sigma]$——模具材料的许用应力（MPa）。

（2）矩形凹模侧壁厚度的计算。

① 组合式矩形凹模侧壁厚度的计算。如图 8.41 所示，从刚度的观点出发，在熔融塑料的高压作用下，侧壁将发生弯曲，使侧壁与底板产生纵向间隙。设允许最大变形量为 $[\delta]$，并且将侧壁的各边看成固端梁，其侧壁厚度按式（8-7）计算。

$$H=\sqrt[3]{\frac{pal_1^4}{32EA[\delta]}} \tag{8-7}$$

从强度的观点出发，侧壁各边都受到拉应力和弯曲应力的联合作用，取最长的一边计算。最大挠曲变形发生在梁的中点，最大弯曲应力也在该点，其侧壁厚度按式（8-8）计算。

$$H=\frac{apl_2+\sqrt{a^2p^2l_2^2+8A[\sigma]apl_1^2}}{4A[\sigma]} \tag{8-8}$$

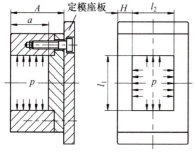
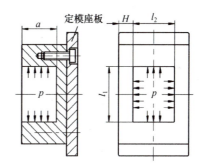

图 8.41　组合式矩形凹模受力图　　图 8.42　整体式矩形凹模受力图

② 整体式矩形凹模侧壁厚度的计算。如图 8.42 所示，任何侧壁均可简化为三边固定、一边自由的矩形板，其最大变形发生在自由边的中点处。设侧壁允许最大变形量为 $[\delta]$，则侧壁厚度

$$H=\sqrt[3]{\frac{Cpa^4}{E[\delta]}} \tag{8-9}$$

其中

$$C\approx\frac{1}{\frac{2}{3}+32\frac{a^4}{l_1^4}} \tag{8-10}$$

式中，$H$——型腔侧壁厚度（mm）；

$C$——常数（根据 $l_1$、$a$ 而定）；

$p$——型腔内压力（MPa）；

$l_1$、$l_2$——侧壁内边长边、短边长度（mm）；

$a$——承受塑料压力部分的侧壁高度（mm）；

$A$——侧壁全高（mm）；

$[\delta]$——侧壁允许最大变形量（mm）；

$E$——弹性模量（MPa），碳钢取 $E=2.1\times10^5$ MPa；

$[\sigma]$——模具材料的许用应力（MPa）。

#### 4. 凹模型腔底板厚度的计算

无论是组合式凹模还是整体式凹模，整个凹模底板与定模板完全接触，定模板又与注射机前固定板完全接触。由于前固定板厚度很大，因此凹模底板可以看作受压件。从材料力学知识得知，受力件的压应力与受力面积成正比，即底板强度与底板受力面积有关，与底板厚度无关。只要保证凹模底板单位面积上的压力小于模具材料的许用压应力，即可满足强度要求，而底板厚度主要从结构上考虑。

**特别提示**

（1）实际应用中，为便于脱模，一般常将凹模设计在注射模的定模上，凸模设计在动模上。本节就是针对此种情况，对凹模型腔进行受力分析和侧壁厚度计算。

（2）此处介绍的是常见的两种规则型腔侧壁厚度的计算方法，对于不规则的型腔，可简化为规则的型腔进行计算。

（3）在不清楚按强度条件还是按刚度条件计算时，应对两种情况分别进行计算，最后将计算所得的较大值作为侧壁厚度的设计依据。

（4）由于注射模的结构形式多种多样，因此进行刚度、强度计算时，应用的公式不一定相同。在进行设计计算时，还需要根据具体结构进行分析和计算。

### 8.5.2　凸模的结构设计（Structural Design of Punch）

凸模也称型芯，是成型塑件内表面的主要零件，按结构可分为整体式凸模和组合式凸模两种。

#### 1. 整体式凸模

整体式凸模是指凸模固定板和凸模由一整块材料加工而成的结构，如图 8.43 所示。其特点与整体式凹模的相同。

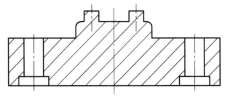

图 8.43　整体式凸模

#### 2. 组合式凸模

组合式凸模是指凸模固定板和凸模由不同材料加工而成的结构，按组合方式不同，可分为整体嵌入式凸模（图 8.44）、局部镶嵌式凸模（图 8.45）等。

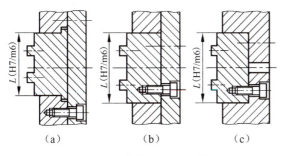

图 8.44　整体嵌入式凸模　　　　　图 8.45　局部镶嵌式凸模

采用局部镶嵌式凸模时要满足强度要求，方便脱模，防止热处理变形，要避免尖角镶拼。图 8.46（a）所示结构，溢料飞边方向与塑件脱模方向垂直，影响塑件脱出；图 8.46（b）所示结构，溢料飞边方向与塑件脱模方向一致，便于脱模，因此被广泛采用。

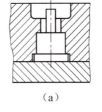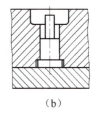

图 8.46　便于脱模的局部镶嵌

### 3. 组合式凸模的支撑板厚度计算

组合式凸模安装在动模上时，受力图如图 8.47 所示。由图 8.47 可知，凸模可将受到的熔体压力直接传递给支撑板。支撑板受到熔体压力作用后会发生弯曲变形，从而影响塑件尺寸精度，所以支撑板厚度计算也需从刚度和强度两方面考虑。

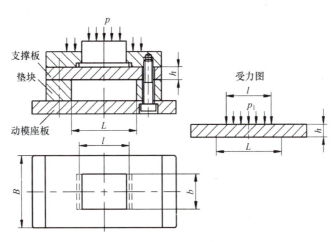

图 8.47　组合式凸模受力图

将支撑板简化成受均匀载荷的简支梁。由于受力面积不同，因此均布载荷 $p_1$ 不等于熔体压力 $p$，可由式（8-11）得出。

$$p_1 = p\frac{f}{bl} \tag{8-11}$$

按刚度条件计算：

$$h = \frac{p_1 bl}{32EB[\delta]}\sqrt[3]{8L^3 - 4Ll^2 + l^3} \tag{8-12}$$

按强度条件计算：

$$h = \frac{3p_1 bl}{4B[\sigma]}\sqrt{2L-l} \quad (8-13)$$

式中，$p_1$——支撑板承受的压力（MPa）；
$f$——塑件在分型面上的投影面积（mm²）；
$p$——型腔内压力（MPa）；
$b$、$l$——凸模底面的宽度、长度（mm）；
$B$——支撑板的宽度（mm）；
$L$——两个支撑板内侧间距（mm）；
$[\delta]$——支撑板允许最大变形量（mm）；
$E$——弹性模量（MPa），碳钢取 $E=2.1\times10^5$ MPa；
$[\sigma]$——模具材料的许用应力（MPa）。

4. 整体式凸模的支撑板厚度计算

整体式凸模在动模上的安装方式有两种：一种是将整体式凸模安装在支撑板上；另一种是将整体式凸模直接安装在垫块上。图 8.48 所示为整体式凸模安装在支撑板上的结构。这种结构与组合式凸模类似，也是通过凸模将熔体压力作用在支撑板上。支撑板同样简化成受均匀载荷的简支梁，不同的是均布载荷作用面积不同。除 $p_1$ 的计算公式不同外，因为均布载荷作用在两个垫块之间的整个跨度范围上，所以支撑板厚度计算公式也不同。

$$p_1 = p\frac{f}{LB} \quad (8-14)$$

按刚度条件计算：

$$h = \sqrt[3]{\frac{5p_1 L^4}{32E[\delta]}} \quad (8-15)$$

按强度条件计算：

$$h = \sqrt{\frac{3p_1 L^2}{4[\sigma]}} \quad (8-16)$$

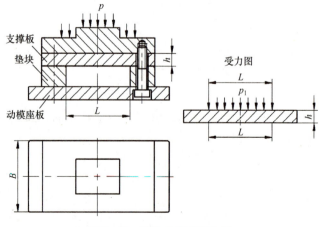

图 8.48　整体式凸模受力图

整体式凸模直接安装在垫块上时，可参照组合式凸模支撑板厚度的计算式（8-12）、式（8-13）进行计算。

### 8.5.3　小型芯的结构设计（Structural Design of Small Core）

用于成型塑件上的小孔或凹槽的细小凸模通常称为小型芯。小型芯的固定方法如图 8.49 所示，其中，图 8.49（a）所示结构用于固定板较薄、用台肩固定、用支撑板压紧的场合；图 8.49（b）所示结构用于固定板较厚、用台肩固定、用支撑板压紧的场合；图 8.49（c）所示结构用于固定板厚、用支撑板压紧的场合；图 8.43（d）所示结构用于固定板厚而无支撑板的场合。

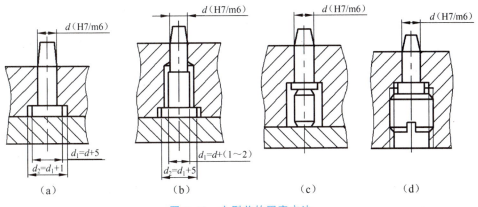

图 8.49　小型芯的固定方法

对于异形小型芯，为了定位方便，常将小型芯设计成图 8.50 所示的结构。

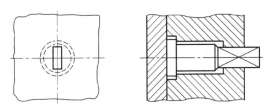

图 8.50　异形小型芯结构

当多个距离较近的小型芯采用台肩固定时，台肩会产生重叠干涉现象，可将台肩干涉的一面磨去，将小型芯固定板的台阶孔加工成大圆台阶孔或长腰形台阶孔，如图 8.51 所示。

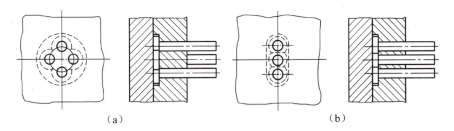

图 8.51　多个距离较近的小型芯的固定

## 8.5.4 成型零部件工作尺寸的计算（Working Size Calculation of Molding Part）

成型零部件工作尺寸是指凹模和型芯中直接用来构成塑件的尺寸。

**1. 影响成型零部件工作尺寸的因素**

**（1）塑件的收缩率波动。** 塑件成型后的收缩变化与塑料的品种，塑件的形状、尺寸、侧壁厚度，成型工艺条件及模具结构等因素有关，一般按平均收缩率进行计算。

$$\bar{S} = \frac{S_{max} + S_{min}}{2} \times 100\% \tag{8-17}$$

式中，$\bar{S}$——塑件的平均收缩率；

$S_{max}$——塑件的最大收缩率；

$S_{min}$——塑件的最小收缩率。

$S_{max}$ 和 $S_{min}$ 的值参见相关塑料模设计手册或塑料产品说明书。

实际收缩率与计算收缩率会有差异，需不断总结后修订。

**（2）模具成型零件的制造误差。** 模具成型零件的制造精度直接影响塑件尺寸精度。一般成型零件工作尺寸的制造公差根据塑件公差 $\delta$ 而定，具体比例关系见表 8-2。模具成型零件的表面粗糙度 $Ra = 0.2 \sim 0.8 \mu m$。

表 8-2 模具制造公差 $\delta$ 与塑件尺寸公差 $\Delta$ 的比例关系

| 塑件基本尺寸 L/mm | $\delta/\Delta$ | 塑件基本尺寸 L/mm | $\delta/\Delta$ |
| --- | --- | --- | --- |
| 0～60 | 1/4～1/3 | 250～350 | 1/7～1/6 |
| 60～150 | 1/5～1/4 | 350～500 | 1/8～1/7 |
| 150～250 | 1/6～1/5 | 500 以上 | 1/10～1/9 |

**（3）模具成型零件的磨损。** 模具成型零件的磨损主要缘于塑料熔体的冲刷、腐蚀、脱模时塑件与模具的摩擦及模具维修保养时的打磨抛光等，其中脱模摩擦是主要因素。磨损量应根据塑件的产量、塑料的品种、模具的材料等因素来确定，生产批量小、塑料黏性小、材料耐磨性好，取较大值；反之，取较小值。对于中小型塑件，最大磨损量可取塑件公差的 1/6；对于大型塑件，应取小于塑件公差值的 1/6。

**（4）模具安装配合误差。** 模具导柱导套间的配合间隙，型腔、型芯与固定板间的配合间隙，分型面及模板平面度等都会引起塑件尺寸的变化，因此模具的配合间隙误差应不影响模具成型零件的尺寸精度和位置精度。

**2. 型腔和型芯径向尺寸的计算**

（1）型腔尺寸的计算。

型腔尺寸也是成型塑件外形的模具尺寸，塑件外形径向、高度尺寸公差的标准标注形式分别为 $(L_s)_{-\Delta}^{0}$ 和 $(H_s)_{-\Delta}^{0}$，如图 8.52（b）所示。型腔在使用过程中会因磨损而尺寸逐渐增大，为使模具留有修模余地，在设计模具时，型腔尺寸尽量取下限尺寸，制造公差取上偏差，如图 8.52（c）所示。

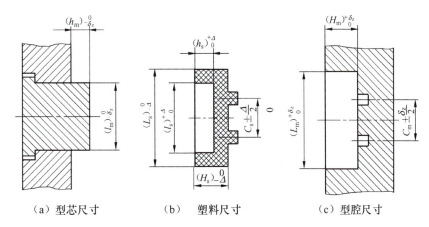

(a) 型芯尺寸　　　(b) 塑料尺寸　　　(c) 型腔尺寸

图 8.52　模具零件工作尺寸与塑件尺寸的关系

① 型腔径向尺寸计算。

型腔径向尺寸的计算公式为

$$(L_m)_0^{+\delta_z} = \left[(1+\bar{S})L_s - \frac{3}{4}\Delta\right]_0^{+\delta_z} \tag{8-18}$$

式中，$L_m$——型腔的径向公称尺寸（mm）；

　　　$\bar{S}$——塑料的平均收缩率（%）；

　　　$L_s$——塑件外形的径向公称尺寸（mm）；

　　　$\delta_z$——模具制造公差（mm），取塑件相应尺寸公差的 1/10～1/3，按表 8-2 选取；

　　　$\Delta$——塑件外形径向尺寸的公差（mm）。

② 型腔深度方向尺寸计算。

型腔深度方向尺寸的计算公式为

$$(H_m)_0^{+\delta_z} = \left[(1+\bar{S})H_s - \frac{2}{3}\Delta\right]_0^{+\delta_z} \tag{8-19}$$

式中，$H_m$——凹模深度公称尺寸（mm）；

　　　$H_s$——塑件凸起部分的高度公称尺寸（mm）。

 **特别提示**

型腔深度方向尺寸磨损较小，其磨损系数取 2/3；而径向尺寸磨损较大，其磨损系数取 3/4。

(2) 型芯尺寸的计算。

型芯是成型塑件内形的模具零件，塑件内形径向和深度尺寸公差的标准标注形式分别为 $(l_s)_0^{+\Delta}$ 和 $(h_s)_0^{+\Delta}$，如图 8.52（b）所示。凸模在使用过程中会因磨损而尺寸逐渐减小，为使模具留有修模余地，在设计模具时，凸模尺寸尽量取上限尺寸，制造公差取下偏差，如图 8.52（a）所示。

① 型芯径向尺寸计算。

型芯径向尺寸的计算公式为

$$(l_m)_{-\delta_z}^0 = \left[(1+\bar{S})l_s + \frac{3}{4}\Delta\right]_{-\delta_z}^0 \tag{8-20}$$

式中，$l_m$——凸模径向公称尺寸（mm）；

$l_s$——塑件内表面径向公称尺寸（mm）；

$\Delta$——塑件内表面径向尺寸的公差（mm）。

② 型芯高度尺寸计算。

型芯高度尺寸的计算公式为

$$(h_m)_{-\delta_z}^{0} = \left[(1+\bar{S})h_s + \frac{2}{3}\Delta\right]_{-\delta_z}^{0} \tag{8-21}$$

式中，$h_m$——凸模高度公称尺寸（mm）；

$h_s$——塑件孔或凹槽深度公称尺寸（mm）；

$\Delta$——塑件孔或凹槽深度尺寸的公差（mm）。

(3) 中心距尺寸计算。

塑件上凸台之间、凹槽之间或凸台与凹槽之间中心线的距离称为中心距。由于中心距的公差都是双向等值公差，同时磨损结果不会使中心距尺寸发生变化，因此在计算时不必考虑磨损量，如图 8.52（c）所示。中心距尺寸计算公式为

$$C_m \pm \frac{\delta_z}{2} = (1+\bar{S})C_s \pm \frac{\delta_z}{2} \tag{8-22}$$

式中，$C_m$——模具中心距基本尺寸（mm）；

$C_s$——塑件中心距基本尺寸（mm）。

 **特别提示**

为方便脱模，型腔、型芯沿脱模方向设计有脱模斜度，所以在成型零件工作图中标注型腔、型芯径向尺寸时，应注明型腔、型芯径向尺寸指的是大端尺寸还是小端尺寸。

### 8.5.5　排气系统设计（Venting System Design）

塑料熔体在充填型腔时，必须将浇注系统和型腔内的空气及塑料分解产生的气体顺利排出模外，否则会在塑件上形成气泡，产生熔接不牢、表面轮廓不清及充型不满等成型缺陷，因此在模具设计时必须考虑型腔的排气问题。注射模通常采用以下 4 种方式排气。

(1) 利用推杆、镶拼型芯、活动镶件等的配合间隙排气，配合间隙为 0.03～0.05mm，视塑料的流动性而定。流动性好的塑料，配合间隙取较小值；流动性差的塑料，配合间隙取较大值。

(2) 在分型面上熔体流动末端开设排气槽，形式与尺寸如图 8.53 所示。

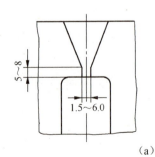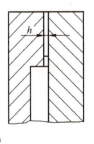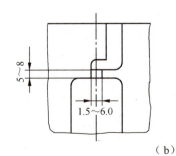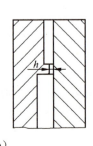

(a)　　　　　　　　　　　　　　　(b)

图 8.53　分型面上的排气槽

分型面上排气槽的深度见表 8-3。

表 8-3 分型面上排气槽的深度 （单位：mm）

| 塑料品种 | 深度 h | 塑料品种 | 深度 h |
|---|---|---|---|
| 聚乙烯（PE） | 0.02 | 聚酰胺（PA） | 0.01 |
| 聚丙烯（PP） | 0.01～0.02 | 聚碳酸酯（PC） | 0.01～0.03 |
| 聚苯乙烯（PS） | 0.02 | 聚甲醛（POM） | 0.01～0.03 |
| ABS | 0.03 | 丙烯酸酯 | 0.03 |

（3）利用排气塞排气。如果型腔最后充填的部位不在分型面上，而其附近又没有活动型芯或推杆，则可在型腔深处镶入排气塞排气，如图 8.54 所示。

（4）在溢流槽处设置推杆孔排气，如图 8.55 所示。

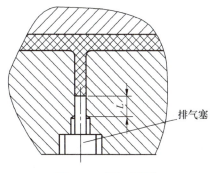

图 8.54 排气塞排气

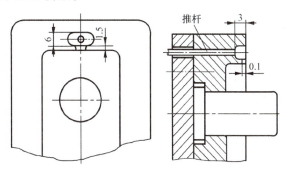

图 8.55 在溢流槽处设置推杆孔排气

## 8.6 侧向分型与抽芯机构（Side-parting and Core-pulling Mechanism）

图 8.56 所示的塑件，侧面带有与开模方向不一致的凹槽、凸台或孔，在脱模之前必须先抽出成型零件，否则无法脱模。完成这种侧向成型零件的抽芯和插芯的机构称为侧向分型与抽芯机构。

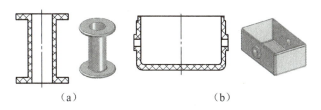

（a） （b）

图 8.56 有侧凹、凸、孔的塑件

### 8.6.1 侧向分型与抽芯机构的分类（Classfication of Side-parting and Core-pulling Mechanism）

根据侧向抽芯力来源不同，侧向分型与抽芯机构可分为手动、液压（或气动）、机动、弹簧驱动等类型。

1. 手动侧向分型与抽芯机构

**手动侧向分型与抽芯机构是指在开模前用手工或手工工具抽出侧向型芯的机构。** 图 8.57 所示的两种螺杆手动侧向抽芯机构,在开模前先手动抽出侧型芯。这类机构操作不方便,劳动强度大,生产效率低,受人力限制而难以获得较大的抽芯力;但模具结构简单、成本低,常用于产品试制、小批量生产或无法采用其他侧向分型与抽芯机构的场合。

【手动侧向抽芯机构】

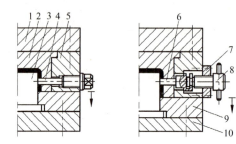

1—定模座板;2—凹模;3—凸模;4—侧向型芯螺杆;5—凹模固定板;6—侧向型芯;
7—盖板;8— 手柄;9—凸模固定板;10—支撑板

图 8.57 手动侧向抽芯机构

2. 液压(或气动)侧向分型与抽芯机构

**液压(或气动)侧向分型与抽芯机构是指借助液压或气动实现侧向型芯的抽芯及插芯**,如图 8.58 所示。这类机构动作平稳、灵活,抽拔力大,抽芯距离长;但在模具上需配制专门的液压缸(或气缸),费用较高,适用于大型注射模或抽芯距离较长、抽拔力较大的模具。

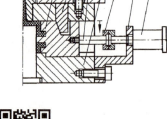
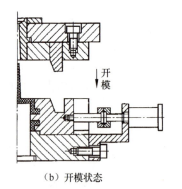
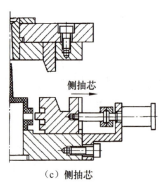

(a) 合模状态  (b) 开模状态  (c) 侧抽芯

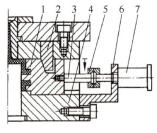
【动模部分液压抽芯】

1—侧型芯;2—楔紧块;3—拉杆;4—动模板;5—连接器;6—支架;7—液压缸

图 8.58 动模部分液压抽芯

3. 机动侧向分型与抽芯机构

**机动侧向分型与抽芯机构是指借助注射机的开模力或推出力来实现模具的侧向分型、抽芯和插芯**,如图 8.4 所示。这类机构经济性和适用性强、生产效率高、动作可靠,故应用最广泛。

4. 弹簧驱动侧向分型与抽芯机构

当塑件上侧凹、侧凸很浅，侧向成型零件抽芯所需的抽芯力和抽拔距离都较小时，可采用弹簧驱动侧向分型与抽芯机构，如图 8.59 所示。弹性元件可用弹簧，也可用硬橡皮（图 8.60）等。

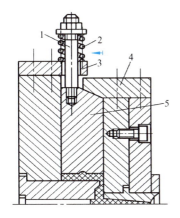

1—螺杆；2—弹簧；3—限位挡块；
4—楔紧块；5—侧型芯滑块
图 8.59 弹簧驱动侧向分型与抽芯机构

1—楔紧块；2—侧型芯；3—硬橡皮
图 8.60 硬橡皮驱动侧向分型与抽芯机构

 **特别提示**

对于液压（或气动）侧向分型与抽芯机构，当设计在定模方向时，抽芯动作一般在开模前完成；当设计在动模方向时，抽芯动作一般在开模后进行（图 8.58）。对于机动侧向分型与抽芯机构，抽芯动作一般是在开模过程中完成的，如图 8.4 所示。

## 8.6.2 斜导柱侧向分型与抽芯机构（Side-parting and Core-pulling Mechanism with Inclined Guide Pillar）

斜导柱侧向分型与抽芯机构结构紧凑、动作可靠、制造方便，因此在生产中应用最广泛。

1. 斜导柱侧向分型与抽芯机构的组成及工作原理

（1）组成。

① 侧向成型零件，指成型塑件侧向凹凸（或侧孔）形状的零件，包括侧向型芯和侧向成型块等，如图 8.4 中的侧型芯 8、侧向成型块 12。

② 运动零件，指开合模时带动侧向成型块或侧向型芯在模具导滑槽内运动的零件，如图 8.4 中的侧滑块 5、侧向成型块 12。

③ 传动零件，指开合模时带动运动零件做侧向抽芯、插芯的零件，如图 8.4 中的斜导柱 7、11。

④ 锁紧零件，指为防止注射时运动零件受到侧向胀型力而产生后退所设置的零件，如图 8.4 中的锁紧块 6、13。

⑤ 限位零件，指为使运动零件在侧向抽芯结束时停留在要求位置，合模时保证传动

零件斜导柱顺利、准确插入斜孔，使型芯正确复位而设置的零件，如图 8.4 中的 2、3、4 组成的弹簧拉杆挡块机构和挡块 14。

（2）工作原理。

图 8.4（a）所示为合模状态，侧滑块 5、侧向成型块 12 分别由锁紧块 6、13 锁紧；开模时，动模部分向左侧运动，塑件包在凸模 9 上随着动模一起运动，在斜导柱 7 的作用下，侧滑块 5 带动侧型芯 8 在推件板上的导滑槽内向上做侧向抽芯。在斜导柱 11 的作用下，侧向成型块 12 在推件板上的导滑槽内向下做侧向抽芯。侧向分型结束，斜导柱脱离侧滑块，侧滑块 5 在弹簧 3 的作用下紧贴在限位挡块 2 上，侧向成型块 12 由于自身的重力紧靠在挡块 14 上，以便再次合模时斜导柱能准确地插入侧滑块的斜孔中，迫使其复位，如图 8.4（b）所示。

【抽芯力计算】

### 2. 抽芯力计算

抽芯力包括抽芯阻力和塑件冷却收缩后对型芯的包紧力，其计算公式为

$$F = Ap(\mu\cos\alpha - \sin\alpha) \qquad (8-23)$$

式中，$F$——抽芯力（脱模力，N）；

$A$——塑件型芯的侧面表面积（$mm^2$）；

$p$——塑件对型芯单位面积上的包紧力，一般情况下，模外冷却的塑件，$p=24\sim39MPa$，模内冷却的塑件，$p=8\sim12MPa$；

$\mu$——塑件对钢的摩擦系数，一般为 $0.1\sim0.3$；

$\alpha$——脱模斜度（°）。

### 3. 抽芯距离计算

抽芯后侧向型芯应完全脱离塑件成型表面，并使塑件顺利脱出型腔，如图 8.61 所示。抽芯距离计算公式为

$$s = s' + k \qquad (8-24)$$

式中，$s$——侧向抽芯距离（mm）；

$s'$——塑件上侧凹、侧孔的最大深度或侧向凸台的最大高度（mm）；

$k$——安全值，按抽芯距离长短及抽芯机构选定，一般取 $5\sim10mm$。

【侧向抽芯机构的抽芯距离】

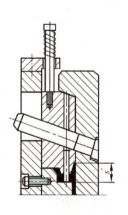
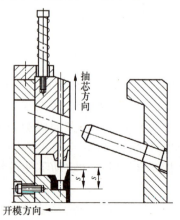

（a）合模状态　　　　　　　（b）开模状态

图 8.61　侧向抽芯机构的抽芯距离

4. 斜导柱的设计

（1）斜导柱的结构形式。

斜导柱的结构形式如图 8.62 所示，其中，$L_1$ 为固定于模板内的部分，与模板内安装孔采用 H7/m6 配合；$L_2$ 为完成抽芯的工作部分；$L_3$ 为斜导柱端部的导入部分；$\theta$ 为导入部分的斜角，通常取 $\theta=\alpha+(2°\sim3°)$，$\alpha$ 为斜导柱倾斜角。

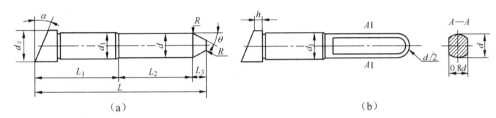

图 8.62　斜导柱的结构形式

（2）斜导柱倾斜角 $\alpha$ 的确定。

斜导柱倾斜角 $\alpha$ 与侧型芯开模所需的抽芯力、斜导柱所受弯曲力、抽芯距离和开模行程等有关。$\alpha$ 大则抽芯力大，斜导柱受到的弯曲力也大，但完成抽芯所需的开模行程小，斜导柱的工作长度短。$\alpha$ 通常取 $12°\sim20°$，不大于 $25°$。抽芯距离长时 $\alpha$ 可取大些，抽芯距离短时 $\alpha$ 可适当取小些；抽芯力大时 $\alpha$ 可取小些，抽芯力小时 $\alpha$ 可取大些。因此，确定斜导柱倾斜角 $\alpha$ 时应综合考虑。

（3）斜导柱长度的计算。

斜导柱长度如图 8.63 所示，其总长度

$$L = L_1 + L_2 + L_3 + L_4 + L_5 \tag{8-25}$$

根据三角函数关系得

$$L = \frac{d_2}{2}\tan\alpha + \frac{h}{\cos\alpha} + \frac{d}{2}\tan\alpha + \frac{s}{\sin\alpha} + (5\sim10)\text{mm} \tag{8-26}$$

式中，$L$——斜导柱总长度（mm）；

　　　$d_2$——斜导柱固定部分大端直径（mm）；

　　　$\alpha$——斜导柱倾斜角（°）；

　　　$h$——斜导柱固定板厚度（mm）；

　　　$d$——斜导柱工作部分的直径（mm）；

　　　$s$——侧向抽芯距离（mm）。

（4）斜导柱直径的计算。

斜导柱直径的计算公式为

$$d \geqslant \sqrt[3]{\frac{10FH_w}{[\sigma_w]\cos^2\alpha}} \tag{8-27}$$

式中，$d$——斜导柱直径（mm）；

　　　$F$——抽出侧型芯的抽芯力（N）；

　　　$H_w$——滑块端面至受力点的垂直距离（mm）；

　　　$[\sigma_w]$——斜导柱所用材料的许用弯曲应力，一般碳钢取 300MPa；

　　　$\alpha$——斜导柱的倾斜角（°）。

实际模具设计中,由于计算比较复杂,因此常用查表的方法确定斜导柱直径,具体参见《塑料模设计手册》。斜导柱的弯曲力臂如图 8.64 所示。

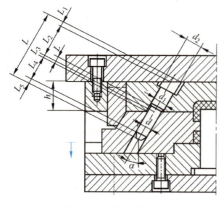

图 8.63 斜导柱长度

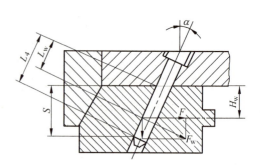

图 8.64 斜导柱的弯曲力臂

5. 滑块的设计

(1) 侧滑块的结构形式。

① 组合式结构。侧滑块与侧向型芯(或侧向成型块)是两个独立的零件,然后装配在一起,称为组合式侧滑块结构,如图 8.65 所示,这是最常用的结构形式。图 8.65(a)是 T 形导滑面设计在滑块底部的形式,常用于较薄的滑块;图 8.65(b)是 T 形导滑面设计在滑块中间的形式,适用于较厚的滑块。

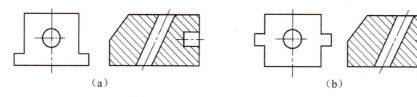

图 8.65 侧滑块的基本结构

② 整体式结构。在侧滑块上直接制出侧向型芯的结构称为整体式侧滑块结构(图 8.66)。这种结构仅适用于形状十分简单的侧向移动零件,尤其适用于瓣合式侧向分型机构(图 8.67)。

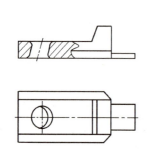

图 8.66 整体式侧滑块结构

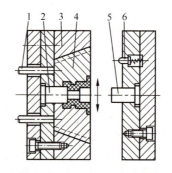

1—推杆;2—凸模型芯;3—凸模固定板;
4—瓣合式斜滑块;5—凹模型芯;6—弹簧顶销
图 8.67 瓣合式侧向分型机构

(2) 滑块与侧向型芯的连接。

图 8.68 所示为侧向型芯与侧滑块的连接形式，其配合采用 H7/m6。

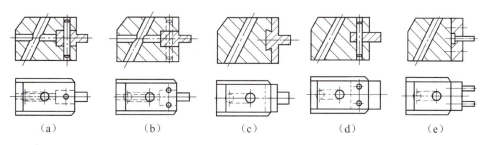

图 8.68　侧向型芯与侧滑块的连接形式

(3) 侧滑块的导滑方式。

侧滑块的导滑方式如图 8.69 所示，侧滑块与导滑槽之间的配合采用 H8/f7 或 H8/g7。

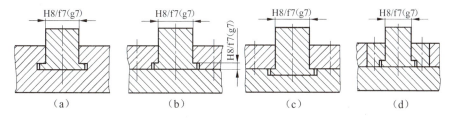

图 8.69　侧滑块的导滑方式

(4) 侧滑块主要尺寸设计。

如图 8.70 所示，滑块各主要尺寸设计如下。

① 滑块宽度 $C$ 和高度 $B$ 的确定。

$$C = a + (15 \sim 20) \text{mm} \tag{8-28}$$

$$B = b + (15 \sim 20) \text{mm} \tag{8-29}$$

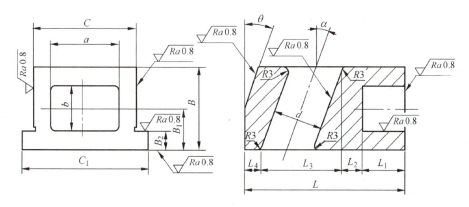

图 8.70　侧滑块主要尺寸

② 滑块尺寸 $B_1$ 和 $B_2$ 的确定。尺寸 $B_1$ 是侧向抽芯中心到滑块底面的距离。单个侧型芯时，使型芯中心在滑块尺寸 $B$、$C$ 的中心；多个侧型芯时，侧向型芯的中心应是各型芯抽芯力中心，此中心应在滑块尺寸 $B$、$C$ 的中心。

尺寸 $B_2$ 是 T 形滑块导滑部分的厚度,为使滑块运动平稳,一般取 8～20mm,固定板厚时,取较大值;固定板薄时,取较小值。

③ 滑块尺寸 $C_1$ 的确定。

$$C_1 = C + (8 \sim 20) \text{mm} \qquad (8-30)$$

中、小型侧抽芯机构取下限值,大型侧抽芯机构取上限值。

④ 滑块长度的确定。

$$L = L_1 + L_2 + L_3 + L_4 \qquad (8-31)$$

式中,$L_2$——取 5～10mm;

$L_4$——取 10～15mm。

为使滑块工作时运动平稳,$L$ 还应满足以下要求。

$$L \geqslant 0.8C \qquad (8-32)$$
$$L \geqslant B \qquad (8-33)$$

⑤ 滑块内孔直径 $d$、倾斜角 $\alpha$、锁紧角 $\theta$ 的确定。

滑块内孔直径

$$d = d_1 + (0.5 \sim 1) \text{mm} \qquad (8-34)$$

锁紧角

$$\theta = \alpha + (2° \sim 3°) \qquad (8-35)$$

式中,$d_1$——斜导柱工作段直径(mm)。

$\alpha$——斜导柱的倾斜角(°)。

为防止斜导柱进入、导出滑块时因尖角划伤外圆,滑块内孔两端孔口均倒角 $R3$。

(5) 滑块在导滑槽内的导滑长度。

如图 8.71 所示,为保证侧滑块在导滑槽内运动平稳、灵活,不被卡死,滑块在导滑槽内的导滑长度应满足式(8-36)的要求。

$$L' \geqslant \frac{2}{3}L + s \qquad (8-36)$$

式中,$L'$——导滑槽最小配合长度(mm);

$L$——滑块实际长度(mm);

$s$——侧向抽芯距离(mm),按式(8-24)计算。

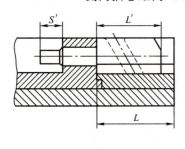
(a) 插芯位置
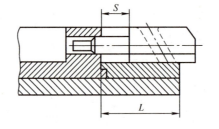
(b) 抽芯位置

(c) 型芯滑块三维图

图 8.71 滑块在导滑槽工作段情况

6. 锁紧块的设计

锁紧块的结构形式如图 8.72 所示。图 8.72 (a) 是采用销钉定位、螺钉固定的形式,结构简单，加工方便，但是承受的侧向力较小，尽量不采用；图 8.72（b）是楔紧块配合镶入模板中的形式，刚度有所提高，承受的侧向力也略大；图 8.72（c）和图 8.72（d）是双锁紧形式，前者用辅助锁紧块将主锁紧块锁紧，后者用锁紧锥与锁紧块双重锁紧；图 8.72（e）是整体式锁紧形式，牢固可靠、刚性大，适用于侧向力很大的场合，但浪费材料，耗费加工工时，并且加工精度要求很高。

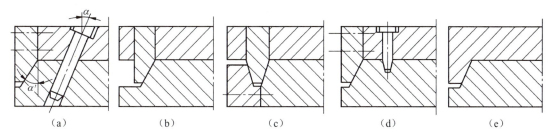

图 8.72 锁紧块的结构形式

锁紧块的锁紧角 $α'$ 与滑块的锁紧角 $θ$ 相等，$Q$ 值的计算见式（8-35）。

**7. 滑块定位装置的设计**

图 8.73 所示为滑块定位装置的结构形式。图 8.73（a）和图 8.73（b）所示结构形式为弹簧拉杆挡块式，适用于任何方位的侧向抽芯，尤其适用于向上方向的侧向抽芯。图 8.73（a）所示结构形式制造简单，调整方便；图 8.73（c）所示结构形式适用于向下抽芯的场合，抽芯结束后，利用滑块的自重靠在挡块上定位；图 8.73（d）所示结构形式为弹簧顶销式，适用于水平方向抽芯的场合，也可把顶销换成直径为 5～10mm 的钢珠，称为弹簧钢珠式，其适用的场合与弹簧顶销式适用的场合相同。

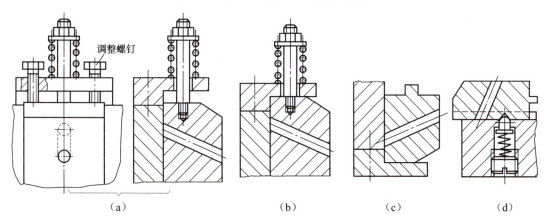

图 8.73 滑块定位装置的结构形式

## 8.6.3 斜滑块侧向分型与抽芯机构（Side-parting and Core-pulling Mechanism with Slanting Slider）

斜滑块侧向分型与抽芯机构分为外侧分型与抽芯机构（图 8.74）和内侧分型与抽芯机构（图 8.75、图 8.76）两种。

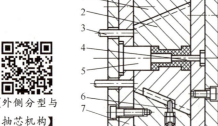
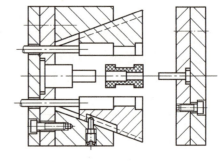

（a）合模状态　　　　　　　（b）开模状态

1—动模板；2—斜滑块；3—推杆；4—定模型芯；5—动模型芯；6—限位螺钉；7—型芯固定板

图 8.74　外侧分型与抽芯机构

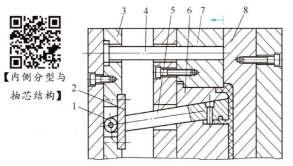
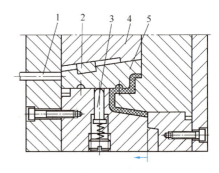

1—滚轮；2—压板；3—推杆固定板；4—复位杆；
5—斜导杆；6—凸模；7—动模板；8—定模板

图 8.75　内侧分型与抽芯结构一

1—斜滑块；2—型芯；3—限位销；
4—镶块；5—推杆

图 8.76　内侧分型与抽芯结构二

斜滑块侧向分型与抽芯机构的特点是利用模具推出机构的推出力驱动斜滑块斜向运动，在塑件被推出脱模的同时，由斜滑块完成侧向分型与抽芯动作。

## 8.7　推出机构设计（Ejecting Mechanism Design）

把注射成型后的塑件及浇注系统凝料从模具中脱出的机构称为推出机构。推出机构的推出动作如图 8.2 所示，图 8.2（a）所示为合模成型后状态，图 8.2（b）所示为开模后塑件被推出状态。

### 8.7.1　推出机构的设计原则（Design Principle of Ejecting Mechanism）

推出机构的设计原则如下。

（1）**尽量设计在动模一侧**。开模后应使塑件及浇注系统尽量滞留在便于设置推出机构的动模一侧，借助注射机顶出装置，方便将塑件推出模外。

（2）**保证塑件在推出过程中不发生变形和损坏**。为使塑件在推出过程中不变形、不损坏，设计模具时应仔细分析、计算塑件对模具的包紧力和黏附力，合理地选择推出方式、推出位置和推出零件的数量等。

**(3) 保证良好的塑件外观。** 对于外观质量要求较高的塑件，避免选择塑件表面和配合面为推出位置，而尽量设在塑件内部或对塑件外观影响不大的部位。

**(4) 结构可靠。** 推出机构在推出与复位的过程中，动作应可靠、灵活，结构应尽量简单，容易制造。合模时能正确复位，保证不与其他模具零件发生干涉。

### 8.7.2 常用推出机构（Normal Ejecting Mechanism）

常用推出机构有推杆推出机构、推管推出机构、推件板推出机构、联合推出机构等。

#### 1. 推杆推出机构

推杆推出机构制造、修配方便，推出时运动阻力小，推出动作灵活、可靠，推杆损坏后便于更换等，是推出机构中最简单、最常用的推出形式。

【推杆推出机构】

(1) 常用推杆结构。

常用推杆结构如图 8.77 所示。其中，图 8.77（a）和图 8.77（c）所示为圆形推杆；图 8.77（b）和图 8.77（d）所示为异形推杆。

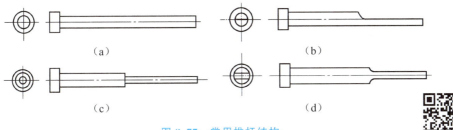

图 8.77 常用推杆结构

(2) 推杆工作端面形状。

【常用推杆形式】

推杆工作端面形状如图 8.78 所示，最常用的是圆形，其次是矩形。推杆工作端面形状是根据塑件推出部位的形状选择的。

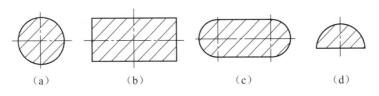

图 8.78 推杆工作端面形状

(3) 推杆的固定形式。

推杆在模具中的固定包括配合和紧固，固定形式如图 8.79 所示。其中配合段长度视推杆直径而定。当 $d<5$mm 时，配合段长度可取 $12\sim15$mm；当 $d>5$mm 时，配合段长度可取 $(2\sim3)d$。

**推杆材料常用 T8A 等碳素工具钢，热处理要求为 $50\sim54$HRC，推杆工作端配合部分的表面粗糙度 $Ra$ 一般取 $0.8\mu m$。**

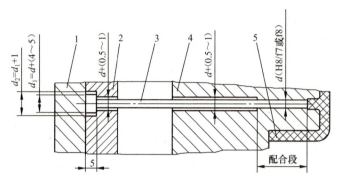

1—推板；2—推杆固定板；3—推杆；4—凸模；5—塑件

图 8.79　推杆的固定形式

（4）推杆位置的选择原则。

① 应选择在脱模阻力最大的地方，如图 8.80（a）所示。

② 应保证塑件在推出时受力均匀、平稳且不变形。

③ 应注意塑件本身的强度和刚度，尤其是薄壁塑件，应尽可能选择在厚壁和凸缘等处，否则很容易使塑件变形甚至损坏。图 8.80（b）所示布置合理，图 8.80（c）所示布置不合理。

④ 应考虑推杆本身的刚性。当细长的推杆受到较大脱模力时，推杆就会失稳变形，如图 8.80（d）所示，此时须增大推杆直径或增加推杆。

⑤ 不能影响塑件外观。推杆工作端面在合模时是型腔底面的一部分，推杆端面低于或高于型腔底面，在塑件上就会产生凸台或凹痕，影响塑件的使用或美观。通常情况下，推杆装入模具后，模具端面应与型腔底面平齐或高出型腔 0.05mm。

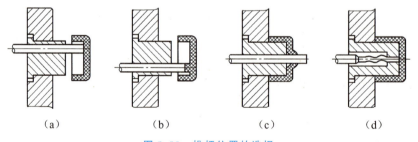

图 8.80　推杆位置的选择

2．推管推出机构

推管是一种空心推杆，它适用于环形塑件、筒形塑件或塑件上带有孔的凸台部分的推出。

推管推出机构如图 8.81 所示。其中，图 8.81（a）所示机构可靠、简单、常用，但型芯较长，适用于推出距离不大的场合；图 8.81（b）所示机构用销将型芯固定在动模板上，推管强度不高，不适用于推出力大的场合；图 8.81（c）所示机构中，是型芯固定在动模支承板上、推管在动模板内滑动的形式，型芯和推管都较短、刚性好、制造与装配方便，适用于动模板厚度较大的场合。

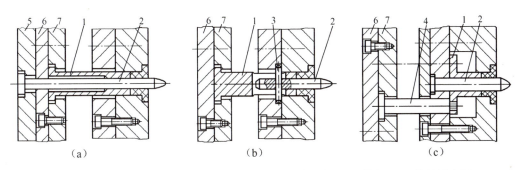

1—推管；2—型芯；3—固定销；4—推杆；5—动模座板；6—推板；7—推杆固定板

图 8.81 推管推出机构

推管固定部分的配合如图 8.82 所示，推管外径与推管固定板之间采用单边 0.5mm 的大间隙配合；推管外径与动模板上孔的配合，当直径较小时选用 H8/f8，当直径较大时选用 H8/f7，配合长度一般取推管外径 $D$ 的 1.5～2 倍；推管内径与型芯之间的配合，当直径较小时选用 H8/f7，当直径较大时选用 H7/f7，配合长度应比推出行程 $L$ 大 3～5mm；为了保证推管在推出时不擦伤型芯及塑件的成型表面，推管的外径一般比塑件外径双边小 0.5mm，推管的内径一般比塑件的内径单边大 0.2～0.5mm。

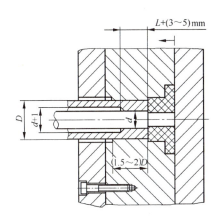

图 8.82 推管固定部分的配合

### 3. 推件板推出机构

罩、壳、盒类深腔、薄壁和不允许有推杆痕迹的塑件，适合采用图 8.83 所示的推件板推出机构。开模后，推杆推动推件板，推件板推动塑件，将塑件从型芯上推出。推件板推出机构推出面积大，推出力均匀，推出平稳，塑件上没有推出痕迹，不用设置复位杆；但型芯周边外形复杂时，推件板的型孔加工困难。

在推件板推出机构中，为了减少推件板与型芯间的摩擦，可采用图 8.84 所示的改进机构，推件板与型芯间留出 0.2～0.5mm 的间隙，并用锥面配合。

对于大、中型底部无孔的塑件，推件板推出时内部容易形成真空，造成脱模困难或塑件撕裂，为此，应增设进气装置。图 8.85 所示的进气装置，在推出时进气阀随塑件向前运动，实现进气，使塑件内外大气压力相等，塑件就能顺利从凸模上推出。

推件板常用的材料为 45 钢，热处理硬度要求为 28～32HRC。

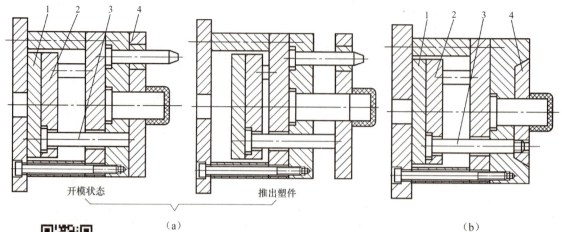

1—推板；2—推杆固定板；3—推杆；4—推件板

图 8.83 推件板推出机构

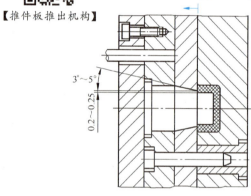

图 8.84 改进的推件板推出机构

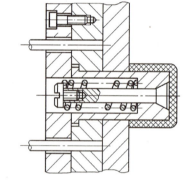

图 8.85 推件板推出机构的进气装置

4. 联合推出机构

对于大型或大、中型复杂壳体件，为了保证脱模时塑件不发生变形、开裂，适合采用联合推出机构，如图 8.86 所示。

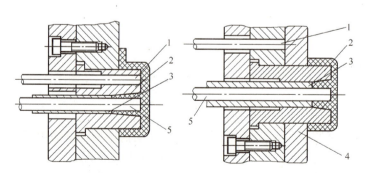

(a) 推杆与推管联合推出机构　　(b) 推管与推件板联合推出机构

1—推杆；2—凸模；3—推管；4—推件板；5—小型芯

图 8.86 联合推出机构

## 8.8 合模导向机构（Guide Mechanism in Mould Clamping）

### 8.8.1 合模导向机构的作用与分类（Function and Classification of Guide Mechanism in Mould Clamping）

在注射模工作时，为保证动模、定模成型零件的正确定位，确保塑件形状和尺寸精度，必须设置合模导向机构。图 8.87 所示为导柱导向机构。

合模导向机构的作用如下。

（1）定位作用。在模具装配和开合模过程中，避免动、定模错位，保证塑件形状和尺寸精度。

（2）导向作用。合模时导向零件先接触，引导动、定模或上、下模准确闭合，避免型芯先进入型腔，损坏成型零件。

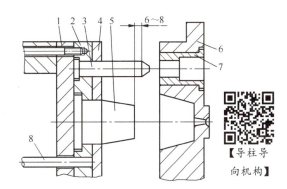

1—支承板；2—动模板；3—导柱；4—推件板；
5—型芯；6—定模型腔板；7—导套；8—推杆

图 8.87　导柱导向机构

（3）承受一定的侧向压力。

合模导向机构分为导柱导套导向机构和锥面定位机构两种形式。

### 8.8.2 导柱导套导向机构（Guide Pillars and Bushes）

**1. 导柱的设计**

（1）导柱的结构形式如图 8.88 所示。

（2）导柱的技术要求。在不妨碍脱模情况下，导柱通常设置在型芯高出分型面较多的一侧。导柱导向部分的长度应比凸模端面的高度大 6～8mm，以免出现导柱未导正方向而型芯先进入型腔的情况，如图 8.87 所示。导柱前端做成锥台形或半球形，以使导柱能顺利进入导向孔。

导柱应具有良好的耐磨性，内部坚韧而不易折断，因此多采用 20 钢（表面渗碳加淬火处理）、T8 钢或 T10 钢（淬火处理），硬度为 50～55HRC。导柱固定部分的表面粗糙度 $Ra$ 一般为 $0.8\mu m$，导向部分的表面粗糙度 $Ra$ 一般为 $0.4～0.8\mu m$。

导柱固定端与模板之间采用 H7/m6 或 H7/k6 配合，导柱导向部分采用 H7/f7 或 H8/f7 配合。

（3）导柱的布置形式有 4 种（图 8.89），根据模具尺寸选用。图 8.89（a）所示为 2 根直径不同的导柱中心对称布置；图 8.89（b）所示为 3 根直径相同的导柱不对称布置；图 8.89（c）所示为 4 根直径相同的导柱不对称布置；图 8.89（d）所示为 4 根直径不同的导柱对称布置。

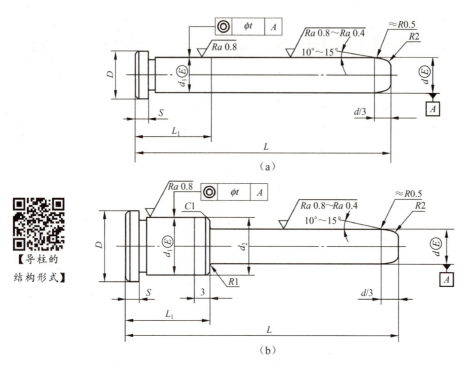

图 8.88 导柱的结构形式

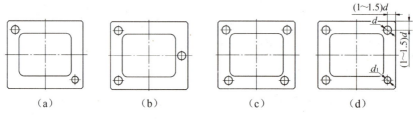

图 8.89 导柱的布置形式

2. 导套的设计

(1) 导套的结构形式如图 8.90 所示。

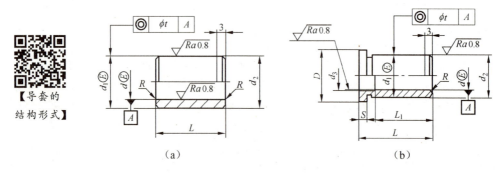

图 8.90 导套的结构形式

（2）导套的技术要求。为使导柱顺利进入导套和导套顺利压入模板，导套的前端应倒内、外圆角，如图 8.90 所示；同时固定导套的导向孔应做成通孔，便于导套压入模板时孔内气体顺利排出。

导套壁厚一般为 3~10mm，根据内孔和总长尺寸确定。导套内孔工作部分长度 $L_1 = (1~1.5)d$。

导套材料硬度与导柱材料硬度相同。导套固定部分的表面粗糙度 $Ra=0.8\mu m$，导向部分的表面粗糙度 $Ra=0.4~0.8\mu m$。

直导套用 H7/r6 配合压入模板，为增强导套牢固性，防止导套被拉出来，可采用 3 种方法用止动螺钉紧固：图 8.91（a）所示为开缺口式紧固；图 8.91（b）所示为开环形槽式紧固；图 8.91（c）所示为侧面开孔式紧固。

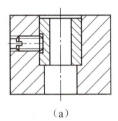 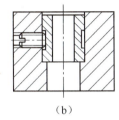 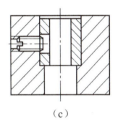

（a） （b） （c）

图 8.91　直导套的固定形式

### 3. 导柱与导套的配用

导柱与导套的配用形式要根据模具的结构及生产要求而定，常见配用形式如图 8.92 所示。

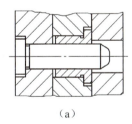 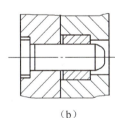 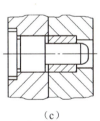 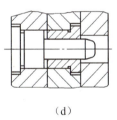

（a）　　　　　　（b）　　　　　（c）　　　　　（d）

图 8.92　导柱与导套的常见配用形式

## 8.8.3　锥面定位机构（Positioning with Conical Surface）

普通注射模有导柱导向机构即可满足动、定模之间的正确导向和定位。但由于导套与导柱之间存在配合间隙，因此对于成型薄壁、精密塑件的注射模，仅有导柱导向机构是不够的，还必须在动、定模之间增加锥面定位机构，以满足精密定位的要求。常见的锥面定位机构如图 8.93 所示。

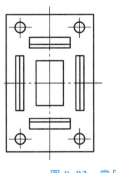 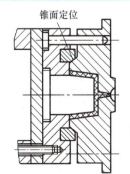

图 8.93　常见的锥面定位机构

【常见的锥面定位机构】

## 8.9 温度调节系统设计（Design of Temperature Regulating System）

注射模温度调节能力直接影响塑件的质量和生产效率。塑件在型腔内的冷却应力求做到均匀、快速，以减小塑件内应力，使塑件的生产做到优质、高效。对于热固性塑料和一些流动性较差的热塑性塑胶（如PC、POM等），都要求模具有较高的温度，需要有加热装置。对于黏度低、流动性好的塑料（如PE、PP、EPS、PA等），要求模具温度不太高，所以常用温水或冷水对模具进行冷却处理。表8-4所示为部分塑料的成型温度与模具温度。

表8-4　部分塑料的成型温度与模具温度　　　　　　　　　　（单位：℃）

| 塑料名称 | 成型温度 | 模具温度 | 塑料名称 | 成型温度 | 模具温度 |
| --- | --- | --- | --- | --- | --- |
| 聚乙烯（低密度） | 190～240 | 20～60 | 聚苯乙烯 | 170～280 | 20～70 |
| 聚乙烯（高密度） | 210～270 | 20～60 | AS | 220～280 | 40～80 |
| 聚丙烯 | 200～270 | 20～60 | ABS | 200～270 | 40～80 |
| 聚酰胺6 | 230～290 | 40～60 | 有机玻璃 | 170～270 | 20～90 |
| 聚酰胺66 | 280～300 | 40～80 | 硬聚氯乙烯 | 190～215 | 20～60 |
| 聚酰胺610 | 230～290 | 36～60 | 软聚氯乙烯 | 170～190 | 20～40 |
| 聚甲醛 | 180～220 | 60～120 | 聚碳酸酯 | 250～290 | 90～110 |

对于小型薄壁塑件，成型工艺要求模具温度不太高时，可以不设置冷却装置而靠自然冷却。

### 8.9.1 加热装置设计（Heating System Design）

当注射成型工艺要求模具温度在90℃以上时，模具中必须设置加热装置。模具的加热方式很多，如热水、热油、水蒸气、煤气或天然气加热和电加热等，普遍采用的是电加热温度调节系统。电加热分为电阻加热和工频感应加热，前者应用广泛，后者应用较少。如果加热介质采用流体，那么其设计方法类似于冷却水道的设计。

1. 对模具电加热的要求

（1）电热元件的功率应适当，不宜过小也不宜过大。
（2）合理布置电热元件，使模具温度趋于均匀。
（3）注意模具温度的调节，保持模具温度均匀、稳定。

2. 模具加热装置的计算

模具加热装置的计算通常采用如下经验公式。

$$P = mq \tag{8-37}$$

式中，$P$——加热模具所需总功率（W）；
　　　$m$——模具的质量（kg）；
　　　$q$——单位质量模具加热所需功率（W/kg），见表8-5。

表 8-5  单位质量模具加热所需功率 q

| 模具类型 | q/(W/kg) | |
|---|---|---|
| | 电热棒加热 | 电热圈加热 |
| 大型模具（>100kg） | 35 | 60 |
| 中型模具（40～100kg） | 30 | 50 |
| 小型模具（<40kg） | 25 | 40 |

【常用的电热棒和电热圈】

## 8.9.2 冷却装置设计（Cooling System Design）

**1. 冷却系统设计的基本原则**

**(1) 冷却水道应尽量多，截面尺寸应尽量大。** 模具内的温度分布如图 8.94 所示，其中图 8.94（a）分布合理，图 8.94（b）分布不合理。

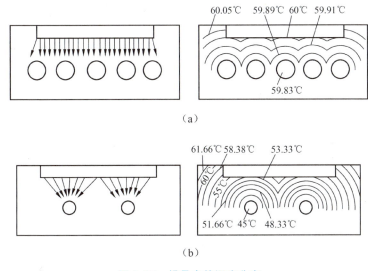

图 8.94  模具内的温度分布

**(2) 冷却水道离模具型腔表面的距离要适当。** 当塑件壁厚均匀时，冷却水道至型腔表面距离应相当，当塑件壁厚不均匀时，厚处冷却水道至型腔表面的距离应小一些，间距也可适当小些。一般冷却水道至型腔表面距离为 12～15mm，如图 8.95 所示。

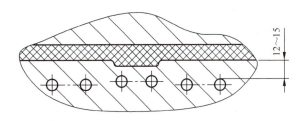

图 8.95  冷却水道至型腔表面距离

**(3)浇口处加强冷却。**图 8.96 所示为冷却水道出、入口的布置。

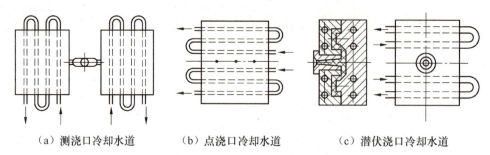

(a)测浇口冷却水道　　(b)点浇口冷却水道　　(c)潜伏浇口冷却水道

图 8.96　冷却水道出、入口的布置

**(4)冷却水道出、入口的温差应尽量小。**如果冷却水道较长，则入水与出水的温差较大，会使模具的温度分布不均匀，可以通过改变冷却水道的排列方式来克服这个缺陷。图 8.97（b）所示的冷却水道的排布形式比图 8.97（a）所示的好，降低了出、入水的温差，改善了冷却效果。

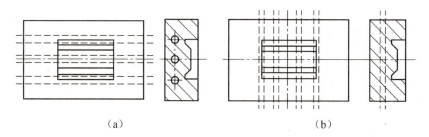

(a)　　　　　　　　　　(b)

图 8.97　冷却水道的排布形式

**(5)布置冷却水道时应避开塑件易产生熔接痕的部位。**

### 2. 常见的冷却系统结构

(1)浅型腔扁平塑件的冷却系统结构。

浅型腔扁平塑件使用侧浇口时，采用动、定模两侧与型腔等距离钻孔的形式设置冷却水道，如图 8.98（a）所示；使用直接浇口时，采用图 8.98（b）所示的形式。

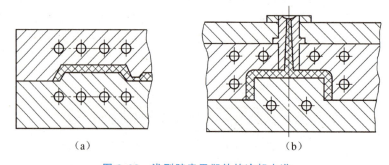

(a)　　　　　　　　　　(b)

图 8.98　浅型腔扁平塑件的冷却水道

(2)中等深度塑件的冷却系统结构。

中等深度塑件采用侧浇口进料时，可在凹模底部采用与型腔表面等距离钻孔的形式设置冷却水道。在凸模中，由于容易储存热量，因此要加强冷却，按塑件形状铣出矩形截面的冷却环形水槽，如图8.99（a）所示；如凹模也要加强冷却，则可采用图8.99（b）所示的结构铣出冷却环的形式；凸模上的冷却水道也可采用图8.99（c）所示的形式。

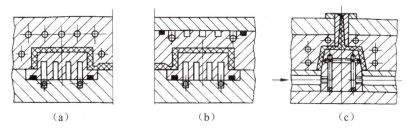

图 8.99　中等深度塑件的冷却水道

（3）深型腔塑件的冷却系统结构。

图 8.100 所示为深型腔塑件的冷却水道。

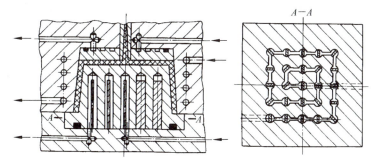

图 8.100　深型腔塑件的冷却水道

（4）细长塑件的冷却系统结构。

细长塑件的冷却水道如图 8.101 所示。更细小、无法设置冷却水道的型芯，可采用图 8.102 所示的套管冷却方式，在其中插入一根配合接触很好的铍铜杆，另一端加工成薄片状，以增大散热面积，改善冷却效果。

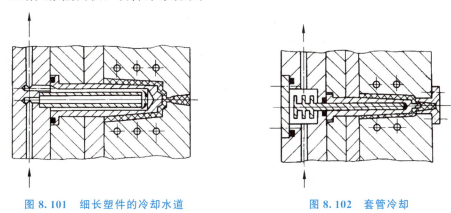

图 8.101　细长塑件的冷却水道　　　　图 8.102　套管冷却

**特别提示**

在设计冷却水道时必须认真考虑结构问题，同时重视冷却水道的密封问题。模具的冷却水道穿过两块或两块以上的模板或镶件时，一定要在其接合面处用密封圈或橡胶皮密封，以防止模板之间、镶拼零件之间渗水，影响模具正常工作。

## 8.10 塑料注射模模架（Injection Mould Bases for Plastics）

### 8.10.1 注射模模架结构（Structure of Injection Mould Bases）

模架也称模体，是注射模的骨架和基体，模具的每个部分都寄生其中，也是型腔未加工的组合体。模架的主要零件和外形如图 8.103 所示，除凹模和型芯取决于塑件外，模架的其余部分都极其相似，使得模架的标准化成为可能。

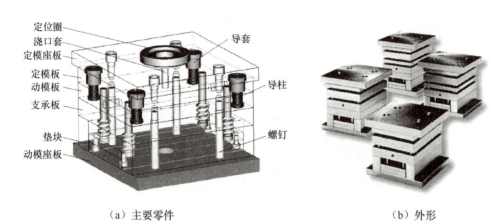

（a）主要零件　　　　　　　　　　（b）外形

图 8.103　模架的主要零件和外形

模架是由结构、形式和尺寸都标准化、系列化并具有一定互换性的零件成套组合而成的。标准中规定了主要零件的形状与材料。以标准为基础组装各种功能零件的模具标准件，近年来已经实现了标准化。我国塑料注射模模架标准号为 GB/T 12555—2006，塑料注射模零件标准号为 GB/T 4169.1—2006～GB/T 4169.23—2006。

### 8.10.2 模架组合形式（Combined Type of Injection Mould Bases）

在注射模模架国家标准中，模架按其在模具中的应用方式，分为直浇口和点浇口两种形式；按结构特征共分为 36 种主要结构。

1. 直浇口模架

直浇口模架基本型有 4 种，如图 8.104 所示。

A 型：定模二模板，动模二模板。
B 型：定模二模板，动模二模板，加装推件板。
C 型：定模二模板，动模一模板。
D 型：定模二模板，动模一模板，加装推件板。

另外，还有直浇口直身基本型 4 种：ZA 型、ZB 型、ZC 型、ZD 型；直身无定模座板型 4 种：ZAZ 型、ZBZ 型、ZCZ 型、ZDZ 型。

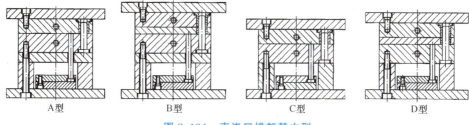

图 8.104 直浇口模架基本型

### 2. 点浇口模架

点浇口模架就是在直浇口模架上加装推料板和拉杆导柱，其基本型也有 4 种：DA 型、DB 型、DC 型、DD 型，如图 8.105 所示。

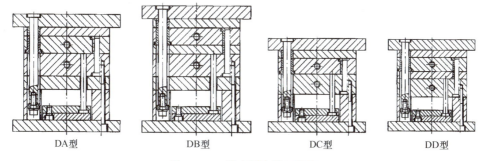

图 8.105 基本型点浇口模架

另外，还有直身点浇口基本型 4 种：ZDA 型、ZDB 型、ZDC 型、ZDD 型；点浇口无推料板型 4 种：DAT 型、DBT 型、DCT 型、DDT 型；直身点浇口无推料板型 4 种：ZDAT 型、ZDBT 型、ZDCT 型、ZDDT 型。

简化点浇口模架形式也有 8 种：①简化点浇口基本型 2 种，JA 型、JC 型；②直身简化点浇口基本型 2 种，ZJA 型、ZJC 型；③简化点浇口无推料板型 2 种，JAT 型、JCT 型；④直身简化点浇口无推料板型，ZJAT 型、ZJCT 型。

## 8.10.3 标准模架的选用（Selection of Standard Injection Mould Bases）

模具的尺寸主要取决于塑件的尺寸和结构，对于模具而言，在保证足够强度的前提下，结构越紧凑越好。可根据塑件的外形尺寸（平面投影面积与高度）及塑件本身结构（侧向分型滑块等结构）确定镶件的外形尺寸，从而大致确定模架的尺寸。

### 1. 模板尺寸的确定

采用经验法，依据塑件在分型面上的投影面积，查表 8-6，确定图 8.106 所示的普通塑件模具模架和镶件的尺寸。

表 8-6 普通塑件模具模架与镶件尺寸选择 （单位：mm）

| 塑件投影面积 $S/mm^2$ | A | B | C | H | D | E |
| --- | --- | --- | --- | --- | --- | --- |
| 100~900 | 40 | 20 | 30 | 30 | 20 | 20 |
| 900~2500 | 40~45 | 20~24 | 30~40 | 30~40 | 20~24 | 20~24 |

续表

| 塑件投影面积 $S/mm^2$ | A | B | C | H | D | E |
|---|---|---|---|---|---|---|
| 2500～6400 | 45～50 | 24～30 | 40～50 | 40～50 | 24～28 | 24～30 |
| 6400～14400 | 50～55 | 30～36 | 50～65 | 50～65 | 28～32 | 30～36 |
| 14400～25600 | 55～65 | 36～42 | 65～60 | 65～60 | 32～36 | 36～42 |
| 25600～40000 | 65～75 | 42～48 | 80～95 | 80～95 | 36～40 | 42～48 |
| 40000～62500 | 75～85 | 48～56 | 95～115 | 95～115 | 40～44 | 48～54 |
| 62500～90000 | 85～95 | 56～64 | 115～135 | 115～135 | 44～48 | 54～60 |
| 90000～122500 | 95～105 | 64～72 | 135～155 | 135～155 | 48～52 | 60～66 |

注：以上数据仅针对一般性结构塑件模具模架参考，特殊的塑件应注意以下几点。

1. 当塑件高度过大时（塑件高度 $X \geq D$），应适当增大 $D$，增大值 $\Delta D = (X-D)/2$。
2. 有时为了冷却水道的需要而对镶件的尺寸做调整，以达到冷却效果。
3. 结构复杂需做特殊分型或推出机构，或有侧向分型机构需设置滑块时，应根据实际情况适当调整镶件和模架的尺寸及各模板的厚度，以保证模架的强度。

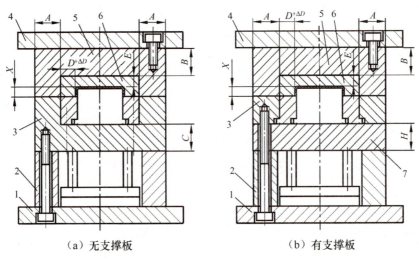

(a) 无支撑板　　　　　　(b) 有支撑板

1—动模座板；2—垫块；3—动模板；4—定模座板；5—定模板；6—镶件；7—支撑板

图 8.106　普通塑件模具模架与镶件结构

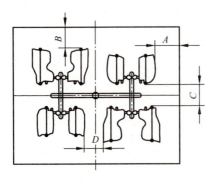

图 8.107　一模多型腔示意

对于小型塑件，当采用一模多型腔设计时，模板尺寸可以参照下述情况确定。如图 8.107 所示，边距 $A$、$B$ 一般取 20～35mm；当两型腔之间通过流道时，间距 $C$ 一般取 20～40mm；当两型腔之间不通过流道时，间距 $D$ 一般取 15～20mm。

**特别提示**

镶件尺寸和支撑板厚度也可参照 8.5 节所讲内容计算得到。

### 2. 垫块高度尺寸的确定

如图 8.106 所示，垫块的高度应保证足够的推出行程，然后留出一定的余量（5～10mm），以防止推杆固定板撞到动模板或动模支撑板。

### 3. 模架规格型号的选用

首先，根据塑件的尺寸和结构确定模架的组合形式。然后，依据初定动、定模板的周界尺寸（宽×长）及各模板、垫块等的厚度尺寸，查阅 GB/T 12555—2006《塑料注射模模架》，选择适当的模架型号规格。

## 8.11 模具与注射机有关参数的校核
## （Checking Parameters of Mould and Injection Machine）

### 8.11.1 注射机主要工艺参数的校核（Checking Major Parameters of Injection Machine）

#### 1. 最大注射量的校核

设计模具时，应保证成型塑件所需的总注射量小于所选注射机的最大注射量，即

$$nm + m_1 \leqslant K m_p \tag{8-38}$$

式中，$n$——型腔的数量；
　　$m$——单个塑件的质量或体积（g 或 $cm^3$）；
　　$m_1$——浇注系统所需塑料的质量或体积（g 或 $cm^3$）；
　　$K$——注射机最大注射量的利用系数，一般取 0.8；
　　$m_p$——注射机的最大注射量（g 或 $cm^3$）。

#### 2. 锁模力的校核

当高压塑料熔体充满模具型腔时，会产生使模具分型面涨开的力，该力等于塑件和浇注系统在分型面上的投影面积之和乘以型腔的压力，应小于注射机的额定锁模力 $F_p$，才能保证在注射时不发生溢料现象，即

$$F_z = p(nA + A_1) < F_p \tag{8-39}$$

式中，$F_z$——塑料熔体在分型面上的涨开力（N）；
　　$p$——塑料熔体对型腔的成型压力（MPa），其值一般是注射压力的 80%；
　　$n$——型腔的数量；
　　$A$——单个塑件在模具分型面上的投影面积（$mm^2$）；
　　$A_1$——浇注系统在模具分型面上的投影面积（$mm^2$）；
　　$F_p$——注射机的额定锁模力（N）。

### 8.11.2 模具与注射机安装部分相关尺寸的校核（Checking Mounting Parameters of Mould and Injection Machine）

【模具与注射机安装部分相关尺寸的校核】

#### 1. 喷嘴尺寸

在设计模具时，主流道始端的内球面半径必须比注射机喷嘴头部球面

半径略大一些，主流道的小端直径要比喷嘴直径略大一些。

**2. 定位圈尺寸**

为保证模具主流道中心线与注射机喷嘴中心线重合，模具定位圈的外径尺寸必须与注射机的定位孔尺寸匹配。通常模具定位圈外径与注射机定位孔采用间隙配合，定位圈的高度应略小于注射机固定模板上定位孔的深度。

**3. 模具厚度**

应使模具的闭合厚度位于注射机允许的最大厚度与最小厚度之间，即

$$H_{\min}+5 \leqslant H_{\mathrm{m}} \leqslant H_{\max}-5 \tag{8-40}$$

式中，$H_{\min}$——注射机允许的最小模具厚度（mm）；

$H_{\mathrm{m}}$——模具的闭合厚度（mm）；

$H_{\max}$——注射机允许的最大模具厚度（mm）。

**4. 模具长度和宽度**

在注射机上安装固定注射模时，应使其顺利通过注射机拉杆之间的空间并固定在注射机的动、定模板上。一般要求模具长边尺寸小于拉杆之间的长间距 $L$，短边尺寸小于拉杆之间的短间距 $H$，如图8.108（a）所示。特殊情况下，也可以使模具一边尺寸小于拉杆间距，另一边尺寸大于拉杆间距，如图8.108（b）所示，但要保证四周有合适、足够的螺纹孔来固定模具。

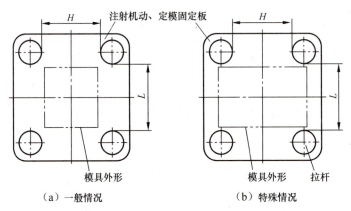

图 8.108　模具外形尺寸与拉杆位置

**5. 安装螺孔尺寸**

模具的紧固方式有两种：一种是用螺钉直接固定，如图8.109（a）所示；另一种是用螺钉、压板固定，如图8.109（b）和图8.109（c）所示。当用螺钉直接固定时，模具固定板应与注射机模板上的螺孔完全吻合；当用压板固定时，只要在模具固定板需安放压板的外侧附近有螺孔就能紧固，具有较高的灵活性。对于质量较大的大型模具，采用螺钉直接固定比较安全。

**6. 开模行程的校核**

注射机的开模行程是有限制的，塑件从模具中取出时所需的开模距离必须小于注射机

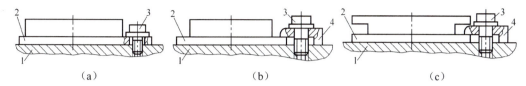

1—注射机固定板；2—模具座板；3—螺钉；4—压板

图 8.109　模具的紧固方式

【模具的紧固方式】

的最大开模距离，否则塑件无法从模具中取出。由于注射机的锁模机构不同，因此开模行程可按下面 3 种情况校核。

（1）注射机的最大开模行程与模具厚度无关时的校核。当注射机采用液压和机械联合作用的锁模机构时，最大开模程度由连杆机构的最大行程决定，并且不受模具厚度的影响。

【液压和机械联合作用的锁模机构】

对于图 8.110 所示的单分型面注射模，其开模行程的校核公式为

$$s \geqslant H_1 + H_2 + (5 \sim 10) \text{mm} \tag{8-41}$$

式中，$s$——注射机的最大开模行程（mm）；

$H_1$——推出距离（脱模距离）（mm）；

$H_2$——包括浇注系统在内的塑件高度（mm）。

对于图 8.111 所示的双分型面注射模，为了保证开模后既能取出塑件又能取出浇注系统凝料，需要在开模距离中增加定模板与中间板之间的分开距离 $a$，$a$ 的值应保证可以方便地取出浇注系统凝料。此时开模行程的校核公式为

$$s \geqslant H_1 + H_2 + a + (5 \sim 10) \text{mm} \tag{8-42}$$

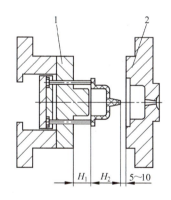

1—动模；2—定模座板

图 8.110　单分型面注射模的开模行程

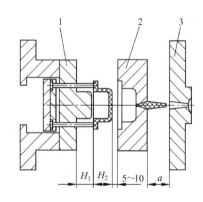

1—动模；2—中间板；3—定模座板

图 8.111　双分型面注射模的开模行程

（2）注射机的最大开模行程与模具厚度有关时的校核。对于全液压式锁模机构的注射机和带有丝杠开模锁模机构的直角式注射机，其最大开模行程受模具厚度的影响。此时最大开模行程等于注射机动模板与定模板之间的最大距离 $s$ 减去模具厚度 $H_m$。

【液压锁模机构】

对于单分型面注射模，校核公式为

$$s \geqslant H_m + H_1 + H_2 + (5 \sim 10) \text{mm} \tag{8-43}$$

对于双分型面注射模，校核公式为

$$s \geqslant H_m + H_1 + H_2 + a + (5 \sim 10) \text{mm} \tag{8-44}$$

（3）具有侧向抽芯机构时的校核。当模具需要利用开模动作完成侧向抽芯时，开模行程的校核应考虑侧向抽芯时所需的开模行程。如图 8.112 所示，设完成侧向抽芯所需的开模行程为 $H_c$，当 $H_c \leqslant H_1 + H_2$ 时，$H_c$ 对开模行程没有影响，仍用上述各公式进行校核；当 $H_c > H_1 + H_2$ 时，可用 $H_c$ 代替前述校核公式中的 $H_1 + H_2$ 进行校核。

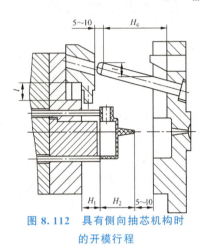

图 8.112　具有侧向抽芯机构时的开模行程

**7. 推出装置的校核**

各种型号注射机的推出装置和最大推出距离不尽相同，设计时应使模具的推出机构与注射机相适应。通常根据开合模系统推出装置的推出形式（中心推出或两侧推出）、注射机的顶杆直径、顶杆间距和推出距离等，校核模具的推出机构是否合理、推杆推出距离是否能达到使塑件脱模的要求。

## 8.12　注射模设计流程及有限元分析软件（Design Procedure of Injection Mould and Finite Element Analysis Software）

### 8.12.1　注射模设计流程（Design Procedure of Injection Mould）

注射模的设计流程不是一成不变的，其基本步骤如下。

**1. 塑件分析**

（1）明确塑件设计要求。仔细理解、消化塑件产品图样或样件，了解塑件的使用情况、外观及装配要求，确定塑件径向尺寸的大小端。

（2）塑件材料分析。先仔细分析塑件所选用塑料的使用性能和工艺性能，通过对塑料使用性能、工艺性能的分析，了解并判断塑件设计者给定的材料是否满足塑件的力学性能和工艺性能的要求，如不满足，可提出修改意见。然后根据确定的材料要求，明确塑料的品种、型号、生产厂家及工艺性能技术要求（如收缩率、流动性、颗粒等）。

（3）塑件结构工艺分析。根据给定的塑件产品图和技术要求，从塑件的形状、壁厚、强度、脱模斜度、加强筋、过渡圆角、成型孔方向、螺纹、嵌件、花纹、标记、符号、文字及尺寸精度、表面粗糙度等方面分析是否满足塑件的成型工艺要求及模具设计、制造的方便性和简单性。必要时还要与塑件工艺人员或塑件结构设计人员进行技术交流。

（4）明确塑件的生产批量。塑件的生产批量与模具结构的关系非常密切。小批量生产时，模具结构应尽可能简单；大批量生产时，在保证塑件质量的前提下，应尽量采用一模多腔和高速自动化生产。自动化生产的需求对模具的推出机构、塑件及浇注系统凝料的脱模机构等提出了更严格的要求。

（5）计算塑件的体积和质量。为了选用注射机型号、提高设备利用率、确定模具型腔数量，必须计算塑件的体积和质量。

### 2. 确定模具设计方案

（1）搜集塑件生产车间的注射机资料。

（2）确定合理的型腔数目。根据生产批量、塑件的结构复杂程度及尺寸精度要求，确定合理的型腔数目。

（3）塑件分型面的选择。根据塑件的结构和精度要求，选择合适的分型面。

（4）确定模具基本结构。根据塑件的结构形状、生产批量、精度要求，通过多方案分析论证，确定模具的基本结构形式，初定拟采用的标准模架形式。

（5）浇注系统方案设计。根据塑件的形状、尺寸精度、表面质量要求等条件，确定型腔的排列、流道的布置和浇口位置、浇口形式。

### 3. 模具结构设计

（1）模具成型部分工作尺寸的计算，包括凹模、型芯等的成型尺寸的计算。

（2）凹模结构设计。根据设计需要，确定凹模的结构形式，是采用镶嵌式、整体式还是整体镶嵌的形式；确定凹模设置在定模上还是动模上，进而计算出凹模的侧壁厚度和底部厚度。

（3）动模板或定模板周界尺寸的确定。根据凹模的结构尺寸，初定模板的外形尺寸及厚度。

（4）支撑板厚度尺寸设计。根据塑件在分型面上的投影面积，或者依据8.5节所讲公式，初定支撑板的厚度。

（5）垫块高度尺寸的确定。估算塑件推出距离，依据推出距离估算出垫块的高度。

（6）标准模架的选择。依据模板的周界尺寸、厚度及垫块的高度，查阅GB/T 12555—2006《塑料注射模模架》，同时结合模具的基本结构，如是否需要留下足够的设计侧向分型与抽芯机构的空间、是否需要设计顺序开模机构等，选择模架的规格。

（7）勾画模具结构草图，为后续设计计算提供参考。

（8）侧向分型与抽芯机构的设计。依据初定的侧抽芯方案，计算设计斜导柱倾斜角、直径、长度，侧滑块的结构、定位及楔紧机构等。

（9）推出机构的设计。根据塑件的结构形状（如推杆的位置、分布情况及尺寸），设计推出机构。如果有侧向分型与抽芯机构，还要校核模具合模时，推杆是否与抽芯机构存在干涉等。

（10）浇注系统设计。根据浇注系统设计方案，完善主流道、分流道及浇口等各部分具体尺寸。

（11）排溢系统的设计。分析塑料结构、熔融塑料充填时的流向，在不利于排气，可能出现气泡、疏松、熔接线等缺陷部位设计排溢系统。一般可以在试模后，根据试模情况进行设计加工。

（12）加热、冷却系统的计算。

### 4. 注射机选择与参数校核

（1）初选注射机型号。计算出塑件及浇注系统的体积和质量后，根据实际注射量为注射机额定注射量的20%～80%，结合模具使用单位的注射机设备情况，初选注射机型号。

(2) 注射机参数校核。主要包括最大注射量校核、锁模力校核、模具与注射机安装部分相关尺寸的校核、开模行程的校核。

① 最大注射量校核。要求注射机一次实际注射量小于或等于注射机最大注射量的80%。实际注射量即塑件和浇注系统的总体积（或总质量）。

② 锁模力校核。要求注射机的锁模力大于模具注射成型时的胀型力。

③ 模具与注射机安装部分相关尺寸的校核。模具的闭合高度和外形尺寸均应保证模具可以在注射机上顺利安装。

④ 开模行程校核。注射机的开模行程要保证分型面完全打开后，塑件和浇注系统可以顺利地从模具中取出。

如果上述任一项校核达不到要求，就要重新选择注射机，或者修改模具的局部设计，直到全部校核达到要求。

### 5. 模具装配图的绘制

(1) 模具装配图要按1∶1的比例绘制。最少选用两个视图，一个是将定模部分去掉，所能看到的整个动模部分作为主视图；另一个是在模具合模状态下，能反映模具主要零件装配关系的剖视图作为侧视图。两个视图的放置应符合模具的使用状态要求。当模具结构比较复杂，用两个视图不能完全反映模具的零件和装配关系时，可以增加剖视图。

(2) 通常将塑件零件图绘制在模具总装配图的右上方，并注明名称、材料、颜色、收缩率、制图比例等。如果塑件零件图比较复杂，可不必绘制在装配图上，而单独用一张零件图纸绘出。

(3) 模具装配图应包括全部组成零件，不能遗漏，且应符合机械制图国家标准。

(4) 按顺序标出全部零件的序号，要求排列整齐、疏密均匀。

(5) 填写标题栏和明细表。明细表中的标准件应注明规格、数量及国家标准号。

(6) 书写模具技术要求，标注模具外形尺寸（长、宽、模具闭合高度）。模具技术要求的内容通常如下。

① 模具制造与验收技术条件（如 GB/T 12554—2006《塑料注射模技术条件》）。

② 模具编号、生产厂家、制造日期及标刻位置说明。模具编号包括塑件的产品代号、零件代号和模具代号。

③ 选用的注射机型号（如在标题栏中已注明，此处可省略）。

④ 有关需强调的使用要求（没有可不写）和模具的保管、保养要求等。

### 6. 模具零件图的绘制

装配图拆画零件图的顺序：先内后外；先成型零件，后结构零件；先复杂后简单。

(1) 图形要求。根据塑件复杂程度，选择适当的比例、视图数量，视图摆放要合理，投影要正确。要求尺寸标注集中、有序、完整，设计基准明确。

(2) 根据零件的装配和使用要求，正确标注表面粗糙度、尺寸公差和形位公差要求。

(3) 正确填写技术要求和标题栏。零件名称、序号、模具代号、材料、数量、图形比例等信息标注在标题栏中。

(4) 编写技术要求，包括零件配作关系、热处理要求、表面处理要求、未注尺寸公差、图形中未注明的倒角（圆角）尺寸等项目。具体要求可参照 GB/T 4170—2006《塑料注射模零件技术条件》。

#### 7. 其他工作

（1）校对。以自我校对为主，认真校对模具成型尺寸计算、各零件间的装配关系、装配尺寸、模具结构、模具零件的加工工艺性、与注射机的安装尺寸等。

（2）审图。审核模具结构、装配关系的正确性，审核主要零件图图形、尺寸的正确性，审核所选用注射机及模具与注射机的装配关系的正确性。

（3）出图。通过计算机出图，或描图、晒图。

（4）编写设计说明书。

（5）配合工艺人员编制制造工艺。

（6）参与模具零件的加工、装配、试模、检测。

（7）对模具设计进行总结，修改不尽合理之处，并整理模具资料进行装订、归档管理。

### 8.12.2 有限元分析软件简介（Finite Element Analysis Software Introduction）

#### 1. Moldflow 软件介绍

Moldflow 软件原是美国 MOLDFLOW 公司的产品，该公司自 1976 年发行了世界第一套塑料注射成型流动分析软件以来，一直主导塑料成型 CAE 市场；2004 年收购了另一个世界著名塑料成型分析软件——C-MOLD；2008 年被美国 Autodesk 公司收购。

在产品的设计及制造环节，Moldflow 提供了两大模拟分析软件：AMA（Moldflow 塑件顾问）和 AMI（Moldflow 高级成型分析专家）。AMA 简便易用，能快速响应设计者的分析变更，因此主要针对注塑产品设计工程师、项目工程师和模具设计工程师，用于产品开发早期快速验证产品的制造可行性。AMI 用于注塑成型的深入分析和优化，是全球应用极广泛的模流分析软件。企业通过 Moldflow 这一有效的优化设计制造的工具，可将优化设计贯穿于设计制造的全过程，彻底改变传统的依靠经验的"试错"设计模式，使产品的设计和制造尽在掌握之中。

（1）AMA 功能构成。

AMA 简便易用，主要针对注塑产品设计工程师、项目工程师和模具设计工程师，用于产品开发早期快速验证产品的制造可行性。AMA 主要关注外观质量（熔接线、气穴等）、材料选择、结构优化（壁厚等）、浇口位置和流道（冷流道和热流道）优化等问题，能够快速地给出关于基本制造可行性问题的答案，诸如"产品能否充填满"等问题，通过这种特有的设计模式，能够让普通设计人员在开发初期对设计方案进行反复的验证，辅助分析者从材料选择、分析，一直到结果解析。因此，软件使用者能够迅速共享可视化的分析结果并且快速地作出相应设计变更，从而节省不少时间。

（2）AMI 功能构成。

AMI 用于注塑成型的深入分析和优化，可以对注塑成型过程进行仿真分析，包括最佳浇口位置、填充、保压、冷却、翘曲、流道平衡、最佳成型工艺、纤维取向、结构应力和收缩分析等。通过在计算机上进行虚拟的试模、修模，就可以在设计阶段找出产品可能出现的缺陷，减少了实际试模、修模的次数。

另外，AMI 还可分析双色注塑（Over-Molding）、气体辅助注射（Gas-assistant Molding）、共注成型（Co-Injection）、射出注射成型（Injection-Compression）、发泡注射

成型（Mucell）、光学的双折射分析（Birefringence），后期兴起的热流道动态进料系统也可在 AMI 中模拟，还可分析热固性材料的反应成型及电子芯片的封装成型。AMI 广泛用于汽车、医疗、电子产品、航空航天及封装等所有与塑料相关的行业。

2. Rem3D 仿真软件

Rem3D 仿真软件是一套三维有限元注塑成型过程模拟软件系统，主要用于热塑性塑料、热固性塑料、水/气辅助注射成型技术、共注成型、泡沫注射成型与膨胀、纤维强化注射成型、二次成型、片/块状模造法、所有多种材料加工工艺、挤压模具的流动平衡技术等。

通过 Rem3D 仿真软件可以缩短生产周期（如运用 Rem3D 来确定实现最小应变的最佳保压时间），缩短模具设计周期（如运用 Rem3D 来确定喷嘴、冷却器和管式加热器的位置），分析工艺参数（如运用 Rem3D 来确定所需保压压力，减小合模力），优化注射工艺（如运用 Rem3D 来确定泡沫最佳平衡及最少填充时的最佳质量）。Rem3D 仿真软件的主要模块如图 8.113 所示。

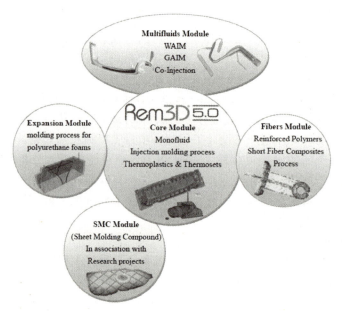

图 8.113　Rem3D 仿真软件的主要模块

### 特别提示

（1）还有许多注射新工艺、新技术在生产中得到推广应用，如双色注射成型、双层注射成型、多材质塑料成型、高效多色注射成型、镶件互换结构和抽芯脱模机构的创新设计、气体辅助注射成型、热固性塑料注射模、应用热流道技术的特种注射模等。读者如有兴趣，可查阅相关资料学习。

（2）要想成为一名成功的模具设计工程师，在了解基础知识后，必须学习现代设计技术，特别是模具 CAD/CAE/CAM 技术，利用一切可以利用的工具，达到设计目标，降低设计和制造成本。

（3）一名成熟的设计者在进行设计前必须了解模具制造单位的生产条件和生产习惯，

## 8.13 综合案例 (Comprehensive Case)

零件名称：导向筒。
生产批量：大批量。
材料：聚碳酸酯（PC）。
颜色：黑色。
设计该塑件的工艺方案并绘制模具结构图。

1. **塑件工艺性分析**

（1）明确塑件设计要求。图 8.114 所示为双筒望远镜导向筒塑件零件图。该零件为双筒望远镜上的一个调节外观件，表面质量要求较高，不允许存在毛刺、飞边、凹陷、花纹、气泡等缺陷。要求尺寸 $\phi 41.6_{-0.1}^{0}$ mm 与其他零件配合紧密，装配后不允许出现凸凹不平的感觉；尺寸 $2.08_{0}^{+0.02}$ mm 要求严格，深度为 0.5mm。塑件最大壁厚为 1.3mm，最小壁厚为 0.7mm，属薄壁塑件。

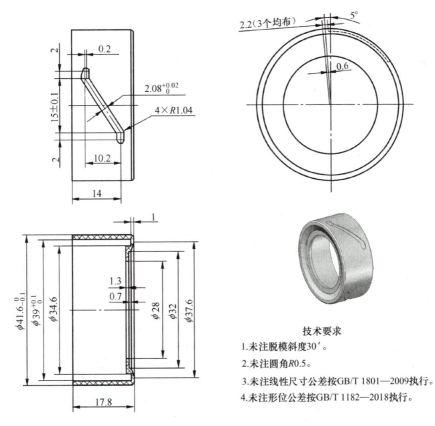

图 8.114 双筒望远镜导向筒塑件零件图

(2) 塑件材料分析。查阅材料性能手册，聚碳酸酯的性能如下。

① 密度 $\rho=1.18\sim1.20\text{g/cm}^3$；成型收缩率 $S=0.5\%\sim0.8\%$；成型温度为 $250\sim290℃$；模具温度为 $90\sim110℃$；干燥条件为 $110\sim120℃$；可在 $-60\sim120℃$ 下长期使用。

② 物理性能。冲击强度高，尺寸稳定性好，无色透明，着色性好，电绝缘性、耐腐蚀性、耐磨性好，但自润滑性差，有应力开裂倾向，高温易水解，与其他树脂相溶性差。适合制作仪表小零件、绝缘透明件和耐冲击零件。

③ 成型性能。无定形料，热稳定性好，成型温度范围宽，流动性差；吸湿小，但对水敏感，须经干燥处理；成型收缩率小，易发生熔融开裂和应力集中，故应严格控制成型条件，塑件须经退火处理；冷却速度快，模具浇注系统以粗、短为原则，宜设冷料井，宜取大尺寸浇口，模具宜加热；塑件壁不宜太厚，应均匀，避免有尖角和缺口。

(3) 塑件结构工艺分析。从给定的塑件产品图和技术要求可看出，塑件的形状为圆筒形，壁厚为 $1.3\sim0.7\text{mm}$，脱模斜度为 $30'$；型腔内转折处采用了过渡圆角 $0.5\sim0.7\text{mm}$；尺寸 $2.08^{+0.02}_{0}\text{mm}$ 要求较高，可通过提高模具制造精度和严格控制原材料和注射成型工艺参数来实现；表面粗糙度和其他尺寸精度要适中，均符合成型工艺要求（也可借助 CAE 软件分析）。

(4) 计算塑件的体积和质量。查阅资料手册可知聚碳酸酯的密度为 $1.18\sim1.20\text{g/cm}^3$，计算出其平均密度为 $1.19\text{g/cm}^3$。可以采用传统的几何方法计算塑件的体积和质量。本例使用 SolidEdge 软件（或其他三维建模软件）画出三维图形，输入材料密度，通过软件计算出塑件的体积和质量：$V_{塑}\approx3.65\text{cm}^3$，$M_{塑}=\rho V_{塑}=(1.19\times3.65)\text{g}\approx4.34\text{g}$。

2. 确定模具设计方案

(1) 确定型腔数目。由于塑件侧面有 3 个凹槽，塑件尺寸 $2.08^{+0.02}_{0}\text{mm}$ 精度要求高，又为大批量生产，因此必须在圆周侧面设计出均匀分布的 3 个侧向分型与抽芯机构，以降低模具的复杂程度及保证塑件尺寸的一致性，因此确定采用"一模一腔"的设计。

(2) 选择分型面。根据塑件结构特点，确定分型面的位置，如图 8.115 所示。

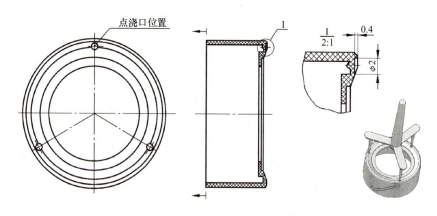

图 8.115 确定分型面的位置

(3) 确定模具基本结构。由于塑件外表面不允许有镶拼痕迹，因此侧向分型与抽芯机构必须设置在定模方向上。可选的方案有以下两种。

方案一：采用单分型面模具结构。型腔设计在定模上，可用的浇口形式有侧浇口、潜伏式浇口、轮辐式浇口。但由于尺寸 $\phi 41.6_{-0.1}^{0}$ mm 与其他零件的装配要求较高，因此侧浇口不适用；潜伏式浇口去除浇口后痕迹可以留在塑件内部，不影响塑件的外观，但结构复杂；轮辐式浇口可用，但浇口痕迹在内孔边缘比较明显。3 个侧向型芯采用手工抽芯或液压抽芯，在注射成型后，先完成侧抽芯再开模。

方案二：采用双分型面模具结构。型腔设计在活动的中间板上，基本结构如图 8.116 所示，适合的浇口形式有点浇口、直接浇口、扇形浇口等。此处使用点浇口最合适，且浇口处可以设计出隐藏式沉坑，隐藏浇口痕迹。这种模具结构可采用斜销侧向分型与抽芯结构，滑块侧型芯设计在中间板上，斜销安装在定模上。

综上所述，由于为大批量生产，为保证生产效率，因此采用机动侧向分型与抽芯机构；由于外观要求较高，浇口痕迹不能太明显，因此采用隐藏式点浇口；由于侧边有 3 个均布的侧抽芯，因此该模具采用"一模一腔"的设计。故确定的模具基本结构为方案二，并采用推件板推出塑件机构，可以避免推杆痕迹。

经分析，采用点浇口 DB 型标准模架结构。

(4) 浇注系统方案设计。因为塑件为外观件，不允许在外圆周侧面留有浇口痕迹，所以塑件采用点浇口进料。为保证进料充分，采用 3 处点浇口浇注。为避免点浇口痕迹对外观的影响，在塑件 3 处点浇口位置设计了 3 个"遮羞"的直径为 $\phi 2$mm、深度为 0.4mm 的凹坑，来减小点浇口痕迹对人视觉的影响，如图 8.115 所示。

### 3. 模具结构设计

(1) 成型部分工作尺寸计算。

该塑件材料为聚碳酸酯，查阅资料或产品说明书得知其收缩率为 0.5%～0.8%，计算出其平均收缩率为 0.55%。

① 凹模部分工作尺寸计算。

a. 塑件中 $\phi 41.6_{-0.1}^{0}$ mm 的型腔径向尺寸计算。由式（8-18）得

$$(L_m)_{0}^{+\delta_z} = \left[(1+\bar{S})L_s - \frac{3}{4}\Delta\right]_{0}^{+\delta_z} = \left[(1+0.0055) \times 41.6 - \frac{3}{4} \times 0.1\right]_{0}^{+\frac{1}{4} \times 0.1} \text{mm}$$

$$\approx 41.75_{0}^{+0.025} \text{mm（大端）}$$

b. 塑件中 17.8 的型腔深度尺寸计算。由 GB/T 1804—2000《一般公差 未注公差的线性和角度尺寸的公差》中 $m$ 级查得 17.8 公差为 $\pm 0.2$mm，转换为标准标注形式为 $(17.8 \pm 0.2)$mm $= 18_{-0.4}^{0}$mm，由式（8-19）得

$$(H_m)_{0}^{+\delta_z} = \left[(1+\bar{S})H_s - \frac{2}{3}\Delta\right]_{0}^{+\delta_z} = \left[(1+0.0055) \times 18 - \frac{2}{3} \times 0.4\right]_{0}^{+\frac{1}{3} \times 0.4} \text{mm}$$

$$\approx 17.83_{0}^{+0.13} \text{mm}$$

② 型芯部分工作尺寸计算。塑件中尺寸 $\phi 39_{0}^{+0.1}$mm 为模具的径向尺寸，由式（8-20）得

$$(l_m)_{-\delta_z}^{0} = \left[(1+\bar{S})l_s + \frac{3}{4}\Delta\right]_{-\delta_z}^{0} = \left[(1+0.0055) \times 39 + \frac{3}{4} \times 0.1\right]_{-\frac{1}{4} \times 0.1}^{0} \text{mm}$$

$$\approx 39.3_{-0.025}^{0} \text{mm（大端）}$$

③ 侧向型芯部分尺寸计算。

a. 塑件 $2.08_{0}^{+0.02}$mm 的模具尺寸计算。由式（8-20）得

$$(l_m)_{-\delta_z}^{0} = \left[(1+\bar{S})l_s + \frac{3}{4}\Delta\right]_{-\delta_z}^{0} = \left[(1+0.0055)\times 2.08 + \frac{3}{4}\times 0.02\right]_{-\frac{1}{4}\times 0.02}^{0} \text{mm}$$
$$\approx 2.11_{-0.005}^{0}\text{mm（小端）}$$

b. 中心距（15±0.1）mm 的模具尺寸计算。由式（8-22）得

$$C_m \pm \frac{\delta_z}{2} = \left[(1+\bar{S})C_s \pm \frac{\delta_z}{2}\right]\text{mm} = \left[(1+0.0055)\times 15 \pm \frac{0.1/4}{2}\right]\text{mm} \approx (15.08 \pm 0.0125)\text{mm}$$

其他尺寸计算从略，读者可参照以上方法计算。

(2) 凹模结构设计。

因为塑件为外观件，尺寸精度和外观要求较高，所以凹模采用整体镶拼式结构，凹模镶块选用 P20 材料。凹模型腔为圆形，为方便加工，凹模镶块也设计成圆形，用螺钉与中间模板固定在一起，如图 8.115 所示。

计算塑件在分型面上的投影面积

$$S = \pi\left[\left(\frac{41.6}{2}\right)^2 - \left(\frac{28}{2}\right)^2\right]\text{mm}^2 \approx 743\text{ mm}^2$$

查表 8-6，得到凹模侧壁厚度 $D = 20\text{mm}$；则初定镶块直径 $D' = 2D + 41.6 = 81.6\text{mm}$；圆整后，取镶块直径 $D_{镶块} = 82\text{mm}$。

根据 8.5 节的介绍，凹模底部厚度由结构需要决定，由于聚碳酸酯的浇注系统以粗、短为原则，为缩短分流道和减小点浇口的尺寸，选取凹模底部厚度 $H_{镶块} = 40\text{mm}$。

(3) 凸模结构设计。

凸模包括两部分：固定镶块和凸模型芯。取固定镶块尺寸与凹模镶块的相同；凸模型芯采用整体镶拼式结构。固定镶块与凸模型芯均采用 P20 材料，用螺钉固定。

(4) 定模板结构设计。

由于凹模是整体镶嵌在定模板上，根据塑件投影面积 $S$，查表 8-6，得到定模板侧壁厚度 $A = 40\text{mm}$；则初定定模板长、宽尺寸

$$L' = W' = 2A + D_{镶块} = 162\text{mm}$$

定板模厚度与凹模镶块相同，即 $H_{定模板} = H_{镶块} = 40\text{mm}$。

(5) 动模板结构设计。

动模板外形尺寸与定模板的相同。动模板仅用于固定凸模，故取 $H_{动模板} = 30\text{mm}$。

(6) 支撑板结构设计。

根据塑件投影面积 $S$，查表 8-6，得到支撑板厚度 $H_{支撑板} = 30\text{mm}$。

(7) 初定垫块的高度。

初定推杆固定板厚度 $H_{推固} = 15\text{mm}$；推板厚度 $H_{推板} = 20\text{mm}$。

塑件推出距离：$H_1 = h_{m(max)} + (5\sim10) = (16.8+8.2)\text{mm} = 25\text{mm}$

则垫块的高度初定为

$$H_{垫块} = H_{推固} + H_{推板} + H_1 + (5\sim10) = (15+20+25+10)\text{mm} = 70\text{mm}$$

式中，$h_{m(max)}$——凸模型芯沿脱模方向的最大尺寸（mm）；

$H_1$——塑料推出距离（mm），如图 8.110、图 8.111 所示。

(8) 选取标准模架规格。

依据初算的动模板、定模板周界尺寸 162mm×162mm，定模板厚度为 40mm，动模板厚度为 30mm，垫块高度为 70mm，拉杆导柱长约为 175mm，查阅标准 GB/T 12555—2006《塑

料注射模模架》，同时要考虑到侧向分型与抽芯机构的设计空间，综合分析后，初选模架型号规格为

模架 DB 2025-30×40×70-175 GB/T 12555—2006《塑料注射模模架》

**特别提示**

① 初选标准模架后，各板外形尺寸就确定了，此时可以着手勾画草图，便于后续的设计计算。

② 在后续的设计和校核过程中，如果尺寸不足存在问题，就要回到此处重新选择模架规格。

(9) 侧向分型与抽芯机构的设计。

① 确定抽芯距离。由式（8-24）计算得 $s=s'+k=(0.5+5.5)\text{mm}=6\text{mm}$。

② 确定斜导柱倾斜角 $\alpha$。因抽芯力和抽芯距离都不大，故选取 $\alpha=20°$。

③ 确定斜导柱直径。斜导柱的直径取决于抽芯力及其倾斜角大小。

a. 取塑件对型芯单位面积上的包紧力 $p=30\text{MPa}$，脱模斜度 $\alpha=30'$，塑件对钢的摩擦系数 $\mu=0.3$。根据式（8-23），计算抽芯力

$$F=Ap(\mu\cos\alpha-\sin\alpha)=[52.3\times0.5\times30\times(0.3\times\cos30'-\sin30')]\text{N}\approx228.495\text{N}$$

b. 斜导柱的弯曲力臂包括推料板厚度和定模板部分厚度，此处初步设计取 $H_w=51\text{mm}$，按式（8-27）计算得

$$d\geqslant\sqrt[3]{\frac{10FH_w}{[\sigma_w]\cos^2\alpha}}=\sqrt[3]{\frac{10\times228.495\times51}{300\times\cos^220°}}\text{mm}\approx7.6\text{mm}$$

利用公式计算出来的斜导柱直径一般比较小，而在实际生产中取的直径比计算值大。这是因为实际生产中，模具的加工和装配精度可能达不到理想情况，造成侧抽芯机构的摩擦力较大；同时，斜导柱直径太小也不利于加工和装配，所以取值都比计算值大。本案例结合本单位实际加工和装配情况，取斜导柱直径 $d=12\text{mm}$。也可查阅《塑料模设计手册》中的推荐数值。

④ 斜导柱长度。如图 8.63 所示，斜导柱的长度由 5 部分组成，实际上除了斜导柱工作段长度 $L_4$ 外，其他尺寸是由定模座板、推料板、凹模固定板等厚度决定的，所以只需计算出 $L_4$ 就可以了。

由于抽芯距离为 $s=6\text{mm}$，倾斜角 $\alpha=20°$，因此有 $L_4=\dfrac{s}{\sin\alpha}=\dfrac{6}{\sin20°}\text{mm}\approx18\text{mm}$。

⑤ 侧滑块与侧向型芯采用组合式结构，用圆柱销联接定位。

侧滑块在凹模固定板内采用 T 形导滑方式，为提高侧滑块的导向精度，装配时可对导滑槽进行与侧滑块实际导滑尺寸配研的装配方法。侧滑块采用钢球弹簧限位装置。

⑥ 锁紧装置采用锁紧块，锁紧面角度为 23°。

(10) 排溢系统的设计。

采用点浇口浇注系统，料流顺畅，结合凸模型芯与推管的配合间隙、侧向型芯与凹模镶块的配合间隙、分型面均可起到排除型腔内气体的作用，不必专门设计排溢系统。根据试模情况，有必要时再添加即可。

(11) 浇注系统的设计。

① 主流道设计。根据随后选用的注射机喷嘴前端孔径 $d_0$，最终确定主流道小端直径

$d=d_0+0.5$。为便于将主流道凝料从主流道中拉出,主流道圆锥形斜度取 $6°$。

② 分流道设计。分流道形状采用梯形,上边取 4mm,下边取 5mm,高取 3mm。

③ 浇口设计。内浇口直径取 0.5mm,根据试模情况进行修正。

#### 4. 注射机选择与参数校核

(1) 初选注射机型号。

根据模具结构尺寸,粗略计算出浇注系统的体积 $V_{浇}=11.8cm^3$,质量 $M_{浇}=14g$,则可进行以下计算。

塑件一次注射所需的总体积:$V=V_{塑}+V_{浇}=(3.65+11.8)cm^3=15.45cm^3$

塑件一次注射所需的总质量:$M=M_{塑}+M_{浇}=(4.34+14)g=18.34g$

根据实际注射量为额定注射量的 20%~80%,结合模具使用单位的注射机设备情况,查表 7-12,初选注射机型号为 XS-ZY-125。

(2) 注射机参数校核。

① 最大注射量校核。通常,注射机一次的实际注射量应小于或等于注射机最大注射量的 80%。

注射该塑件时,注射机一次的实际注射量 $=V_{塑}+V_{浇}=(3.65+11.8)cm^3=15.45cm^3$。

选择的注射机为塑件生产车间的最小注射机 XS-ZY-125,其一次最大注射量为 $125cm^3$,满足 $15.45cm^3<125×0.8=100\ cm^3$,所以选用的注射机满足一次注射量的要求。

② 锁模力校核。

$p$ 为塑料熔体对型腔的成型压力,一般是注射机注射压力的 80%,查表 7-12,取

$$p=(120×80\%)MPa=96MPa$$

塑件和浇注系统在分型面上的最大投影面积,近似取 $A=\dfrac{\pi×41.6^2}{4}mm^2≈1358.5\ mm^2$

则塑料熔体在分型面上的胀型力

$$F_z=Ap=(1358.5×96)N=130416N≈130.4kN$$

查表 7-12,XS-ZY-125 注射机的额定锁模力 $F_p=900kN$,满足 $F_p>F_z$,选用的注射机满足锁模要求,注射时分型面不会溢料。

③ 模具与注射机安装部分相关尺寸的校核。

a. 模具闭合高度校核。根据前面的设计,模具实际厚度

$$H_m=(30+20+40+20+30+30+70+25)mm=265mm$$

查表 7-12,注射机最小装模高度 $H_{min}=200mm$,注射机最大装模高度 $H_{max}=300mm$,则满足 $H_{min}+5≤H_m≤H_{max}-5$,所以该模具满足注射机装模厚度要求。

b. 模具外形尺寸为 250mm×250mm,XS-ZY-125 注射机拉杆间距为 260mm×290mm,故模具能装入注射机模板并固定。

④ 开模行程校核。本模具实为 3 个分型面,开模时分型面 Ⅰ 首先打开,通过推料板使主流道与浇口套分离,同时完成侧向抽芯;接着分型面 Ⅱ 打开,内浇口与塑件分离,取出浇注系统;最后分型面 Ⅲ 打开,取出塑件。参照图 8.111,该模具所需的开模距离

$$H_{km}=H_c+H_1+H_2+a+(5\sim10)=\left(\frac{6}{\tan20°}+25+17.8+80+10\right)\text{mm}\approx150\text{mm}$$

查表 7-12，注射机最大开合模行程 $s=300\text{mm}$，即 $s>H_{km}$，满足推出要求。综上所述，所选注射机能够满足塑件的成型要求和模具的使用要求。

**5. 绘制模具装配图**

根据前述的设计和计算，绘制导向筒注射模装配图，如图 8.116 所示。

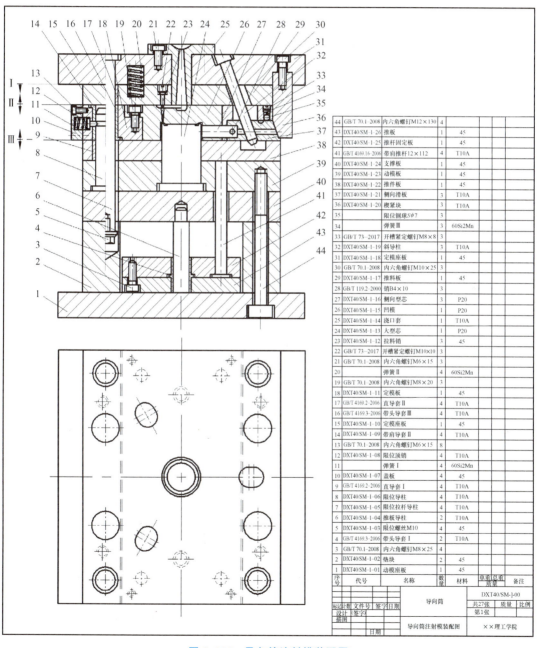

图 8.116 导向筒注射模装配图

开模时，在弹簧 20 的作用下，分型面Ⅰ被强制分开，实现主流道与浇口套的分离，同时完成侧向抽芯。当推料板 29 与斜导柱 32 接触后，推料板停止动作，第一次分型结束。此时由于弹簧 11 的作用，限位顶销 12 紧压在限位导柱 8 的半圆槽内，使得模具只能从分型面Ⅱ处打开，完成内浇口与塑件的分离。当限位拉杆导柱 7 上的限位螺钉 5 与定模板 18 碰撞时，凹模 26 停止运动，第二次分型结束。此时，由于碰撞使得限位顶销 12 退出限位导柱 8 的半圆槽，分型面Ⅲ打开，完成塑件的推出。

## 本章小结(Brief Summary of this Chapter)

本章对注射模的设计进行了较详细的阐述，包括：注射成型工艺原理、过程及工艺条件；注射模的结构组成及典型结构；分型面形状、表示方法及选择原则；浇注系统中主流道、分流道、冷料穴及浇口的设计；成型零件的结构设计、尺寸计算及排气系统的设计；侧向抽芯机构的分类方法及斜导柱侧向抽芯机构和斜滑块侧向抽芯机构的设计；推出机构的常用机构及设计原则；合模导向机构的作用、分类及导柱导套合模导向机构的设计；温度调节系统的作用及其加热和冷却装置的设计；注射模与注射机有关参数的校核等。

本章的教学目标是使学生掌握注射成型工艺的基础知识，通过学习注射模设计的内容，掌握塑料模设计的一般流程。

## 习题(Exercises)

**1. 简答题**

(1) 简述注射成型的工艺过程。
(2) 按照各零部件所起作用不同，注射模具体可分为哪些组成部分？
(3) 注塑机喷嘴与注塑模主流道的尺寸关系如何？
(4) 选择注塑机时，应校核哪些安装部分相关尺寸？
(5) 注塑机的分类方法如何？
(6) 单分型面注塑模与双分型面注塑模的区别是什么？
(7) 分型面选择的一般原则有哪些？
(8) 塑料模凹模的结构形式有哪些？
(9) 设计推出机构时要满足哪些要求？
(10) 常用推出机构有哪几种形式？各适用于什么场合？
(11) 合模导向装置的作用是什么？
(12) 注射模的普通浇注系统由哪几部分组成？各部分的作用是什么？
(13) 浇口位置的选择原则是什么？
(14) 常用的分流道截面有哪几种形式？分流道的布置形式分哪两种？各有什么优缺点？
(15) Z 形拉料杆与球头形拉料杆的安装和使用有什么不同？

(16) 为什么要排气？常见的排气方式有哪些？

(17) 斜导柱侧向分型与抽芯机构由哪些零部件组成？各零部件的作用是什么？

(18) 在什么情况下，模具要设计侧向分型与抽芯机构？侧向分型与抽芯机构分为哪几种形式？各适用于什么场合？

(19) 侧滑块脱离斜导柱时的定位装置有哪几种形式？说明各种形式的使用场合。

(20) 为什么塑料模要设置温度调节系统？

(21) 设计注射模时，应对注射机的哪些工艺参数进行校核？

**2. 设计题**

计算图 8.117 所示塑件的模具成型部分尺寸（材料为 ABS），并绘制模具结构图。

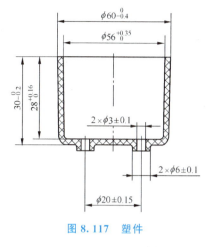

图 8.117　塑件

# 综合实训（Comprehensive Practical Training）

1. 实训目标：提高学生实践能力，增加其对注射模结构的感性认识，将注射成型理论知识与模具实物相对应，并提高其模具拆装的实际操作技能和模具绘图能力。

2. 实训内容：指导学生完成注射模的拆装，测量并填写表 8-7 所示塑料模零件配合关系测绘表，绘制拆卸模具的结构图和主要零件工作图。

表 8-7　塑料模零件配合关系测绘表

| 序号 | 相关配合关系 | 配合松紧程度 | 配合要求 | 配合尺寸测量值 | 配 合 尺 寸 |
|---|---|---|---|---|---|
| 1 | 导柱 |  | H7/f7 或 H8/f8 |  |  |
|  | 导向孔 |  |  |  |  |
| 2 | 导柱 |  | H7/m6 |  |  |
|  | 导柱固定板 |  |  |  |  |
| 3 | 导柱 |  | H8/f6 |  |  |
|  | 导套 |  |  |  |  |
| 4 | 推杆 |  | H8/f6 |  |  |
|  | 推杆配合孔 |  |  |  |  |
| 5 | 浇口套 |  | H7/m6 |  |  |
|  | 定模座板 |  |  |  |  |
| 6 | 推件板 |  | H7/f7 |  |  |
|  | 型芯或凸模 |  |  |  |  |
| 7 | 推件板 |  | H7/f7 |  |  |
|  | 导柱 |  |  |  |  |

3. 实训要求：模具的拆装与测绘参照第 2 章的实训要求。

# 第9章 其他塑料成型工艺及模具
# (Other Plastic Molding Process and Corresponding Mould)

 本章学习目标

　　了解压缩成型基础知识和压缩模、压注成型基础知识和压注模、挤出成型基础知识和模具、中空吹塑成型基础知识、真空成型基础知识。

 本章教学要求

| 能力目标 | 知识要点 | 权　重 | 自测分数 |
|---|---|---|---|
| 了解压缩成型基础知识和压缩模 | 压缩成型的原理及特点、工艺过程，压缩模的典型结构 | 25% | |
| 了解压注成型基础知识和压注模 | 压注成型的原理及特点、工艺过程，压注模的典型结构 | 25% | |
| 了解挤出成型基础知识和模具 | 挤出成型的原理、工艺过程，挤出成型模具的结构 | 20% | |
| 了解中空吹塑成型基础知识 | 常用中空吹塑成型方法 | 15% | |
| 了解真空成型基础知识 | 常见真空成型方法 | 15% | |

# 其他塑料成型工艺及模具(Other Plastic Molding Process and Corresponding Mould) 第9章

## 导入案例

注射模主要用于热塑性塑料制品的成型，但塑料的品种很多，塑料制品的种类也很多，因此存在很多塑料成型方法。例如，主要用于热固性塑料成型的压缩模、压注模；用于成型塑料包装袋和农用地膜的吹塑成型；用于汽车零件和白色家电的真空成型等。图9.0（a）所示的转运托盘是通过吸塑成型工艺生产的；图9.0（b）所示的洗洁精壶瓶是通过吹塑成型工艺生产的；图9.0（c）所示的塑料管材是通过挤出成型工艺生产的。

（a）转运托盘

（b）洗洁精壶瓶

（c）塑料管材

图9.0 塑料产品

学习完本章后，学生能够掌握压缩模、压注模与注射模的不同之处。

## 9.1 压缩成型工艺与压缩模
### (Compression Molding Process and Compression Mould)

### 9.1.1 压缩成型原理及特点（Compression Molding Principle and Feature）

**压缩成型又称压塑成型、压制成型等，主要用于成型热固性塑料。** 与注射模相比，压缩模没有浇注系统，使用的设备和模具比较简单，主要应用于日用电器、电信仪表等热固性塑件的成型。

#### 1. 压缩成型原理

压缩成型工艺过程如图9.1所示，压缩模工作原理如图9.2所示。成型时，先将塑料原料（粉状、粒状、碎屑状或纤维状等形态）直接加入敞开的、有规定温度（一般为

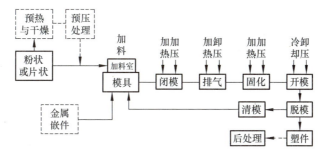

图9.1 压缩成型工艺过程

130～180℃的加料室内,如图9.2(a)所示;以一定速度合模、加热、加压使塑料软化,很快充满整个型腔,如图9.2(b)所示;此时,型腔中的塑料产生化学交联反应,使熔融塑料逐步固化成型,然后开模、脱模,取出制品,如图9.2(c)所示。

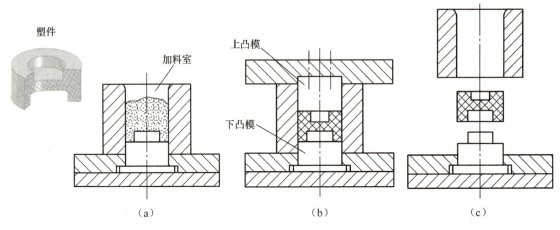

图9.2 压缩模工作原理

### 2. 压缩成型特点

压缩成型的优点如下:可以使用普通压力机生产;因为压缩模没有浇注系统,所以模具结构比较简单;塑件内取向组织少,取向程度低,性能比较均匀;成型收缩率小;可以生产一些带有碎屑状、片状或长纤维状填充剂、流动性很差且难以用注射方法成型的塑件和面积很大、厚度较小的大型扁塑件。

压缩成型的缺点如下:成型周期长,劳动强度大,生产环境差,生产操作多用手工而不易实现自动化;塑件经常带有溢料飞边,高度方向的尺寸精度不易控制,厚壁、带有深孔和形状复杂的制品难以成型;模具易变形、磨损,使用寿命短。

## 9.1.2 压缩成型工艺过程(Compression Molding Process)

压缩成型工艺过程可分为3部分:成型前的准备、压缩成型过程和压后处理。

### 1. 成型前的准备

**因为热固性塑料比较容易吸湿,储存时易受潮,所以在对塑料进行加工前应进行预热和干燥处理。**同时,又因为热固性塑料的比容较大,所以为了使成型过程顺利进行,有时还要先对塑料进行预压处理。

(1) 预热与干燥。在成型前,应对热固性塑料进行预热、干燥,其目的如下:对塑料进行预热,以便为压缩模提供具有一定温度的热料,使塑料在模内受热均匀,缩短压缩成型周期;对塑料进行干燥,防止塑料中带有过多的水分和低分子挥发物,确保塑件的成型质量。

(2) 预压。预压是指压缩成型前,在室温或稍高于室温的条件下,将松散的粉状、粒状、碎屑状、片状或长纤维状的成型物料压实成质量一定、形状一致的塑料型坯,使其能比较容易地被放入加料室。预压坯料的形状一般为圆片形或圆盘形,也可以压成与塑件相似的形状。预压压力通常为 40~200MPa。经过预压后的坯料密度最好能达到塑件密度的 80% 左右，以保证坯料有一定的强度。

**2. 压缩成型过程**

模具装上压力机后要进行预热，若塑件带有嵌件，加料前应将预热嵌件放入模具型腔内。热固性塑料的成型过程一般可分为加料、闭模、排气、固化和脱模等阶段。

（1）加料。加料就是在模具型腔中加入已预热的定量的物料，这是压缩成型生产的重要环节。加料的准确性将直接影响塑件的密度和尺寸精度。常用的加料方法有体积质量法、容量法和记数法 3 种。体积质量法需用衡器称量物料的体积质量，然后加入模具内。采用该方法可准确地控制加料量，但操作不方便。容量法是使用具有一定容积或带有容积标度的容器向模具内加料。这种方法操作简便，但加料量的控制不够准确。记数法适用于预压坯料。对于形状较大或较复杂的模腔，还应根据物料在模具中的流动情况和模腔中各部位的用料量，合理地堆放物料，以免造成塑件密度不均或缺料现象。

（2）闭模。加料完成后进行闭模，即通过压力使模具内成型零部件闭合成与塑件形状一致的模腔。在凸模尚未接触物料之前，应尽量使闭模速度加快，以缩短压缩成型周期及防止塑料过早固化和过多降解。而在凸模接触物料之后，闭模速度应减慢，以避免模具中嵌件和成型杆件的位移和损坏，同时有利于空气的顺利排放，避免物料被空气排出模外而造成缺料。

（3）排气。压缩热固性塑料时，成型物料在模腔中会放出一定数量的水蒸气、低分子挥发物及在交联反应和体积收缩时产生的气体，因此模具闭合后有时还需要卸压以排出模腔中的气体，否则会延长物料传热过程和熔料固化时间，并且塑件表面会出现烧糊、烧焦和气泡等现象，表面光泽度也不好。排气的次数和时间应按需要而定，通常为 1~3 次，每次时间为 3~20s。

（4）固化。压缩成型热固性塑料时，塑料依靠交联反应固化定型的过程称为固化或硬化。热固性塑料的交联反应程度（即硬化程度）不一定达到 100%，其硬化程度与塑料品种、模具温度及成型压力等因素有关。模内固化时间取决于塑料的种类、塑件的厚度、物料的形状及预热和成型的温度等，一般为 30s 至数分钟不等，具体时间需由实验方法确定，时间过长或过短都会对塑件的性能产生不利的影响。

（5）脱模。固化过程完成以后，压力机将进入卸载回程阶段并开启模具，推出机构将塑件推出模外，带有侧向型芯或嵌件时，必须先完成抽芯才能脱模。

热塑性塑件与热固性塑件的脱模条件不同。对于热塑性塑件，必须使其在模具中冷却到自身具有一定的强度和刚度之后才能脱模；对于热固性塑件，脱模条件应以其在热模中的硬化程度达到适中时为准。在大批量生产中，为了缩短成型周期，提高生产效率，也可在制件尚未达到硬化程度适中的情况下进行脱模，但此时塑件必须有足够的强度和刚度以保证在脱模过程中不发生变形和损坏。对于硬化程度不足而提前脱模的塑件，必须集中起来进行后烘处理。

**3. 压后处理**

塑件脱模以后，应对模具进行清理，有时还要对塑件进行后处理。

（1）模具的清理。脱模后，要用铜签或铜刷去除留在模内的碎屑、飞边等，然后用压缩空气将模具型腔吹净。如果这些杂物留在下次成型的塑件中，将会严重影响塑件的质量。

（2）塑件的后处理。塑件的后处理主要是指退火处理，其主要作用是消除内应力，提高塑件尺寸的稳定性，减少塑件的变形与开裂。进一步交联固化，可以提高塑件的电性能和机械性能。退火规范应根据塑件材料、形状、嵌件等情况确定。对于厚壁和壁厚相差悬殊及易变形的塑件，退火处理时以采用低温和较长时间为宜；对于形状复杂、薄壁、面积大的塑件，为防止变形，退火处理最好在夹具上进行。

常用热固性塑件的退火处理规范可参考表9-1。

表9-1 常用热固性塑件的退火处理规范

| 塑件种类 | 退火温度/℃ | 保温时间/h |
| --- | --- | --- |
| 酚醛塑件 | 80～130 | 4～24 |
| 酚醛纤维塑件 | 130～160 | 4～24 |
| 氨基塑件 | 70～80 | 10～12 |

### 9.1.3　压缩模的典型结构（Typical Structure of Compression Mould）

**1. 压缩模的工作过程**

压缩模结构如图9.3所示。模具的上模和下模分别安装在压力机的上、下工作台上，上模和下模通过导柱导套导向定位。成型前，将配好的塑料原料倒入凹模4上端的加料室，然后上工作台下降，使上凸模3进入下模加料室，与装入的塑料接触并对其加热。当塑料成为熔融状态后，上工作台继续下降，熔料在受热受压的作用下充满型腔并发生固化交联反应。塑件固化成型后，上工作台上升，模具分型，同时压力机下面的辅助液压缸开始工作，脱模机构将塑件脱出。

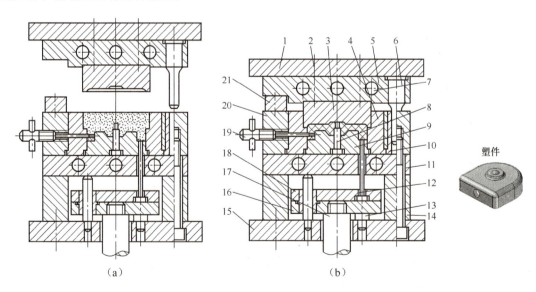

1—上模座板；2—螺钉；3—上凸模；4—凹模；5、11—加热板；6—导柱；7—加热孔；8—型芯；9—下凸模；10—导套；12—推杆；13—支承钉；14—垫块；15—下模座板；16—推板；17—连接杆；18—推杆固定板；19—侧型芯；20—型腔固定板；21—承压块

图9.3　压缩模结构

### 2. 压缩模的结构组成

按各零部件的功能和作用，压缩模可分为以下 7 部分。

（1）成型零件。成型零件是直接成型塑件的零件，加料时与加料室一道起装料的作用。图 9.3 中，模具型腔由上凸模 3、加料室（凹模 4）、型芯 8、下凸模 9 等构成。

（2）加料室。图 9.3 中，加料室（凹模 4）的上半部为凹模截面尺寸扩大的部分。由于塑料与塑件相比具有较大的比容，塑件成型前单靠型腔往往无法容纳全部原料，因此一般需要在型腔之上设有一段加料室。

（3）导向机构。图 9.3 中，由布置在模具上周边的 4 根导柱 6 和导套 10 组成导向机构，它的作用是保证上模和下模两大部分或模具内部其他零部件之间准确对合。为保证推出机构上下运动平稳，该模具在下模座板 15 上设有两根推板导柱，在推板上还设有推板导套。

（4）侧向分型与抽芯机构。当压缩塑件带有侧孔或侧向凹凸时，模具必须设有各种侧向分型与抽芯机构，塑件方能脱出。图 9.3 中的塑件有一个侧孔，在推出塑件前用手动丝杆（侧型芯 19）抽出侧型芯。

（5）推出机构。压缩模中一般都需要设置推出机构，其作用是把塑件推出模腔，图 9.3 中的推出机构由推板 16、推杆固定板 18、推杆 12 等组成。

（6）加热系统。在压缩热固性塑料时，模具温度必须高于塑料的交联温度，因此模具必须加热。常见的加热方式有电加热、蒸汽加热、煤气加热、天然气加热等，以电加热最普遍。图 9.3 中，加热板 5、11 中设计有加热孔 7，加热孔 7 中插入加热元件（如电热棒），可分别对上凸模 3、下凸模 9 和凹模 4 进行加热。

（7）支承零部件。压缩模中的各种固定板、支承板（加热板等）及上、下模座等均称为支承零部件，如图 9.3 中的零件 1、5、11、14、15、20、21 等。它们的作用是固定和支承模具中各种零部件，并且将压力机的力传递给成型零部件和成型物料。

## 9.1.4 压缩模的分类（Classification of Compression Mould）

**按照加料室的形式不同，压缩模可分为溢式压缩模、不溢式压缩模和半溢式压缩模。**

（1）溢式压缩模。溢式压缩模如图 9.4 所示。这种模具无单独的加料室，型腔本身作为加料室，型腔高度 $h$ 等于塑件高度。由于凸模和凹模之间无配合，完全靠导柱定位，因此塑件的径向尺寸精度不高，而高度尺寸精度尚可。压缩成型时，由于多余的塑料易从分型面处溢出，因此塑件具有径向飞边，设计时挤压环的宽度 $B$ 应较窄，以减薄塑件的径向飞边。图中环形挤压面 $B$（即挤压环）在合模开始时，仅产生有限的阻力，合模到终点时，挤压面才完全密合。因此，塑件密度较低，强度等力学性能也不

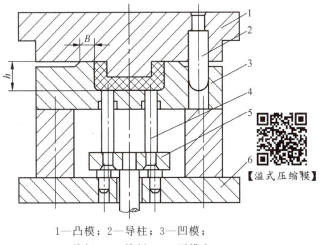

1—凸模；2—导柱；3—凹模；
4—推杆；5—推板；6—下模座

图 9.4 溢式压缩模

高，特别是合模太快时，会造成溢料量的增加。溢式压缩模结构简单，造价低廉，耐用（凸、凹模间无摩擦），塑件易取出。除了可用推出机构脱模外，还可用压缩空气吹出塑件。这种压缩模对加料量的精度要求不高，加料量一般仅大于塑件质量的 5%，常用预压型坯进行压缩成型，适用于压缩流动性好或带短纤维填料及精度要求不高且尺寸小的浅型腔塑件。

（2）不溢式压缩模。不溢式压缩模如图 9.5 所示。这种模具的加料室在型腔上部延续，其截面形状和尺寸与型腔的完全相同，无挤压面。由于凸模和加料室之间有一段配合，因此塑件径向壁厚尺寸精度较高。由于配合段单面间隙为 0.025～0.075mm，因此压缩时仅有少量塑料流出，使塑件在垂直方向上形成很薄的轴向飞边，比较容易去除。其配合高度不宜过大，在设计不配合部分时，可以将凸模上部截面设计得小些，也可以将凹模对应部分尺寸逐渐增大而形成 15′～20′的锥面。模具在闭合压缩时，压力几乎完全作用在塑件上，因此塑件密度高、强度高。这种模具适用于成型形状复杂、精度高、壁薄、流程长的深腔塑件，也可用于成型流动性差、比容大的塑件，特别适用于含棉布、玻璃纤维等长纤维填料的塑件。

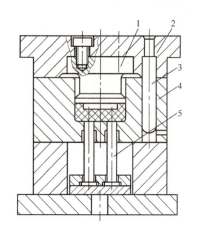

1—凸模；2—上模座；
3—导柱；4—凹模；5—推杆

图 9.5 不溢式压缩模

【不溢式压缩模】

不溢式压缩模由于塑件的溢出量少，加料量直接影响塑件的高度尺寸，因此每模加料都必须准确称量，否则塑件高度尺寸不易保证。另外，由于凸模与加料室侧壁摩擦，不可避免地会擦伤加料室侧壁，同时塑件推出模腔时带划伤痕迹的加料室也会损伤塑件外表面且脱模较困难，因此固定式压缩模一般设有推出机构。为避免加料不均，不溢式压缩模一般不宜设计成多型腔结构。

【半溢式压缩模】

（3）半溢式压缩模。半溢式压缩模如图 9.6 所示。这种模具在型腔上方设有加料室，其截面尺寸大于型腔截面尺寸，两者分界处有一环形挤压面，宽度为 4～5mm。凸模与加料室呈间隙配合，凸模下压时受到挤压面的限制，易保证塑件高度尺寸精度。凸模四周开有溢流槽，过剩的塑料通过配合间隙或溢流槽排出。因此，半溢式压缩模操作方便，不必严格控制加料量，只需简单地按体积计量即可。

半溢式压缩模兼有溢式压缩膜和不溢式压缩模的优点，塑件径向壁厚尺寸和高度尺寸的精度均较好，密度较高，使用寿命较长，塑件脱模容易，塑件外表不会被加料室划伤。当塑件外形较复杂时，可将凸模与加料室周边配合面形状简化，从而减少加工困难，因此在生产中被广泛采用。半溢式压缩模适用于压缩流动性较好的塑件及形状较复杂的塑件，由于有挤压边缘，因此不适合压制以布片或长纤维

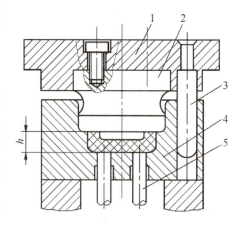

1—上模座；2—凸模；
3—导柱；4—凹模；5—推杆

图 9.6 半溢式压缩模

做填料的塑件。

将上述 3 种压缩模的特点进行组合或改进，可以演变成其他类型的压缩模。

## 9.2 压注成型工艺与压注模
(Pressure Injection Molding Process and Pressure Injection Mould)

### 9.2.1 压注成型原理及特点 (Pressure Injection Molding Principle and Feature)

压注成型又称传递成型，是在压缩成型基础上发展起来的一种热固性塑料的成型方法，能成型外形复杂、薄壁或壁厚变化很大、带有精细嵌件的塑件。压注成型与压缩成型在模具结构上的最大区别在于，压注模有单独的加料室和浇注系统。

**1. 压注成型原理**

压注成型工艺过程如图 9.7 所示，压注模工作原理如图 9.8 所示。压注成型时，将热固性塑料原料（塑料原料为粉料或预压成锭的坯料）装入闭合模具的加料室内，使其在加料室内受热塑化，如图 9.8（a）所示；塑化后，熔融的塑料在压柱压力的作用下，通过加料室底部的浇注系统进入闭合的型腔，如图 9.8（b）所示；塑料在型腔内继续受热、受压而固化成型，最后打开模具，取出塑件，如图 9.8（c）所示。

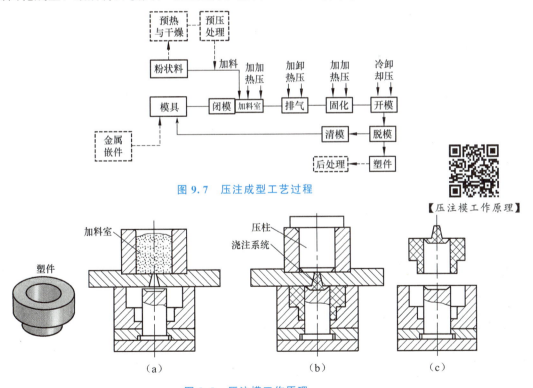

图 9.7 压注成型工艺过程

【压注模工作原理】

图 9.8 压注模工作原理

## 2. 压注成型特点

压注成型与压缩成型相比，具有以下特点。

（1）成型周期短，生产效率高。塑料在加料室首先被加热塑化，成型时塑料高速通过浇注系统被压入型腔，未完全塑化的塑料与高温的浇注系统接触，使塑料升温快而均匀。同时，熔料在通过浇注系统的窄小部位时吸收摩擦热，使温度进一步升高，有利于塑料制件在型腔内迅速硬化，从而缩短了硬化时间。压注成型的硬化时间只相当于压缩成型的 1/5～1/3。

（2）塑件的尺寸精度高、表面质量好。由于塑料受热均匀，交联硬化充分，因此改善了塑件的机械性能，使塑件的强度、力学性能、电性能都得以提高。塑件高度方向的尺寸精度较高，飞边很薄。

（3）可以成型带有细小嵌件、较深侧孔及较复杂的塑件。由于塑料是以熔融状态压入型腔的，因此对细长型芯、嵌件等产生的挤压力比压缩模的小。一般压缩成型在垂直方向上成型的孔深不大于直径的 3 倍，侧向孔深不大于直径的 1.5 倍；而压注成型可成型孔深不大于直径 10 倍的通孔、不大于直径 3 倍的盲孔。

（4）消耗原材料较多。由于存在浇注系统凝料，因此塑料消耗比较多，小型塑件尤为突出。

（5）压注成型收缩率大于压缩成型收缩率。一般酚醛塑料在压缩成型时的收缩率为 0.8%，而压注成型时的收缩率为 0.9%～1%，并且收缩率具有方向性。这是由物料在压力作用下的定向流动引起的，影响了塑件的精度，但对用粉状填料填充塑件的影响不大。

（6）压注模的结构比较复杂，工艺条件要求严格。由于压注时熔料是通过浇注系统进入模具型腔成型的，因此压注模的结构比压缩模的结构复杂，工艺条件要求严格，特别是成型压力较大（要比压缩成型时的压力大得多），而且操作比较麻烦，制造成本也高。因此，只有在用压缩成型无法达到要求时才用压注成型。

### 9.2.2 压注成型工艺过程（Pressure Injection Molding Process）

压注成型工艺过程与压缩成型工艺过程相似，它们的主要区别在于压缩成型工艺过程是先加料后闭模，而压注成型工艺过程一般先闭模后加料。

### 9.2.3 压注模的典型结构（Typical Structure of Pressure Injection Mould）

#### 1. 压注模的工作过程

图 9.9 所示为固定式压注模结构。模具由压柱、上模、下模三部分组成，压柱 2 随上模座板 1 固定在上工作台，下模固定在压力机的下工作台上。开模时，压柱 2 随上模座板 1 向上移动，A—A 分型面分型，加料室 3 敞开，压柱 2 把浇注系统的凝料从浇口套 4 中拉出。当上模座板 1 上升到一定高度时，拉杆 11 上的螺母迫使拉钩 13 转动，使之与下模部分脱开，接着定距导柱 16 起作用，使 B—B 分型面分型，最后由推出机构将塑件推出。合模时，复位杆 10 使推出机构复位，拉钩 13 靠自重将下模部分锁住。

#### 2. 压注模的结构组成

压注模主要由以下 7 部分组成。

（1）成型零部件。成型零部件指直接与塑料接触的零件，如上模板、下模板、型芯等。

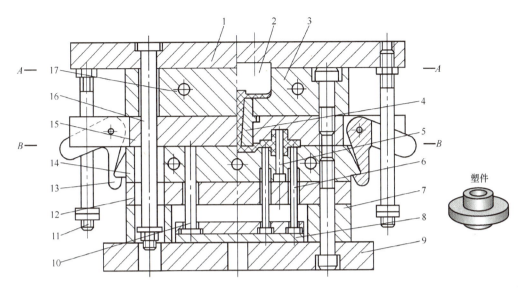

1—上模座板；2—压柱；3—加料室；4—浇口套；5—型芯；6—推杆；7—垫块；
8—推板；9—下模座板；10—复位杆；11—拉杆；12—支承板；13—拉钩；
14—下模板；15—上模板；16—定距导柱；17—加热器安装孔

图 9.9　固定式压注模结构

（2）加料装置。加料装置由加料室和压柱组成，移动式压注模的加料室与模具是可分离的，固定式压注模的加料室与模具在一起。

（3）浇注系统。与注射模相似，压注模的浇注系统主要由主流道、分流道和浇口组成。

（4）导向机构。导向机构由导柱和导套组成，起定位、导向作用。

（5）侧向分型与抽芯机构。如果塑件中有侧孔或侧凹，则必须采用侧向分型与抽芯机构，具体的设计方法与注射模的类似。

（6）推出机构。在注射模中采用的推杆、推管、推件板等各种推出结构，在压注模中也适用。

（7）加热系统。压注模的加热元件主要是电热棒、电热圈，加料室、上模和下模均需要加热。移动式压注模主要靠压力机上、下工作台的加热板进行加热。

## 9.2.4　压注模的分类 (Classification of Pressure Injection Mould)

与压缩模相同，压注模的分类方法也有很多，但通常情况下，压注模是按照模具的结构特征来进行分类的。**按照加料室的结构特征，压注模可分为罐式压注模和柱塞式压注模两种形式。** 下面分别进行介绍。

1. 罐式压注模

罐式压注模使用较广泛，这种模具对成型设备没有特殊的要求，在普通压力机上就可以压注成型塑件。罐式压注模分为移动式罐式压注模和固定式罐式压注模两种。

（1）移动式罐式压注模。图 9.10 所示为移动式罐式压注模，加料室与模具可分离，靠压力机上、下工作台的加热板进行加热。工作时，模具闭合后放上加料室 4，将塑料加入加料室 4 内，利用压力机的压力，将塑化好的物料高速压入型腔，硬化定型后，取下加料室 4 和压柱 5，用手工工具或专用工具将塑件取出。

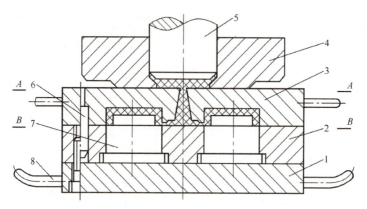

1—下模座板；2—凸模固定板；3—凹模板；4—加料室；5—压柱；6—导柱；7—凸模；8—手把

图 9.10　移动式罐式压注模

(2) 固定式罐式压注模。图 9.9 所示为固定式罐式压注模。其加料室在模具的内部，不能与模具分离，模具上设有加热装置。

2. 柱塞式压注模

与罐式压注模相比，柱塞式压注模没有主流道，只有分流道，主流道变为圆柱形的加料室，与分流道相通。成型时，柱塞施加的挤压力不对模具起锁模的作用，因此需要用专用的压力机。这种压力机有主（锁模）液压缸和辅助（成型）液压缸两个液压缸，主液压缸起锁模作用，辅助液压缸起压入成型作用。柱塞式压注模既可以是单腔的，也可以是一模多腔的。

(1) 上加料室式压注模。上加料室式压注模如图 9.11 所示。主液压缸在压力机的下方，自下而上合模；辅助液压缸在压力机的上方，自上而下将物料压入模腔。合模加料

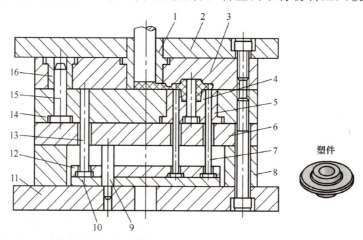

1—加料室；2—上模座板；3—上模板；4—型芯；5—凹模镶块；6—支承板；7—推杆；
8—垫块；9—推板导柱；10—推板；11—下模座板；12—推杆固定板；
13—复位杆；14—下模板；15—导柱；16—导套

图 9.11　上加料室式压注模

后，当加入加料室 1 内的塑料受热成熔融状态时，辅助液压缸工作，柱塞将熔融物料挤入型腔，固化成型后，辅助液压缸带动柱塞上移，主液压缸带动下工作台将模具分型开模，塑件与浇注系统凝料留在下模，推出机构将塑件从凹模镶块 5 中推出。上加料室式压注模成型时所需的挤压力小，成型质量好。

（2）下加料室式压注模。下加料室式压注模如图 9.12 所示。主液压缸在压力机的上方，自上而下合模；辅助液压缸在压力机的下方，自下而上将物料压入型腔。下加料室式压注模与上加料室式压注模的主要区别在于，前者先加料后合模，最后压注成型；而后者先合模后加料，最后压注成型。由于余料和分流道凝料与塑件一同推出，因此下加料室式压注模清理方便，可节省材料。

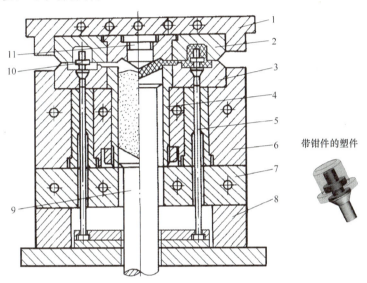

1—上模座板；2—上凹模；3—下凹模；4—加料室；5—推杆；6—下模板；
7—支承板（加热板）；8—垫块；9—柱塞；10—嵌件；11—分流锥

图 9.12　下加料室式压注模

## 9.3　挤出成型工艺及模具（Extrusion Molding Process and Mould）

### 9.3.1　挤出成型原理及特点（Extrusion Molding Principle and Feature）

塑料原料在模具中受挤压，当挤出模口时形成所需形状的制品，这就是挤出成型。挤出成型主要用于成型热塑性塑料，可成型的制品包括管、棒、板、丝、薄膜、电缆电线的包覆及各种截面形状的异型材。下面主要以管材的挤出成型为例进行讲解。

【挤出成型的管材】

**1. 挤出成型原理**

管材挤出成型工艺过程如图 9.13 所示，其工作原理如图 9.14 所示。将粒状或粉状塑料加入料斗中，在挤出机螺杆的作用下，加热的塑料沿螺杆的螺旋槽向前方输送。在此过程中，塑料不断地接受外加热和挤出机螺杆与物料之间、物料与物料之间、物料与挤出机料筒之间的剪切摩擦热，逐渐熔融呈黏流态。在挤压系统的作用下，塑料熔体通过具有一定形状的挤出模具（机头）口模及一系列辅助装置（定型、冷却、牵引、切割等装置），从而获得截面形状一定的塑料型材。

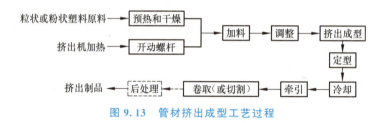

图 9.13　管材挤出成型工艺过程

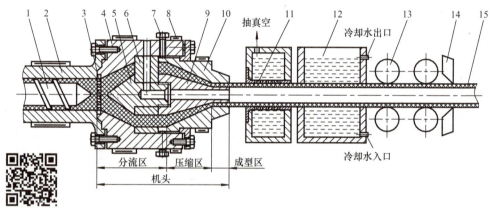

1—挤出机螺杆；2—挤出机料筒；3—过滤板；4—机头体；
5—分流器；6—分流器支架；7—调节螺钉；8—加热元件；9—芯棒；
10—口模；11—定径套；12—冷却装置；13—牵引装置；14—切割装置；15—塑料管材

图 9.14　管材挤出成型工作原理

**2. 挤出成型特点**

挤出成型所用的设备为挤出机，结构比较简单，操作方便，应用非常广泛，所成型的塑件均为具有恒定截面形状的连续型材。挤出成型的特点如下。

（1）生产过程连续，可以挤出任意长度的塑件，生产效率高，适用于制造管材、纤维、绝缘电线和电缆护套等。

（2）塑件内部组织均衡紧密，尺寸比较稳定、准确。

（3）模具结构较简单，制造和维修方便，投资少。

（4）适应性强，除氟塑料外，所有热塑性塑料都可采用挤出成型，部分热固性塑料也可采用挤出成型。变更机头口模，产品的截面形状和尺寸可相应改变，这样就能生产出不同规格的塑件。

### 9.3.2　挤出成型工艺过程（Extrusion Molding Process）

热塑性塑料的挤出成型工艺过程可分为以下 3 个阶段。

（1）塑料原料的塑化。塑料原料在挤出机的机筒温度和螺杆的旋转压实及混合作用下，由粒状或粉状物质变成黏流态物质。

（2）成型。黏流态塑料熔体在挤出机螺杆螺旋力的推动作用下，通过具有一定形状的机头口模，得到截面形状与口模形状一致的连续型材。

（3）定型。通过适当的处理方法，如定径处理、冷却处理等，使已挤出的塑料连续型材固化为塑料型材。

### 1. 原料的准备

挤出成型使用的大部分塑料是粒状塑料，粉状塑料用得较少。因为粉状塑料含有较多水分，会影响挤出成型的顺利进行，同时影响塑件的质量，如塑件出现气泡及表面灰暗无光、皱纹、流痕等，其物理性能和力学性能也随之下降；而且粉状塑料的压缩比大，不利于输送。当然，无论是粒状物料还是粉状物料，都会吸收一定的水分，所以在成型之前应进行干燥处理，将原料的水分控制在 0.5% 以下。干燥原料一般在烘箱或烘房中进行，此外，在准备阶段还要尽可能除去塑料中存在的杂质。

### 2. 挤出成型

将挤出机预热到规定温度后，起动电动机，带动螺杆旋转以输送物料，同时向料筒中加入塑料。料筒中的塑料在外加热和剪切摩擦热的作用下熔融塑化。螺杆旋转时不断推挤塑料，迫使塑料经过滤板上的过滤网，再通过机头成型为一定口模形状的连续型材。初期的挤出塑件质量较差，外观也欠佳，要调整工艺条件及设备装置，直到正常状态后才能正式投入生产。在挤出成型过程中，要特别注意温度和剪切摩擦热两个因素对塑件质量的影响。

### 3. 塑件的定型与冷却

热塑件在离开机头口模以后，应该立即进行定型和冷却，否则塑件将在自身重力的作用下变形，出现凹陷或扭曲现象。在大多数情况下，定型和冷却是同时进行的，只有在挤出各种棒料和管材时，才有一个独立的定径过程，而挤出薄膜、单丝等无须定型，仅通过冷却即可。挤出板材与片材，有时还需要通过一对压辊压平，也可起定型与冷却作用。管材的定型可用定径套，也可用能通水冷却的特殊口模，无论采用哪种方法，其原理都是在管坯内外形成压力差，使管坯紧贴在定径套上而冷却定型。

冷却一般采用空气冷却或水冷却，冷却速度对塑件性能有很大影响。硬质塑件（如聚苯乙烯、低密度聚乙烯和硬聚氯乙烯等）不能冷却得过快，否则容易造成残余内应力，影响塑件的外观质量；软质或结晶型塑件则要求及时冷却，以免塑件变形。

### 4. 塑件的牵引、卷取和切割

塑件自机头口模挤出后，会由于压力突然解除而产生离模膨胀现象，而冷却后又会产生收缩现象，从而使塑件的尺寸和形状发生改变。此外，由于被连续不断地挤出，塑件自重越来越大，如果不加以引导会造成塑件停滞，不能顺利挤出。因此，在冷却的同时，要连续、均匀地牵引塑件。

被牵引的塑件根据使用要求在切割装置上裁剪（如棒、管、板、片等），或在卷取装置上绕制成卷（如单丝、电线电缆等）。此外，有些塑件有时还需进行后处理，以提高尺寸稳定性。

图 9.15 所示为常见的挤出工艺过程。

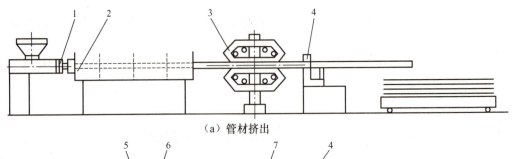

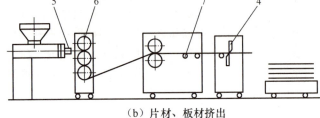

【常见的挤出工艺过程】

1—挤管机头；2—定型与冷却装置；3—牵引装置；4—切断装置；
5—片（板）坯挤出机头；6—碾平与冷却装置；7—切边与牵引装置

图 9.15　常见的挤出工艺过程

## 9.3.3　挤出成型模具（Extrusion Molding Mould）

挤出成型模具主要由机头和定型装置（定型套）两部分组成。下面以管材挤出成型机头为例，介绍机头的结构组成。

### 1. 机头

机头是成型塑件的关键部分，其作用是将挤出机挤出的熔融塑料由螺旋运动转变为直线运动，并使熔融塑料进一步塑化，产生必要的成型压力，保证塑件密实，以获得所需的塑件。图 9.14 所示的机头主要由以下几部分组成。

（1）口模。口模是成型塑件外表面的零件。

（2）芯棒。芯棒是成型塑件内表面的零件。

（3）过滤网和过滤板。过滤板又称多孔板，起支撑过滤网的作用。过滤板的作用是改变料流的方向和速度，将塑料熔体的螺旋运动转变为直线运动，过滤杂质，形成一定的压力。

（4）分流器和分流器支架。分流器俗称鱼雷头，其作用是使通过它的塑料熔体分流变成薄环状平稳地进入成型区，同时进一步加热和塑化。分流器支架主要用来支撑分流器及芯棒，同时能对分流后的塑料熔体起加强剪切的作用（但有时会产生熔接痕而影响塑件强度）。小型机头的分流器可与其支架设计成整体式结构。

（5）机头体。机头体相当于模架，用来组装并支撑机头的各零部件，并且与挤出机料筒相连。

（6）温度调节系统。为了保证塑料熔体在机头中正常流动和挤出成型质量，机头上一般设有温度调节系统，如加热元件。

（7）调节螺钉。调节螺钉用来调节控制成型区内口模与芯棒间的环隙及同轴度，以保证挤出塑件壁厚均匀。通常调节螺钉的数量为 4~8 个。

## 2. 定型装置

从机头口模挤出的塑件虽然具备了既定的形状，但是因为制件温度比较高，会由于自重而发生变形，因此需要使用定径装置（如定径套）对制件的形状进行冷却定型，从而获得能满足要求的正确尺寸、几何形状及表面质量。通常采用抽真空（或加压）、冷却的方法，将从机头口模挤出的塑件的形状稳定下来，并对其进行精整，得到截面尺寸更精确、表面更光亮的塑件。

### 9.3.4 应用案例（Application Case）

管材是挤出成型的主要产品之一，挤出的管材直径从数毫米到500mm，其中以数毫米至100mm直径的管材较常见。可挤出成型管材的塑料种类有 PVC、PE、PP、PA、POM、PAK、PUR 弹性体等，成型材料的性质不同，挤出成型工艺及设备也会有所不同。图9.16所示为PVC管材，图9.17所示为国产某型号管材挤出成型机。

图9.16 PVC管材

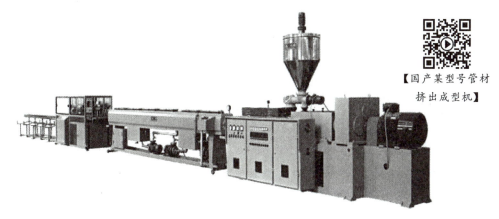

【国产某型号管材挤出成型机】

图9.17 国产某型号管材挤出成型机

## 9.4 中空吹塑成型（Hollow Blow Molding）

中空吹塑成型是将处于高弹态（接近于黏流态）的塑料型坯置于模具型腔内，通入压缩空气将其吹胀，使其紧贴于型腔壁上，经冷却定形后得到中空塑件的成型方法。它主要用于制造瓶类、桶类、罐类、箱类等中空塑料容器。

中空吹塑成型的方法很多，主要有挤出吹塑成型、注射吹塑成型、注射拉伸吹塑成型、片材吹塑成型等。

### 9.4.1 挤出吹塑成型（Extrusion Blow Molding）

挤出吹塑成型是成型中空塑件的主要方法，其工艺过程如图9.18所示。成型时，先由挤出机挤出管状型坯，如图 9.18（a）所示；然后截取一段管坯并趁热放入模具中，在闭合模具的同时夹紧型坯上下两端，如图 9.18（b）所示；再用吹管通入压缩空气，使型坯吹胀并贴于型腔表壁成型，如图 9.18（c）所示；最后经保压和冷却定型，排除压缩空气并开模取出塑件，如图 9.18（d）所示。

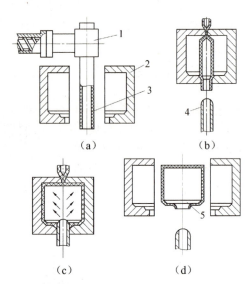

【挤出吹塑成型的工艺过程】

1—挤出机头；2—吹塑模；3—型坯；4—压缩空气吹管；5—塑件

图 9.18　挤出吹塑成型的工艺过程

挤出吹塑成型的优点是模具结构简单、成本低、操作容易，适合多种塑料的中空吹塑成型；缺点是成型塑件的壁厚不均匀，塑件需要后加工以去除飞边和余料。

### 特别提示

（1）注意区分挤出成型和挤出吹塑成型，二者既有联系又有区别：都使用了挤出机，不过前者挤出的是所需形状的制品，只需定型装置对塑件冷却定型便可完工；后者挤出的是管状型坯，接下来还要在吹塑模里进行吹胀，经冷却定型后才能完工。

（2）如果说挤出成型是"一步到位"，那么挤出吹塑成型就经过了两个主要过程，即挤出和吹塑。

## 9.4.2　注射吹塑成型（Injection Blow Molding）

注射吹塑成型是先用注射机在注射模中将塑料注射成型坯，然后将热的塑料型坯移入中空吹塑模具中进行中空吹塑成型，其工艺过程如图 9.19 所示。成型时，先用注射机将熔融塑料注入注射模中制成型坯，型坯成型在周壁带有微孔的空心凸模上，如图 9.19（a）所示；接着趁热将空心凸模与型坯一起移入吹塑模内，如图 9.19（b）所示；然后合模并从空心凸模的管道内通入压缩空气，使型坯吹胀并贴于吹塑模的型壁上，如图 9.19（c）所示；最后经保压、冷却定型后放出压缩空气并开模取出塑件，如图 9.19（d）所示。

注射吹塑成型的优点是塑件壁厚均匀，无飞边，不需要后加工；由于注射的型坯有底面，因此中空塑件的底部没有拼合缝，不仅外观美、强度高，而且生产效率高。其缺点是所用的设备与模具的成本较高，多用于小型中空塑件的大批量生产。

# 其他塑料成型工艺及模具(Other Plastic Molding Process and Corresponding Mould) 第9章

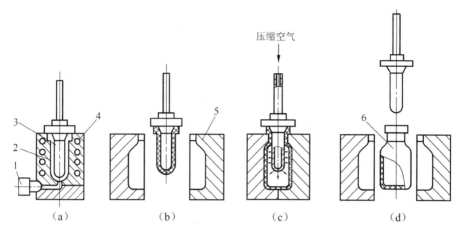

1—注射机喷嘴；2—注塑型坯；3—空心凸模；4—加热器；5—吹塑模；6—塑件

图 9.19　注射吹塑成型的工艺过程

### 特别提示

注意注射成型与注射吹塑成型之间的联系和区别。与挤出成型和挤出吹塑成型相似，注射成型得到的是结果；而注射吹塑成型是借助了注射成型完成型坯的制造过程，接下来还有吹塑环节，再经保压、冷却定型后才能得到所需的塑件。

## 9.4.3　注射拉伸吹塑成型（Injection Stretch Blow Molding）

注射拉伸吹塑成型是将注射成型的有底型坯置于吹塑模内，先用拉伸杆进行轴向拉伸，再通入压缩空气吹塑成型的成型方法。与注射吹塑成型相比，注射拉伸吹塑成型在吹塑成型工位增加了拉伸工序，塑件的透明度、抗冲击强度、表面硬度、刚度和气体阻透性能都有很大提高。最典型的产品是线型聚酯饮料瓶。

注射拉伸吹塑成型可分为热坯法和冷坯法两种方法。

热坯法注射拉伸吹塑成型的工艺过程如图 9.20 所示。先在注射工位注射一个空心有底的型坯，如图 9.20（a）所示；接着将型坯迅速移到拉伸和吹塑工位，进行拉

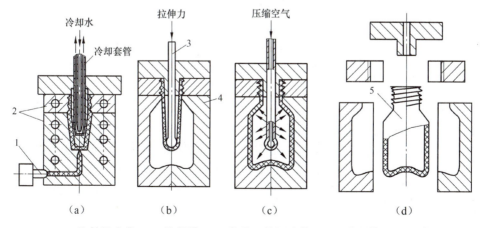

1—注射机喷嘴；2—注塑模；3—拉伸心棒（吹管）；4—吹塑模；5—塑件

图 9.20　热坯法注射拉伸吹塑成型的工艺过程

伸和吹塑成型，如图 9.20（b）和图 9.20（c）所示；然后经保压、冷却后开模取出塑件，如图 9.20（d）所示。这种成型方法省去了冷型坯的再加热过程，节省了能源；同时由于型坯的制取和拉伸吹塑在同一台设备上进行，因此占地面积小，易连续生产，自动化程度高。

冷坯法注射拉伸吹塑成型是将注射好的型坯加热到合适的温度后，置于吹塑模中进行拉伸吹塑的成型方法。成型过程中，型坯的注射和塑件的拉伸吹塑成型分别在不同的设备上进行，为了补偿型坯冷却散发的热量，需要进行二次加热。这种成型方法的主要特点是设备结构相对简单。

### 9.4.4　片材吹塑成型（Sheet Blow Molding）

片材吹塑成型是将压延或挤出成型的片材加热，使之软化后放入型腔，合模后在片材之间通入压缩空气而成型出中空塑件的成型方法。片材吹塑成型的工艺过程如图 9.21 所示中，其中图 9.21（a）所示为合模前的状态；图 9.21（b）所示为合模后的状态；图 9.21（c）所示为三维示意。

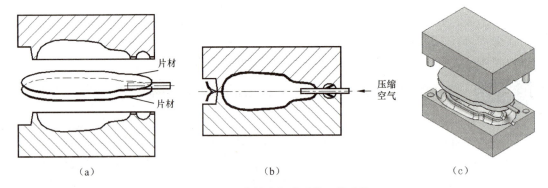

图 9.21　片材吹塑成型的工艺过程

### 9.4.5　应用案例（Application Case）

塑料薄膜是常见的塑料制品之一，可用多种方法进行生产，如挤出法、压延法和流涎法等。其中挤出法生产薄膜又可分为平挤法和吹塑法两种。

用平挤法生产的薄膜厚度均匀、生产率高，但薄膜强度及透明度较差。吹塑法生产薄膜工艺简单、成本低，适用于多种热塑性塑料的成型加工，所以在薄膜生产中占重要地位。

用吹塑法生产的薄膜的厚度在 0.01～0.25mm 之间，展开宽度可达 20m。能够采用吹塑法生产薄膜的塑料品种有 PE、PP、PVC、PS、PA 等，其中以前三类薄膜最常见。

用吹塑法生产薄膜有三种方法，如图 9.22（a）～图 9.22（c）所示。上吹法生产过程如图 9.22（d）所示：熔融塑料从挤出机端部的环形狭缝式口模挤出成圆管状管坯，将一定量的压缩空气自机头下部进气口鼓入管内，使其径向膨胀，同时借助牵引辊对其进行纵向牵引，在冷却风环吹出的冷空气作用下逐步冷却定型；冷却后的膜管被人字板压叠成双折薄膜，经牵引辊、导向辊，最后被卷取装置卷起。牵引辊同时起到封存膜管内空气、保持膜管内空气、保持膜管内压力恒定的作用。

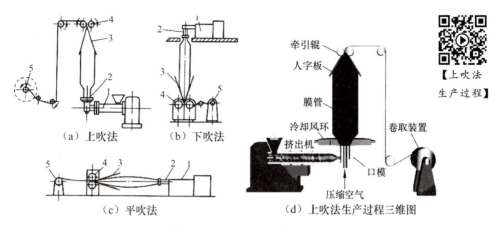

(a) 上吹法　　(b) 下吹法

(c) 平吹法　　(d) 上吹法生产过程三维图

1—挤出机；2—口模；3—人字板；4—牵引机；5—卷取机

图 9.22　用吹塑法生产薄膜

## 9.5　真空成型（Vacuum Molding）

真空成型又称吸塑成型，是把热塑性塑料板、片材等固定在模具上，用辐射加热器加热至软化温度，然后用真空泵把板材与模具之间的空气抽掉，借助大气压使板材贴在模腔上而成型，冷却后用压缩空气使塑件从模具型腔内脱出的成型方法。真空成型的设备和模具结构比较简单，制件形状清晰，生产成本低，生产效率高，一般大、薄、深的塑件都能通过真空成型方法生产。但由于真空成型的压力有限，因此不能成型厚壁塑件。真空成型的不足之处是成型的塑件壁厚不均匀，当模具的凹凸形状变化较大且相距较近及凸模拐角处为锐角时，塑件上容易出现皱折，要对塑件的周边进行修正。

真空成型的方法主要有凹模真空成型、凸模真空成型、凹凸模先后抽真空成型、压缩空气延伸法真空成型和柱塞延伸法真空成型。

### 9.5.1　凹模真空成型（Vacuum Molding with Female Mould）

凹模真空成型是一种最常用、最简单的成型方法，如图 9.23 所示。成型时，把板材固定并密封在模腔的上方，在板材上方用加热器将板材加热至软化，如图 9.23（a）所示；

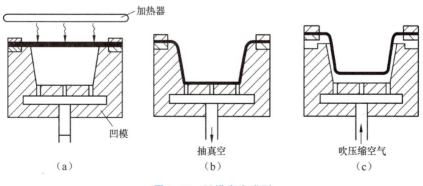

图 9.23　凹模真空成型

移开加热器,在型腔内抽真空,板材就贴在凹模型腔上,如图9.23(b)所示;冷却后由抽气孔通入压缩空气,将成型好的塑件吹出,如图9.23(c)所示。

用凹模真空成型法成型的塑件外表面尺寸精度高,一般用于成型深度不大的塑件。对于深度很大的塑件,特别是小型塑件,其底部转角处会明显变薄。多型腔的凹模真空成型与同数量的凸模真空成型相比更经济,因为凹模模腔间距可以更近些,可以用相同面积的塑料板加工出更多塑件。

### 9.5.2 凸模真空成型（Vacuum Molding with Male Mould）

凸模真空成型如图9.24所示。被夹紧的塑料板在加热器下加热软化,如图9.24(a)所示;接着软化的塑料板下移,覆盖在凸模上,如图9.24(b)所示;最后抽真空,塑料板紧贴在凸模上成型,如图9.24(c)所示。由于成型过程中较冷的凸模先与板材接触,因此塑件的内表面尺寸精度较高,但底部稍厚,多用于有凸起的薄壁塑件。

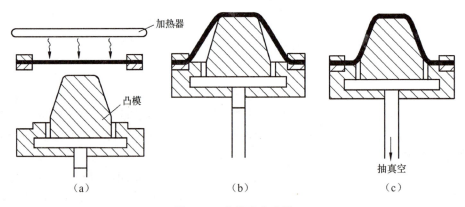

图 9.24 凸模真空成型

### 9.5.3 凹凸模先后抽真空成型（Vacuum Molding with Female and Male Mould）

凹凸模先后抽真空成型如图9.25所示。先把塑料板紧固在凹模上加热,如图9.25(a)所示;塑料板软化后移开加热器,在通过凸模吹入压缩空气的同时,在凹模框抽真空,从而使塑料板鼓起,如图9.25(b)所示;最后凸模向下插入鼓起的塑料板中并从中抽真空,同时凹模

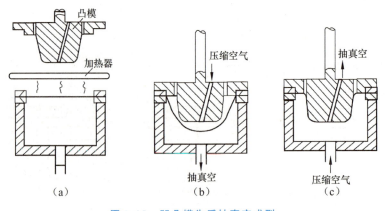

图 9.25 凹凸模先后抽真空成型

框通入压缩空气,使塑料板贴附在凸模的外表面成型,如图9.25(c)所示。实际上这种成型方法还是凸模抽真空成型,由于其将软化了的塑料板吹鼓,使板材延伸后再成型,因此成型的塑件壁厚比较均匀,可用于成型深型腔塑件。

### 9.5.4 压缩空气延伸法真空成型（Vacuum Molding with Compression Air Extension）

压缩空气延伸法真空成型（图9.26）与凹凸模先后抽真空成型基本类似,先将塑料板紧固在凹模上,并用加热器对其加热,如图9.26(a)所示；待塑料板加热软化后移开加热器,压缩空气通过凹模吹入,把塑料板吹鼓后将凸模顶起,如图9.26(b)所示；最后停止从凹模吹气而将凸模抽真空,使塑料板贴附在凸模上成型,如图9.26(c)所示。

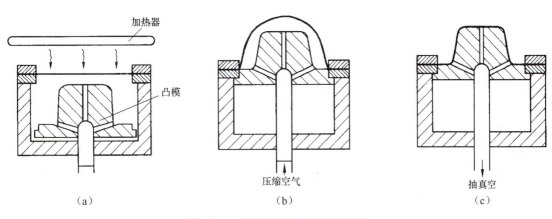

图 9.26 压缩空气延伸法真空成型

### 9.5.5 柱塞延伸法真空成型（Vacuum Molding with Plunger Extension）

柱塞延伸法真空成型如图9.27所示。成型时,先将固定在凹模上的塑料板加热至软化状态,如图9.27(a)所示；接着移开加热器,用柱塞将塑料板推下,此时凹模里的空气被压缩,

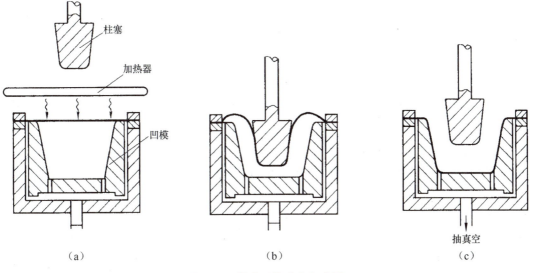

图 9.27 柱塞延伸法真空成型

软化的塑料板由于柱塞的推力和型腔内封闭的空气移动而延伸,如图 9.27 (b) 所示;最后将凹模抽真空而成型,如图 9.27 (c) 所示。这种成型方法使塑料板在成型前先延伸,壁厚变形均匀,主要用于成型深型腔塑件,但是会在塑件上残留柱塞痕迹。

### 9.5.6 应用案例 (Application Case)

例如,用真空吸塑成型机生产冰箱内胆。真空吸塑成型机可将各类模片吸塑成不同形状的塑料罩,或以透明胶片披覆封盖在纸板上,形成包装。其可应用在家电、汽车、建材、玩具、五金、食品、电子产品、药品等的包装上,应用市场广阔。

FLTP759 改进型真空吸塑成型机由上料工位、预加热工位、主加热工位、真空成型工位、切边工位、出料区、控制台等组成,如图 9.28 所示。整个生产设备按照线性结合起来,完成整个冰箱内胆(图 9.29)加工成型的过程。工作过程简述如下:塑料板材 HIPS 或 ABS 在上料工位被真空吸盘输送到输送链条上,然后输送链条将板材输送到预加热工位进行预加热;预加热一定时间后,输送到主加热工位进行加热;加热到一定温度后,输送到真空成型工位,通过内胆模具与框架的配合,利用真空吸附成型的原理,使工件成型;冷却后输送到切边工位,切边机对内胆进行切边,将四周的废边切除,最后将内胆输送到出料区,加工过程结束。

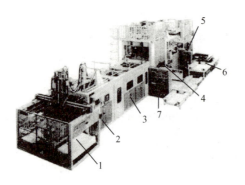

1—上料工位;2—预加热工位;3—主加热工位;
4—真空成型工位;5—切边工位;6—出料区;7—控制台

图 9.28 FLTP759 改进型真空吸塑成型机

图 9.29 冰箱内胆

## 9.6 压缩空气成型 (Molding with Compressed Air)

压缩空气成型是借助压缩空气的压力,将加热软化的塑料板压入型腔而成型的方法。压缩空气成型的工艺过程如图 9.30 所示。图 9.30 (a) 所示为开模状态;图 9.30 (b) 所示是闭模后的加热过程,即从型腔通入微压空气,使塑料板直接接触加热板加热;图 9.30 (c) 所示为塑料板加热后,由模具上方通入预热的压缩空气,使已软化的塑料板贴在模具型腔的内表面成型;图 9.30 (d) 所示是塑件在型腔内冷却定型后,加热板下降一小段距离,切除余料;图 9.30 (e) 所示为加热板上升,最后借助压缩空气取出塑件。

# 其他塑料成型工艺及模具(Other Plastic Molding Process and Corresponding Mould) 第9章

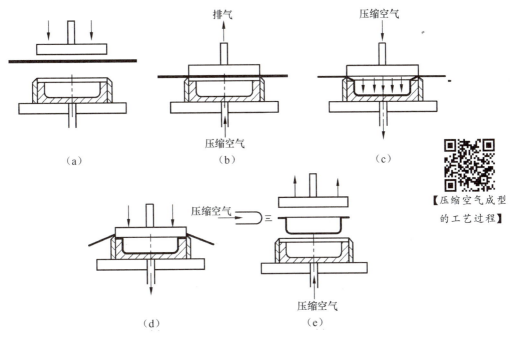

图 9.30 压缩空气成型的工艺过程

压缩空气成型与真空成型相似，也包括凹模成型、凸模成型、柱塞加压成型等方法。不同之处在于，压缩空气成型主要依靠压缩空气成型塑件，而真空成型主要依靠抽真空吸附成型塑件。此外，压缩空气成型采用加热板（可固定在上模座上）加热模内板材，采用型刃切除塑件周边余料。

因为压缩空气成型的压力数值取 0.3~0.8MPa，必要时也可取到 3MPa，所以能够成型厚度较大（1~5mm）的板材，而且塑件的精度、表面质量通常比真空成型的好。

## 本章小结(Brief Summary of this Chapter)

塑料的种类很多，其成型方法也很多。除注射成型之外，常用的成型方法还有压缩成型、压注成型、挤出成型、中空吹塑成型、真空成型、泡沫塑料成型等。

压缩成型与压注成型主要用于热固性塑料，本章主要介绍了其成型原理、工艺过程及典型模具结构。

挤出成型是普遍应用的塑料成型方法之一，适用于所有热塑性塑料及部分热固性塑料。其成型工艺过程可分为塑化、成型和定形3个阶段。挤出成型模具的主要组成部分是机头和定型装置。

中空吹塑成型是将处于高弹态的塑料型坯置于模具型腔内，通入压缩空气将其吹胀，使其紧贴于型腔壁上，经冷却定形后得到中空塑件的成型方法。中空吹塑成型的方法很多，主要有挤出吹塑成型、注射吹塑成型、注射拉伸吹塑成型、片材吹塑成型等。

真空成型是把热塑性塑料板、片材等固定在模具上，用辐射加热器加热至软化温度，然后用真空泵把板材与模具之间的空气抽掉，借助大气的压力使板材贴在模腔上而成型，冷却后用压缩空气使塑件从模具型腔内脱出的成型方法。一般大、薄、深的塑件都能通过真空成型方法生产。真空成型的方法主要有凹模真空成型、凸模真空成型、凹凸模先后抽真空成型、压缩空气延伸法真空成型和柱塞延伸法真空成型。

压缩空气成型是借助压缩空气的压力，将加热软化的塑料板压入型腔而成型的方法。与真空成型相似，压缩空气成型也包括凹模成型、凸模成型、柱塞加压成型等方法。

## 习题(Exercises)

**1. 简答题**

（1）何谓塑料压缩模？压缩模结构由哪几个部分组成？主要类型有哪些？

（2）何谓塑料压注模？压注模结构由哪几个部分组成？主要类型有哪些？

（3）挤出成型过程可分为哪几个阶段？管材挤出机头的组成和各部分的作用分别是什么？

（4）中空吹塑成型有哪几种形式？分别叙述其成型工艺过程。

（5）绘制简图分别说明凹模真空成型和凸模真空成型的工艺过程。

（6）压缩空气成型和真空成型在实质上有什么不同？

**2. 案例题**

聚氯乙烯（PVC）为日用塑料制品，除了用注塑工艺加工以外，另一种较常用的加工方法是以 PVC 树脂配以热稳定剂、增塑剂、润滑剂、着色剂及其他加工助剂，配置成适合加工工艺要求的粉状原料，再用挤出机、压力机等加工设备，以热挤冷压成型工艺进行加工。

图 9.31 所示为 PVC 头梳和洗衣板的制备工艺流程。问题：试根据本章所学知识，结合以前所学内容，简述挤出成型和压制成型在整个生产工艺流程中所起的作用。

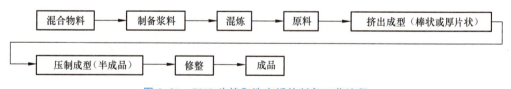

图 9.31　PVC 头梳和洗衣板的制备工艺流程

答案提示：

（1）将 PVC 与加助剂混合制成浆料，在捏合机上混炼捏合。

（2）将配置好的原料放入挤出机料筒内，在料筒外加热及物料与设备之间剪切摩擦热的作用下，原料逐渐熔化，经口模挤成棒状成厚片状料坯，趁热将其置于压力机上的模具内，加压成型得到半成品，冷却后经手工修整得到成品。

# 第3篇

# 模具制造技术

# 第 10 章
# 模具制造基础
# (Basic of Mould and Die Manufacturing)

**本章学习目标**

了解模具制造的特点，熟悉模具制造的工艺过程，理解模具制造工艺规程制定的原则和步骤，掌握模具零件图的工艺分析及模具零件的毛坯选择方法。

应具备的能力：模具零件图工艺分析及模具零件毛坯选择的基本能力。

**本章教学要求**

| 能力目标 | 知识要点 | 权重 | 自测分数 |
| --- | --- | --- | --- |
| 了解模具制造的特点 | 模具制造的特点 | 20% | |
| 熟悉模具制造的工艺过程 | 模具制造工艺过程中的技术、生产准备，毛坯准备，模具零件加工，装配调试，试模鉴定 | 20% | |
| 理解模具制造工艺规程制定的原则和步骤 | 模具制造工艺规程的作用，制定的原则、步骤及模具工艺文件的格式及应用 | 20% | |
| 掌握模具零件图的工艺分析及模具零件的毛坯选择方法 | 模具零件的结构分析、模具零件的技术要求分析及模具零件的毛坯选择方法 | 40% | |

> **导入案例**

在金工实习和学习机械制造技术课程的过程中，已经知道一个零件从毛坯到加工为产品，需要用到不同的机床、不同的工艺过程、不同的热处理工艺等。而模具是一种用于生产批量产品（或零件）的工艺装备，不可能大量生产同一种模具，这就使其成为单件、小批量制造生产的典型代表；同时由于模具形状复杂、制造精度要求高等，模具的制造与一般零件的加工相比有更高的要求。图10.0所示为由模具生产的零件。

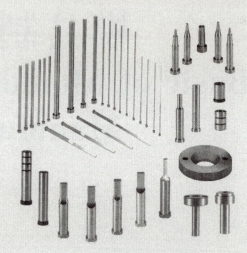

图 10.0　由模具生产的零件

思考下列问题：模具制造工艺过程包括哪些内容？特点是什么？零件工艺分析包括哪些内容？指导生产过程的工艺规程编制步骤是怎样的？选择什么毛坯？

## 10.1　模具制造的特点（Feature of Mould and Die Manufacturing）

在一定的制造装备和制造工艺条件下，直接加工模具零件材料（一般为金属材料），以改变其形状、尺寸、相对位置和性质，使其成为符合要求的零件，再将这些零件经配合、定位、连接与固定装配成模具的过程，称为模具制造。模具制造具有以下特点。

（1）模具形状复杂，加工精度高。除采用一般的机械加工方法之外，模具制造还需要采用特种加工（电火花加工、线切割加工等）、数控加工、CAD/CAM技术、快速成型等现代加工技术。模具加工精度高主要体现在两方面：一是模具零件本身的加工精度和表面粗糙度要求高，二是模具零件配合精度要求高。为此，在模具加工中，精密数控设备的使用越来越普遍，同时在生产中较多采用配合加工法来降低模具加工难度。

（2）模具零件加工过程复杂，加工周期长。模具零件加工包括下料、锻造、粗加工、半精加工、精加工等工序，中间还需热处理、表面处理、检验等工序配合，因此加工过程复杂，加工周期较长。

（3）模具使用寿命要求高。从使用角度讲，模具使用寿命越长越好，因此模具零件材料硬度要求高，需要进行热处理，因此其加工难度大，在制造过程中需要合理地安排加工工艺。

**(4) 模具零件加工属单件小批量生产。** 尽量使用通用工具、夹具，如花盘、圆盘、精密平口钳、正弦磁力台、精密方箱等，不用或少用专用工具、夹具；尽量使用通用刀具，避免使用非标刀具；尽量使用通用量具检验，避免使用专用量具；尽量使用通用机床，避免使用专用机床；工序安排尽量采用工序集中原则，以保证模具加工质量和进度，简化管理，缩短工序周转时间，避免工序分散。

**(5) 模具零件需修配、调整和试模。** 由于模具结构复杂，零件尺寸精度高，收缩率确定不准确，使用过程中又受温度、压力等多种因素的影响，因此往往需要修配、调整和试模。复杂的模具有时还需要多次试模、修配和调整，直到合格为止，因此在生产进度安排上必须留有一定的试模周期。

## 10.2 模具制造工艺过程（Mould and Die Manufacturing Process）

模具制造工艺过程是指通过一定的加工工艺和工艺管理，对模具进行加工、装配的过程。其包括5个阶段，如图10.1所示。

### 1. 技术、生产准备

（1）技术准备。技术准备是整个模具生产的基础，对模具的质量、成本、进度和管理都有重大影响，包括以下内容：①零件工艺性分析；②模具设计；③模具制造工艺规程、加工程序编制；④模具制造用非标刀具、夹具、量具、辅具设计；⑤材料、标准件计划单编制；⑥制定工时定额。

（2）生产准备。生产准备包括以下内容：①制订生产计划；②制订工具、材料、标准件、辅料采购计划；③做好工具、材料、标准件、辅料的管理。

### 2. 毛坯准备

毛坯准备包括先确定模具零件毛坯的种类、材料、尺寸及有关技术要求，随后进行下料、锻造、热处理等。

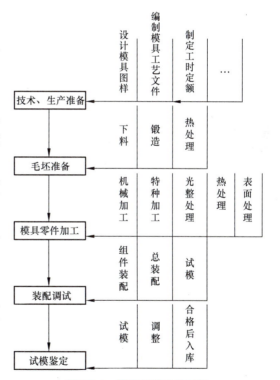

图 10.1 模具制造工艺过程

### 3. 模具零件加工

模具零件加工包括机械加工、特种加工、光整处理、热处理、表面处理等。

4. 装配调试

装配质量直接影响模具的精度和使用寿命，要合理选择装配基准和装配方法。装配调试包括组件装配、总装配、试模。

5. 试模鉴定

试模鉴定就是对模具设计质量、制造质量及模具加工出的零件质量做出的合理性、正确性综合评价。要求模具设计、制造、使用三方人员都到试模现场，参与试模鉴定。

## 10.3 模具制造工艺规程制定的原则和步骤 (Principles and Steps of Process Scheduling for Mould and Die Manufacturing)

模具制造工艺规程是记述由毛坯材料加工成模具零件的过程的一种工艺文件，它是在具体的生产条件下，简要规定了模具零件的合理加工顺序，选用的机床、工具、工序的技术要求及必要的操作方法等。

### 10.3.1 模具制造工艺规程的作用 (Function of Process Schedule for Mould and Die Manufacturing)

模具制造工艺规程的作用如下。

(1) **模具制造工艺规程是指导生产的主要技术文件**。合理的模具制造工艺规程是在具体的生产条件下，依据工艺理论和必要工艺试验而制定的，是理论与实践结合的产物，体现了模具企业的技术水平，生产中应严格执行。但是模具制造工艺规程不是固定不变的，工艺技术员要不断深入生产，总结工人的革新创造，及时吸取国内外先进的模具制造技术，按规定的程序不断改进和完善现行工艺，以便更好地指导生产。

(2) **模具制造工艺规程是生产组织和生产管理的基本依据**。在生产管理中，模具零件原材料及毛坯的供应、通用工艺装备的准备、机床负荷的调整、专用工艺装备的制造、作业计划的编排、人员的组织、生产成本的核算等，都是以模具制造工艺规程为基本依据的。

(3) **模具制造工艺规程是新建、扩建工厂或车间的基本资料**。在新建、扩建工厂或车间时，只有依据模具制造工艺规程和生产纲领才能正确确定生产所需的机床和其他设备的种类、规格和数量，确定车间的面积，机床的布置形式，生产工人的工种、等级及数量，辅助部门的安排等。

### 10.3.2 制定模具制造工艺规程的原则 (Principles of Process Scheduling for Mould and Die Manufacturing)

制定模具制造工艺规程的原则是，在一定的生产条件下，使所编制的工艺规程能以最少的劳动量和最低的费用，可靠地加工出符合图样及技术要求的零件。在制定模具制造工艺规程时，要注意以下4方面。

(1) **模具质量的可靠性**。制定模具制造工艺规程时，首先要关注模具质量，保证模具零件的形状、尺寸、精度及配合要求，这是最基本的原则。

（2）**技术上的先进性**。在制定模具制造工艺规程时，要了解国内外模具行业工艺技术的发展，充分利用现有生产条件，通过必要的工艺试验，优先采用先进工艺和工艺装备，以保证模具质量和提高生产效率。

（3）**经济上的合理性**。在一定的生产条件下，可能会出现多个保证模具零件技术要求的工艺方案，此时应全面考虑，通过核算或评比，选择经济上最合理的方案，使能源消耗、物资消耗和成本最低。

（4）**有良好的劳动条件**。在制定模具制造工艺规程时，要保证工人具有良好、安全的劳动条件，通过机械化、自动化等途径，把工人从笨重的体力劳动中解放出来。例如，普通冲裁模中非圆形凸模在固定板中的固定方式，要尽量采用螺钉固定式或挂销固定式，而避免采用铆接固定式，如图10.2所示。

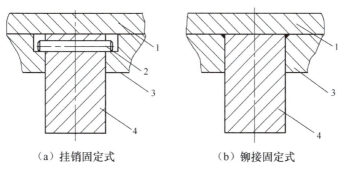

（a）挂销固定式　　　　（b）铆接固定式

1—垫板；2—挂销；3—凸模固定板；4—凸模

图10.2　非圆形凸模在固定板中的固定方式

### 10.3.3　制定模具制造工艺规程的步骤（Steps of Process Scheduling for Mould and Die Manufacturing）

制定模具制造工艺规程的步骤如下。
（1）研究装配图和零件图，进行工艺性分析。
（2）确定生产类型。
（3）确定毛坯种类和尺寸。
（4）选择定位基准和主要表面的加工方法，拟定模具零件的加工工艺路线。
（5）确定各工序具体内容、尺寸、留量及技术要求。
（6）确定各工序使用的机床及工艺装备。
（7）确定各工序切削用量及时间定额。
（8）填写模具制造工艺文件。

### 10.3.4　模具工艺文件的格式及应用（Type and Application of Mould and Die Process Document）

将模具工艺规程的内容填入一定格式的卡片，作为生产准备和施工依据的技术文件，称为模具工艺文件。我国各模具企业的机械加工工艺规程表格不太一致，但其基本内容是相同的。常见的模具工艺文件有以下两种。

（1）工艺过程卡片。工艺过程卡片见表10-1，其中主要列出了整个模具零件加工所经过的工艺路线,包括毛坯尺寸、机械加工和热处理等。它是制定其他工艺文件的基础,也是进行生产准备、编制作业计划和组织生产的依据。在单件小批量模具生产中,通常不编制更详细的工艺文件,而是以工艺过程卡片为工艺指导文件。

表 10-1 工艺过程卡片　　　　共　页　第　页

| 图号 | | 件号 | 名称 | 数量 | 件 | 工序简图 | 序号： | | | | |
|---|---|---|---|---|---|---|---|---|---|---|---|
| 下料 | | | | | 件 | | | | | | |
| | | | | | 件 | | | | | | |
| 序号 | 工种 | 工作内容 | | | | 工时 | | 操作者 | | 检验 | 备注 |
| | | | | | | 单件 | 实作 | 签名 | 合格 | 签名 | |
| | | | | | | | | | | | |
| | | | | | | | | | | | |
| | | | | | | | | | | | |
| | | | | | | | | | | | |
| | | | | | | | | | | | |
| | | | | | | | | | | | |
| | | | | | | | | | | | |
| | | | | | | | | | | | |
| | | | | | | | | | | | |
| | | | | | | | | | | | |
| | | | | | | | | | | | |
| | | | | | | | | | | | |
| | | | | | | | | | | | |
| 责任 | | 工艺编制 | | 工艺校核 | | 定额员 | | 统计员 | | | |

（2）工艺卡片。工艺卡片是以工序为单位，详细说明整个工艺过程的工艺文件。其中不仅标出工序顺序、工序内容，而且标示出主要工序的工步内容、工位及必要的加工简图或加工说明。此外，还标示出零件的工艺特性（材料、质量、加工表面及其精度和表面粗糙度要求等）、毛坯性质和生产纲领。在成批模具零件生产中采用工艺卡片。

## 10.4 模具零件图的工艺分析
### (Part Processability Analysis of Mould and Die)

模具零件图是制定工艺规程的最主要的原始资料。在制定模具制造工艺规程时，必须首先对模具进行认真分析。为了深刻理解零件结构的特征和主要技术要求，通常还要研究模具的总装配图、部件装配图及验收标准，从中了解各零件的作用、相关的装配关系及主要技术要求制定的依据等。

1. 模具零件图的结构分析

模具零件图的结构分析是指模具的结构、形状是否便于制造、装配和维修等。如果设计的模具在一定生产条件下能够高效、低耗地制造出来，并易于装配和维修，则认为该模具零件图有良好的结构工艺性；如果模具零件满足使用要求，但加工、装配很困难，甚至根本无法加工，则认为该模具零件图结构工艺性差。因此在编制模具零件图工艺规程时，一定要分析模具零件图的结构工艺性。通常进行模具零件图的工艺分析时应注意以下内容。

（1）**不规则、非圆形凸模避免采用台阶式结构**。非圆形凸模采用图 10.3（a）所示的直通式结构时，便于采用线切割加工，结构工艺性良好；采用图 10.3（b）所示的台阶式结构时，加工困难，结构工艺性差。

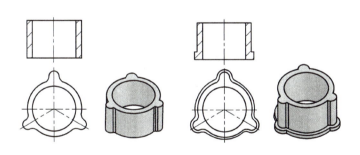

（a）直通式结构　　　（b）台阶式结构

图 10.3　非圆形凸模结构

（2）**封闭内腔避免采用直角过渡**。图 10.4 所示的注射模动、定模固定板的内框结构采用直角过渡时，无法铣削加工，而采用线切割加工成本太高，结构工艺性差；图 10.5 所示的注射模动、定模固定板的内框结构采用圆角过渡时，方便采用铣削加工，生产效率高，成本低，结构工艺性良好。

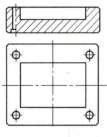 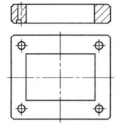 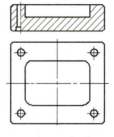 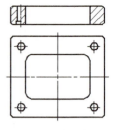

图 10.4　注射模动、定模固定板内框直角过渡结构　　图 10.5　注射模动、定模固定板内框圆角过渡结构

（3）局部形状复杂、不便加工或强度低的型腔采用镶拼结构。图 10.6（a）所示的整体式结构，局部型腔尺寸小，无法切削加工和钳工抛光，结构工艺性差；图 10.6（b）所示的镶拼式结构，将内形转换为外形，方便切削加工和钳工抛光，并且有利于成形时排气，结构工艺性良好。

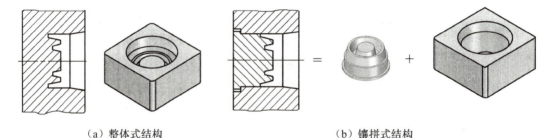

图 10.6　模具型腔结构

图 10.7（a）所示的整体式冲裁模凹模结构，局部强度不足、容易损坏，模具使用寿命短；图 10.7（b）所示的镶拼式结构可提高模具使用寿命。

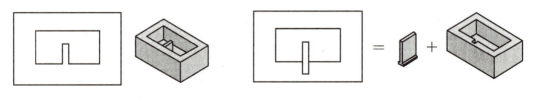

图 10.7　冲裁模凹模结构

（4）尽可能采用标准设计。模具的结构形式和外形尺寸应尽可能采用标准设计，选用标准件，不但可以简化设计工作，还可以简化模具制造过程，缩短模具制造周期，提高模具制造质量，降低模具制造成本。在同一副模具中，应尽可能采用工艺规格一致的螺钉、销钉等标准件，以减少模具制造中刀具准备的种类、数量和更换次数。

（5）改善加工条件，保证加工精度。图 10.8（a）所示的注射模镶块内孔结构，径向尺寸精度高，深度尺寸太大时，镗削或铰削精加工困难，不易保证尺寸精度；图 10.8（b）所示的台阶内孔结构，下边过孔采用钻削加工，上边一段精密孔采用镗削或铰削加工，改善了加工条件，保证了加工精度。

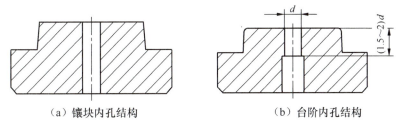

图 10.8 注射模内孔一

图 10.9（a）所示的注射模导套内孔结构，当径向尺寸不大而深度尺寸太大时，采用内孔磨削会造成砂轮连接杆刚度不足，出现"让刀"现象，使内孔呈锥度而影响精度；图 10.9（b）所示的台阶内孔结构，左边内孔为过孔，右边一段精密孔采用内孔磨削加工，改善了加工条件，保证了加工精度。

**(6) 轴和孔采用精密配合时，轴应设计成台阶状，以方便轴、孔的加工和装配。** 图 10.10（a）所示的轴、孔精密配合结构不合理，应设计成图 10.10（b）所示的两段式结构，这样装配时不会损伤工作段的表面。

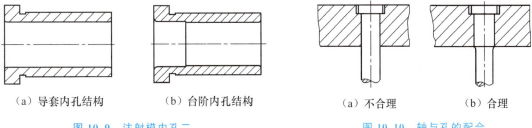

图 10.9 注射模内孔二　　　　　图 10.10 轴与孔的配合

图 10.11 所示为导柱与导套的配合结构。由于图 10.11（a）中固定板的导柱与导套配合孔需单独加工，位置精度不如图 10.11（b）中固定板的导柱与导套配合孔采用组合加工的高，因此图 10.11（a）为不合理结构，应设计成图 10.11（b）所示的结构。

**(7) 减少和避免热处理变形和开裂。模具工作零件全部需要热处理，为减少和避免热处理过程中因应力集中引起的变形和开裂，模具型腔中应避免尖角、窄槽和狭长的过桥，同时模具型腔的截面形状不能急剧变化。** 图 10.12（a）所示的长方形凹模型孔有一狭长的过桥，淬火时过桥的冷却速度快，会产生内应力而造成零件开裂，为不合理结构；图 10.12（b）所示的镶拼结构则较合理。

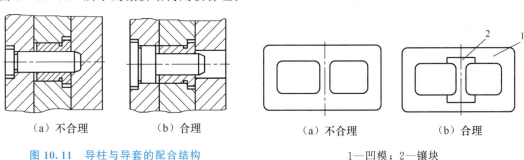

图 10.11 导柱与导套的配合结构　　　　1—凹模；2—镶块

图 10.12 长方形凹模

（8）采用共用安装沉孔。当模具的凸模、型芯或推杆相互位置很近时，可采用图 10.13 所示的结构，方便加工。

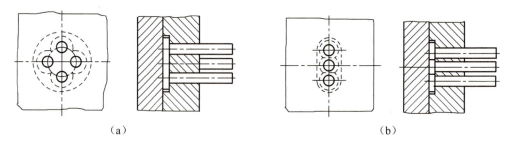

图 10.13　共用安装沉孔

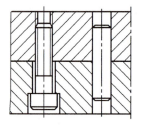

图 10.14　销钉和螺纹孔结构

（9）销钉和螺纹孔尽可能做成通孔。为便于配钻、配铰等加工，相关零件上的销钉和螺纹孔应尽可能做成通孔，如图 10.14 所示。

（10）有装配关系的零件导入部位应倒角或圆角过渡。为便于装配、不划伤装配面，有装配关系的零件导入部位应倒角或圆角过渡。如图 10.15（a）所示，当凸模或型芯装入固定板时，装入部分也应倒角；当型芯表面不允许有倒角时，在固定板上倒角，以方便型芯装入，如图 10.15（b）所示。图 10.16 所示的导柱、导套结构，为避免装配时导柱、导套相互划伤配合面，导入、导出部位也应设计成圆角。

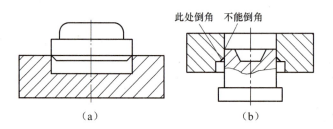

图 10.15　型芯与固定板的配合结构

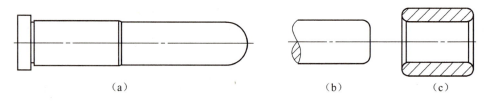

图 10.16　导柱、导套结构

**2. 模具零件的技术要求分析**

模具零件的技术要求包括以下几个方面：①主要加工表面的尺寸精度；②主要加工表面的形状精度；③主要加工表面之间的相互位置精度；④各加工表面的粗糙度及表面质量

方面的其他要求；⑤热处理要求及其他要求。

根据模具零件的结构特点，在认真分析了主要表面的技术要求之后，即对模具零件的加工工艺有了初步的认识。先根据模具零件主要表面的精度和表面质量要求，初步确定为达到这些要求所需的最终加工方法，再确定相应的中间工序及粗加工工序所需的加工方法。例如，对于孔径不大的IT7级精度的内孔，最终加工方法为精铰时，精铰孔之前通常要经过钻孔、扩孔和粗铰孔等加工。然后分析加工表面之间的相对位置要求，包括表面之间的尺寸联系和相对位置精度。认真分析零件图上尺寸的标注及主要表面的位置精度，即可初步确定各加工表面的加工顺序。

零件的热处理要求影响加工方法和加工余量的选择，对零件加工工艺路线的安排也有一定的影响。例如，要求淬火的导柱、导套零件，热处理后一般变形较大，因此精加工工序应安排在热处理淬火工序之后。对于零件上精度要求较高的表面，工艺上要安排精加工工序（多为磨削加工），而且要适当增大精加工的工序加工余量。

在研究模具零件图时，如发现图样上的视图、尺寸标注、技术要求有错误或遗漏，或零件的结构工艺性不好，要提出修改意见。但修改时必须征得设计人员的同意，并经过一定的批准手续。必要时应与设计者进行协商，以在保证产品质量的前提下，更容易将零件制造出来。

## 10.5　模具零件的毛坯选择（Blank Selection of Part in Mould and Die）

模具零件的毛坯选择对模具零件加工工艺性及模具的质量和使用寿命有很大影响。在选择毛坯时，首先考虑的是毛坯的形式，在确定毛坯形式时主要考虑以下两方面。

（1）模具材料的类别。根据模具设计中规定的模具材料类别，可以确定毛坯形式。对于模具结构中的一般结构件，多选择原型材，如非标准模架的上、下模座材料多为45钢，其毛坯形式应该是厚钢板原型材。

（2）模具零件的几何形状特征和尺寸关系。当模具零件的不同外形表面尺寸相差较大时，为了节省原材料和减小机械加工的工作量，应该选择锻件毛坯形式或铸造毛坯形式。

通常模具零件的毛坯形式主要分为原型毛坯、锻造毛坯、铸造毛坯和半成品毛坯4种。

### 1. 原型毛坯

原型毛坯是指利用冶金材料厂提供的各种截面的棒料、板料或其他形状截面的型材，经过下料后直接送往加工车间进行表面加工的材料。

### 2. 锻造毛坯

经棒料下料，再通过锻造获得合理的几何形状和尺寸的模具零件坯料，称为锻件毛坯。模具零件毛坯的材质状态对模具加工质量和模具使用寿命都有较大影响，特别是模具中的工作零件，大量使用高碳高铬工具钢，而这类材料的冶金质量存在缺陷，如存在大量的共晶网状碳化物。共晶网状碳化物很硬也很脆，并且分布不均匀，会降低材料的力学性能及热处理工艺性能，缩短模具的使用寿命。只有通过锻造打碎共晶网状碳化物，使碳化物分布均匀，晶粒组织细化，才能充分发挥材料的力学性能，提高模具零件的加工工艺性，延长模具的使用寿命。

由于模具生产大多属于单件小批量生产，因此模具零件锻造毛坯的锻造方式多为自由锻造。模具零件锻造的几何形状多为圆柱形、圆板形、矩形，也有少数为 T 形、L 形等。

（1）确定锻件加工余量。锻件加工余量要适中，如果加工余量过大，不仅浪费材料，还会造成机械加工工作量过大，机械加工工时增加；如果加工余量过小，锻造过程中产生的锻造夹层、表层裂纹、氧化层、脱碳层和锻造不平现象不能消除，则无法得到合格的模具零件。矩形锻件的最小机械加工余量及锻造公差，推荐采用表 10-2 中的数值；圆形锻件的最小机械加工余量及锻造公差，推荐采用表 10-3 中的数值。

表 10-2 矩形锻件的最小机械加工余量及锻造公差　　　　　　（单位：mm）

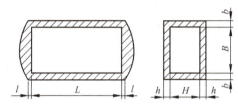

| 工件截面尺寸 $B$ 或 $H$ | 工件长度 $L$ | | | | | | | | | |
|---|---|---|---|---|---|---|---|---|---|---|
| | <150 | | 151～300 | | 301～500 | | 501～750 | | 751～1000 | |
| | 加工余量 $2b$、$2h$、$2l$ 及公差 | | | | | | | | | |
| | $2b$ 或 $2h$ | $2l$ | $2b$ 或 $2h$ | $2l$ | $2b$ 或 $2h$ | $2l$ | $2b$ 或 $2h$ | $2l$ | $2b$ 或 $2h$ | $2l$ |
| <25 | $4^{+3}$ | $4^{+4}$ | $4^{+3}$ | $4^{+3}$ | $4^{+3}$ | $4^{+5}$ | $4^{+4}$ | $5^{+5}$ | $5^{+5}$ | $5^{+6}$ |
| 26～50 | $4^{+4}$ | $4^{+4}$ | $4^{+4}$ | $4^{+5}$ | $4^{+4}$ | $4^{+6}$ | $4^{+5}$ | $5^{+5}$ | $5^{+6}$ | $6^{+7}$ |
| 51～100 | $4^{+4}$ | $4^{+5}$ | $4^{+4}$ | $5^{+5}$ | $4^{+4}$ | $5^{+7}$ | $5^{+6}$ | $5^{+7}$ | $5^{+6}$ | $7^{+8}$ |
| 101～200 | $5^{+5}$ | $5^{+5}$ | $5^{+5}$ | $5^{+7}$ | $5^{+5}$ | $8^{+8}$ | $6^{+6}$ | $8^{+8}$ | — | — |
| 201～350 | $5^{+7}$ | $5^{+6}$ | $6^{+5}$ | $9^{+9}$ | $6^{+6}$ | $10^{+9}$ | — | — | — | — |
| 351～500 | $9^{+6}$ | $10^{+8}$ | $7^{+6}$ | $13^{+10}$ | $7^{+7}$ | $13^{+10}$ | — | — | — | — |

注：1. 表中所列加工余量及公差均不包括锻件的凸面、圆弧。
　　2. 应按 $H$ 或 $B$ 的最大截面尺寸选择余量。例如：$H=60$mm，$B=120$mm，$L=160$mm 的工件，其 $H$ 的最小加工余量应按 120mm 取 5mm，而不是按 60mm 取 4mm。

表 10-3 圆形锻件的最小机械加工余量及锻造公差　　　　　　（单位：mm）

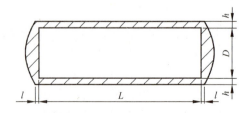

续表

| 工件直径 $D$ | 工件长度 $L$ ||||||||||
|---|---|---|---|---|---|---|---|---|---|---|
| | <30 || 31~80 || 81~180 || 181~360 || 361~600 ||
| | 加工余量 $2h$、$2l$ 及公差 ||||||||||
| | $2h$ | $2l$ | $2h$ | $2l$ | $2h$ | $2l$ | $2h$ | $2l$ | $2h$ | $2l$ |
| 18~30 | — | — | — | — | $3^{+2}$ | $3^{+3}$ | $3^{+2}$ | $3^{+3}$ | $3^{+3}$ | $4^{+4}$ |
| 31~50 | — | — | $3^{+3}$ | $3^{+4}$ | $3^{+3}$ | $3^{+3}$ | $3^{+3}$ | $3^{+4}$ | $4^{+4}$ | $4^{+4}$ |
| 51~80 | — | — | $3^{+3}$ | $3^{+4}$ | $4^{+4}$ | $4^{+4}$ | $4^{+4}$ | $4^{+4}$ | $4^{+5}$ | $4^{+5}$ |
| 81~120 | $4^{+4}$ | $3^{+3}$ | $4^{+4}$ | $3^{+4}$ | $4^{+4}$ | $4^{+4}$ | $4^{+4}$ | $4^{+5}$ | $4^{+5}$ | $5^{+5}$ |
| 121~150 | $4^{+4}$ | $4^{+3}$ | $4^{+4}$ | $4^{+3}$ | $4^{+5}$ | $5^{+5}$ | — | — | — | — |
| 151~200 | $4^{+4}$ | $4^{+4}$ | $4^{+5}$ | $4^{+5}$ | $5^{+5}$ | $5^{+5}$ | — | — | — | — |
| 201~250 | $5^{+5}$ | $4^{+4}$ | $5^{+5}$ | $4^{+5}$ | — | — | — | — | — | — |
| 251~300 | $5^{+6}$ | $4^{+4}$ | $6^{+6}$ | $5^{+5}$ | — | — | — | — | — | — |
| 301~400 | $7^{+7}$ | $5^{+6}$ | $8^{+7}$ | $6^{+6}$ | — | — | — | — | — | — |
| 401~500 | $8^{+10}$ | $6^{+6}$ | — | — | — | — | — | — | — | — |

注：1. 表中所列加工余量及公差均不包括锻件的凸面、圆弧。
2. 表中所列长度方向的加工余量及公差，不适用于锻后再切断的坯料。

（2）确定锻件下料尺寸。合理选择圆棒料的尺寸规格和下料方式，对保证锻件质量和方便锻造有直接关系。确定锻件下料尺寸的方法如下。

① 计算锻件坯料的体积 $V_{坯}$。

$$V_{坯} = V_{锻} K \tag{10-1}$$

式中，$V_{坯}$——毛坯体积（mm³）；

$V_{锻}$——锻件体积（mm³）；

$K$——损耗系数，一般取 $K=1.05~1.10$。

锻件在锻造过程中的总损耗量包括烧损量、切头损耗、芯料损耗等。为了计算方便，总损耗量可按锻件质量的5%~10%选取。在加热1~2次锻成，基本无鼓形和切头时，总损耗量取5%；在加热次数较多且有一定鼓形时，总损耗量取10%。

② 计算锻件坯料的尺寸。镦粗法锻造时，为避免产生弯曲，坯料的高度直径比 $H/D \leqslant 2.5$；为便于下料，坯料的高度直径比 $H/D \geqslant 1.25$。综合起来就是 $H=(1.25~2.5)D$，将 $H=2D$ 代入 $V_{坯} = \pi H D^2/4$，即可得到理论圆棒料直径

$$D_{理} = \sqrt[3]{0.637 V_{坯}} \tag{10-2}$$

③ 确定圆棒料的实际直径。圆棒料的实际直径 $D_{实}$ 按现有棒料的直径规格选取，当 $D_{理}$ 比较接近实际规格时，取 $D_{实} \geqslant D_{理}$。

④ 计算圆棒料的实际长度。圆棒料的实际长度 $L_{实}$ 应根据锻件坯料体积和选定的实际坯料直径，由式 $\pi D_{实}^2 L_{实}/4 = V_{坯}$ 计算得到

$$L_{实} = 1.273 V_{坯}/D_{实}^2 \tag{10-3}$$

⑤ 校核高度直径比。根据计算出的圆棒料实际直径和实际长度，由式 $L_{实} = (1.25~2.5)D_{实}$ 校核高度直径比；如果不满足，应重新选择 $D_{实}$，重新计算 $L_{实}$，直到满足为止。

（3）锻后热处理。毛坯在锻造成形后，应进行退火、正火或调质处理，以消除锻造应力、软化锻件，便于后续机械加工。

 **特别提示**

模具中的哪些零件需要采用锻造毛坯？

模具中的成形零件，如冲压模中的凸模、凹模、凸凹模和注射模中的型腔、型芯等都需采用锻造毛坯。

### 3. 铸造毛坯

模具零件中常见的铸件包括：冲压模的上模座和下模座，材料为灰铸铁 HT200 或 HT250；精密冲裁模的上模座和下模座、大型塑料模的固定板等，材料为铸钢 ZG270-500；吹塑模具零件，材料为铸造铝合金，如铝硅合金 ZL102 等。

（1）铸件的质量要求。

① 铸件的化学成分和力学性能应符合图样规定的材料牌号标准。

② 铸件的形状和尺寸要求应符合铸件图的规定。

③ 铸件的表面应进行清砂处理，去除结疤、飞边和毛刺，其残留高度应不大于 1~3mm。

④ 铸件内部，特别是靠近工作面处不得有气孔、砂眼、裂纹等缺陷，非工作面不得有严重的疏松和较大的缩孔。

（2）铸件的加工余量。

为保证模具零件的尺寸精度和表面质量，需在铸件加工表面留出加工余量。加工余量过大，则浪费金属材料和机械加工工时；加工余量过小，则工件会因残留黑皮而报废，或者因表层的粘砂和黑皮硬度高而加快刀具磨损。铸件的加工面最小机械加工余量见表 10-4。

表 10-4 铸件的加工面最小机械加工余量　　　　　　　　　　（单位：mm）

| 铸件最大尺寸 | 浇注时加工面的位置 | 加工余量 ||
|---|---|---|---|
| | | 灰铸铁件 | 碳钢、低合金碳钢件 |
| <500 | 顶面 | 4~6 | 6~8 |
| | 底面、侧面 | 3~5 | 4~6 |
| 500~1000 | 顶面 | 6~8 | 8~10 |
| | 底面、侧面 | 4~6 | 5~7 |
| 1000~1500 | 顶面 | 7~9 | 9~12 |
| | 底面、侧面 | 5~7 | 7~9 |
| 1500~2500 | 顶面 | 9~11 | 10~14 |
| | 底面、侧面 | 7~9 | 8~11 |
| 2500~3150 | 顶面 | 11~13 | 12~16 |
| | 底面、侧面 | 9~11 | 9~13 |

注：1. 表中所列数值指单面加工余量。

2. 塑料模动、定模固定板上的导柱、导套孔，原则上不铸出，当孔径大于 100mm 时，可酌情铸出。

3. 大型塑料模的整体动、定模固定板上的凹槽要铸出，并留机械加工余量，如图 10.17 所示。

(3) 铸件的热处理。

① 铸钢件应依据牌号确定热处理工艺。热处理工艺一般以完全退火为主,退火后硬度≤229HBW,常以机械加工时的切削性能和试样的机械性能来判断。

② 铸铁件大多进行时效处理,以消除内应力和改善加工性能,铸铁件热处理后的硬度≤269HBW。

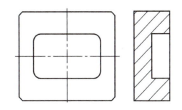

图 10.17　铸出的大型塑料模的整体动、定模固定板上的凹槽

### 4. 半成品毛坯

随着模具向专业化方向发展及模具标准化程度的提高,以商品形式出现的冲压模标准模架、注射模标准模架、矩形凹模板、矩形模板、推杆等零件的应用日益广泛。采购这些半成品件后,进行成形表面和相关部位的加工,对降低模具成本和缩短模具制造周期都有很大影响。

## 本章小结(Brief Summary of this Chapter)

本章介绍了模具制造的特点、模具制造工艺规程制定的原则和步骤,并对模具零件图的工艺分析和模具零件的毛坯选择进行了较详细的阐述。

模具制造具有形状复杂、加工精度高、周期长、使用寿命长、过程复杂、属单件小批量生产、需反复修配和调整等特点。

模具制造工艺过程包括技术、生产准备,毛坯准备,模具零件加工,装配调试和试模鉴定。

模具制造工艺规程制定的原则包括模具质量的可靠性、技术上的先进性、经济上的合理性和有良好的劳动条件。

模具制造工艺规程制定的步骤有研究装配图和零件图,进行工艺性分析;确定生产类型;确定毛坯种类和尺寸;选择定位基准和主要表面的加工方法,拟定模具零件的加工工艺路线;确定各工序具体内容、尺寸、留量及技术要求;确定各工序使用的机床及工艺装备;确定各工序切削用量及时间定额;填写模具制造工艺文件。

模具零件图工艺分析包括模具零件图的结构分析和模具零件的技术要求分析。

模具零件的毛坯形式分为原型毛坯、锻造毛坯、铸造毛坯和半成品毛坯4种,应根据模具具体零件的性能特点选择毛坯形式。

本章的教学目标是使学生了解模具制造特点、模具制造工艺规程制定的原则和步骤,具备模具零件图工艺分析能力及模具零件毛坯种类、尺寸大小的选择能力。

## 习题(Exercises)

### 1. 简答题

(1) 模具的机械加工与一般机械加工相比,具有哪些特殊性?

(2) 制定模具制造工艺规程的作用是什么?

(3) 制定模具制造工艺规程的步骤是什么?

(4) 模具零件图的工艺分析包括哪些内容?

(5) 模具零件的毛坯有哪几种形式?分别适用于哪些场合?

（6）某厂直接用 Cr12 圆钢作为毛坯生产冷冲模，经切削加工和热处理后交付使用，结果发现冲模使用寿命很短。你认为是什么原因？如何改进工艺？

**2．案例题**

图 10.18 所示为落料冲孔复合模装配图。

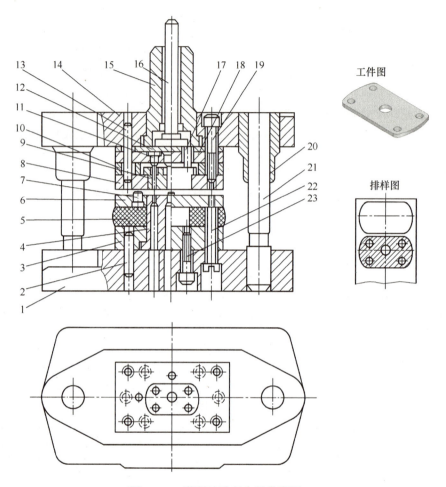

图 10.18　落料冲孔复合模装配图

（1）指出所有标有序号的模具零件名称，试分析其结构不合理之处。

（2）分别指出序号 1、3、4、6、8、15、20 的零件所用材料名称，有热处理要求的一并提出。

答案提示：

① 模柄台阶伸出上模座平面；

② 导柱、导套端面与模座端面平；

③ 下模座中弹压螺钉孔做成了台阶孔；

④ 序号 4 凸凹模零件的台阶固定；

⑤ 弹压螺钉螺纹处少定位台阶；

⑥ 序号 17 的位置。

# 第 11 章

# 模具成形表面的加工
# (Profile Manufacturing of Mold and Die)

**本章学习目标**

掌握模具成形表面的机械加工方法和特种加工方法，了解现代模具制造技术，掌握模具工作零件加工工艺的编制。

应该具备的能力：编制中等复杂程度工作零件加工工艺的能力。

**本章教学要求**

| 能力目标 | 知识要点 | 权重 | 自测分数 |
|---|---|---|---|
| 掌握模具成形表面的机械加工方法 | 车削、铣削、磨削、钻削、镗削等简单介绍 | 25% | |
| 掌握模具成形表面的特种加工方法 | 电火花成形加工基本原理和特点、电火花成形加工用电极的设计、电火花成形加工前的准备工作、电极的装夹及校正、电极定位、电火花线切割加工原理和机床、电火花线切割加工模具前的准备工作、电火花线切割编程、模具线切割加工中应注意的工艺问题 | 25% | |
| 了解现代模具制造技术 | 数控加工技术、CAD/CAM、快速原型制造技术、逆向工程技术等 | 10% | |
| 掌握模具工作零件加工工艺的编制 | 模具工作零件（冲裁模凸模、凹模及注射模定模板、型芯固定板）加工工艺的编制 | 40% | |

> **导入案例**

模具成形表面加工是模具零件加工中最重要的部分，如何选择和合理使用先进、实用、有特色、配套的成形表面加工技术，直接关系到模具质量、使用寿命、成本和周期。模具成形表面加工概括地讲主要分为两类：以分离为特征的凸、凹模组成的刃口型面，多属于二维型面；以成形为特征的冲模或塑料模的型腔、型芯和镶块，多属于三维型面；另外，还有深而窄的沟槽等形状。适用这些型面加工的方法有很多种，要正确选用，必须先了解这些加工方法的特点。

思考图 11.0 所示塑料模中的各零件需要采用哪些加工方法，如何编制工艺规程。

图 11.0　塑料模及其成形零件

## 11.1　模具成形表面的机械加工（Profile Machining of Mold and Die）

机械加工是模具加工中的传统方法，具有特殊的地位。当模具零件形状简单时，可采用机械加工直接完成；当模具零件形状复杂时，机械加工可完成模具的粗加工、半精加工，为模具的精加工创造条件。

常用的机械加工方法有车削加工、铣削加工、磨削加工、钻削加工、镗削加工、压印加工、研磨与抛光加工等。

### 11.1.1　车削加工（Turning）

【车削加工】

车削加工主要用于内外回转表面、螺纹面、端面、钻孔、铰孔、镗孔、抛光及滚花等的加工，如图 11.1 所示，是机械加工的主要方法之一。

在模具零件加工中，车削加工可用于硬度较低的圆形芯、模柄等零件的粗加工、半精加工、精加工、抛光等；对于需淬火处理的圆形凸模、凸凹模、导柱、导套等高硬度零件，可进行粗加工、半精加工。

车床的种类很多，其中卧式车床通用性好，在模具加工中应用极广泛。卧式车床的常用装夹方式有以下 3 种。

**1. 采用自定心卡盘装夹**

普通车削加工时，当模具零件形状呈内外同心的回转体时，往往采用能自动定心、装卸零

# 模具成形表面的加工(Profile Manufacturing of Mold and Die) 第11章

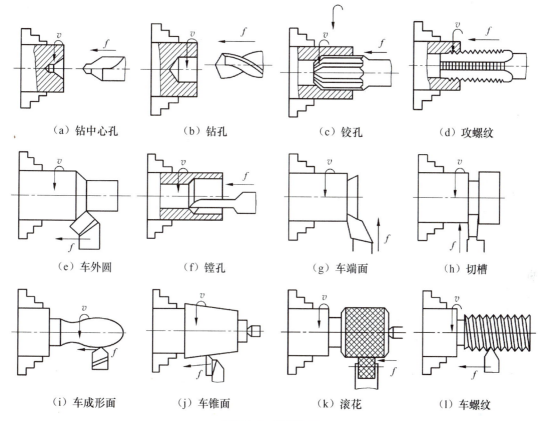

图 11.1　车削加工

件方便、生产效率高的自定心卡盘（即常说的三爪卡盘）装夹零件，如图 11.2（a）所示。

当模具零件的外形为非圆形而内形为圆形，或零件外形虽是圆形但内外圆形不同心时，不能采用自定心卡盘，必须采用四爪卡盘或花盘进行装夹。

### 2. 采用四爪单动卡盘装夹

四爪单动卡盘如图 11.2（b）所示，它有 4 个互不相关的卡爪，每个卡爪的背面都有一个半弧形的螺纹与丝杠啮合。丝杠的顶端有一个方孔，用来安插卡盘扳手，用扳手转动丝杠时，与其啮合的卡盘可单独做离心或向心移动，将此方向的零件松开或夹紧。4 个卡爪相互配合，便可将零件夹紧在卡盘上。

四爪单动卡盘用于装夹外形尺寸不是很大且形状不规则的零件。其特点是夹紧力大，但装卸零件时比较麻烦，而且每装夹一次零件都必须单独校正。

### 3. 采用花盘装夹

花盘 [图 11.2（c）] 是一个铸铁大圆盘，可以直接安装在车床主轴上，它的盘面有很多长短不同的通槽和 T 形槽，用于安装各种螺栓，以紧固零件。其特点是盘面尺寸大，当零件形状复杂、尺寸较大、不规则，采用自定心卡盘或四爪卡盘无法装夹时，可以采用花盘装夹。但花盘装夹零件比较麻烦，既要考虑零件被加工表面的位置及如何用简便、可靠的方法把零件夹紧，又要考虑零件转动时的平衡和安全问题，而且每装夹一次零件都必须单独校正。

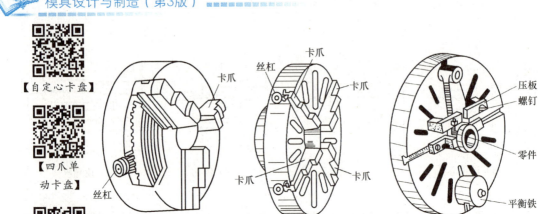

(a) 自定心卡盘　　(b) 四爪单动卡盘　　(c) 花盘

图 11.2　卧式车床的常用装夹方式

### 11.1.2　铣削加工（Milling）

模具零件的铣削加工包括立式铣床和万能工具铣床的普通立铣加工及数控铣削加工等。其中立式铣床和万能工具铣床的普通立铣加工主要加工中小型模具零件非回转曲面型腔、较规则型面，也可作为成形磨削或电火花成形加工等方法的粗加工，其加工精度可达 IT8～IT10 级，表面粗糙度 $Ra=0.8\sim1.6\mu m$。当型腔的形状复杂或精度要求高时，可以采用数控铣削加工。

#### 1. 平面或斜面的加工

立式铣床可以加工平面，如图 11.3（a）所示；加工型腔斜面，如图 11.3（b）所示；加工型腔底面，如图 11.3（c）所示；加工各种槽，如图 11.3（d）所示。这种加工方法生产效率高、加工质量好。

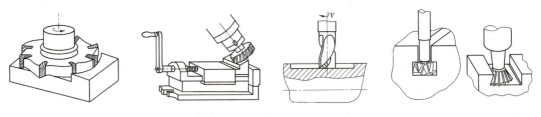

(a) 端铣刀铣平面　　(b) 用万能铣头铣斜面　　(c) 圆柱刀铣型腔底面　　(d) 铣T形槽和燕尾槽

图 11.3　平面或斜面的加工

#### 2. 圆弧面的加工

可以利用铣床附件——回转工作台［图 11.4（a）］加工各种圆弧面。如图 11.4（b）所示，安装零件时，必须找正铣床主轴中心与回转工作台中心，并使被加工圆弧中心与回转工作台中心重合。

#### 3. 复杂型腔或型面的加工

当模具型腔为复杂的立体曲面而又难以将其分解成若干简单型面来加工时，可以采用数控机床铣削加工，具体内容见 11.3.1 节。

## 模具成形表面的加工(Profile Manufacturing of Mold and Die) 第11章

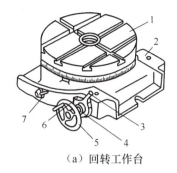
（a）回转工作台

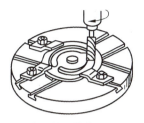
（b）在回转工作台上铣圆弧

1—转台；2—底座；3—偏心套插销；4—蜗杆轴；5—手轮；6—螺钉；7—手柄

图11.4 圆弧面的加工

 **特别提示**

随着数控铣床和铣削加工中心应用的普及，现代模具的加工基本转向以数控加工为主普通机床加工为辅，特别是三维空间形状的复杂型腔的加工。因此学习和掌握数控加工技术是现代模具制造者最根本的任务之一。

### 11.1.3 磨削加工（Grinding）

为了达到模具的高尺寸精度和低表面粗糙度等要求，大多数模具零件在经过车、铣加工后需经过磨削加工。磨削加工能磨削淬硬钢、硬质合金等高硬度材料和普通材料，加工精度可达 IT4～IT6 级，表面粗糙度 $Ra=0.2～1.6\mu m$。

磨削加工分为普通磨削（平面磨削、外圆磨削、内圆磨削）和成形磨削两种。平面、外圆及内圆等形状简单的零件采用普通磨削，而形状复杂的零件需采用成形磨削，光学曲线磨床、坐标磨床和数控磨床等磨削，如图11.5所示。但随着电火花成形加工技术及线切割加工技术的普及，成形磨削已很少使用，下面仅介绍普通磨削。

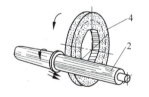
（a）磨削外圆

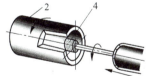
（b）磨削内圆

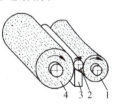
（c）磨削平面

（d）无心磨削外圆

（e）坐标磨削外圆

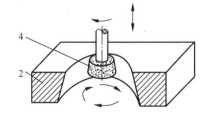
（f）坐标磨削内锥孔

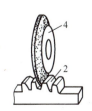
（g）成形磨削

1—导轮；2—零件；3—托板；4—磨削砂轮

图11.5 磨削加工在模具中的应用

1. 磨削平面

(1) 平行平面的磨削。

要求模具中各模板的两大平面相互平行,要求表面粗糙度 $Ra<0.8\mu m$,此时应在平面磨床上反复交替磨削两平面,逐次提高平行度和降低表面粗糙度,如图 11.5（c）所示。

(2) 模板侧基准平面的磨削。

模具侧基准平面的磨削方法如图 11.6 所示。图 11.6（a）中用精密角铁 1 和平行夹头 3 装夹模具零件 2,用百分表找正后,用平面磨床磨出侧基准面,适用于磨削尺寸较大的侧基准面；图 11.6（b）中用精密平口钳 6 装夹模具零件 5,用平面磨床磨出侧基准面,通过精密平口钳 6 自身的精度保证模具零件 5 的垂直度要求,适用于磨削尺寸较小的侧基准面。

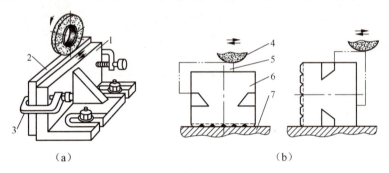

1—精密角铁；2,5—模具零件；3—平行夹头；4—砂轮；6—精密平口钳；7—磨床工作台

图 11.6　模板侧基准平面的磨削方法

(3) 特殊平面的磨削。

磨削细小凸模时,由于其刚性不足,容易产生振颤,影响加工精度,因此可采用以下磨削方法：图 11.7（a）中,将凸模 2 固定在工具磨床上的精密 V 形铁 3 内,找正精密 V 形铁 3 的侧面,磨削凸模 2 的端面；图 11.7（b）中,将装配状态的凸模固定板 5 放在平面磨床工作台 6 上,在凸模 2 周围填满塑型用的腻子 4 或缠绕橡胶带,让凸模 2 只露出少许与砂轮 1 接触,磨削凸模 2 的端面。

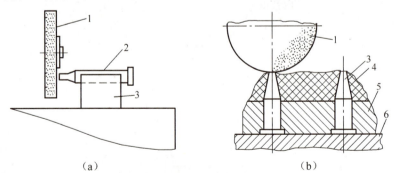

1—砂轮；2—凸模；3—精密 V 形铁；4—腻子；5—凸模固定板；6—平面磨床工作台

图 11.7　细小凸模端面磨削

2. 磨削外圆

模具零件中,圆形凸模、导柱、导套、推杆等零件的外圆柱面需进行外圆磨削,在普

通外圆磨床或万能外圆磨床上进行。其加工方式是用高速旋转的砂轮磨削低速旋转的零件，零件相对于砂轮做纵向往复运动。外圆磨床可以加工外圆柱面、圆台阶面和外圆锥面等。外圆磨削的尺寸精度等级可达 IT5～IT6 级，表面粗糙度 $Ra=0.2～0.8\mu m$。

外圆磨削的装夹方法如图 11.8 所示。

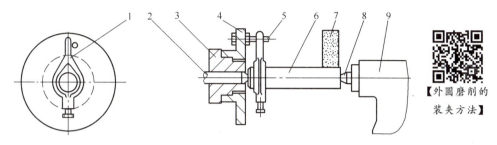

1—鸡心夹；2—前顶尖；3—外圆磨床头架主轴；4—拨盘；5—拨杆；6—零件；
7—砂轮；8—后顶尖；9—尾架套

图 11.8　外圆磨削的装夹方法

磨削前，要对零件的中心孔进行修研，以提高零件几何形状精度和表面粗糙度。中心孔可用硬质合金梅花棱顶尖（图 11.9）在车床上挤研，当中心孔较大、修研精度要求较高时，可用油石或砂轮修研（图 11.10）。

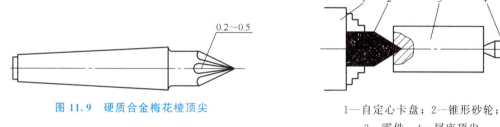

图 11.9　硬质合金梅花棱顶尖

1—自定心卡盘；2—锥形砂轮；
3—零件；4—尾座顶尖

图 11.10　用砂轮修研

**3. 磨削内圆**

当模具零件的内圆柱面（如导套内孔面、圆形凹模成形面等）尺寸精度和表面粗糙度要求很高时，需用内圆磨床或万能外圆磨床进行磨削加工。内圆磨削可以达到的精度等级为 IT6～IT7 级，表面粗糙度 $Ra=0.4～1.6\mu m$。普通内圆磨床的磨削方法如图 11.11 所示。

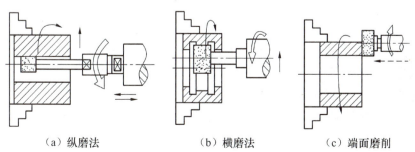

（a）纵磨法　　　　　（b）横磨法　　　　　（c）端面磨削

图 11.11　普通内圆磨床的磨削方法

#### 4. 同时磨削内、外圆

模具零件中的一些零件（如导套）除要求内孔、外圆表面的尺寸精度和表面粗糙度外，还要求内、外圆的同轴度好，因此需要同时磨削内、外圆。加工时，一般先磨削内孔，然后插入芯轴定位、装夹，再磨削外圆，如图 11.12 所示。

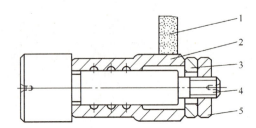

1—砂轮；2—导套；3—垫片；4—芯轴；5—螺母

图 11.12 内、外圆同时磨削

### 11.1.4 钻削加工（Drilling）

钻削加工是用钻头或扩孔钻等在钻床上加工模具零件孔的方法，其操作简便、适应性强、应用很广。钻削加工的范围如图 11.13 所示。钻削加工所用机床多为普通钻床，其类型有台式钻床、立式钻床及摇臂钻床，如图 11.14 所示。**台式钻床主要用于加工 0.1～13mm 的小型模具零件的孔径；立式钻床主要用于加工中型模具零件的孔径；摇臂钻床主要用于加工大、中型模具零件的孔径。** 钻削加工时零件的装夹方法如图 11.15 所示。

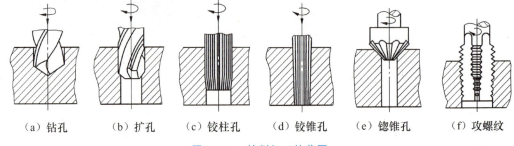

(a) 钻孔　　(b) 扩孔　　(c) 铰柱孔　　(d) 铰锥孔　　(e) 锪锥孔　　(f) 攻螺纹

图 11.13 钻削加工的范围

【钻削加工的范围】

【普通钻床的类型】

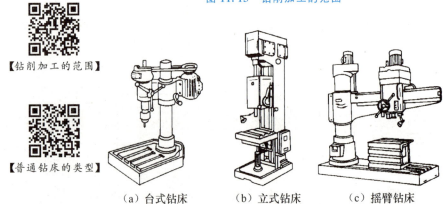

(a) 台式钻床　　(b) 立式钻床　　(c) 摇臂钻床

图 11.14 普通钻床的类型

## 模具成形表面的加工(Profile Manufacturing of Mold and Die) 第11章

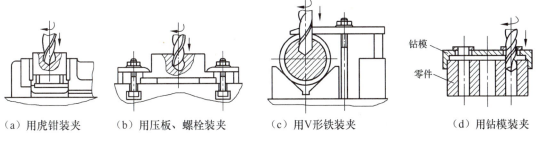

(a) 用虎钳装夹　　(b) 用压板、螺栓装夹　　(c) 用V形铁装夹　　(d) 用钻模装夹

图 11.15　钻削加工时零件的装夹方法

模具零件上的圆孔包括一般连接孔、深孔及精密孔等。钻削加工只用于连接孔、深孔的加工及精密孔的粗加工，精密孔的精加工需用坐标镗床镗削或坐标磨床磨削。

### 11.1.5　镗削加工（Boring）

镗削加工是用镗刀对已有孔进一步加工的精加工方法，常用来加工有位置度要求的孔和孔系，如注射模动、定模镶块中的各种型芯孔。镗削加工的范围很广，根据零件尺寸、形状、技术要求及生产批量的不同，镗削加工可在车床、铣床、镗床等机床上进行。在镗床上镗孔时，所用镗床分为普通镗床和坐标镗床。普通镗床主要适用于孔径精度和孔间距要求不高的孔的加工，坐标镗床主要适用于高精度孔及孔系零件的加工。镗孔加工精度等级可达IT5～IT6级，孔间距精度可达0.005～0.01mm，表面粗糙度$Ra=0.8\sim1.6\mu m$。

坐标镗床利用精密的坐标测量装置确定工作台、主轴的位移距离，以实现零件和刀具的精确定位。毫米以上的工作台和主轴位移值由粗读数标尺读出，毫米以下的通过精密刻度尺（即光屏读数器坐标测量装置）在光屏读数头上读出，或利用光栅（即数字显示器坐标测量装置）控制精密位移。另外，机床的主要零部件的制造精度和装配精度很高，有良好的刚性和抗振性。

坐标镗床按照布置形式不同，主要分为立式单柱、立式双柱和卧式等类型，如图 11.16 所示。立式单柱坐标镗床主要用于小型模具零件的精密孔或孔系的加工；立式双柱坐标镗床主要用于大、中型模具零件的精密孔及孔系的加工；卧式坐标镗床主要用于模具零件侧面型孔和注射模中斜导柱孔的加工。当在立式镗床上结合使用机床附件——万能回转工作台（图 11.17）时，可加工模具零件的侧面型孔。

【坐标镗床的类型】

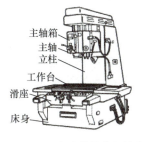
(a) 立式单柱坐标镗床

(b) 立式双柱坐标镗床

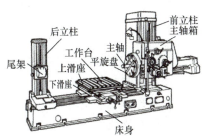
(c) 卧式坐标镗床

图 11.16　坐标镗床的类型

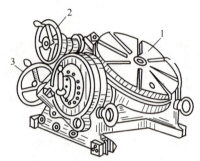

1—圆盘；2—旋转手轮；3—角度手轮

图 11.17　万能回转工作台

使用坐标镗床加工模具零件时，要求先在工作台上正确安装模具零件，使相互垂直的两个基准面分别平行于工作台的纵向和横向。加工时，先用中心钻钻出中心孔，然后根据孔的尺寸进行钻孔、扩孔、铰孔和镗孔等。进行钻孔、扩孔和铰孔时，先把中心钻、钻头或铰刀固定在钻夹头上，再将钻夹头固定在坐标镗床的主轴锥孔内。进行镗孔时，将镗夹头（图 11.18）的锥柄插入坐标镗床的主轴锥孔内。镗刀可做径向调整，以适应不同孔径的加工。图 11.19 所示为模具零件的配镗加工。

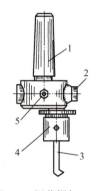

1—锥柄；2—调节螺钉；3—镗刀；
4—镗刀夹头；5—固定螺钉

图 11.18　镗夹头

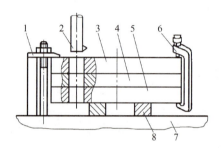

1—压板；2—镗夹头；3，4，5—模具零件；
6—平行夹钳；7—镗床工作台；8—平行砧铁

图 11.19　模具零件的配镗加工

## 11.1.6　压印加工（Stamping）

压印加工是一种钳工加工方法，适合加工无间隙的冲模。这种加工方法能保证凸、凹模的刃口形状一致。

### 1. 压印加工工艺方法

将已经加工的成品凸模垂直放置在相应凹模型孔处并施加压力，通过凹模挤压与切削作用，在凹模上产生印痕，钳工按印痕挫去型孔的部分加工余量后再压印，再挫修，反复进行，直到加工出相应的型孔。用于压印的凸模称为压印基准件。

压印加工也可用成品凹模做压印基准件加工凸模。

### 2. 压印加工工艺要点

（1）在压印加工前应先加工好凹模的外形轮廓，按划出的型孔轮廓线，在立式铣床上去除型孔内部材料，留出 0.2～0.8mm 的单边加工余量。应对去除废料后的孔壁进行修整，使压印挫修余量均匀。

（2）首次压印加工深度不宜过大，应控制在 0.2mm 左右，以后各次压印加工深度可大一些，每次压印加工都应用角尺校准基准件与压印件间的垂直度。

（3）为降低压印表面的微观平面度，可用油石将锋利的凸模刃口磨出 0.1mm 左右的圆角，以增强挤压作用；还可在凸模表面涂一层硫酸铜溶液，以减少摩擦。

(4) 压印加工可在手动螺旋压印机或液压压印机上进行。

### 11.1.7　研磨与抛光加工（Lapping and Polishing）

由于塑料制品外观的需要，往往要求塑料模型腔的表面达到镜面抛光的程度，如光学镜片、镭射唱片等模具对表面粗糙度要求极高。抛光不仅能使零件更美观，而且能改善材料表面的耐腐蚀性、耐磨性，还能使模具拥有其他优点，如使塑料制品易脱模、缩短生产周期等。因而抛光在模具制作过程中是一道很重要的工序。常用的抛光方法有以下 6 种。

(1) 机械抛光。机械抛光是靠切削、材料表面塑性变形去掉被抛光后的凸部而得到平滑面的抛光方法。其一般使用油石条、羊毛轮、砂纸等，以手工操作为主，特殊零件（如回转体）表面可使用转台等辅助工具，表面质量要求高的可采用超精研抛的方法。鉴于非手工作业研磨抛光方法的应用范围有局限性，特别是型腔中窄缝、盲孔、深孔和死角部位的加工，手工研磨抛光方法仍然占主导地位。

(2) 化学抛光。化学抛光是使材料在化学介质中表面微观凸出的部分比凹入的部分优先溶解，从而得到平滑面的抛光方法。这种方法的主要优点是不需要复杂设备，可以抛光形状复杂的零件，而且可以同时抛光很多零件，加工效率高。化学抛光的核心问题是抛光液的配制。化学抛光得到的表面粗糙度一般为数十微米。

(3) 电解抛光。电解抛光的基本原理与化学抛光相同，即靠选择性地溶解材料表面微小凸出部分使表面光滑。与化学抛光相比，电解抛光可以消除阴极反应的影响，效果更好。

(4) 超声波抛光。超声波抛光是将零件放入磨料悬浮液中并一起置于超声波场中，依靠超声波的振荡作用，使磨料在零件表面磨削抛光的抛光方法。超声波抛光宏观力小，不会引起零件变形，但工装制作和安装较困难。超声波抛光可以与化学或电化学方法结合。在溶液腐蚀、电解的基础上，施加超声波振动搅拌溶液，使零件表面溶解产物脱离，表面附近的腐蚀或电解质均匀；超声波在液体中的空化作用还能够抑制腐蚀过程，利于表面光亮化。

(5) 流体抛光。流体抛光依靠高速流动的液体及其携带的磨粒冲刷零件表面达到抛光的目的。其常用方法有磨料喷射加工、液体喷射加工、流体动力研磨等。其中，流体动力研磨由液压驱动，使携带磨粒的液体介质高速往复流过零件表面。介质主要采用在较低压力下流过性好的特殊化合物（聚合物状物质）并掺入磨料制成，磨料可采用碳化硅粉末。

(6) 磁研磨抛光。磁研磨抛光是利用磁性磨料在磁场作用下形成磨料刷，对零件进行磨削加工的抛光方法。这种方法加工效率高，质量好，加工条件容易控制，工作条件好。采用合适的磨料时，表面粗糙度 $Ra$ 可以达到 $0.1\mu m$。

### 📖 特别提示

在塑料模加工中所说的抛光与其他行业要求的表面抛光有很大不同。严格来说，模具的抛光应该称为镜面加工。它不仅对抛光本身有很高的要求，而且对表面平整度、光滑度及几何精度有很高的要求。表面抛光一般只要求获得光亮的表面即可。镜面加工的标准分为 4 级：A0 的 $Ra=0.008\mu m$，A1 的 $Ra=0.016\mu m$，A3 的 $Ra=0.032\mu m$，A4 的 $Ra=0.063\mu m$。由于电解抛光、流体抛光等方法很难精确控制零件的几何精度，而化学抛光、超声波抛光、磁研磨抛光等方法的表面质量又达不到要求，因此精密模具的镜面加工还是以机械抛光为主。

## 11.2 模具成形表面的特种加工（Non-traditional Manufacturing of Mould and Die Profile）

随着现代工业生产的飞速发展和科学技术的进步，具有高强度、高硬度、高韧性、耐高温等特殊性能的模具材料不断出现，同时模具成形表面的形状越来越复杂、精度越来越高，传统的机械加工方法已不能完全满足生产要求。因此，直接利用电能、电化学能、声能等的特种加工方法相继得到了快速发展，如电火花加工、电解加工、超声波加工、化学加工、电化学加工等。

电火花加工又称放电加工或电蚀加工，包括电火花穿孔、电火花加工型腔、电火花切槽、电火花刻字、电火花线切割加工等加工工艺，如图 11.20 所示。在模具制造中主要应用电火花成形加工和电火花线切割加工。

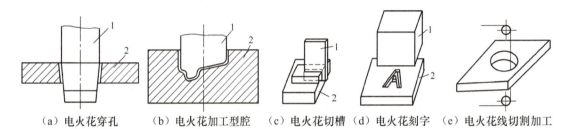

（a）电火花穿孔　（b）电火花加工型腔　（c）电火花切槽　（d）电火花刻字　（e）电火花线切割加工

1—电极；2—零件

图 11.20　电火花加工工艺

### 11.2.1　电火花成形加工的基本原理及特点（Principle and Feature of EDM）

**1. 电火花成形加工概述**

（1）基本原理。

电火花成形加工是在一定液体介质中，通过工具电极和零件之间脉冲放电时的电腐蚀作用，对零件进行加工的一种工艺方法。

电火花成形加工的基本原理如图 11.21 所示。脉冲电源输出的单向脉冲电压作用在零件和工具电极（简称电极）上。当电压升高到电极和零件间隙中工作液的击穿电压时，工作液在绝缘强度最低处被击穿，产生火花放电。火花放电引起的瞬间高温使零件和电极表面都被蚀除掉一薄层材料。一次脉冲放电后，在零件和电极表面各形成一个小凹坑；多次脉冲放电后，零件被加工表面形成无数个小凹坑，电极的轮廓形状便被复制到零件上，从而完成零件的加工。

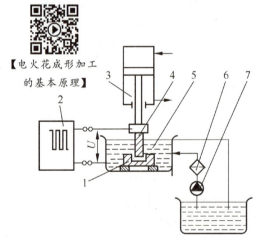

1—零件；2—脉冲电源；3—自动进给调节装置；4—工具电极；5—工作液；6—工作液泵；7——过滤器

图 11.21　电火花成形加工的基本原理

(2) 电火花成形加工的基本条件。

① 脉冲电源。电火花成形时必须具有脉冲波形为单向的脉冲电源,如图 11.22 所示。其中放电延续时间 $t_i$ 称为脉冲宽度,应小于 10s,以使放电产生的热量来不及从放电点过多地扩散到其他部位,只在极小的范围内使金属局部熔化,直至汽化。相邻脉冲之间的间隔时间 $t_0$ 称为脉冲间隔,它使电介质有足够的时间恢复绝缘状态,以免引起持续放电而烧伤零件表面。

② 足够的放电能量。有足够的放电能量可保证放电部位的金属熔化或汽化。

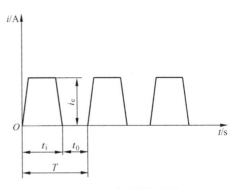

图 11.22 脉冲电流波形

③ 合适的放电间隙。加工时,零件和电极接在脉冲电源的不同极性上,零件与电极之间必须保持一定距离,此距离即放电间隙。放电间隙要合适,过大时,极间电压不能击穿介质,无法产生电火花;过小时,容易形成短路接触,同样不能产生电火花。放电间隙与电压、加工介质等因素有关,一般为 0.01~0.1mm。

④ 绝缘介质。加工时零件和电极必须浸泡在具有一定绝缘性能的液体介质中。液体介质还能将电蚀产物从放电间隙中排出去,并对电极表面进行较好的冷却。大多数电火花成形机床采用煤油做液体介质,为避免起火,还可采用燃点较高的机油或煤油与机油的混合物做液体介质。

(3) 电火花成形加工的特点。

① 能加工用机械切削方法难以加工或无法加工的材料,如淬火钢、硬质合金等。

② 电极和零件在加工过程中不接触,两者之间的作用力很小,便于加工小孔、深孔、窄缝等,并且不受电极和零件刚度的限制。

③ 不要求电极材料比零件材料硬。

(4) 电火花成形加工在模具制造中的应用。

① 型孔的电火花加工。型孔电火花加工主要指对各种模具成形孔的穿孔加工,如图 11.20(a)所示。其在模具加工中的应用如下。

a. 冲裁模零件的加工,如凹模、卸料板与固定板的型孔加工。

b. 特殊材料(如淬硬材料、硬质合金)上的螺纹孔加工。

c. 特殊零件、特殊形状的型孔加工。硬质合金冲孔模具型孔板如图 11.23 所示。

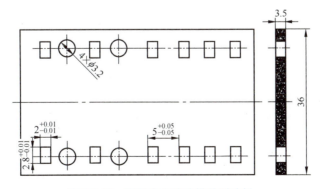

图 11.23 硬质合金冲孔模具型孔板

② 型腔电火花加工。由于注射模中型腔一般为盲孔，对一些复杂、精度要求高的形状，如三维曲面、窄槽及不规则的形状，用铣削、车削方法难以加工，因此通常采用电火花成形加工。

型腔电火花加工的特点如下：电极损耗小，以保证型腔的成形精度；加工过程中材料的蚀除量大，要求加工速度快、生产效率高；型腔侧面较难进行修光，需更换精加工电极或利用平动头进行侧面修光。

型腔电火花加工方法主要有单电极平动法、多电极更换法和分解电极法。

a. 单电极平动法。单电极平动法是用一个电极在平动头的作用下完成型腔的粗、中、精加工的方法，如图 11.24 所示。由于电极棱角处损耗快，难以加工出清晰的棱角，因此适用于形状简单、精度要求不高的型腔加工。

b. 多电极更换法。多电极更换法是将加工同一个型腔的电极做成粗加工电极、精加工电极等多个电极，依次更换进行加工的方法，如图 11.25 所示。加工每个电极时，必须去掉上次规准的放电痕迹。多电极更换法适用于形状和精度要求高的模具型腔加工。

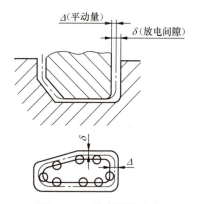

图 11.24　单电极平动法

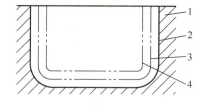

1—模具镶块；2—精加工后的型腔；3—中加工后的型腔；
4—粗加工后的型腔

图 11.25　多电极更换法

c. 分解电极法。分解电极法是根据型腔的几何形状，把加工一个型腔的电极分解为多个电极的方法。主型腔电极加工型腔的主要部位，副型腔电极加工型腔的尖角、窄缝等部位。

③ 小深孔的高速电火花加工。小深孔的高速电火花加工原理（图 11.26）：采用中空的管状电极；管中通入高压工作液冲走电蚀产物，同时高压流动的工作液在小孔孔壁按螺旋线轨迹流出孔外，使电极管"悬浮"在孔心，不易产生短路，可加工出直线度和圆度很好的小深孔；加工时电极做回转运动，使端面损耗均匀，不会产生偏斜。此方法已被广泛应用于线切割加工用穿丝小孔、喷嘴及斜面、曲面上的小深孔的加工。

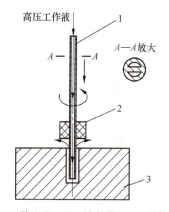

1—管电极；2—导向器；3—零件

图 11.26　小深孔的高速电火花加工原理

现代工业生产中,由于型孔类凹模大多可以采用电火花线切割方法加工,因此这里主要讨论型腔电火花加工。

2. 电火花成形加工用电极的设计

(1) 电极材料。

根据电火花成形加工原理,可以说任何导电材料都可用来做电极材料,但在生产中应选择损耗小、加工稳定性好、生产效率高、机械加工性良好、资源丰富、价格低廉的材料。常用电极材料的性能见表 11-1。

表 11-1 常用电极材料的性能

| 电极材料 | 电火花加工性能 | | 机械加工性能 | 说 明 |
|---|---|---|---|---|
| | 加工稳定性 | 电极损耗 | | |
| 铸铁 | 一般 | 中等 | 较好 | |
| 钢 | 较差 | 中等 | 好 | |
| 石墨 | 较好 | 较小 | 较好 | 机械强度较差,易崩角 |
| 黄铜 | 好 | 大 | 较差 | |
| 紫铜 | 好 | 较小 | 较好 | 磨削困难 |
| 铜钨合金 | 好 | 小 | 较好 | 价格高昂 |
| 银钨合金 | 好 | 小 | 较好 | 价格高昂 |

在型腔电火花加工中,常用的电极材料为石墨和紫铜。

(2) 电极结构。

电极结构主要有整体式电极、组合式电极和镶拼式电极 3 种。

① 整体式电极。整体式电极是指整个电极用一块材料加工而成,如图 11.27 (a) 所示。

② 组合式电极。组合式电极是指将多个电极用固定板组合、装夹,如图 11.27 (b) 所示,同时加工同一个零件的多个型孔,可以提高生产效率。

③ 镶拼式电极。加工形状复杂的电极整体有困难时,常将其分成几块,分别加工后再镶拼成整体,如图 11.27 (c) 所示。这样可节省材料,便于制造。

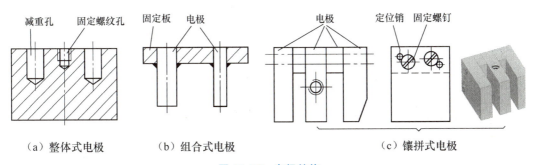

图 11.27 电极结构

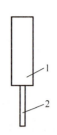

1—电极增强部分；2—电极工作部分

图 11.28 细小电极的增强

 **特别提示**

无论电极采用哪种结构都应有足够的刚度，以提高加工过程中的稳定性。对于体积小、易变形的电极，可增大电极工作部分以外的截面尺寸以提高刚度，如图 11.28 所示。对于尺寸较大、质量较大的电极，可在中间开孔或挖空 [图 11.27（a）中的减重孔]。电极与主轴连接后，电极重心应位于主轴中心线上，这对较重的电极尤为重要；否则会产生附加偏心力矩，使电极轴线偏斜，影响模具的加工精度。

（3）排气孔和冲油孔设计。

型腔加工多为盲孔加工，排屑、排气条件差，直接影响加工速度、加工稳定性和表面质量，可在设计电极时设计排气孔和冲油孔。一般情况下，在不易排屑的拐角、窄缝处开设冲油孔，如图 11.29 所示；在蚀除面积大及电极端部有凹入的部位设计排气孔。排气孔和冲油孔的直径一般为 $\phi 1 \sim \phi 2\mathrm{mm}$，以利于排气、排屑。常增大排气孔和冲油孔的上端孔径，孔距为 $20 \sim 40\mathrm{mm}$，位置相对错开，以避免加工表面出现波纹。

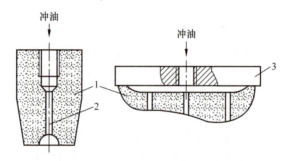

1—电极；2—冲油孔；3—电极固定板

图 11.29 电极冲油孔的设计

（4）电极尺寸计算。

① 电极的横截面尺寸。电极在垂直于主轴进给方向上的尺寸称为横截面尺寸，如图 11.30 所示。电极的横截面尺寸可用如下公式计算。

$$a = A \pm Kb \tag{11-1}$$

$$b = S + H_{\max} + h_{\max} \tag{11-2}$$

式中，$a$——电极横截面尺寸（mm）；

$A$——模具型腔尺寸（mm）；

$K$——与型腔尺寸注法有关的系数；

$b$——电极单边缩放量（mm）；

$S$——电火花加工时单面放电间隙（mm）；

$H_{\max}$——前一规准加工时表面微观最大不平度（mm）；

$h_{\max}$——本规准加工时表面微观最大不平度（mm）。

式（11-1）中的"±"号及 $K$、$b$ 值按下列原则确定。

a. 凡模具图样上型腔凸出部分，其相应的电极凹入部分的尺寸应放大，即用"+"

号；反之，凡模具图样上型腔凹入部分，其相应的电极凸出部分的尺寸应缩小，即用"－"号。

b. 当模具图样上型腔尺寸完全标注在边界上时，取 $K=2$；当模具图样上型腔尺寸一端以中心标注、另一端标注在边界上时，取单边 $K=1$；当模具图样上标注的为型腔尺寸中心距或角度值时，取 $K=0$。

c. 在实际应用中，由于平动量可在较宽的范围内调整，足以补偿电极的侧面损耗，因此可以简化电极的设计。一般对于中、小型电极的单边缩放量，粗加工时可在 0.15～0.2mm 选取，精加工时可在 0.07～0.10mm 选取。

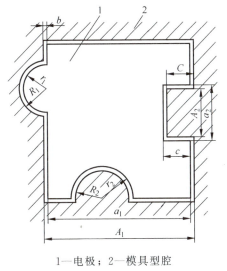

1—电极；2—模具型腔

图 11.30 电极的横截面尺寸

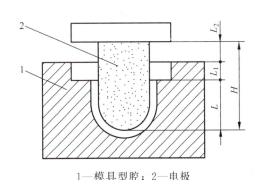

1—模具型腔；2—电极

图 11.31 电极的垂直方向尺寸

② 电极的垂直方向尺寸。电极在平行于主轴方向上的纵断面尺寸称为垂直方向尺寸，如图 11.31 所示，可按如下公式计算。

$$H=L+L_1+L_2 \qquad (11-3)$$

式中，$H$——除装夹部分外的电极总高度（mm）；

$L$——电极在垂直方向上的有效高度，包括型腔深度和电极端面损耗量，并扣除端面放电间隙值（mm）；

$L_1$——加工的型腔位于另一个型腔中时需增加的高度（mm）；

$L_2$——考虑加工时，电极夹具不与模具或压板发生接触而需增加的高度（mm），在单电极拉直找正时也可采用，常取 15～20mm。

3. 电火花成形加工前的准备工作

(1) 要对有磁性的零件进行退磁处理，以免磁性吸住电蚀物，增加二次放电和烧弧，影响型腔精度。

(2) 由于电火花加工效率较低，因此电火花成形加工型腔前应进行粗加工，成形面应均匀留量。

4. 电极装夹、校正

电极装夹是指将电极安装于电火花成形机床的主轴上。电极校正是指利用主轴上的调节装置调整电极垂直度，使电极轴线平行于主轴轴线、垂直于机床的工作台面。

(1) 电极装夹形式。

① 标准套筒装夹［图 11.32（a）］。标准套筒装夹适用于片状电极。

② 钻夹头装夹［图 11.32（b）］。钻夹头装夹适用于直径较小的圆电极。

③ 标准螺钉夹头装夹［图 11.32（c）］。标准螺钉夹头装夹适用于用螺纹固定的小型电极。

④ 板类夹具体装夹［图 11.32（d）］。大电极或用固定板固定的电极要通过螺钉固定在机床的板类夹具体上。

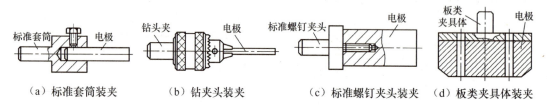

(a) 标准套筒装夹　　(b) 钻夹头装夹　　(c) 标准螺钉夹头装夹　　(d) 板类夹具体装夹

图 11.32　电极的装夹形式

(2) 电极垂直度调节装置。

电极垂直度调节装置的结构形式较多，常用的是钢球铰链式调节装置，如图 11.33 所示。电极装夹在电极装夹套内，用 4 只调节螺钉调整电极垂直度。其特点是结构简单、轴向高度尺寸小，但调节范围小。

(3) 电极垂直度校正。

① 用精密角尺校正电极垂直度。利用精密角尺在电极互相垂直的两个方向上进行校正，如图 11.34 所示。

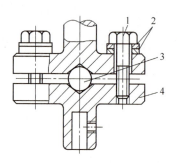

1—调节螺钉；2—球面垫圈；3—钢球；
4—电极装夹套

图 11.33　钢球铰链式调节装置

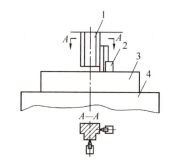

1—电极；2—精密角尺；3—模具零件；
4—机床工作台

图 11.34　用精密角尺校正电极垂直度

② 用百分表校正电极垂直度。对于直接装夹的单个电极，使主轴头做上下运动，在电极侧面互相垂直的两个方向，用百分表分别找正，如图 11.35 所示。对于用固定板固定的多个电极或大电极，按图 11.36 所示的方法校正，即通过沿 $X$ 轴方向、$Y$ 轴方向校正固定板的水平面来校正电极的垂直度，制作此类电极时要保证电极轴线与固定板底面的垂直度。

## 模具成形表面的加工(Profile Manufacturing of Mold and Die) 第11章

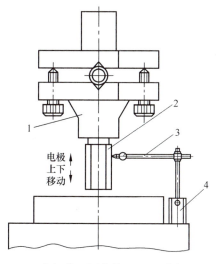

1—电极校正调节装置；2—电极；
3—百分表；4—表座

图 11.35 用百分表校正电极垂直度

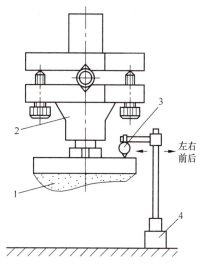

1—电极；2—电极校正调节装置；
3—百分表；4—表座

图 11.36 用固定板装夹电极的垂直度校正

### 5. 电极定位

电极定位是将已装夹、校正完的电极对准模具零件被加工位置，以保证电火花成形加工形状在模具零件上的位置要求与尺寸要求。电极的定位形式有以下几种。

（1）电极数量为单数，电极有互相垂直的侧基准面。

① 自行找正法。自行找正方法如图 11.37 所示，将有相互垂直侧基准面的模具零件平放在电火花成形机床工作台上，并用千分表调整模具零件的垂直侧基准面 $A'$ 和 $B'$，分别与工作台的 $X$ 轴和 $Y$ 轴平行。根据零件图纸，计算成形部位距零件的侧基准面尺寸 $X$ 和 $Y$。将已安装正确的电极垂直下降，使电极侧基准面 $A$、$B$ 分别靠上零件侧基准面 $A'$ 和 $B'$，确定工作台此时位置坐标，然后移动工作台坐标距离 $(X-\delta, Y-\delta)$，$\delta$ 为单边放电

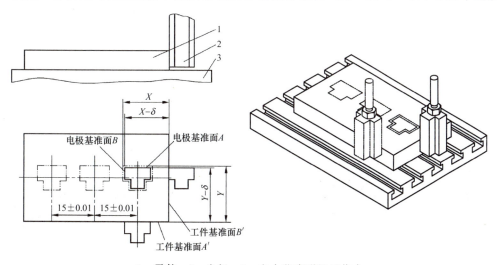

1—零件；2—电极；3—电火花成形机工作台

图 11.37 自行找正法

间隙，这样就确定了电极相对于模具零件型腔的准确位置。

② 垫块规找正法。垫块规找正法如图 11.38 所示，将有相互垂直侧基准面的模具零件平放在电火花成形机床工作台上，用千分表调整模具零件的垂直侧基准面 $A'$ 和 $B'$，分别与工作台的 $X$ 轴和 $Y$ 轴平行。根据零件图样，计算成形部位距零件的侧基准面尺寸 $X$ 和 $Y$。组合块规尺寸为 $X+\delta$、$Y+\delta$，$\delta$ 为单边放电间隙。将已安装正确的电极垂直下降至接近零件，用块规和精密刀口直尺确定电极相对于零件型腔的准确位置。

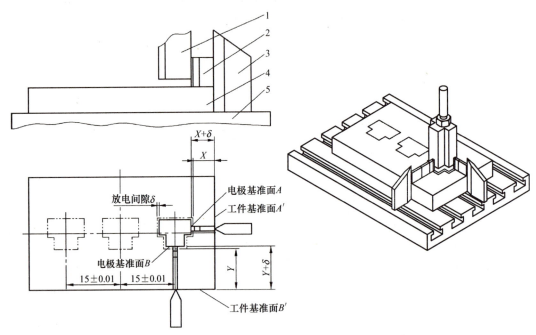

1—电极；2—块规；3—精密刀口直尺；4—零件；5—电火花成形机工作台

图 11.38　垫块规找正法

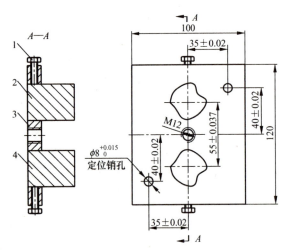

1—紧固螺钉；2，4—电极；3—固定板

图 11.39　电极用固定板定位

（2）电极无互相垂直的侧基准面。

使用没有基准的单个电极或多个电极时，先用有侧向基准的固定板精密固定电极，然后用固定板上销孔或用固定板侧基准面碰零件基准的方法确定电极在零件中的精确位置。如图 11.39 所示，两个电极 2、4 属不规则形状电极，直接用电极无法定位。先用固定板 3 对电极 2、4 进行精密固定，然后在模具零件上加工两个与固定板 3 上完全一致的定位销孔（图 11.40），接着在两个孔上插上销钉，利用销钉确定电极相对零件的精确位置后，最后移去两个销钉，即可进行加工。

## 模具成形表面的加工(Profile Manufacturing of Mold and Die) 第11章

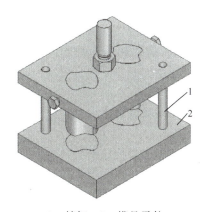

1—销钉；2—模具零件

图1.40　固定板与模具零件销钉定位示意

### 11.2.2　电火花线切割加工（Wire Cut Electrical Discharge Machining，WCEDM）

**1. 电火花线切割加工概述**

（1）电火花线切割加工的加工原理。

电火花线切割加工是利用移动的细金属丝做电极丝，利用高频脉冲发生器释放的脉冲电压将电极丝和零件的间隙击穿，产生瞬时火花放电，将零件局部融化而切割成形的。其加工原理如图11.41所示，零件6接脉冲电源的正极，电极丝4接负极，固定于工作台8上的零件6相对于电极丝4按预定的程序要求运动，从而使电极丝4沿着所要求的切割路线进行电腐蚀，实现切割加工。

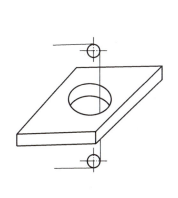
（a）切割零件

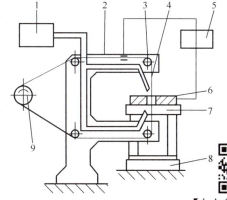
（b）机床示意

【电火花线切割加工的加工原理】

1—工作液箱；2—丝架；3—导轮；4—电极丝；5—脉冲电源；6—零件；
7—夹具；8—工作台；9—贮丝筒

图11.41　电火花线切割加工的加工原理

（2）电火花线切割加工机床。

根据电极丝的运动速度及方向不同，电火花线切割加工机床可分为快走丝线切割机床、中走丝线切割机床和慢走丝线切割机床3种。

快走丝线切割机床大多采用钼丝做电极丝，钼丝直径为 0.08～0.2mm；电极丝在贮丝筒带动下做往复循环运动，走丝速度快，为 6～11m/s；但其加工精度稍差，目前能达到的加工精度为±0.01mm，表面粗糙度 $Ra=0.63\sim2.5\mu m$；常用的工作液为乳化液；由于钼丝反复使用，成本较低，机床结构简单，价格便宜，因此加工费用较低，而且精度能满足一般要求，在我国应用较广泛。

中走丝线切割机床属往复高速走丝线切割机床范畴，能实现多次切割功能。其走丝原理是在粗加工时采用高速（8～12mm/s）走丝，精加工时采用低速（1～3mm/s）走丝，这样工作相对平稳、抖动小，通过多次切削减小材料变形及钼丝损耗带来的误差，使加工质量提高（加工质量介于快走丝线切割机床与慢走丝线切割机床之间）。

慢走丝线切割机床大多采用铜丝做电极丝，铜丝直径为 0.03～0.35mm，走丝速度慢，一般低于 0.2m/s；常用的工作液主要为去离子水；电极丝单向走丝，不重复使用，加工精度高，能达到的加工精度为±0.001mm，表面粗糙度 $Ra<0.32\mu m$；由于铜丝只能使用一次，成本较高，而且机床价格贵，因此加工费用较高。

（3）电极丝。

电极丝在电火花线切割加工中起极其重要的作用，合理选择电极丝的材料、直径及均匀性是保证加工稳定进行的重要环节。选择电极丝时应注意以下四点。

① 有良好的耐蚀性，有利于提高加工精度。

【电极丝】

② 有良好的导电性，有利于提高回路效率。

③ 有较高的熔点，有利于大电流加工。

④ 有较高的抗拉强度和良好的直线性，有利于延长使用寿命。

电火花线切割加工使用的电极丝材料见表 11-2。

表 11-2　电火花线切割加工使用的电极丝材料

| 电极丝材料 | 加工性能 | 适用范围 |
| --- | --- | --- |
| 黄铜丝 | 生产率较高，加工过程稳定，很少发生黏住现象，抗拉强度低、易断 | 特别适用于加工淬火钢，常用于慢走丝线切割机床中 |
| 钨丝 | 生产率高，但火花放电后质脆、易断 | 较少应用 |
| 钼丝 | 生产率不及前两种，但抗拉强度很高，不易断 | 广泛应用于快走丝线切割机床和中走丝线切割机床中 |

应根据切缝宽窄、零件厚度和拐角尺寸选择电极丝直径。若加工带尖角、窄缝的零件，应选用较细的电极丝；若加工大厚度的零件，应选用较粗的电极丝。

（4）电火花线切割加工的特点。

① 不需要制作电极，可省略电极设计与制造。

② 电极丝比较细，可以加工微细异形孔、窄缝、形状复杂的内孔或外形等二维截面。

③ 采用移动的长电极丝进行加工，使单位长度电极丝的损耗较小，可获得较高的加工精度。特别是慢走丝线切割加工时，电极丝一次性使用，可获得更高的加工精度。

④ 无论加工材料的硬度如何，只要导电均能实现切割加工。

⑤ 自动化程度高，操作方便。

(5) 电火花线切割加工在模具制造中的应用。

① 加工模具零件。电火花线切割加工可用于加工多种形状的模具零件。例如在冲裁模中，凸模固定板、凹模及卸料板的型孔均与对应的凸模刃口形状相似，用电火花线切割加工时可以通过调整不同的间隙补偿量，只需一次编程即可。在塑料模中，当成型部位局部采用非圆形镶拼结构时，用电火花线切割加工可以通过调整不同的间隙补偿量，只需一次编程即可加工出镶拼凸模和凹模形状。同时，用电火花线切割加工可以对淬火零件（如冲模凸模、推杆等）进行长度截断。

② 制作电火花成形加工所用的电极。

### 2. 电火花线切割加工模具前的准备工作

(1) 电极丝垂直度校正。

**由于模具精度要求高，所有型孔侧面要求与两大面垂直，因此装夹零件前应校正电极丝与工作台平面的垂直度。** 校正方法如图 11.42 所示，将侧面与底面垂直的圆柱标准块放在工作台上，从 X 轴和 Y 轴两个方向慢慢靠近电极丝，通过观察上、下火花情况来调整电极丝的垂直度。

(2) 退磁处理。

对于有磁性的零件，应先进行退磁处理。

(3) 穿丝孔加工。

① 钳工加工。采用钳工加工时，穿丝孔一般为 $\phi 3 \sim \phi 10$mm。若太小，钻孔难度增加，不容易穿丝；若太大，增加钳工工作量。安排工序位置时，此工序应安排在热处理淬火之前。

② 车削加工。当圆形零件采用车削加工穿丝孔时，孔径可大一些，单边留 1mm 加工余量即可。安排工序位置时，此工序应安排在热处理淬火之前。

③ 电火花穿孔加工。当穿丝孔直径小于或等于 $\phi 3$mm 时，可采用电火花穿孔加工。安排工序位置时，此工序安排在热处理淬火之后。

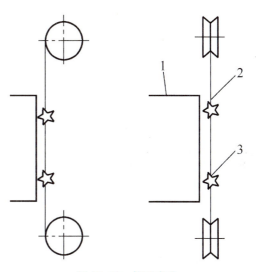

图 11.42 校正方法

确定穿丝孔位置时，应根据切割零件的具体情况而定以减少切入时的无效切割行程和有利于简化编程运算为基本原则，如图 11.43 所示。

(4) 零件装夹形式。

① 两端支撑式［图 11.44 (a)］。两端支撑式将零件两端分别固定在机床工作台或夹具上，支撑稳定可靠，定位精度高，适用于尺寸较大的零件。

② 悬臂支撑式［图 11.44 (b)］。悬臂支撑结构简单，装夹方便；但处于悬臂状态，对零件尺寸及质量有限制，仅适用于尺寸及质量较小的零件。

③ 桥式支撑式［图 11.44 (c)］。桥式支撑式用两块等高的平行垫铁架在机床工作台或夹具上，跨度宽窄可根据零件尺寸随意调节，适用于带有相互垂直侧基准面的零件。

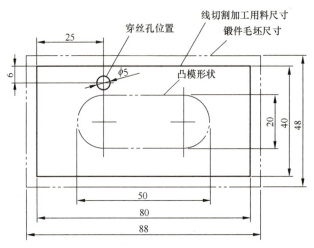

图 11.43 穿丝孔位置的安排（凸模线切割加工用工序图）

④ 板式支撑式 [图 11.44（d）]。板式支撑式用事先加工好矩形孔和穿丝孔的平板架在机床工作台上，平板上配备有 X 向和 Y 向定位基准，适用于小型零件。

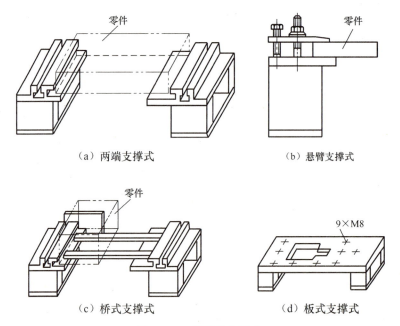

图 11.44 零件装夹形式

**特别提示**

无论采用哪种零件装夹形式，都应使零件的切割范围全部在工作台纵、横拖板的内部，保证切割过程中不会切割到工作台。

（5）零件在机床上的校正。

在机床上装夹零件后，必须对其进行校正，确保零件的基准面与机床工作台的 X 轴和 Y 轴平行。

① 以外形为校正基准和加工基准。对于图 11.45 所示的矩形件，可以用与两大面垂直且相互垂直的侧基准面为校正基准和加工基准。

② 以外形为校正基准，以内孔为加工基准。对于图 11.46 所示的圆形件，应以一个与两大面垂直、与过两孔的中心线平行的侧面基准为校正基准，以内孔为加工基准。

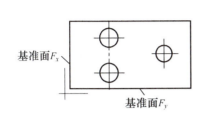  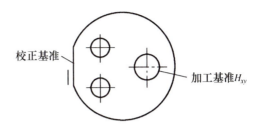

图 11.45 以外形为校正基准和定位基准　　图 11.46 以外形为校正基准，以内孔为加工基准

③ 以内孔为校正基准和加工基准。以内孔为校正基准时，要求作为基准的内孔必须尺寸一致，且距离远一些，穿上销钉后可作为校正基准。图 11.47 所示的凹模，要依次切割出两销孔和刃口形状，可用两个销孔穿上销钉后作为校正基准，刃口内穿丝孔作为加工基准。

无论采用哪种形式做校正基准，在工艺分析时都要考虑清楚，在线切割加工前就应准备好各校正基准面或基准孔。

(6) 电极丝初始位置的确定。

线切割加工前，应将电极丝调整到切割加工的起始位置。其调整方法有以下 3 种。

① 目测法。目测法如图 11.48 所示，事先在零件穿丝孔中心处划出十字基准线，分别沿划线方向目测电极丝与基准线的相对位置，根据偏离情况调整工作台及零件位置，当电极丝中心分别与十字基准线重合时，工作台纵、横方向上的读数就确定了电极丝中心的初始位置。此方法适用于加工精度要求较低的零件。

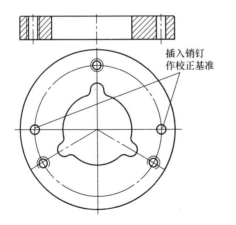

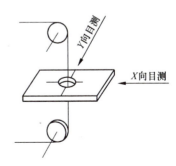

图 11.47 以内孔为校正基准和加工基准　　图 11.48 目测法

② 火花法。火花法如图 11.49 所示，利用移动工作台使零件的基准面逐渐接近电极丝，产生轻微火花时记下工作台的相对坐标值，再根据放电间隙推算电极丝中心的初始位置。这种方法的缺点是会腐蚀基准面，不适用于加工要求精密的基准面。

③ 自动找中心法。自动找中心法如图 11.50 所示，设点 $P$ 为电极丝在零件孔的穿丝

位置，先向右沿 $X$ 轴进给，当与孔的圆周在点 $A$ 接触后，立即反向进给并开始计数，直至与孔圆周的另一点 $B$ 接触时，再反方向进给 1/2 的距离，移动至 $AB$ 的中心位置 $C$，然后向上沿 $Y$ 轴进给。重复上述过程，确定电极丝在 $Y$ 轴的中心位置点 $O$，点 $O$ 即电极丝中心的初始位置。微处理器控制的数控电火花线切割机床一般都具有此项功能。

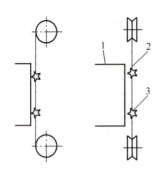

1—零件；2—电极丝；3—火花

图 11.49  火花法

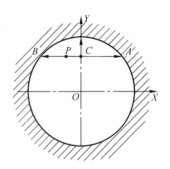

图 11.50  自动找中心法

**3. 电火花线切割编程**

由于电火花线切割机床的控制系统是按照人的"命令"控制机床加工的，因此在线切割加工之前，需对被加工零件进行程序编制，即把被加工模具零件的切割顺序、切割方向及有关尺寸等信息，按照一定格式输入机床的数控装置，这项工作称为电火花线切割编程。

国内常用的编程代码有 3B、4B、ISO 等格式。下面介绍快走丝线切割机床的编程格式。

（1）3B 代码简介。

① 程序格式。我国快走丝切割机床常用的 3B 代码格式为

B　X　B　Y　B　J　G　Z

a. B 为分隔符号。因为 X、Y、J 均为数码，所以需用 B 将它们区分开。

b. 加工斜线时，坐标原点取为斜线的起点，X、Y 为终点坐标值。加工圆弧时，坐标原点取为圆心，X、Y 为起点坐标值。

在加工零件的过程中，X 和 Y 的方向应始终保持不变，此即 X 拖板和 Y 拖板的运动方向。加工不同的曲线时，取不同的坐标原点，坐标只是平移。

c. X、Y、J 数值均以 $\mu m$ 为单位，计算误差应小于 $1\mu m$。当 X 或 Y 为零时，可以不写。计数长度 J 应写足六位数，如 J=250$\mu m$ 应写成 J=000250$\mu m$。

d. G 为计数方向，取 $G_x$ 或 $G_y$。

> **特别提示**
>
> 计数长度 J 与计数方向的选取有关。
>
> （1）对于斜线，应将进给距离较长的坐标作为记数方向。对于终点坐标为 $(x_e, y_e)$ 的直线：当 $|x_e|>|y_e|$ 时，计数方向取 $G_x$，计数长度 $J=|x_e|$；当 $|x_e|<|y_e|$ 时，计数方向取 $G_y$，计数长度 $J=|y_e|$；当 $|x_e|=|y_e|$ 时，计数方向既可取 $G_x$ 也可取 $G_y$。

(2) 对于圆弧，计数方向应视加工到终点附近的进给情况而定。如果终点靠近 Y 轴，圆弧在终点附近趋向于平行于 X 轴，最后一步进给的拖板必定是 X 拖板，故应选取 $G_x$ 作为计数方向；反之，当终点靠近 X 轴时，应选取 $G_y$ 作为计数方向。确定计数方向后，计数长度应取各段圆弧在该方向上的投影长度之和。

e. 加工指令 Z 共有 12 种，如图 11.51 所示。

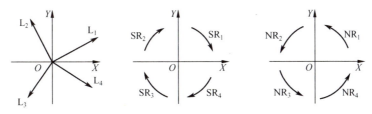

图 11.51　加工指令 Z

当被加工的斜线在 Ⅰ、Ⅱ、Ⅲ、Ⅳ 象限时，分别用 $L_1$、$L_2$、$L_3$、$L_4$ 表示。平行于 X 轴正方向的直线，用 $L_1$ 表示；平行于 Y 轴正方向的直线，用 $L_2$ 表示；平行于 X 轴负方向的直线，用 $L_3$ 表示；平行于 Y 轴负方向的直线，用 $L_4$ 表示。此时，直线终点坐标应取 $X=Y=0$。

当被加工的圆弧起点在 Ⅰ、Ⅱ、Ⅲ、Ⅳ 象限，且加工点按顺时针方向运动时，分别用 $SR_1$、$SR_2$、$SR_3$、$SR_4$ 表示。

当被加工的圆弧起点在 Ⅰ、Ⅱ、Ⅲ、Ⅳ 象限，且加工点按逆时针方向运动时，分别用 $NR_1$、$NR_2$、$NR_3$、$NR_4$ 表示。

f. 程序结束指令 Z 为大写的 "D" 或 "DD"。

 **特别提示**

加工的圆弧可能跨越多个象限，此时加工指令应由圆弧起点所在的象限和加工走向来决定。

② 程序编制。电火花线切割加工程序编程是根据零件图样尺寸、电极丝的直径及单边放电间隙等，在保证一定精度的要求下，求得相应的数据，再按规定的程序格式编制加工程序单。编程时应注意以下问题。

a. 所要编制的程序单，对应的不是零件的轮廓，而是电极丝中心的运动轨迹。如图 11.52 中的点画线所示，粗实线为零件轮廓。电极丝中心的运动轨迹与零件轮廓之间的垂直距离为 $f$，其计算公式为

$$f = \frac{d}{2} + \delta \tag{11-4}$$

式中，$d$——电极丝的直径（mm）；

$\delta$——单边放电间隙（mm）。

b. 电极丝中心的运动轨迹是由若干子程序段组成的连续曲线，前一个子程序段的终点是下一个子程序段的起点。在编程时，应根据图样尺寸及加工条件，准确地求出各线段（线与线、圆弧与圆弧、线段与圆弧）的交点坐标值。为计算方便，一般应尽量选择图形的对称轴为坐标系的坐标轴。

c. 零件尺寸都有公差要求，编程时应取其公差带的中心为编程计算尺寸。如圆弧

$R8^{+0.05}_{-0.01}$mm，编程时的圆弧半径取

$$R=\left(8+\frac{0.05+0.01}{2}\right)\text{mm}=8.03\text{mm}$$

d. 合理选择切割加工起始点及方向。起始点应选在线段交点处，以避免出现接痕。

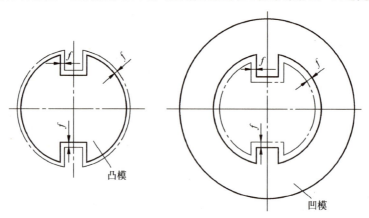

图 11.52　电极丝中心与零件轮廓的关系

③ 编程案例。编制图 11.53 所示的冲裁模凹模的 3B 程序。已知凸、凹模的双面配合间隙为 0.02mm，采用 $\phi$0.13mm 的钼丝，单边放电间隙为 0.01mm。

编制的 3B 程序如下。

a. 确定计算坐标系。取图形的对称轴为直角坐标系的 $X$、$Y$ 轴，如图 11.54 所示。由于图形关于 $X$、$Y$ 轴对称，因此只要计算一个象限的坐标点，其余象限的坐标点就可以根据对称关系直接得到。

b. 计算钼丝中心偏移量 $f$。由式（11-4）得

$$f=\frac{d}{2}+\delta=\left(\frac{0.13}{2}+0.01\right)\text{mm}=75\mu\text{m}$$

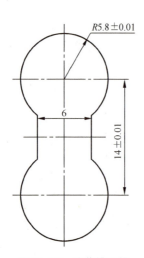

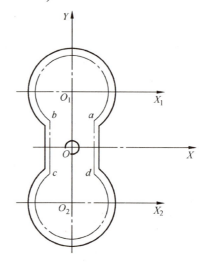

图 11.53　冲裁模凹模　　　　图 11.54　凹模钼丝中心坐标

c. 计算各点的坐标。

显然圆心 $O_1$ 的坐标为（0，7000），$a$ 点的坐标

$$x_{aO} = 3000 - 75 = 2925$$

$$y_{aO} = 7000 - \sqrt{(5800-75)^2 - x_{aO}^2} = 7000 - \sqrt{(5800-75)^2 - 2925^2} \approx 2079$$

因此，在计算坐标系中，$a$ 点坐标为 $(2925,2079)$，其余象限中各交点的坐标均可根据对称关系直接得到

$$b(-2925,2079), c(-2925,-2079), d(2925,-2079)$$

圆心 $O_2$ 的坐标为 $(0,-7000)$。为了编制程序，还需计算各交点在切割坐标系中的坐标（切割坐标系分别以 $O_1$、$O_2$ 等为原点，由计算坐标系平移而成）。

- $a$ 在 $O_1$ 为原点的坐标系 $XO_1Y$ 中有

$$x_{aO_1} = 2925, \quad y_{aO_1} = 2079 - 7000 = -4921$$

- $b$ 在 $O_1$ 为原点的坐标系 $XO_1Y$ 中有

$$x_{bO_2} = -2925, \quad y_{bO_2} = -4921$$

- $c$ 在 $O_2$ 为原点的坐标系 $XO_2Y$ 中有

$$x_{cO_2} = -2925, \quad y_{cO_2} = 4921$$

- $d$ 在 $O_2$ 为原点的坐标系 $XO_2Y$ 中有

$$x_{dO_2} = 2925, \quad y_{dO_2} = 4921$$

d. 确定切割顺序。若凹模的预孔（穿丝孔）钻在中心点 $O$ 上，则钼丝中心的切割顺序是 $\overline{Oa} — \widehat{ab} — \overline{bc} — \widehat{cd} — \overline{da} — \overline{aO}$。

e. 计数方向与计数长度。圆弧 $\widehat{ab}$ 的终点是 $b$，且有 $|x_{bO_1}| < |y_{bO_1}|$，终点靠近 $Y$ 轴，所以计数方向取 $G_x$，计数长度则取各段圆弧在 $X$ 方向上的投影之和，即

$$J = 5725 \times 2 + (5725 - 2925) \times 2 = 17050$$

同理，圆弧 $\widehat{cd}$ 的计数方向取 $G_x$，$J=17050$。各段直线与曲线的计数方向与计数长度如下。

- $\overline{Oa}$ 取 $G_x$，J=2925。
- $\widehat{ab}$ 取 $G_x$，J=17050。
- $\overline{bc}$ 取 $G_y$，J=4158。
- $\widehat{cd}$ 取 $G_x$，J=17050。
- $\overline{da}$ 取 $G_y$，J=4158。

f. 编制程序。程序清单见表 11-3。

表 11-3 凹模 3B 代码程序清单

| 序号 | 程序段 | B | x | B | y | B | J | G | Z |
|---|---|---|---|---|---|---|---|---|---|
| 1 | $\overline{Oa}$ | B | 2925 | B | 2079 | B | 002925 | $G_x$ | $L_1$ |
| 2 | $\widehat{ab}$ | B | 2925 | B | 4921 | B | 017050 | $G_x$ | $NR_4$ |
| 3 | $\overline{bc}$ | B | | B | | B | 004158 | $G_y$ | $L_3$ |
| 4 | $\widehat{cd}$ | B | 2925 | B | 4921 | B | 017050 | $G_x$ | $NR_2$ |
| 5 | $\overline{da}$ | B | | B | | B | 004158 | $G_y$ | $L_2$ |
| 6 | $\overline{aO}$ | B | 2925 | B | 2079 | B | 002925 | $G_x$ | $L_3$ |
| 7 | | | | | | | | | DD |

(2) ISO 代码简介。

ISO 代码为国际标准编程代码，比 3B、4B 代码格式简单、灵活，采用 ISO 代码进行数控编程是电加工编程的必然趋势。

① 程序格式。ISO 代码采用的是地址程序格式，其程序段长度可随字数和字长而变，故又称可变程序段地址格式。一个完整的零件加工程序由若干程序段组成；一个程序段由若干代码字组成；每个代码字则由字母和数字组成，有些数字还带有符号。字母、数字、符号统称为字符。每个程序段内各字符的先后顺序并不严格，但为编程方便起见，一般的习惯排列顺序为

N_　G_　X_　Y_　I_　J_　…　M_　…　LF

a. N 为程序顺序号，由地址码 N 和后面的若干位数字组成，用来识别程序段的编号。如 N005 表示第 5 程序段。

b. G 为准备功能字，由地址码 G 和两位数字组成，用来描述机床的动作类型。如 G01 表示直线插补功能（相当于 3B 程序格式的指令字 $L_1$、$L_2$、$L_3$、$L_4$）。

c. X、Y、I、J 等为尺寸字，由地址码、正负号和绝对值（或增量）数字构成，用来表示各坐标的运动尺寸，坐标尺寸字的"＋"号可以省略。

d. M 为辅助功能字，由地址码 M 和两位数字表示。如 M02 表示程序停止。

e. LF 为程序段结束字，大多数情况下可省略。

数控线切割设备不同，ISO 代码格式可能有所不同。DK7725E 型线切割机床的常用 ISO 代码见表 11-4。

表 11-4　DK7725E 型线切割机床的常用 ISO 代码

| ISO 代码 | 功　能 | 程 序 格 式 | 说　　明 |
|---|---|---|---|
| G90 | 绝对坐标编程 | | |
| G91 | 相对坐标编程 | | |
| G92 | 设定加工坐标起点 | G92 X_ Y_ | |
| G01 | 直线插补 | G01 X_ Y_ | X、Y 是以直线起点为坐标原点的终点坐标值 |
| G02 | 顺时针圆弧插补 | G02 X_ Y_ I_ J_ | 以圆弧起点为坐标原点，X、Y 表示终点坐标，I、J 表示圆心坐标 |
| G03 | 逆时针圆弧插补 | G03 X_ Y_ I_ J_ | |
| G40 | 取消路径补偿 | | 取消钼丝半径和单边放电间隙补偿 |
| G41 | 加工路径右补偿 | G41 D_ | 钼丝半径和单边放电间隙补偿在加工路径右边 |
| G42 | 加工路径左补偿 | G42 D_ | 钼丝半径和单边放电间隙补偿在加工路径左边 |
| M00 | 程序暂停 | | |
| M02 | 程序结束 | | |

② 编程案例。编制图 11.53 所示的冲裁模凹模的 ISO 代码程序。为方便编程，坐标系和穿丝孔均按图 11.54 所示，切割顺序仍为 $\overline{Oa}—\widehat{ab}—\overline{bc}—\widehat{cd}—\overline{da}—\overline{aO}$。为了与 3B 程序做对比，本例不采用补偿指令（G41、G42），而采用相对坐标编程，坐标单位为 $\mu m$，按钼丝中心轨迹进行编程。

冲裁凹模 ISO 代码程序清单见表 11-5。

表 11-5  冲裁凹模 ISO 代码程序清单

| 序 号 | 加 工 段 | 程 序 清 单 | 说 明 |
|---|---|---|---|
| 1 |  | N001 G92 X0 Y0 | 以 O 点为坐标原点建立工件坐标系 |
| 2 | $\overline{Oa}$ | N002 G91 G01 X2925 Y2079 | 采用相对坐标编程，从 O 点走到 a 点 |
| 3 | $\overset{\frown}{ab}$ | N003 G03 X-5850 Y0 I-2925 J4921 | 从 a 点加工圆弧到 b 点 |
| 4 | $\overline{bc}$ | N004 G01 X0 Y-4158 | 从 b 点加工直线到 c 点 |
| 5 | $\overset{\frown}{cd}$ | N005 G03 X5850 Y0 I2925 J-4921 | 从 c 点加工圆弧到 d 点 |
| 6 | $\overline{da}$ | N006 G01 X0 Y4158 | 从 d 点加工直线到 a 点 |
| 7 | $\overline{aO}$ | N007 G01 X-2925 Y-2079 | 从 a 点走回到 O 点 |
| 8 |  | N008 M02 | 程序结束 |

### 特别提示

（1）上例坐标尺寸采用的单位是 μm，读者可根据机床情况，设置采用 mm 为单位。

（2）现代数控线切割编程都是用软件完成的，常用软件有 MasterCAM、CAXA、BAND5、YH、HF、HL、AUTOP、AUTOCUT、KS 等。这些软件采用图形界面，操作简单，能够输出 B 代码程序或 G 代码程序（有的软件可输出两种程序格式）。

（3）上下异形（或带斜度）、中走丝线切割机床及慢走丝线切割机床的编程一般通过软件实现。

#### 4. 模具线切割加工中应注意的工艺问题

**（1）尽量采用封闭切割**。图 11.55（a）所示的切割加工方案，主要连接部位被分离，刚度降低，容易产生变形，不合理；图 11.55（b）所示的方案可缓解上述问题，但仍有变形；图 11.55（c）所示的方案完全消除了上述问题，为最佳方案。由于模具零件的精度要求高，因此模具线切割加工时通常采用封闭切割。

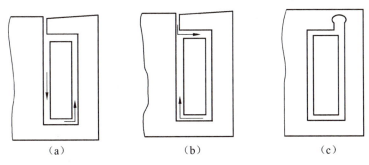

图 11.55  不同的切割加工方案

对于图 11.56 所示的凸模，如果采用线切割加工，为保证封闭切割和正确地把坯料装夹在机床上，在准备凸模毛坯时应增大下料尺寸：装夹部位单边增大 10～15mm，非装夹部位单边增大 5～10mm。确定的凸模锻件尺寸、线切割装夹尺寸、穿丝孔位置如图 11.43 所示。

**（2）线切割加工前的预加工**。对于厚、大零件，线切割加工时，内应力大，容易产生变形、开裂，较大变形又容易引起夹丝、断丝，生产效率低，因此应先进行预加工。图 11.57 所示的冲裁模凹模厚度较大，应在热处理淬火之前先加工出漏料孔形状。

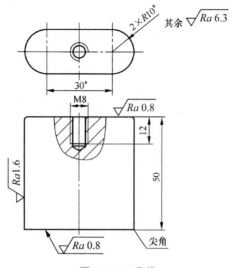

图 11.56 凸模

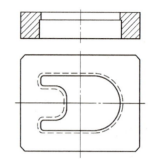

图 11.57 厚大凹模

注：带"*"的尺寸表示与凹模实际尺寸配作。

**(3) 二次切割法。** 由于线切割加工中存在内应力，会造成零件变形，因此当零件尺寸精度要求较高和表面粗糙度要求较低时，可采用两次切割。第一次粗加工型孔时，单边留 0.2~0.5mm 余量，待零件内残余应力充分释放后进行第二次切割，即可提高加工精度、降低表面粗糙度，如图 11.58 所示。

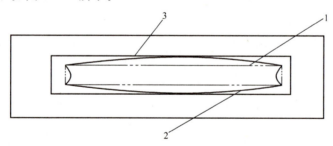

1—第一次切割图形；2—第一次切割后的实际图形；3—第二次切割后的图形

图 11.58 二次切割

**(4) 线切割加工零件应避免尖角。** 由于零件尖角处容易产生应力集中，导致线切割加工时出现开裂，因此线切割加工零件时要避免尖角，采用圆角过渡。图 11.59（a）所示结构不合理，图 11.59（b）所示结构合理。

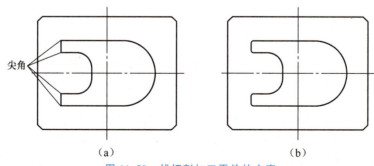

图 11.59 线切割加工零件的方案

## 11.3 现代模具制造技术（Modern Manufacturing Technology for Mould and Die）

### 11.3.1 数控加工（Numerical Control Machining）

数字程序控制（Numerical Control，NC）机床简称数控机床，是用数字化信号对机床的运动及其加工过程进行控制的一种机床，它综合应用了自动控制、计算机技术、精密测量和机床结构等方面的最新成就，在模具加工中占有越来越重要的地位。在形状复杂和高精度的模具成形表面加工中，数控机床在提高加工精度和保证质量方面发挥了重要作用。

【数控加工】

数控机床一般由数控系统、驱动装置、主机（床身、立柱、主轴、进给机构等）和辅助装置（液压装置、气压装置、交换工作台、刀具及检测装置等）组成。

1. 数控机床的工作原理

数控机床加工时，首先根据被加工零件的形状、尺寸、工艺方案等信息，用规定的代码和程序格式编写程序单，并将程序单上的信息记录在输入介质上，然后通过阅读装置将输入介质的信息输入机床的数控装置内；数控装置对输入的各种信息进行译码、寄存和计算后，将计算结果以进给脉冲形式分配进给伺服系统的各个坐标，并发出动作信号；伺服系统将这些脉冲和动作信号进行转换与放大，驱动数控机床的工作台或刀架进行定位或按照某种轨迹移动，并控制其他必要的辅助操作，机床按照预先要求的形状和尺寸对模具成形表面进行加工。

2. 数控加工的特点

（1）自动化程度高。在数控机床上加工零件时，整个加工过程都是由数控系统按照加工程序控制机床的运动部件自动完成的，能准确计算零件加工工时，简化检验工作，减少工夹具管理，操作者不必进行繁重的手工操作，自动化程度高。

（2）生产效率高。数控机床可自动实现加工零件的尺寸精度和位置精度，省去了画线工作和对零件的多次装夹、测量、检测时间，省去了工艺装备的准备和调整时间，有效地提高了生产效率。

（3）加工精度和加工质量高。数控机床大多采用高性能的主轴、伺服传动系统，高效、高精度的传动部件（如滚珠、丝杠副等）和具有较高动态刚度的机床机构，其定位精度普遍可达 0.03mm，重复定位精度可达 0.01mm。又由于数控机床按照程序自动加工，减小了人为操作误差，因此具有较高的加工精度和尺寸一致性。

（4）模具生产周期短。数控加工可利用机床的多功能和高精度，采用一次装夹将复杂形状全部加工出来，避免了传统加工方法的多次装夹、找正，可有效减少样板、模型等辅助工具的制造，节省了辅助生产时间，缩短了模具生产周期。

（5）容易形成网络控制。可以用一台主计算机通过网络控制多台数控机床，也可以在多台数控机床之间建立通信网络，因而有利于形成计算机辅助设计、生产管理和制造一体化的集成制造系统。

**3. 数控加工程序编制**

数控加工程序编制是指从零件图到制成控制介质的过程,从编程手段上看,可分为手工编程和自动编程。

(1) 手工编程。

编制程序时,先由操作人员根据图样判断加工尺寸、加工顺序、工具移动量和进给速度等,然后按规定的代码和程序格式进行编程。程序编制过程主要包括以下 3 部分。

① 工艺处理。根据被加工零件图样,对零件的形状、技术条件、毛坯及工艺要求等进行工艺分析,确定加工方式及零件的装夹、定位方案,合理选择机床、刀具,确定对刀点位置、走刀路线及切削用量等参数。

② 数学处理。常用零件图的尺寸标注不一定符合数控加工的要求,必须用符合指令信息的书写方法修改图样,即在图样上确定坐标系,将铣削加工零件的轮廓分割成若干个直线段和圆弧段,或近似直线段和圆弧段,计算粗、精加工时各运动轨迹的始点和终点、圆弧的圆心等坐标尺寸。

③ 制作控制介质。根据工艺处理和数学处理的结果,按所选数控机床要求的数据格式和已确定的加工顺序、刀号、切削参数等,编制出包含主轴、开/停冷却液、换刀等辅助功能的程序单。在进行正式加工前,必须对程序单和输入介质进行校验。一般方法是在机床上用笔代替刀具、用坐标纸代替零件进行空转画图,检查机床运动轨迹的正确性。在具有图形显示功能的数控机床上,可通过显示走刀轨迹或模拟刀具对零件的切削过程检验程序。

手工编程耗费时间长,容易出错,无法胜任复杂形状的编程,所以多用于简单的二维图形编程。手工编程正逐渐被以 CAD/CAM 技术为基础的自动编程取代。

(2) 自动编程。

模具 CAD/CAM 系统是以加工零件的 CAD 模型为基础的,集加工工艺规划及数控编程于一体的自动编程方法。它具有计算机辅助模具设计、绘图、工艺分析和数控编程的集成功能,可实现三维设计、分析与编程一体化,在制造业得到了广泛应用。

模具 CAD/CAM 系统的主要特点是可以在图形交互方式下定义、显示和修改零件的几何形状,在零件设计的基础上通过定义刀具、运动方式和切削加工参数生成刀具轨迹,完成加工过程的动态仿真和后置加工程序的输出,使设计和加工形象、直观和高效。使用广泛的软件有 EUCLID、MasterCAM、SURFCAM、Pro/Engineer、Cimatron、EdgeCAM、CATIA、UG、PowerMILL、CAMWorks、HyperMILL、CAXA 制造工程师等。图 11.60 所示为在 CAXA 软件中进行的刀具轨迹仿真。

**特别提示**

对于结构及形状复杂、原材料昂贵的零件和精加工零件,可用石蜡、塑料等易切削材料进行首件试切,必要时还要用金属材料试切,以保证加工的正确性。

**4. 常用数控加工机床**

(1) 加工中心机床。

加工中心(Machining Center,MC)实际上是将数控铣床、数控镗床、数控钻床的功能组合起来,再附上一个刀具库和一个自动换刀装置的综合数控机床。在加工中心机床上

## 模具成形表面的加工(Profile Manufacturing of Mold and Die) 第11章

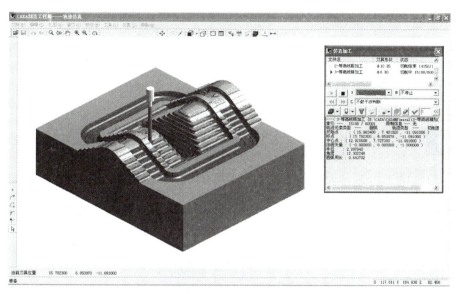

图 11.60　在 CAXA 软件中进行的刀具轨迹仿真

加工零件时，一次装夹后，通过机床自动更换刀具可依次对零件各表面（除底面外）进行钻削、扩孔、绞孔、镗削、铣削、攻螺纹、切槽及曲面加工等。

加工中心机床按照主轴所处方位不同，分为立式加工中心机床［图 11.61（a）］和卧式加工中心机床［图 11.61（b）］。

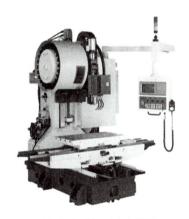

（a）立式加工中心机床

（b）卧式加工中心机床

图 11.61　加工中心机床

采用加工中心机床加工零件的优点如下。

① 工艺范围广。在加工中心机床上，对于复杂、精度高、有凹凸不平底面轮廓或复杂沟槽形的二维或三维曲面，可用数控加工或仿形联合加工，工艺范围广。

② 可进行多孔自动加工。对于多面的多孔加工，可以在一次装夹中自动连续加工（除底面外）。

③ 可进行无人自动操作。当输出加工程序后，加工中心机床可以按照程序自动操作，中途不需要人工操作。

④ 加工速度快。加工中心机床刚度大，主轴能承受较大转矩，可进行强力切削，提高加工效率。

(2) 数控雕铣机。

数控雕铣机（CNC Engraving and Milling Machine）用于完成较小铣削量或软金属（如电火花成形加工模具型腔表面精细的饰纹）的加工。数控雕铣机的转速较高，可达 3000~30000 r/min；机床精度较高；强度较好。

### 11.3.2 快速原型制造技术（Rapid Prototyping Manufacturing）

快速原型制造技术是一种典型的材料累加法加工工艺，是由计算机对产品零件进行三维造型，然后进行平面分层处理，再由计算机控制成形装置从零件基层开始，逐层成形和固化材料，最后完成成形零件的技术。它集机械制造、CAD、数控技术及材料科学等多项技术于一体，在没有任何刀具、模具及工装夹具的情况下，自动迅速地将设计思想物化为具有一定结构和功能的零件或原型，并可对产品设计进行快速反应，不断评价、现场修改，以最快的速度响应市场，从而提高企业的竞争能力。

**1. 快速成形方法简介**

(1) 立体平版印刷法。

立体平版印刷法（Stereo Lithography Apparatus，SLA）是使用各种光敏树脂为成形材料，以激光为能源，以树脂固化为特征的方法。其工作原理如图 11.62 所示，首先采用计算机辅助设计形成零件的三维立体模型，通过计算机软件对立体模型进行平面分层，得到每层截面的形状数据，由计算机控制的激光发生器 1 发出激光束 2，按照获得的平面形状数据，从零件基层形状开始逐点扫描。当激光束照射到液态树脂后，被照射的液态树脂发生聚合反应而固化。然后由 Z 轴升降台 3 下降一个分层（一般为 0.01~0.02mm），进行第二层的形状扫描，新固化层黏在前一层上。就这样逐层地进行照射、固化、黏接和下沉，堆积成三维模型实体，得到预定的零件。

(2) 选择性激光烧结法。

选择性激光烧结法（Selective Laser Sintering，SLS）是将金属粉末（含热熔性结合剂）作为原材料，采用高功率的 $CO_2$ 激光器（由计算机控制）对其层层加热熔化堆积成形的方法。其工作原理如图 11.63 所示。采用选择性激光烧结法，在烧结过程结束后，应先去除松散粉末，对得到的成形零件进行打磨、烘干等后处理。选择性激光烧结法原料广泛，有塑料粉、陶瓷、金属粉末及其复合粉等。

(3) 熔丝沉积制造法。

熔丝沉积制造法（Fused Deposit Manufacturing，FDM）是加热熔丝材料后，将半熔状态的熔丝材料在计算机控制下喷涂到预定位置，逐点逐层（每层厚度为 0.025~0.76mm）喷涂成形的方法。其工作原理如图 11.64 所示。熔丝沉积制造法常用的熔丝材料有石蜡、尼龙和塑料等。

(4) 物体分层制造法。

物体分层制造法（Laminated Object Manufacturing，LOM）是将纸片、塑料薄膜或复合材料等薄层材料，利用 $CO_2$ 激光束切割出相应的横截面轮廓，然后依次使其黏结成立体形状的方法。其工作原理如图 11.65 所示。

## 模具成形表面的加工(Profile Manufacturing of Mold and Die) 第11章

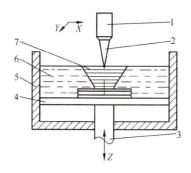
1—激光发生器；2—激光束；3—Z轴升降台；
4—托盘；5—树脂槽；6—光敏树脂；7—成形零件

图11.62 立体平版印刷法的工作原理

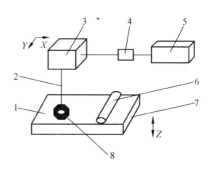
1—粉末材料；2—激光束；3—扫描系统；4—透镜；
5—激光器；6—刮平器；7—工作台；8—成形零件

图11.63 选择性激光烧结法的工作原理

【立体平版印刷法的工作原理】

【选择性激光烧结法的工作原理】

【熔丝沉积制造法的工作原理】

【物体分层制造法的工作原理】

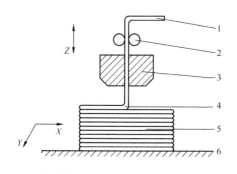
1—熔丝材料；2—滚轮；3—加热喷嘴；
4—半熔状熔丝材料；5—成形零件；
6—工作台

图11.64 熔丝沉积制造法的工作原理

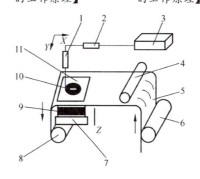
1—扫描系统；2—管路系统；3—激光器；4—加热棍；
5—薄层材料；6—供料滚筒；7—工作平台；
8—回收滚筒；9—成形零件；10—制成层；11—边角料

图11.65 物体分层制造法的工作原理

### 2. 快速原型制造技术在模具中的应用

快速原型制造技术在模具制造中的应用分为以下两类。

(1) 直接制造模具。快速原型制造技术可以用来直接制作金属模具。例如用易消失的聚合物树脂包覆金属粉末，通过选择性激光烧结法得到树脂金属黏接实体，再在一定条件下将树脂分解消失，得到成形后的金属黏接实体，再在高温下烧结，形成多孔状的金属低密度烧结件，最后渗入熔点较低的金属，完成金属模具制造。采用选择性激光烧结法制作的注射模，其使用寿命可达5万件以上。

(2) 间接制造模具。用快速原型制造技术间接制造模具是首先制作非金属模芯，然后利用此模芯复制金属模具。根据模芯材料及模具的不同，可分别采用精密铸造、电铸、陶瓷型铸造等方法制取模具。图11.66所示为陶瓷型铸造方法间接制造模具的过程。

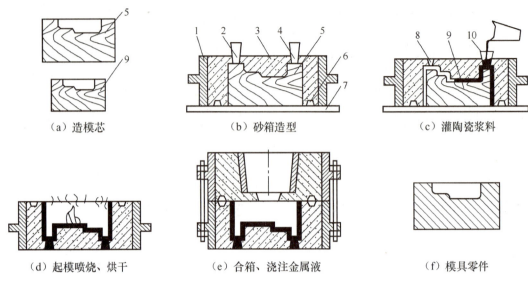

1—砂箱；2，4—排气孔母模；3—水玻璃砂；5—粗模芯；6—定位销；
7—工板；8—通气孔；9—精模芯；10—陶瓷浆料

图 11.66　陶瓷型铸造方法间接制造模具的过程

## 11.3.3　逆向工程技术简介（Reverse Engineering Technology）

传统的设计和工艺过程是从产品的设计开始，根据二维图纸，借助 CAD 软件建立产品三维模型，然后编制数控加工程序，最后生产出产品。这种开发工程称为顺向工程（Forward Engineering，FE）。逆向工程（Reverse Engineering，RE）是指应用计算机技术，由实物零件反求其设计的概念和数据并复制出零件的整个过程，也称反向工程、反求工程。

### 1. 逆向工程技术在模具制造中的应用

模具制造过程中，运用逆向工程技术不仅能够得到精确的复制品，而且可以生成完整的数学模型和产品图样，为产品更改及数控机床加工带来方便，对提高模具质量、缩短模具制造周期有特别重要的意义。逆向工程技术在模具制造中的应用主要包括以下两方面。

（1）以样本模具为对象进行复制。以样本模具为对象进行复制就是对原有的模具（如报废的模具或者二手的模具）进行复制，是一种比较简单的复制方法，只要能测绘出样本模具的各种参数，就能着手进行复制。

（2）以实物零件为对象进行复制。以实物零件为对象进行复制就是对用户提供的实物（如主模型、产品样件、检具等）进行检测，然后通过制造模具复制零件。这是一种相对麻烦的复制方法，由于样本零件本身由模具成形获得，在成形时因收缩及成形工艺参数等因素的影响，零件已发生了变形，因此再复制时数据的获取和处理不准确。

### 2. 模具逆向工程的工作流程

模具逆向工程的工作流程是先对实物进行测绘，获得模具或零件的数字模型，然后进行设计及复制，如图 11.67 所示。

# 模具成形表面的加工(Profile Manufacturing of Mold and Die) 第11章

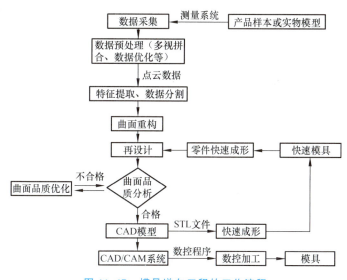

图 11.67　模具逆向工程的工作流程

## 11.4　模具工作零件的加工工艺（Processing Technic of Working Parts in Mould and Die）

### 11.4.1　冲裁模工作零件的加工（Processing of Working Parts in Blanking Die）

**1. 凸模的加工**

（1）圆形凸模的加工。

图 11.68 所示为冲裁模的圆形凸模，材料为 T10A 钢，技术要求如图 11.68 所示。其工艺分析如下：该凸模为圆形凸模，粗加工、半精加工时可采用车削加工，淬火后采用磨削加工达到图样要求；其安装部分与工作部分有同轴度要求，加工时应安排外圆一次车出

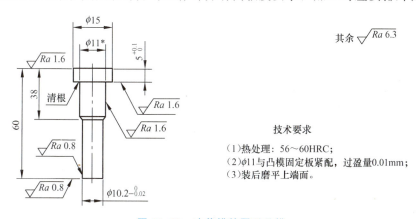

技术要求
(1) 热处理：56～60HRC；
(2) $\phi11$ 与凸模固定板紧配，过盈量 0.01mm；
(3) 装后磨平上端面。

图 11.68　冲裁模的圆形凸模

成形,磨削时也一次磨出,并同时磨出轴肩,以保证垂直度要求。为此,加工时可选用顶尖孔作为定位基准。装入固定板后,与固定板平面配磨平齐,以保证工作部分垂直。

圆形凸模的加工工艺见表 11-6。

表 11-6 圆形凸模的加工工艺

| 工序号 | 工序名称 | 工序内容 |
|---|---|---|
| 1 | 下料 | $\phi 25mm \times 37mm$ |
| 2 | 锻造 | 锻成 $\phi 18mm \times 70mm$ |
| 3 | 热处理 | 退火 |
| 4 | 车 | 车 $\phi 11mm$、$\phi 10.2mm$、台阶 5 均留 0.5mm 磨量,清根处清根,$\phi 15mm$ 车成,两端制中心孔 |
| 5 | 热处理 | 淬火、回火,保证硬度为 56~60HRC |
| 6 | 车 | 研磨两端中心孔 |
| 7 | 外圆磨 | 磨外圆 $\phi 10.2_{-0.02}^{0}mm$ 成与凸模固定板上的固定孔进行配磨,保证外圆 $\phi 11mm$ 与其紧配,过盈量 0.01mm;并靠磨 $\phi 15mm$ 下端面见光 |
| 8 | 钳工 | 压入凸模固定板 |
| 9 | 平磨 | 与凸模固定板装配后,$\phi 15mm$ 上端面与其磨平;磨 $\phi 10.2_{-0.02}^{0}mm$ 下端面见光 |

(2) 非圆形凸模的加工。

图 11.69 (a) 所示为冲裁模的非圆形凸模,材料为 Cr12 钢;线切割工序图如图 11.69 (b) 所示。其工艺分析如下:该凸模为非圆形凸模,采用电火花线切割加工能简化加工过程,缩短生产周期,提高自动化程度,且能在模具淬火后进行,提高加工精度,质量好。固定用台肩可以二次装夹后采用电火花线切割加工出来。同时下料时要考虑后续电火花线切割

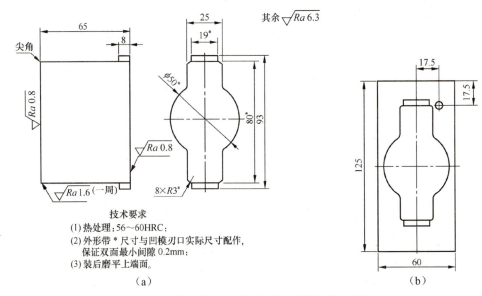

图 11.69 冲裁模的非圆形凸模及其线切割工序图

加工的装夹问题,毛坯料应下大一点。

非圆形凸模的加工工艺见表 11-7。

表 11-7 非圆形凸模的加工工艺

| 工序号 | 工序名称 | 工 序 内 容 |
|---|---|---|
| 1 | 下料 | $\phi40mm \times 50mm$ |
| 2 | 锻造 | 锻成 $135mm \times 65mm \times 70mm$ |
| 3 | 热处理 | 退火 |
| 4 | 铣 | 铣六面尺寸为 $125mm \times 60mm \times 65.5mm$,对角尺 |
| 5 | 平磨 | 磨 65mm 两大面见光,磨一对相邻的侧基准面见光,保证平行度和垂直度 |
| 6 | 坐标镗 | 拉直找正基准面,在图 11.69(b)所示位置加工 $\phi5mm$ 穿丝孔 |
| 7 | 热处理 | 淬火、回火,保证硬度为 56~60HRC |
| 8 | 平磨 | 磨两大面见光,磨一对相邻的侧基准面见光,保证平行度和垂直度≤0.02mm |
| 9 | 退磁 | |
| 10 | 线切割 | 去除穿丝孔内污物;拉直找正,与对应凹模刃口实际尺寸配割最大外形成,保证双面最小间隙 0.2mm;重新装夹,拉直找正,割台阶 8mm 成,要求 80mm 与凹模对应刃口实际尺寸配割,保证双面最小间隙为 0.2mm |
| 11 | 钳工 | 研磨外形刃口型面;压入凸模固定板 |
| 12 | 平磨 | 装后磨平后端面 |

**2. 凹模的加工**

图 11.70 所示为冲裁模的凹模,材料为 Cr12 钢。凹模的加工工艺见表 11-8。

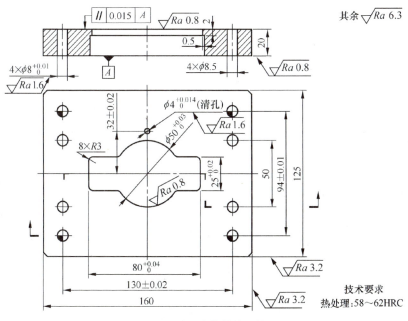

图 11.70 冲裁模的凹模

表 11-8 凹模的加工工艺

| 工序号 | 工序名称 | 工序内容 |
|---|---|---|
| 1 | 下料 | φ50mm×80mm |
| 2 | 锻造 | 锻成 168mm×133mm×28mm |
| 3 | 热处理 | 退火 |
| 4 | 铣 | 铣六面尺寸为 160mm×125mm×20.6mm，对角尺 |
| 5 | 平磨 | 磨上下两大面见光，磨一对相邻侧基准面见光 |
| 6 | 坐标镗 | 拉直找正相邻侧基准面，在 4×φ8mm 中心、φ4mm 孔中心、凹模刃口中心分别加工 6×φ3mm 穿丝孔，加工 4×φ8.5mm 通孔成 |
| 7 | 铣 | 铣漏料孔成 |
| 8 | 热处理 | 淬火、回火，保证硬度为 58~62HRC |
| 9 | 平磨 | 磨两大面见光，磨一对相邻侧基准面见光，保证平行度和垂直度≤0.02mm |
| 10 | 退磁 | |
| 11 | 线切割 | 去除穿丝孔内污物；拉直找正侧基准面，割 φ4mm、4×φ8mm 销孔及内型刃口成 |
| 12 | 钳工 | 研磨内型刃口型面；研磨销孔 |

### 11.4.2 塑料模工作零件的加工（Processing of Working Parts in Mould for Plastics）

图 11.71 所示为塑料瓶盖单分型面注射模的定模板和型芯固定板，材料为 45 钢。定模板的加工工艺见表 11-9。

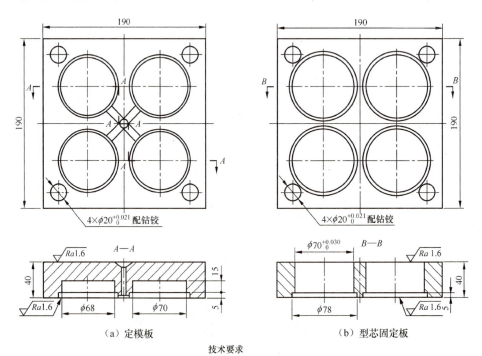

(a) 定模板　　　　　　(b) 型芯固定板

技术要求
(1) 热处理：28~32HRC；
(2) 未注脱模斜度 30′；
(3) 成形部位未注圆角 R0.5，成形部位粗糙度 Ra=0.4μm。

图 11.71　塑料瓶盖单分型面注射模的定模板和型芯固定板

# 模具成形表面的加工(Profile Manufacturing of Mold and Die) 第11章

表 11-9 定模板的加工工艺

| 工序号 | 工序名称 | 工序内容 |
|---|---|---|
| 1 | 下料 | $\phi$80mm×95mm |
| 2 | 锻造 | 锻成 198mm×198mm×48mm |
| 3 | 热处理 | 正火 |
| 4 | 铣削 | 铣六面尺寸为 190.5mm×190.5mm×40.6mm,对角尺 |
| 5 | 热处理 | 调质处理:硬度为 28~32 HRC |
| 6 | 平磨 | 磨上下两大面见光,磨一对相邻侧基准面见光 |
| 7 | 钳工 | 将定模板与型芯固定板组合、固定,保证侧基准面重合,画出各孔中心线,并将 4×$\phi$20mm 孔粗加工为 4×$\phi$19mm 孔 |
| 8 | 坐标镗 | 找正基准,镗 4×$\phi$20mm 成,在 4 个型腔中心钻、铰工艺孔 4×$\phi$10mm 深 8mm 成 |
| 9 | 平磨 | 磨两大面见光,磨一对相邻侧基准面见光,保证平行度和垂直度≤0.02mm |
| 10 | 车削 | 用四爪单动卡盘装夹在车床上,找正工艺孔,粗车、精车削出 $\phi$78mm、$\phi$70mm、$\phi$68mm 孔。经 4 次装夹找正,车削出 4 个型腔 |
| 11 | 铣削 | 开流道槽 |
| 12 | 钳工 | 钻浇口套固定孔,打光、研磨成形面及浇注通道 |

**特别提示**

在实际工作中编制加工工艺时,一定要依据所在企业的设备及加工能力,不能无的放矢。如果所在企业的铣削加工中心较多,则应尽量采用工序集中的加工方案,将镗、铣、钻等工序集中在加工中心上完成,一次装夹一次加工完成,提高加工精度,节省加工时间。

## 本章小结(Brief Summary of this Chapter)

本章介绍了模具加工中的常用机械加工方法、特种加工方法和现代模具制造技术,并就模具工作零件的加工工艺进行了详细阐述。

模具加工中常用的机械加工方法有车削、铣削、磨削、钻削、镗削等，其中车削用于回转体零件的粗加工、半精加工及硬度不高的回转体零件的精加工；铣削用于回转体零件的粗加工、半精加工，以及硬度不高、形状简单的非回转体零件的精加工；磨削用于尺寸精度高、表面粗糙度好的平面、外圆、内孔等的加工；钻削用于位置度要求不高的内孔的加工；镗削用于位置精度要求高或尺寸精度要求高的内孔的精加工。

模具加工中常用的特种加工方法有电火花成形加工和线切割加工。电火花成形加工用于形状复杂、机械切削方法无法加工的盲孔或细小孔的穿孔加工，线切割用于形状复杂的二维图形或电火花成形加工电极的加工。

模具工作零件的加工工艺详细讲解了典型、常见的冲模凸、凹模零件和注射模工作零件的工艺过程。

本章的教学目标是使学生熟悉模具成形表面的机械加工方法和特种加工方法，了解现代模具制造技术，基本掌握模具工作零件加工工艺的编制方法。

## 习题(Exercises)

**1. 简答题**

（1）机械加工常用的加工方法有哪些？各应用于哪些场合？

（2）如何利用回转工作台进行模具圆弧面的铣削加工？

（3）利用四爪卡盘、花盘装夹车削模具零件时，如何找正中心基准？

（4）模具磨削加工的常用普通机床有哪些？可磨削加工的主要内容分别是什么？

（5）简述电火花成形加工、电火花线切割加工的基本原理。

（6）型腔电火花加工主要有哪些方法？

（7）模具线切割加工中应注意哪些工艺问题？

（8）如何选择线切割加工的工艺路线？有哪几种方法可以确定电极丝初始位置？

（9）什么是数控加工？数控加工有什么特点？

（10）数控加工程序编制的过程是怎样的？

（11）什么是模具 CAD/CAM 系统？模具 CAD/CAM 系统有何应用？

（12）什么是快速原型制造技术？如何应用该技术来制造模具？

（13）常见的快速成形工艺方法有哪些？

（14）什么是逆向工程技术？如何应用该技术来制造模具？

**2. 案例题**

（1）编制图 11.53 所示形状的零件的落料凸模的加工工艺和线切割加工程序。线切割电极丝直径为 0.18mm，单边放电间隙为 0.01mm。

（2）图 11.72 所示为冲裁模复合模的凸凹模，材料为 Cr12 钢，编制其加工工艺规程。

（3）编制图 11.73 所示注射模定模镶块的加工工艺规程。

# 模具成形表面的加工(Profile Manufacturing of Mold and Die) 第11章

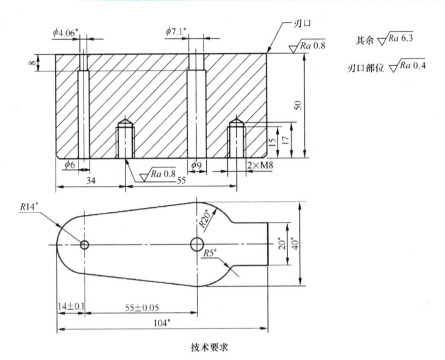

技术要求
(1) 热处理:56～60HRC;
(2) 外形带*尺寸与凹模刃口实际尺寸配作,保证双面最小间隙0.2mm;
(3) 内形带*尺寸与对应凸模刃口实际尺寸配作,保证双面最小间隙0.2mm。

图 11.72 冲裁模复合模的凸凹模

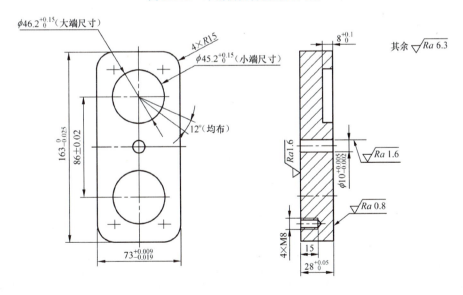

技术要求
(1) 材料:P20;
(2) 热处理:40～44HRC;
(3) 未注脱模斜度30′;
(4) 成形部位未注圆角R0.5,成形部位粗糙度$Ra=0.4\mu m$。

图 11.73 注射模定模镶块

## 综合实训（Comprehensive Practical Training）

1. 实训目标：通过模具加工常用方法的介绍，参考本章实例，结合具体零件要求，掌握模具制造工艺的编制方法，提高实践能力，掌握将模具加工理论知识转化为编写模具制造工艺的实际操作技能。

2. 实训要求：①编制内容：编制图 11.74 所示冲孔落料复合模的各零件加工工艺规程；②编制要求：工艺合理，技术可行，实际操作性强；③编制工艺规程要依据本校工程中心的设备情况，不能随意编写。根据实训工作量，可酌情将其中的零件加工出来。

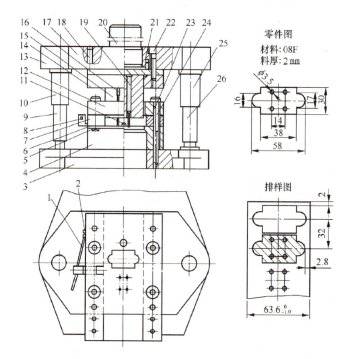

1—簧片；2—螺钉；3—下模座；4—凹模；5—螺钉；6—承料板；7—导料板；8—始用挡料销；
9，26—导柱；10，25—导套；11—挡料钉；12—卸料板；13—上模座；14—凸模固定板；
15—落料凸模；16—冲孔凸模；17—垫板；18—圆柱销；19—导正销；20—模柄；21—止转销；
22—内六角螺钉；23—圆柱销；24—螺钉

图 11.74 冲孔落料复合模

3. 具体内容：①拆画图 11.74 所示冲孔落料复合模中的非标准件零件工作图；②编制图 11.74 所示模具中的落料凸模 15 的加工工艺规程（落料凸模见图 11.75；加工工艺见表 11-10）；③编制图 11.74 所示模具中的凹模 4 的加工工艺规程（凹模零件见图 11.76；加工工艺见表 11-11）；④编制图 11.74 所示模具中的凸模固定板 14 的加工工艺规程（凸模固定板见图 11.77；加工工艺见表 11-12）；⑤编制图 11.74 所示模具中的卸料板 12 的加工工艺规程（卸料板见图 11.78；加工工艺见表 11-13）。

## 模具成形表面的加工(Profile Manufacturing of Mold and Die) 第11章

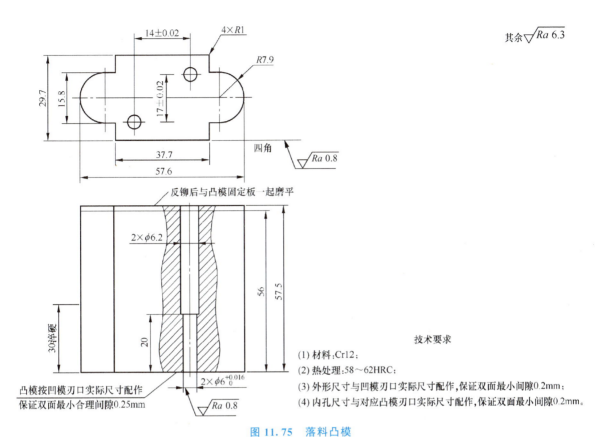

图 11.75 落料凸模

表 11-10 凸凹模加工工艺

| 工序号 | 工序名称 | 工序内容 |
|---|---|---|
| 1 | 下料 | φ40mm×50mm（按等体积法计算后加上锻造的上烧损量） |
| 2 | 锻造 | 锻成 83mm×55mm×63mm（除考虑锻造后的加工余量外，还应加上线切割时的装夹尺寸） |
| 3 | 热处理 | 退火（消除锻后残余内应力，降低硬度） |
| 4 | 铣 | 铣六面尺寸为 77mm×50mm×58mm，对角尺 |
| 5 | 平磨 | 磨两大面见光，磨一对相邻的侧基准面见光 |
| 6 | 坐标镗 | 拉直找正基准面，在 2×φ6mm 孔中心、在图示（图 11.76）位置分别制 3×φ3mm 穿丝孔，划出 2×M8 中心位置 |
| 7 | 钳 | 扩 φ6mm、φ8mm 孔成，制 2×M8 成 |
| 8 | 热处理 | 淬火、回火，保证硬度为 56～60HRC |
| 9 | 平磨 | 磨两大面见光，磨一对相邻的侧基准面见光，保证平行度和垂直度≤0.02mm |

续表

| 工序号 | 工序名称 | 工序内容 |
|---|---|---|
| 10 | 退磁 | |
| 11 | 线切割 | 去除穿丝孔内污物；拉直找正，与对应凸模刃口实际尺寸配割 $\phi 4.06$mm 和 $\phi 7.1$mm 内孔成，保证双面最小间隙 0.2mm；与凹模刃口实际尺寸配割外形成，保证双面最小间隙 0.2mm |
| 12 | 钳工 | 研磨外形和内孔刃口型面；压入凸凹模固定板 |

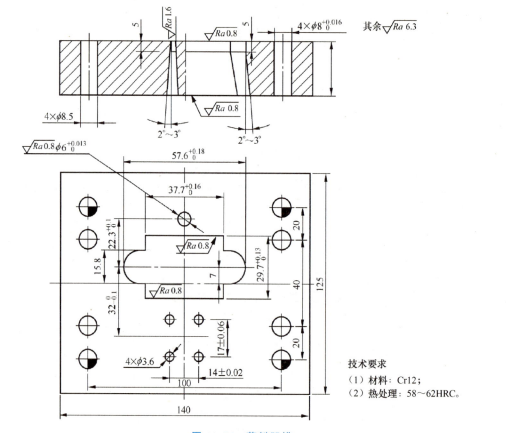

图 11.76 落料凹模

表 11-11 凹模的加工工艺

| 工序号 | 工序名称 | 工序内容 |
|---|---|---|
| 1 | 下料 | $\phi 50$mm×77mm |
| 2 | 锻造 | 锻成 145mm×30mm×30mm |
| 3 | 热处理 | 退火 |
| 4 | 铣 | 铣六面尺寸为 141mm×126mm×26mm，对角尺 |

续表

| 工序号 | 工序名称 | 工 序 内 容 |
|---|---|---|
| 5 | 平磨 | 磨上下两大面见光；与卸料板、凸模固定板叠合，磨一对相邻的侧基准面见光 |
| 6 | 坐标镗 | 与卸料板、凸模固定板叠合，拉直找正相邻侧基准面，在 $4\times\phi3.6mm$ 孔中心、$\phi6mm$ 孔中心、$4\times\phi8mm$ 销孔中心、凹模刃口中心分别加工出 $10\times\phi3mm$ 穿丝孔，加工 $4\times\phi8.5mm$ 通孔成 |
| 7 | 铣 | 铣各漏料孔成 |
| 8 | 热处理 | 淬火、回火，保证硬度为 58～62HRC |
| 9 | 平磨 | 磨两大面见光，磨一对相邻的侧基准面见光，保证平行度和垂直度≤0.02mm |
| 10 | 退磁 | |
| 11 | 线切割 | 去除穿丝孔内污物；拉直找正侧基准面，与对应凸模刃口实际尺寸配割 $4\times\phi3.6mm$ 孔，保证双面最小间隙 0.3mm，割 $4\times\phi8mm$ 销孔和挡料销安装孔 $\phi6mm$ 成；割凹模内形刃口成 |
| 12 | 钳工 | 研磨各型孔刃口型面；研磨销孔 |

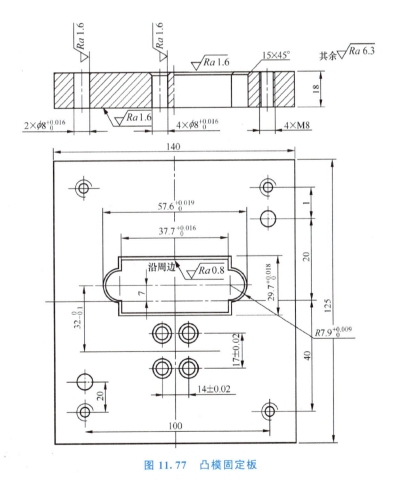

图 11.77 凸模固定板

表 11-12 凸模固定板的加工工艺

| 工序号 | 工序名称 | 工序内容 |
| --- | --- | --- |
| 1 | 下料 | 150mm×135mm×20mm |
| 2 | 铣 | 铣六面为 140mm×125mm×18.5mm，对角尺 |
| 3 | 平磨 | 磨上下两大面见光，磨一对相邻的垂直侧基准面见光，保证平行度和垂直度≤0.02mm |
| 4 | 坐标镗 | 拉直找正侧基准面，钻、铰 $4×\phi 8^{+0.016}_{0}$ mm 成，在固定落料凸模型孔中心制 $\phi$6mm 穿丝孔，钻 4×M8 底孔成 |
| 5 | 线切割 | 拉直找正侧基准面，割预孔测量位置正确后，与落料凸模实际尺寸配割内型孔成，保证过盈配合双面间隙 0.01mm |
| 6 | 铣 | 拉直找正侧基准面，铣固定落料凸模型孔的台阶 |
| 7 | 钳工 | 修除线切割丝棱，将凸模压入 |
| 8 | 平磨 | 与凸模一起磨平端面 |
| 9 | 钳工 | 找正凸、凹模间隙均匀后，配制销钉孔成 |

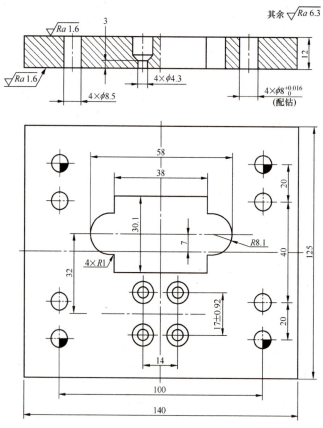

图 11.78 卸料板

表 11-13 卸料板的加工工艺

| 工序号 | 工序名称 | 工序内容 |
|---|---|---|
| 1 | 下料 | 150mm×135mm×15mm |
| 2 | 铣 | 铣六面为 140mm×125mm×11.5mm，对角尺 |
| 3 | 平磨 | 磨上下两大面见光，磨一对相邻的垂直侧基准面见光，保证平行度和垂直度 ≤0.02mm |
| 4 | 钳工 | 划线，钻、扩 4×$\phi$8.5mm 孔、4×$\phi$4.3mm 孔成，在落料凸模通过的型孔中心制 $\phi$6mm 穿丝孔 |
| 5 | 线切割 | 拉直找正侧基准面，与落料凸模刃口实际尺寸配割内型孔，保证双面最小间隙 0.22mm |
| 6 | 钳工 | 修除线切割丝棱；配钻 4×$\phi 8^{+0.016}_{0}$mm 成 |

# 第 12 章
# 模具装配工艺
# (Assembly Process of Mould and Die)

 **本章学习目标**

　　了解模具装配基础知识，理解装配尺寸链，掌握模具间隙的控制方法，基本掌握模具装配工艺。

　　应该具备的能力：控制模具间隙、编制中等复杂程度冲压模和注塑模装配工艺的基本能力。

 **本章教学要求**

| 能 力 目 标 | 知 识 要 点 | 权　重 | 自测分数 |
| --- | --- | --- | --- |
| 了解模具装配基础知识 | 模具装配的概念、内容及保证模具装配精度的方法 | 15% | |
| 理解装配尺寸链 | 装配尺寸链的概念、建立及分析计算 | 20% | |
| 掌握模具间隙的控制方法 | 模具间隙的控制方法：垫片法、测量法、透光法、镀铜法、涂层法、工艺定位器法、工艺尺寸法、工艺定位孔法 | 25% | |
| 基本掌握模具装配工艺 | 冲压模的组件装配和总装配，注射模的组件装配和总装配 | 40% | |

# 模具装配工艺(Assembly Process of Mould and Die) 第12章

## 导入案例

模具装配是整个模具制造过程中的最后一个阶段,包括装配、调试、检验和试模等工作。模具的工作性能、使用效果和使用寿命等综合指标用来计定模具的质量,模具质量最终是通过装配来保证的。如装配不当,即使零件的制造质量合格,也不一定能装配出合格的模具;反之,当零件质量不太好时,只要在装配中采用合适的装配工艺,就能使模具达到设计要求。因此,研究装配工艺过程和装配精度,采用有效的装配方法,采用合理的装配工艺,对保证模具质量有十分重要的意义。

图12.0所示连续冲裁模和注射模,它们是如何将制造出的模具零件连接、固定而装配在一起的?在装配过程中如何保证模具的装配精度?如何判断模具是否合格呢?

(a) 连续冲裁模　　　　　　(b) 注射模

图12.0　连续冲裁模和注射模

## 12.1　模具装配概述 (Introduction to Mould and Die Assembly)

根据模具装配图和技术要求,按照一定工艺顺序对模具零部件进行配合、定位、连接与紧固,使之成为符合技术要求和使用要求的模具的过程,称为模具装配。模具装配是模具制造过程中非常重要的环节,装配质量直接影响模具的精度及使用寿命。

模具装配图及验收技术条件是模具装配的依据,构成模具的所有零件,包括标准件、通用件及成形零件等符合技术要求,是模具装配的基础。但是,并不是有了合格的零件,就一定能装配出符合设计要求的模具,合理的装配工艺及装配经验也很重要。

模具装配是模具制造工艺全过程中的关键工艺,包括装配、调试、检验和试模。

### 12.1.1　模具装配精度要求 (Precision Requirement in Mould Assembling)

模具装配精度一般由设计人员根据产品零件的技术要求、生产批量等因素确定,可概括为模架的装配精度、主要工作零件及其他零件的装配精度,主要体现在以下4方面。

(1) 相关零件的位置精度。相关零件的位置精度是指冲压模的凸、凹的位置精度,注射模的定、动模型腔之间的位置精度等。

(2) 相关零件的运动精度。相关零件的运动精度包括直线运动精度、圆周运动精度及传动精度等，如模架中导柱与导套之间的配合状态、卸料装置运动的灵活可靠性、进料装置的送料精度等。

（3）相关零件的配合精度。相关零件的配合精度是指相互配合零件间的间隙和过盈程度是否符合技术要求，如凸模与固定板的配合精度、销钉与销钉孔的配合精度、导柱与导套的配合精度等。

（4）相关零件的接触精度。相关零件的接触精度是指注射模分型面的接触状态，弯曲模的上、下成形表面的吻合一致性及注射模滑块与锁紧块的斜面贴合情况等。

冲压模架的精度检查验收依据为《冲模模架精度检查》（JB/T 8071—2008），注射模模架及零件的精度检查验收依据为《塑料注射模模架技术条件》（GB/T 12556—2006）。

## 12.1.2 模具装配工艺方法（Mould and Die Assembling Methods）

模具装配工艺方法有互换装配法、修配装配法、调整装配法等。由于模具制造属于单件小批量生产，具有成套性和装配精度高等特点，因此模具装配常用修配装配法和调整装配法。随着模具加工设备日趋现代化，零件制造精度逐渐满足互换装配法的要求，互换装配法的应用将越来越广泛。

### 1. 互换装配法

互换装配法是通过严格控制零件制造加工误差来保证装配精度的。该方法具有零件加工精度高、难度大等缺点；但由于具有装配简单、质量稳定、易于流水作业、效率高、对装配钳工技术要求低、模具维修方便等优点，因此适用于大批量生产的模具装配。

### 2. 修配装配法

修配装配法是指装配时修去指定零件的预留修配量，达到装配精度要求的方法。这种方法广泛应用于单件小批量生产的模具装配。常用的修配装配方法有以下两种。

（1）指定零件修配法。指定零件修配法是在装配尺寸链的组成环中，预先指定一个零件作为修配件，并预留一定的加工余量，修配时再对该零件进行精密切削加工，达到装配精度要求的加工方法。图12.1所示为注射模滑块和锁紧块的贴合面修配，通常将滑块斜面预留一定的余量，根据装配时分型面的间隙 $a$，可用公式 $b=(a-0.2)\sin\theta$ 来计算滑块斜面修磨量。

（2）合并加工修配法。合并加工修配法是装配两个或两个以上的配合零件后，再进行机械加工，以达到装配精度要求的方法。如图12.2所示，当凸模3和固定板2组合后，

【修配凸模和凸模固定板上平面】

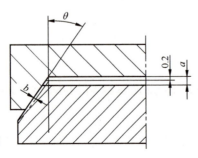

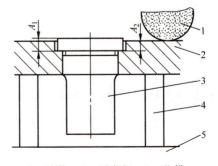

1—砂轮；2—固定板；3—凸模；
4—等高平行垫铁；5—平面磨床工作台

图 12.1　注射模滑块和锁紧块的贴合面修配　　图 12.2　修配凸模和凸模固定板上平面

要求凸模 3 的上端面和固定板 2 的上平面为同一平面。采用合并加工修配法单独加工凸模 3 和固定板 2 时，不用严格控制 $A_1$ 和 $A_2$，而是将两者组合在一起后配磨上平面，以保证装配要求。

修配装配法的优点是放宽了模具零件的制造精度，可获得很高的装配精度；缺点是装配中增加了修配工作量，装配质量取决于工人的技术水平。

### 3. 调整装配法

调整装配法是用改变模具中可调整零件的相对位置，或改变一组定尺寸零件（如垫片、垫圈）来达到装配精度要求的方法。图 12.3 所示为冲压模上顶出零件的弹性顶件装置，通过调整、旋转螺母 8，压缩橡皮 7，可以增大顶件力。

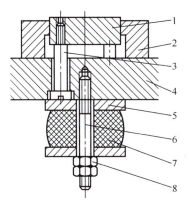

1—顶料板；2—凹模；3—顶杆；4—下模座；5—垫板；6—螺杆；7—橡皮；8—螺母

图 12.3　冲压模上顶出零件的弹性顶件装置

调整装配法可以放宽零件的制造公差，但装配时同样费工费时，并要求工人有较高的技术水平。

### 🔔 特别提示

采用修配装配法时应注意以下两点。

（1）应正确选择修配对象。选择只与本项装配精度有关，而与其他装配精度无关的零件为修配对象；并要使修配对象易于拆装、修配量不大。例如，图 12.1 所示的注射模侧向抽芯机构中锁紧面的修配常选择滑块作为修配对象。

（2）应尽可能考虑用机械加工方法代替手工修配。

## 12.2　装配尺寸链（Dimension Chain in Assembling Process）

模具是由若干零部件装配而成的。为了保证模具的质量，必须在保证各个零部件质量的同时，保证这些零部件之间的尺寸精度、位置精度和装配技术要求。在设计模具、制定装配工艺和解决装配质量问题时，都要应用装配尺寸链的知识。

### 1. 装配尺寸链

在产品的装配关系中，由相关零件的尺寸（表面或轴线间的距离）或相互位置关系

（同轴度、平行度、垂直度等）组成的尺寸链，称为装配尺寸链。装配尺寸链的封闭环就是装配后的精度要求，是在将零件、部件等装配好后才形成和保证的，是一个结果尺寸或位置关系。在装配关系中，与装配精度要求产生直接影响的零部件的尺寸和位置关系是装配尺寸的组成环。组成环分为增环和减环。

装配尺寸链的基本定义、所用基本公式、计算方法均与零件工艺尺寸链的类似。应用装配尺寸链计算装配精度问题时，首先要正确地建立装配尺寸链；其次要做必要的分析计算，并确定装配方法；最后确定经济可行的零件制造公差。

模具的装配精度要求可根据各种标准或有关资料确定，当缺乏成熟资料时，常采用类比法并结合生产经验确定。确定装配方法后，把装配精度要求作为装配尺寸链的封闭环，通过装配尺寸链的分析计算，就可以在设计阶段合理地确定各组成零件的尺寸公差和技术条件。只有按规定的公差加工零件，按预定的方法装配，才能有效且经济地达到规定的装配精度要求。

#### 2. 装配尺寸链的建立

建立装配尺寸链时应注意以下 6 方面。

（1）当某组成环属于标准件（如销钉等）时，其尺寸公差值和分布位置在相应的标准中已有规定，属已知值。

（2）当某组成环为公共环时，其尺寸公差值及公差带位置应根据精度要求最高的装配尺寸链来确定。

（3）其他组成环的公差值与分布位置应视各环加工的难易程度确定。对于尺寸相近、加工方法相同的组成环，可按等公差值分配；对于尺寸不同、加工方法不同的组成环，可按等精度（公差等级相同）分配；不易保证加工精度时，可取较大的尺寸公差值。

（4）一般公差带的分布可按"入体"原则确定，并应使组成环的尺寸公差符合国家公差与配合标准的规定。

（5）孔心距尺寸或某些长度尺寸可按对称偏差确定。

（6）在产品结构既定的条件下建立装配尺寸链时，应遵循装配尺寸链组成的最短路线（即环数最少）原则，即应使每个有关零件（或组件）仅以一个组成环加入装配尺寸链中，因而组成环的数目应等于有关零部件的数目。

#### 3. 装配尺寸链的分析计算

当确定装配尺寸链后，就可以进行具体的分析与计算工作。图 12.4（a）所示为注射模中常用的斜楔锁紧机构的装配尺寸链。在空模合模后，滑块 2 沿定模 1 内斜面滑行，产生锁紧力，使两个半圆滑块严密拼合。为此，在定模 1 内平面与滑块 2 分型面之间需留有合理间隙。

（1）封闭环的确定。

图 12.4（a）中的间隙是在装配后形成的，为尺寸链的封闭环，用 $L_0$ 表示。按技术条件，间隙的极限值为 $0.18 \sim 0.30 \text{mm}$，即 $L_0{}^{+0.30}_{+0.18}$。

（2）查明组成环。

将 $L_0 \sim L_3$ 依次相连，组成封闭的装配尺寸链。该装配尺寸链共由 4 个尺寸环组成，如图 12.4（a）所示。$L_0$ 是封闭环，$L_1 \sim L_3$ 是组成环。绘制相应的装配尺寸链图，并将各

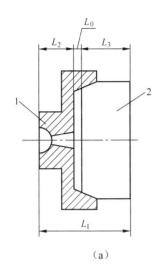
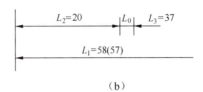

1—定模；2—滑块

图 12.4 装配尺寸链

环的基本尺寸标于尺寸链图上，如图 12.4（b）所示。

根据图 12.4（b），可得装配尺寸链方程式为 $L_0 = L_1 - (L_2 + L_3)$。当 $L_2$、$L_3$ 不变时，随着 $L_1$ 的增大，$L_0$ 也相应增大，所以 $L_1$ 为增环，故其传递系数 $\xi_1 = +1$；当 $L_1$ 不变时，随着 $L_2$ 或 $L_3$ 增大，$L_0$ 随之减小，所以 $L_2$ 和 $L_3$ 为减环，故其传递系数 $\xi_2 = \xi_3 = -1$。

（3）校核组成环基本尺寸。

将各组成环的基本尺寸代入装配尺寸链方程式得

$$L_0 = [58 - (20 + 37)]\text{mm} = 1\text{mm}$$

但技术要求 $L_0 = 0$，若将 $L_1$ 减 1，即 $(58-1)\text{mm} = 57\text{mm}$，则封闭环基本尺寸符合要求。因此，各组成环基本尺寸确定为 $L_1 = 57\text{mm}$，$L_2 = 20\text{mm}$，$L_3 = 37\text{mm}$。

（4）公差计算。

根据表 12-1 中的装配尺寸链计算公式可得：

封闭环上极限偏差 $ES_0 = 0.30\text{mm}$；

封闭环下极限偏差 $EI_0 = 0.18\text{mm}$；

封闭环中间偏差 $\Delta_0 = [1/2 \times (0.30 + 0.18)]\text{mm} = 0.24\text{mm}$；

封闭环公差 $T_0 = (0.30 - 0.18)\text{mm} = 0.12\text{mm}$。

其中，$ES_0$、$EI_0$、$\Delta_0$ 和 $T_0$ 的下角标 0 表示封闭环。

装配尺寸链各环的其他尺寸与公差可按表 12-1 中的公式计算。

表 12-1 装配尺寸链计算公式

| 序号 | 计算内容 | 计算公式 | 说　明 |
|---|---|---|---|
| 1 | 封闭环基本尺寸 | $L_0 = \sum_{i=1}^{n} \xi_i L_i$ | 下角标 0 表示封闭环，$i$ 表示组成环的序号，$n$ 表示组成环的数目 |

续表

| 序号 | 计算内容 | | 计算公式 | 说 明 |
|---|---|---|---|---|
| 2 | 封闭环中间偏差 | | $\Delta_0 = \sum_{i=1}^{n} \xi_i \Delta_i$ | $\Delta$ 表示偏差，其余含义与 $L_0$ 计算公式中的含义相同 |
| 3 | 封闭环公差 | 极值公差 | $T_0 = \sum_{i=1}^{n} T_i$ | 公差值最大，$T$ 表示公差，其余含义与 $L_0$ 计算公式中的含义相同 |
| | | 平方公差 | $T_0 = \sqrt{\sum_{i=1}^{n} \xi_i^2 T_i^2}$ | 公差值最小，$\xi$ 表示传递系数 |
| 4 | 封闭环极限偏差 | | $ES_0 = \Delta_0 + 1/2 T_0$ <br> $EI_0 = \Delta_0 - 1/2 T_0$ | ES 表示上偏差，EI 表示下偏差 |
| 5 | 封闭环极限尺寸 | | $L_{i\max} = L_0 + ES_0$ <br> $L_{i\min} = L_0 + EI_0$ | ES 表示上偏差，EI 表示下偏差 |
| 6 | 组成环平均公差 | 极值公差 | $T_{av} = T_0/n$ | 下角标 av 表示平均，其余含义参照上述各式 |
| | | 平方公差 | $T_{av} = T_0/\sqrt{n}$ | 各部分含义参照上述各式 |
| 7 | 组成环极限偏差 | | $ES_i = \Delta_i + 1/2 T_i$ <br> $EI_i = \Delta_i - 1/2 T_i$ | 各部分含义参照上述各式 |
| 8 | 组成环极限尺寸 | | $L_{i\max} = L_i + ES_i$ <br> $L_{i\min} = L_i + EI_i$ | 各部分含义参照上述各式 |

## 12.3 模具间隙的控制方法
### (Clearance Controlling Methods for Mould and Die)

### 12.3.1 冲压模间隙的控制方法 (Clearance Controlling Methods for Stamping Die)

冲压模装配的关键是保证凸、凹模之间具有正确、合理、均匀的间隙。这既与模具零件的加工精度有关，又与装配工艺的合理性有关。为保证凸、凹模间的位置正确和间隙均匀，装配时总是依据图样要求先选择其中某个主要件（如凸模或凹模或凸凹模）作为装配基准件，然后以该基准件位置为基准，用找正间隙的方法确定其他零件的相对位置，以确保其相互位置的正确性和间隙的均匀性。

控制冲压模间隙均匀性的常用方法如下。

**1. 垫片法**

垫片法是根据凸、凹模配合间隙的尺寸，在凸、凹模配合间隙垫入厚度均匀、相等的薄铜片 8 来调整凸模 5、7 和凹模 1 的相对位置，保证配合间隙均匀，如图 12.5 所示。

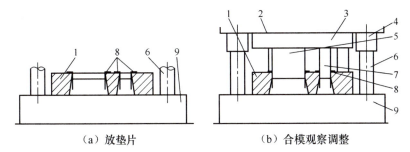

（a）放垫片　　　　（b）合模观察调整

1—凹模；2—上模座；3—凸模固定板；4—导套；5—凸模Ⅰ；6—导柱；
7—凸模Ⅱ；8—薄铜片；9—下模座

图 12.5　垫片法调整间隙

2. 测量法

测量法是将凸模组件、凹模 1 分别固定于上模座 9、下模座 3 的合适位置，然后将凸模 4 插入凹模 1 型孔内，用厚薄规（塞尺）6 分别检查凸、凹模不同部位的配合间隙，如图 12.6 所示。根据检查结果调整凸、凹模之间的相对位置，使间隙在水平 4 个方向上一致。该方法只适用于凸、凹模配合间隙（单边）在 0.02mm 以上，并且四周间隙为直线形状的模具。

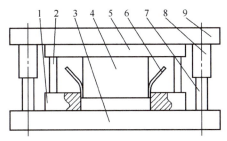

1—凹模；2—等高平行垫铁；3—下模座；4—凸模；5—凸模固定板；
6—厚薄规（塞尺）；7—导柱；8—导套；9—上模座

图 12.6　测量法调整间隙

3. 透光法

透光法是将上、下模合模后，用手持电灯或电筒灯光照射，观察凸、凹模刃口四周的光隙尺寸来判断间隙是否均匀，如图 12.7 所示，若不均匀需进行调整。该方法适用于薄料冲裁模，对装配钳工技术水平要求高。

4. 镀铜法

镀铜法是在凸模 1 的工作端刃口部位镀一层厚度等于凸、凹模单边配合间隙的镀铜层 2，使凸、凹模装配后获得均匀的配合间隙，如图 12.8 所示。镀铜层厚度用电流及电镀时间来控制，厚度一致，易保证模具冲裁间隙均匀。镀铜层在模具使用过程中可以自行脱落，在装配后不必去除。

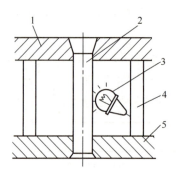
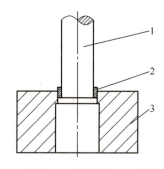

1—凹模；2—凸模；3—光源；4—等高平行垫铁；
5—凸模固定板

图 12.7　透光法调整间隙

1—凸模；2—镀铜层；3—凹模

图 12.8　镀铜法调整间隙

**5. 涂层法**

涂层法原理与镀铜法原理相同，是在凸模上涂一层涂料（如磁漆或氨基醇酸绝缘漆等），其厚度等于凸、凹模的单边配合间隙，再将凸模插入凹模型孔，以获得均匀的配合间隙，不同的只是涂层材料。该方法适用于小间隙冲模的调整。

**6. 工艺定位器法**

工艺定位器法如图 12.9（a）所示，装配时用一个工艺定位器 3 来保证凸、凹模的相对位置，保证各部分的间隙均匀。其中，图 12.9（b）所示的工艺定位器 $d_1$ 与冲孔凸模滑配，$d_2$ 与落料凹模滑配，$d_3$ 与冲孔凹模滑配。$d_1$、$d_2$ 和 $d_3$ 尺寸应在一次装夹中加工成形，以保证 3 个直径的同轴度。

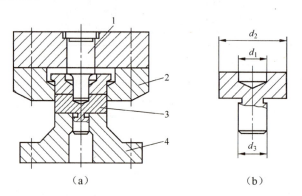

1—凸模；2—凹模；3—工艺定位器；4—凸凹模

图 12.9　工艺定位器法调整间隙

**7. 工艺尺寸法**

工艺尺寸法调整间隙如图 12.10 所示，为使凸模 1 与凹模 3 的间隙均匀，可在制造凸模 1 时，将凸模工作部分加长 1～2mm，并使凸模加长部分 2 的直径尺寸按凹模内孔的实测尺寸，采用精密的滑动配合，以便装配时凸、凹模对中、同轴，并保证模具间隙均匀。待装配完后，将凸模加长部分 2 去除。

## 模具装配工艺(Assembly Process of Mould and Die) 第12章

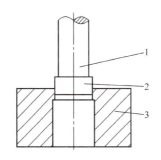

1—凸模；2—凸模加长部分；3—凹模

图 12.10 工艺尺寸法调整间隙

**8. 工艺定位孔法**

工艺定位孔法调整间隙如图 12.11 所示，在凹模和凸模固定板相同的位置加工两个工艺孔，装配时，在定位孔内插入定位销以保证模具间隙。该方法加工简单、方便（可将工艺孔与型腔用线切割方法一次装夹割出），容易控制间隙。

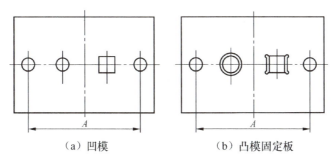

(a) 凹模　　　　　　　(b) 凸模固定板

图 12.11 工艺定位孔法调整间隙

### 12.3.2　注射模间隙控制方法 (Clearance Controlling Methods for Injection Mould)

**1. 大型模具**

（1）装配保证。大、中型模具以模具中主要零件（如动、定模的型腔、型芯）为装配基准。这种情况下，先不加工动、定模的导柱和导套孔。先将型腔和型芯加工好，装入动、定模板内，在型腔和型芯之间以垫片法或工艺定位器法调整模具间隙，使之均匀，然后将动、定模部分固定成一体，镗制导柱和导套孔。

（2）机床加工保证。大、中型模具的动、定模板采用整体结构时，可以在加工中心一次装夹，加工出成形部分及导柱、导套的固定孔，依靠加工中心的精度来保证模具间隙的均匀一致性，如图 12.12 所示。

图 12.12 大型、复杂整体模板的加工

387

## 2. 中、小型模具

中、小型模具常采用标准模架，动、定模固定板上已装配好导柱、导套。这种情况下，将已有导向机构的动、定模板合模后，同时磨削模板的侧基准面，保证其垂直，然后以模板侧基准面为基准，组合加工固定板中的内形方框，如图12.13所示。在加工动、定模镶块时，将动、定模镶块加工时的基准按合模状态进行统一，如图12.14所示，并严格控制固定板与镶块的配合精度。通过以上工艺可以保证模具间隙的均匀一致性。

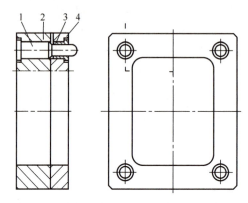

1—导柱；2—定模固定板；3—导套；4—动模固定板

图 12.13　注射模动、定模固定板内形方框的组合加工

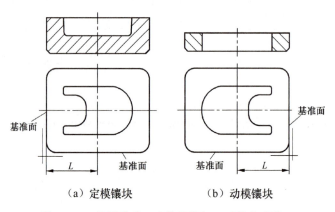

（a）定模镶块　　　　（b）动模镶块

图 12.14　注射模动、定模镶块加工时的基准统一

# 12.4　冲压模、注射模装配工艺（Assembly Process of Mould and Die）

模具质量取决于模具零件质量和装配质量，装配质量又与零件质量有关，也与装配工艺有关。装配工艺根据模具结构及零件加工工艺的不同而有所不同。

## 12.4.1　冲压模装配工艺（Assembly Process of Stamping Die）

冲压模装配工艺包括组件装配和总装配。

1. 组件装配

(1) 模架装配。

以压入式模架装配为例。压入式模架的导柱和导套与上、下模座采用 H7/r6 配合。按照导柱、导套的安装顺序，有以下两种装配方法。

① 先压入导柱的装配方法。

a. 选配导柱和导套。按模架精度等级要求选配导柱和导套，使其配合间隙符合技术要求。

b. 压入导柱。如图 12.15 所示，先将下模座 4 平放在压力机工作台上，再将导柱 2 置于下模座 4 的孔内，接着将压块 1 顶在导柱 2 的中心孔上。在压前和压入过程中，在两个垂直方向上用千分表 3 检验和校正导柱 2 的垂直度。最后将导柱 2 慢慢压入下模座 4，检测导柱 2 与下模座 4 基准平面的垂直度，不合格时退出后重新压入。

c. 安装导套。如图 12.16 所示，先将下模座 4 反置套在导柱 2 上，然后套上导套 1，用千分表检测导套压配部分内、外圆的同心度，并将其最大偏差 $\Delta_{max}$ 放在两导套中心连线的垂直位置，以减少由不同心引起的中心距变化。

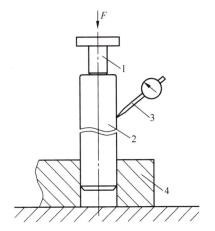

1—压块；2—导柱；3—千分表；4—下模座

图 12.15　压入导柱

d. 压入导套。如图 12.17 所示，将帽形垫块 1 放在导套 2 上，用压力机将导套 2 压入上模座 3 一部分，取走下模座及导柱，仍用帽形垫块 1 将导套 2 全部压入上模座 3。

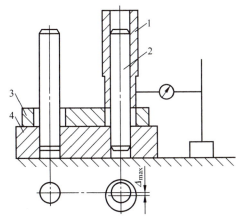

1—导套；2—导柱；3—上模座；4—下模座

图 12.16　安装导套

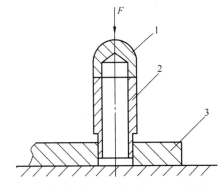

1—帽形垫块；2—导套；3—上模座

图 12.17　压入导套

e. 检验模架平行度精度。将下模座底面放置在平板上，使上模座与下模座对合，中间垫上球形垫块，如图 12.18 所示。用千分表检测上模座的上平面，在被测表面内取千分表的最大读数与最小读数之差，即被测模架的平行度误差。

② 先压入导套的装配方法。

a. 选配导柱和导套。

b. 压入导套。如图 12.19 所示,将上模座 3 放在专用工具 4 的平板上,专用工具 4 上有两个与底面垂直、与导柱直径相等的圆柱,将导套 2 分别套在两个圆柱上,垫上等高平行垫块 1,在压力机上将导套 2 压入上模座 3 中。

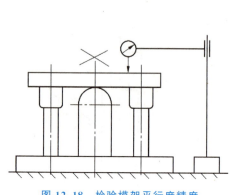

图 12.18　检验模架平行度精度

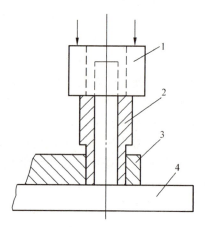

1—等高平行垫铁；2—导套；
3—上模座；4—专用工具

图 12.19　压入导套

c. 压入导柱。如图 12.20 所示,先在上模座 1 与下模座 5 间垫入等高平行垫块 3,将导柱 4 插入导套 2 内。再在压力机上将导柱 4 压入下模座 5 内 5~6mm,接着将上模座 1 提升至导套 2 不脱离导柱 4 的最高位置,如图 12.20 中双点画线所示位置,然后轻轻放下,检验上模座 1 与等高平行垫块 3 接触的松紧度是否均匀,如果松紧度不均匀,则调整导柱 4 至接触均匀为止。最后将导柱 4 压入下模座 5 中。

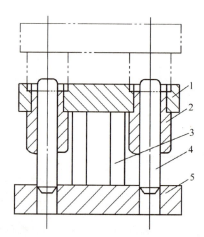

1—上模座；2—导套；3—等高平行垫块；4—导柱；5—下模座

图 12.20　压入导柱

d. 检验模架平行度精度。

(2) 凸模组件装配。

以压入式凸模与凸模固定板的装配过程为例。压入式凸模与凸模固定板的配合常采用 H7/n6。如图 12.21 (a) 所示,将凸模固定板 3 型孔台阶向上,放在两个等高平行垫块 4

上,将凸模Ⅰ、凸模Ⅱ的工作端向下放入型孔对正,用压力机慢慢压入(或用铜棒垂直敲入),边压边检查凸模垂直度,直至凸模台阶面与凸模固定板3的型孔台阶面接触为止,然后在平面磨床上与凸模固定板3一起磨平端面,如图12.21(b)所示。

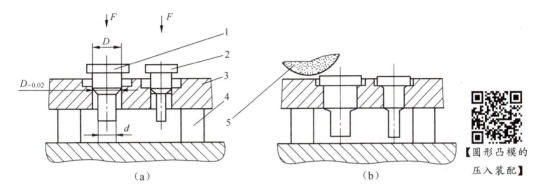

1—凸模Ⅰ;2—凸模Ⅱ;3—凸模固定板;4—等高平行垫块;5—砂轮

图12.21 圆形凸模的压入装配

(3)模柄装配。

以压入式模柄装配为例。压入式模柄与上模座的配合为H7/m6,在总装配凸模固定板和垫板之前,应先将模柄压入模座内。如图12.22(a)所示,装配时,将上模座3放在等高平行垫块5上,利用压力机将模柄1慢慢压入(或用铜棒垂直敲入)上模座3,边压边检查模柄1的垂直度,直至模柄1的台阶面与上模座3的安装孔台阶面接触为止。检查模柄1和上模座3上平面的垂直度,要求模柄1的轴心线对上模座3上平面的垂直度误差在模柄长度内不大于0.05mm。检查合格后配钻防转销孔,安装防转销,最后在平面磨床上与上模座一起磨平端面,如图12.22(b)所示。

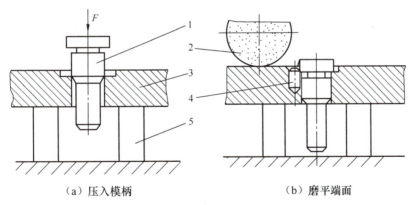

(a)压入模柄　　　　　　　　(b)磨平端面

1—模柄;2—砂轮;3—上模座;4—防转销;5—等高平行垫块

图12.22 压入式模柄的装配

2. 总装配

**(1)选择装配基准件。** 根据冲压模工作零件的相互依赖关系、装配方便性和易于保证装配精度要求等确定装配基准件,如单工序冲裁模通常选择凹模做装配基准件,复合模通常选择凸凹模做装配基准件,级进模通常选择凹模做装配基准件,无导柱、导套的导板式冲模通常选择导板做装配基准件。

（2）确定装配顺序。根据各个零件与装配基准件的依赖关系和远近程度确定装配顺序，先装零件要有利于后装零件的定位和固定。当模具零件装入上、下模座时，先装作为基准的零件，在检查装配无误后，钻、铰销钉孔，打入销钉，后装部分在试冲达到要求后配钻、铰销钉孔并装入销钉。

（3）控制凸、凹模冲裁间隙。装配时要严格控制凸、凹模冲裁间隙，保证间隙均匀。

（4）位置正确，动作无误。模具内各活动部件必须保证位置正确，活动配合部位动作灵活可靠。

（5）试冲。试冲是模具装配的重要环节，可以通过试冲发现问题，并采取措施解决问题。

3. 冲裁模装配案例

（1）单工序冲裁模装配。

图 12.23 所示为单工序冲裁模，其装配基准件为凹模，应先装配下模部分，再以下模凹模为基准装配、调整上模中的凸模和其他零件。

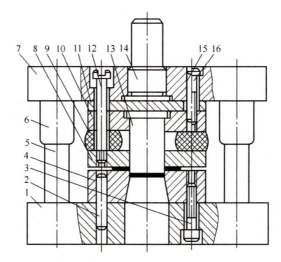

1—下模座；2，15—销钉；3，16—螺钉；4—凹模；5—导柱；6—导套；7—上模座；
8—卸料板；9—橡皮；10—凸模固定板；11—垫板；12—弹压螺钉；13—凸模；14—模柄

图 12.23 单工序冲裁模

① 组件装配。

a. 将凸模 13 装入凸模固定板 10 内，磨平端面，作为凸模组件。

b. 将模柄 14 压入上模座 7 内，磨平端面。

② 总装。

a. 装配下模部分。将凹模 4 放置于下模座 1 的中心位置，用平行夹板将凹模 4 和下模座 1 夹紧，以凹模 4 中销钉孔、螺纹孔为基准，在下模座 1 上预钻螺纹孔锥窝、钻铰销钉孔。拆下凹模 4，按预钻的锥窝钻下模座 1 中的螺纹过孔及沉孔。再重新将凹模 4 放置于下模座 1 上，找正位置，装入销钉 2，并用螺钉 3 紧固。

b. 装配上模部分。

● 配钻卸料螺纹孔。将卸料板 8 套在凸模组件上，在凸模固定板 10 与卸料板 8 之间垫入适当高度的等高平行垫块，目测调整凸模 13 与卸料板 8 之间的间隙，使之均匀，并用平行夹板将其夹紧。按卸料板 8 上的螺纹孔在凸模固定板 10 上钻出锥窝，拆开平行夹板后，按锥窝钻凸模固定板 10 上的螺纹过孔。

- 将凸模组件装在上模座上。将装好的下模部分平放在平板上，在凹模 4 上放上等高平行垫块，将凸模 13 装入凹模 4 内。以导柱 5、导套 6 定位安装上模座 7，用平行夹板将上模座 7 与凸模固定板 10 夹紧。通过凸模固定板 10 上的螺纹孔在上模座 7 上钻锥窝，拆开后按锥窝钻孔，然后用螺钉 16 将上模座 7 与凸模固定板 10 稍加紧固。
- 调整凸、凹模间隙。将装好的上模部分通过导套装在下模的导柱上，用手锤轻轻敲击凸模固定板 10 的侧面，使凸模 13 插入凹模 4 的型孔。再翻转模具，用透光调整法从下模座 1 的漏料孔观察及调整凸、凹模的配合间隙，使间隙均匀。然后用硬纸片进行试冲。如果纸片轮廓整齐、无毛刺或周边毛刺均匀，说明四周间隙一致；如果纸片局部有毛刺或周边毛刺不均匀，说明四周间隙不一致，需要重新调整间隙至一致为止。
- 上模配制销钉孔。调好间隙后，将凸模固定板 10 的螺钉 16 拧紧，然后在钻床上配钻、配铰凸模固定板 10 与上模座 7 的定位销孔，最后装入销钉 15。
- 装卸料板。将橡皮 9、卸料板 8 套在凸模 13 上，装上弹压螺钉 12，调整橡皮 9 预压紧量（约为 10%），保证当卸料板 8 处于最低位置时，凸模 13 的下端面低于卸料板平面 0.5～1mm。检查卸料板运动是否灵活。

c. 检验。按《冲模技术条件》（GB/T 14662—2006）进行检验。

（2）复合冲裁模装配。

复合模结构紧凑，内、外型表面相对位置精度要求高，冲压生产效率高，对装配精度的要求也高。现以图 12.24 所示的冲裁复合模为例，说明复合模的装配过程。

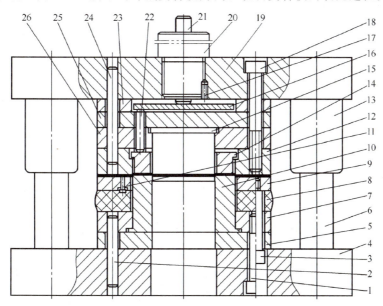

1，18—螺钉；2，24—销钉；3—弹压螺钉；4—下模座；5—下垫板；6—导柱；7—凸凹模固定板；8—橡皮；9—卸料板；10—凸凹模；11—导料销；12—凹模；13—导套；14—推件块；15—凸模；16—三叉打板；17—防转销；19—上模座；20—模柄；21—打料杆；22—三叉打料杆；23—上垫板；25—空心垫板；26—凸模固定板

图 12.24 冲裁复合模

① 组件装配。

a. 将凸模 15 装入凸模固定板 26 内，磨平端面。该过程为凸模组件装配。

b. 将凸凹模 10 装入凸凹模固定板 7 内，磨平端面。该过程为凸凹模组件装配。

c. 待上模部分配钻螺纹孔、销钉孔后，将模柄 20 装入上模座 19 内，配打防转销孔，装入防转销 17。

② 总装。

a. 确定装配基准件。冲裁复合模以凸凹模 10 作为装配基准件。

b. 安装下模部分。

● 确定凸凹模组件在下模座 4 上的位置。将凸凹模组件放置于下模座 4 的中心位置，用平行夹板将凸凹模组件与下模座 4 夹紧，通过凸凹模组件螺纹孔在下模座 4 上钻锥窝，并划出漏料孔线。

● 拆开平行夹板，按锥窝加工下模座 4 的漏料孔、螺钉过孔及沉孔。注意，下模座 4 漏料孔尺寸应比凸凹模漏料孔尺寸单边大 0.5～1mm。

● 安装凸凹模组件。将凸凹模组件与下模座 4 用螺钉 1 固定在一起，配钻、配铰销钉孔，装入销钉 2。

c. 安装上模部分。

● 检查上模各个零件尺寸是否满足装配技术条件要求。如推件块 14 放入凹模 12，使台阶面相互接触时，推件块 14 端面应高出凹模 12 端面 0.5～1mm；打料系统各零件是否合适、动作是否灵活等。

● 安装上模、调整冲裁间隙。将安装好凸凹模组件的下模部分放在平板上，用平行夹板将凹模 12、凸模组件、上垫板 23、空心垫板 25、上模座 19 轻轻夹紧。然后用工艺尺寸法调整凸模组件、凹模 12 和凸凹模 10 的冲裁间隙。用硬纸片进行手动试冲，当内、外形冲裁间隙均匀时，用平行夹板将上模部分夹紧。

● 配钻、配铰上模各销孔和螺孔。将用平行夹板夹紧的上模部分在钻床上以凹模 12 上的销孔和螺钉孔作为引钻孔，配钻螺纹过孔，配钻、配铰销钉孔。拆掉平行夹板，钻上模座 19 中的螺纹沉孔。

● 将模柄 20 装入上模座 19 内，配打防转销孔，装入防转销 17。

● 装入销钉 24 和螺钉 18，将上模部分安装好。

d. 安装弹压卸料部分。

● 将卸料板 9 套在凸凹模 10 上，在卸料板 9 与凸凹模组件端面间垫上等高平行垫块，保证卸料板 9 上端面与凸凹模 10 上平面的装配位置尺寸；用平行夹板将卸料板 9 与下模夹紧，然后在钻床上同钻卸料螺钉孔。拆掉平行夹板，将下模各板的卸料螺钉孔加工到规定尺寸。

● 在凸凹模组件上安装橡皮 8，在卸料板 9 上安装挡料销，拧紧弹压螺钉 3，使橡皮 8 预压紧量约为 10%，并使凸凹模 10 的上端面低于卸料板 9 的端面约 1mm，如图 12.25 所示。

 **特别提示**

为什么在图 12.24 中使凸凹模 10 的上端面低于卸料板 9 的端面约 1mm 呢？

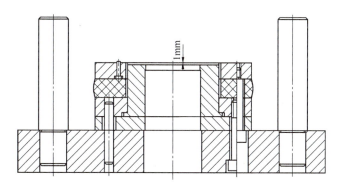

图 12.25 弹性卸料装置装配要求

为了在维修过程中,由卸料板端面保护凸凹模刃口不受损坏。

③ 检验。按《冲模技术条件》(GB/T 14662—2006)进行总装配检验。

**4. 试模(试冲)**

试冲是模具装配的重要环节,按照图样加工和装配好的冲模,必须经过试模、调整后,才能作为成品交付生产使用。

成品的冲模应该达到下列要求。

(1) 能顺利地将冲模安装到指定的压力机上。

(2) 能稳定地冲出合格的冲压零件。

(3) 能安全地进行操作。

通常,仅仅按照图样加工和装配好的冲模,还不能完全达到上述要求,因为冲压件设计、冲压工艺、冲模设计直到冲模制造,任何一个环节出现缺陷,都将在冲模调整中得到反映,都会影响冲模达到上述要求。所以,冲模试模的目的和任务就是在正常生产条件下,通过试冲发现模具设计和制造缺陷,找出原因,对模具进行适当的调整和修理后再试模,直到冲出合格制件,并能安全、稳定地投入生产使用,模具的装配过程即宣告结束。

因此,冲模试模包括下列内容。

(1) 将冲压模正确安装到指定的压力机上。

(2) 用图样上规定的材料在模具上进行试冲。

(3) 根据试模出制件的质量缺陷,分析产生原因,找出调整方法,见表 12-2,然后进行修理、调整,再试模,直至稳定冲出一批合格制件。

(4) 排除影响安全生产、质量稳定和操作方便等因素。如卸料、顶件力量是否足够,卸料、顶件行程是否合适,漏料孔和出料槽是否畅通无阻等。

全部完成上述内容后,冲模即可作为成品入库,交付生产使用。

每次生产使用冲模之前,还要进行生产调整。但是,这种调整工作比起前面所述内容要简单和容易得多。

表12-2 冲裁模试模缺陷、产生原因及调整方法

| 缺 陷 | 产 生 原 因 | 调 整 方 法 |
|---|---|---|
| 送料不顺畅 | 1. 两导料板之间的尺寸过小或有斜度。<br>2. 用侧刃定距的冲裁模,导料板的工作面和侧刃不平行,形成毛刺。<br>3. 侧刃与侧刃挡块不密合,形成毛刺 | 1. 根据情况修理导料板。<br>2. 重装或修理导料板。<br>3. 修理侧刃挡块,消除间隙 |
| 卸料不正常,退不下料 | 1. 卸料机构装配不正确,如卸料板与凸模配合过紧或因卸料板倾斜而卡紧。<br>2. 弹簧或橡皮的弹力不足。<br>3. 凹模和下模座的漏料孔没有对正,凹模孔有倒锥度。<br>4. 顶出器行程过短或卸料板行程不够 | 1. 修理或重装卸料板。<br>2. 更换弹簧或橡皮。<br>3. 修理凹模倒锥,将凹模和下模座的漏料孔对正。<br>4. 增大顶出器顶出部分尺寸,加深弹压螺钉沉孔深度 |
| 冲件毛刺过大 | 1. 刃口不锋利。<br>2. 间隙不均匀。<br>3. 间隙过大 | 1. 修磨刃口,使其锋利。<br>2. 重新调整凸凹模间隙,使之均匀、合适 |
| 冲裁件剪切断面光亮带过宽 | 冲裁间隙过小 | 适当增大冲裁间隙,冲孔模间隙增大在凹模方向上;落料模间隙增大在凸模方向上 |
| 冲裁件剪切断面光亮带宽窄不均匀,局部有毛刺 | 冲裁间隙不均匀 | 重磨或重装凸模或凹模,调整间隙以保证均匀 |
| 冲件不平整 | 1. 顶出杆分布不均,与零件接触面积小。<br>2. 落料凹模有上口大、下口小的倒锥,冲件从孔中通过时被压弯。<br>3. 模具结构不当,落料时没有压料装置 | 1. 更换顶出杆,增大与零件的接触面积。<br>2. 修磨凹模,消除倒锥。<br>3. 调整模具结构,增加压料装置 |
| 凹模被涨裂 | 1. 凹模刃壁高度太厚。<br>2. 凹模有倒锥 | 1. 修理凹模漏料槽深度,减小刃壁高度。<br>2. 修磨凹模,消除倒锥 |
| 落料外形和冲孔内形出现偏位现象 | 1. 挡料销位置不正。<br>2. 落料凸模上导正销尺寸过小或导正销位置有误。<br>3. 导料板导料方向与凹模中心线不平行。<br>4. 侧刃定距不准 | 1. 修正挡料销位置。<br>2. 更换导正销或修正导正销位置。<br>3. 修正导料板导料方向与凹模中心线平行。<br>4. 修正侧刃定距尺寸 |

## 12.4.2 注射模装配工艺（Assembly Process of Injection Mould for Plastics）

注射模的装配过程同样包括组件装配和总装配。

**1. 组件装配**

（1）型芯的装配。

**小型芯与镶块采用过渡配合，保证配合间隙为 0.01～0.03mm，以利于成型时排气。**

① 小圆形型芯的装配（图 12.26）。小圆形型芯装入镶块后采用图 12.26 所示台阶式固定，且装后磨平左端面。

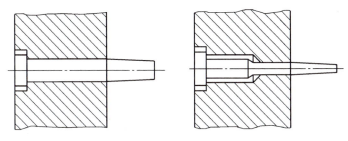

图 12.26　小圆形型芯的装配

② 非圆形型芯的装配（图 12.27）。非圆形型芯装入固定板后采用图 12.27 所示的螺钉式固定或挂销式固定。

（2）型腔装配。

① 型腔装配注意事项。塑料模型腔装配多采用压入式。压入时，型腔应从固定板底面压入。当固定板厚度小时，其压入端不应有斜度，如图 12.28 所示；当固定板厚度大时，则在固定板配合孔下端作 1°～2°的压入斜度，如图 12.29 所示，但注意一定要留有足够的定位配合高度 $h$。

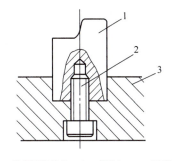

1—非圆形型芯；2—螺钉；3—固定板
图 12.27　非圆形型芯的装配

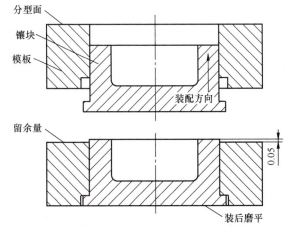

图 12.28　小厚度固定板的型腔装配

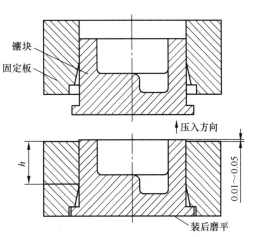

图 12.29　大厚度固定板的型腔装配

装配后,对于用台阶式固定的,压入后底面要一起在平面磨床上磨平。

为保证装配后动、定模镶块的分型面结合紧密、无缝隙,应通过磨削固定板分型面的方法来保证型腔分型面高出固定板平面 0.05mm,如图 12.28 和图 12.29 所示。

② 型腔修磨。模具由许多零件组成,尽管各零件的制造公差限制较严,但是在装配中仍不能保证装配技术要求。例如,塑料零件中要求通孔的地方,在塑料模装配后,要求型芯与型腔在合模状态下紧密接触,如图 12.30(a)所示。此时在装配过程中需采用对零件做局部修磨的方法。由于模具一般均非批量生产,因此在模具装配中采用修配法是一种经济有效的方法。

如图 12.30(b)所示,小型芯装配后为保证与定模镶块型腔面紧密贴合,在加工小型芯时,将小型芯的成形高度略加长 0.2mm。小型芯装配后合模时,在分型面出现了间隙 $\Delta$。测量间隙 $\Delta$(即修磨量),然后对小型芯端面进行修磨,并在小型芯端面抹红丹粉进行合模修研,既消除了分型面间隙,又保证小型芯装配后与定模镶块型腔面紧密贴合。

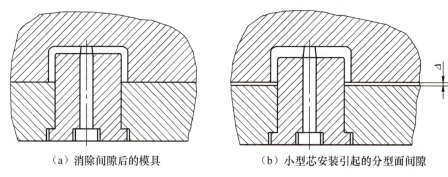

(a)消除间隙后的模具　　　　　(b)小型芯安装引起的分型面间隙

图 12.30　小型芯安装引起的分型面间隙的消除

图 12.31(a)所示为装配后在型腔端面与型芯固定板间出现了间隙 $\Delta$。为了消除间隙 $\Delta$,可以采用以下修配方法。

a. 修磨型芯工作面 A。此方法只适用于型芯工作面为平面的情况。

b. 在型芯台阶和固定板的沉孔底部垫上垫片,或者在型芯台阶的下端面焊接等厚度的材料,如图 12.31(b)所示。此方法只适用于小模具,并且修磨后型芯大端面与固定板背面一起装后磨平。

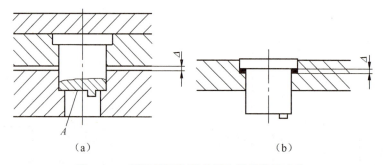

(a)　　　　　　　　　　(b)

图 12.31　型腔端面与型芯固定板间隙的消除

(3)浇口套的装配。

浇口套与定模板的配合一般采用过盈配合(H7/m6),装配后要求浇口套与固定板内孔配合紧密、无缝隙，并保证注射过程中浇口套被压紧不动。为此，在浇口套压入固定板时，浇口套压入外表面不允许设置导入斜度，如需设置导入斜度，则将导入斜度开在固定板上浇口套配合孔的入口处；浇口套压入固定板后，其台肩应与沉孔底面紧密贴实，装配后浇口套要高出固定板平面0.02mm，如图12.32（a）所示。为了防止在压入时浇口套将固定板配合孔壁切坏，常将浇口套的压入端制成小圆角。在加工浇口套时，应留有去除圆角的修磨余量Z，压入后使圆角凸出在固定板之外，如图12.32（b）所示；然后在平面磨床上磨平端面，如图12.32（c）所示。最后把修磨后的浇口套稍微退出，将固定板磨去0.02mm，重新压入后即成为图12.32（a）所示的形式。

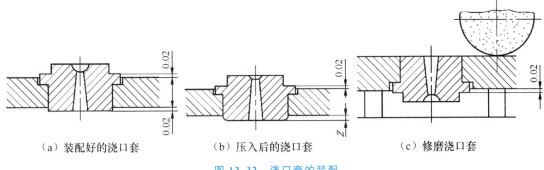

(a) 装配好的浇口套　　(b) 压入后的浇口套　　(c) 修磨浇口套

图12.32　浇口套的装配

（4）推出机构装配。

注射模推出系统用于推出制件。推出系统由推板、推杆固定板、推杆、复位杆、小导柱、小导套等组成，导向装置（小导柱、小导套）对推出运动进行支承和导向，由复位杆对推出系统进行正确复位。塑料模常用的推出机构是推杆推出机构，其装配的技术要求如下：装配后运动灵活、无卡阻现象，推杆与推板固定板、支承板和动模固定板等过孔每边应有 0.5mm 的间隙，推杆与动模镶块采用 H7/f8 配合，推杆工作端面应高出成形表面 0.05～0.1mm，复位杆在合模状态下应低于分型面 0.02～0.05mm，如图12.33所示。

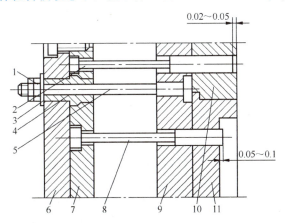

1—螺母；2—复位杆；3—垫圈；4—小导套；5—小导柱；
6—推板；7—推杆固定板；8—推杆；
9—支承板；10—动模板；11—动模镶块

图12.33　推杆推出机构的装配

> **特别提示**
>
> 为什么在装配完成时,推杆工作端面应高出成形表面0.05~0.1mm,复位杆应低于分型面0.02~0.05mm呢?
>
> 为确保塑件上推杆痕迹凹下,不影响装配,在装配完成时,推杆工作端面应高出成形表面0.05~0.1mm;为使复位杆不影响模具闭合时分型面贴紧,在装配完成时,复位杆应低于分型面0.02~0.05mm。

① 推出系统中导向安装孔的加工。

a. 单独加工法。采用坐标镗床单独加工推板、推杆固定板上的导套安装孔和动模垫板上的导柱安装孔。

b. 组合加工法。将推板、推杆固定板与动模垫板按图12.34叠合在一起,用压板压紧,在铣床上组合钻、镗出小导柱、小导套的安装孔。

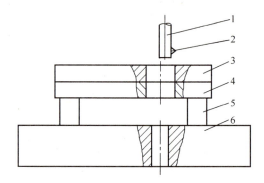

1—镗刀杆;2—镗刀头;3—推板;4—推杆固定板;5—等高平行垫块;6—支承板

图12.34 组合加工法

② 推杆过孔的加工。

a. 支承板中推杆过孔的加工。如图12.35所示,将支承板3与装入动模镶块1的动模固定板2重叠,以动模固定板2中的复位杆为基准,配钻支承板3上的复位杆过孔;以动模镶块上已加工好的推杆孔为基准,配钻支承板3上的推杆过孔。配钻时,以动模固定板2及支承板3的定位销和螺钉进行定位和紧固。

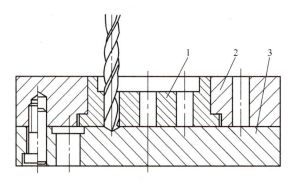

1—动模镶块;2—动模固定板;3—支承板

图12.35 支承板中推杆过孔的加工

b. 推杆固定板中推杆过孔的加工。如图 12.36 所示，用小导柱 5、小导套 4 配合支承板 1 与推杆固定板 3，用平行夹板 2 夹紧，用钻头通过支承板 1 上的孔直接复钻推杆固定板 3 上的推杆过孔和复位杆过孔。拆开后，根据推杆台阶高度加工推杆固定板 3 上推杆和复位杆的沉孔。

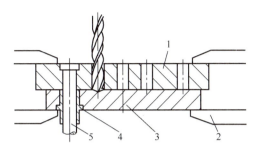

1—支承板；2—平行夹板；3—推杆固定板；4—小导套；5—小导柱

**图 12.36　推杆固定板中推杆过孔的加工**

c. 推板和推杆固定板的连接螺纹孔配制。将推板与推杆固定板叠合在一起，配钻连接螺纹孔底孔，拆开后，在推杆固定板上攻螺纹，在推板上钻螺钉过孔和沉孔。

③ 推出系统的装配顺序。根据图 12.33，推出系统的装配顺序如下。

a. 先将小导柱 5 垂直压入支承板 9，并将端面与支承板一起磨平。

b. 将装入小导套 4 的推杆固定板 7 套装在小导柱 5 上，并将推杆 8、复位杆 2 装入推杆固定板 7、支承板 9 和动模镶块 11 的配合孔中，盖上推板 6，用螺钉拧紧并调整，使其运动灵活。

c. 修磨推杆和复位杆的长度。如果推板 6 和垫圈 3 接触，复位杆、推杆低于型面，则修磨小导柱的台肩；如果推杆、复位杆高于型面，则修磨推板 6 的底面。一般推杆和复位杆在加工时留长一些，装配后将多余部分磨去。修磨后的复位杆应低于分型面 0.02～0.05mm，推杆则应高于成形表面 0.05～0.10mm。

（5）抽芯机构的装配。

塑料模常用的抽芯机构是斜导柱抽芯机构，如图 12.37 所示。其装配技术要求如下：闭模后，滑块的上平面与定模表面必须留有 $x=0.2$mm 的间隙，斜导柱外侧与滑块斜导柱孔留有 $y=0.2\sim0.5$mm 的间隙。

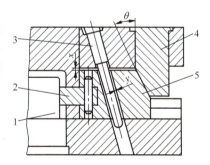

1—动模型芯；2—侧型芯；
3—斜导柱；4—锁紧块；5—滑块

**图 12.37　斜导柱抽芯机构**

斜导柱抽芯机构的装配过程如下。

① 将动模镶块压入动模固定板，磨上、下平面至要求尺寸。如图 12.38 所示，滑块的安装是以动模镶块 2 的分型面 $M$ 为基准的。在加工零件时，动模固定板 1 的分型面留有修正余量。因此要确定滑块的位置，必须先将动模镶块 2 装入动模固定板 1，并将上、下平面修磨正确，修磨分型面 $M$ 时应保证型腔尺寸 $A$。

② 将动模镶块 2 压出动模固定板 1，精加工滑块槽。动模固定板 1 上的滑块槽底面 $N$ 取决于修磨后的分型面 $M$，如图 12.38 所示。因此在分型面 $M$ 修磨正确后将动模镶块 2 压出，根据滑块实际尺寸配磨或精铣滑块槽。

③ 测定型孔位置及配制型芯固定孔。固定于滑块上的侧型芯，往往要穿过动模镶块

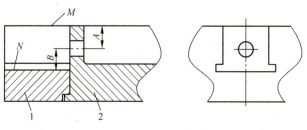

1—动模固定板；2—动模镶块

图 12.38　以动模镶块为基准确定滑块槽位置

上的配合孔而进入成形部位，并要求侧型芯与孔配合正确、滑动灵活。为达到这个要求，合理而经济的工艺应该是将侧型芯和型孔相互配制。由于侧型芯形状与加工设备不同，因此采取的配制方式也不同。图 12.39 所示为圆形侧型芯穿过动模镶块的结构形式，其配合加工方法如下。

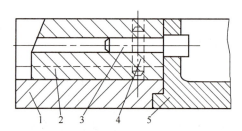

1—动模固定板；2—滑块；3—侧型芯；4—定位销；5—动模镶块

图 12.39　圆形侧型芯穿过动模镶块的结构形式

a. 如图 12.40 所示，测量出动模镶块上侧型孔相对于滑道槽的精确位置 $a$ 与 $b$ 的尺寸。

b. 在滑块的相应位置，按测量的实际尺寸镗制侧型芯安装孔，如图 12.41 所示。

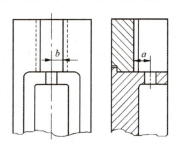

图 12.40　滑块槽与动模镶块侧型孔的位置尺寸测量

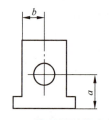

图 12.41　镗制侧型芯安装孔

④ 侧型芯的装配。将侧型芯装入滑块，配制销孔，穿定位销固定。如果要求侧型芯在模具闭合时与定模型芯紧密接触，如图 12.42 所示，由于零件加工中的积累误差，因此一般在侧型芯端面上留出修正余量，通过装配时修正侧型芯端面来达到。

修正的具体操作过程如下。

a. 将侧型芯 3 端部磨成与定模镶块 1 相应部位吻合的形状。

b. 将未装侧型芯 3 的滑块 4 的装入动模固定板 6 的滑块槽内，使滑块 4 的前端面与动模镶块 2 的 A 面接触，然后测量出尺寸 b。

c. 将侧型芯 3 装入滑块 4 后，一起装入动模固定板 6 的滑块槽，使侧型芯 3 的前端面与定模镶块 1 接触，然后测量出尺寸 a。

d. 由测量的尺寸 a、b，可得出侧型芯 3 的前端面的修磨量为 b-a。

e. 在修磨正确的侧型芯 3 端面上涂红丹粉，合模后观察与定模型芯的紧密接触情况。

⑤ 锁紧块的装配。侧型芯与定模镶块修配紧密接触后，便可确定锁紧块的位置。

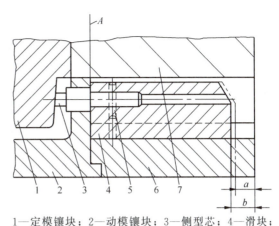

1—定模镶块；2—动模镶块；3—侧型芯；4—滑块；
5—定位销；6—动模固定板；7—定模固定板

图 12.42 侧型芯端面的修整

a. 锁紧块装配技术要求。

● 模具闭合状态下，保证锁紧块与滑块之间具有足够的锁紧力。为此，在装配过程中要求在模具闭合状态下，使锁紧块和滑块的斜面接触时，分模面之间保留 0.2mm 的间隙，如图 12.43 所示。此间隙可用塞尺检查。

● **在模具闭合时，锁紧块斜面必须有至少 3/4 与滑块斜面均匀接触。**零件在加工中和装配中存在误差，在装配时必须加以修正，一般以修正滑块斜面较方便，因此加工滑块斜面时，一定要留出修磨余量。装配时滑块斜面修磨量图可按式（12-1）计算。

$$b=(a-0.2)\sin\theta \qquad (12-1)$$

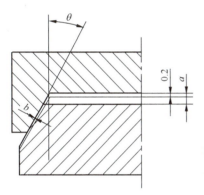

图 12.43 分模面保留间隙

式中，b——滑块斜面修磨量（mm）；
　　　a——闭模后测得的实际间隙（mm）；
　　　θ——锁紧面斜度（°）。

● 在模具使用过程中，锁紧块应保证在受力状态下不向开模方向松动，因此要求分体式锁紧块装配后，端面与定模固定板端面处于同一平面上，如图 12.44 所示。

b. 锁紧块的装配方法。根据上述锁紧块装配要求，锁紧块的装配方法如下。

● 将锁紧块 1 装入定模固定板 3 后，将其端面与定模固定板 3 一起磨平。

● 修磨滑块 2 的斜面，使其与锁紧块 1 的斜面紧密接触，用红丹粉检查接触情况。装配

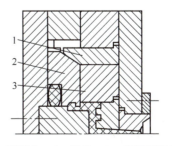

1—锁紧块；2—滑块；3—定模固定板
图 12.44 锁紧块与定模固定板装配后端面平齐

好后,要求滑块 2 与定模固定板 3 的分模面之间保留 0.2mm 的间隙。

⑥ 镗斜导柱孔。将定模镶块、定模固定板、动模镶块、动模固定板、滑块和锁紧块装配、组合在一起,用平行夹板夹紧。此时锁紧块对滑块做了锁紧,分型面之间留有的 0.2mm 间隙用金属片垫实。

在卧式镗床或立式铣床上进行配钻、配镗斜导柱孔。

⑦ 松开模具,修正滑块上的斜导柱孔口倒圆角,如图 12.45 所示。

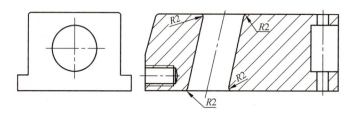

图 12.45　修正滑块上的斜导柱孔口倒圆角

⑧ 将斜导柱压入定模固定板,一起磨平端面。

⑨ 滑块定位装置的加工、装配。模具开模后,滑块在斜导柱作用下侧向抽出。为了保证合模时斜导柱能正确、顺利地进入滑块内孔,必须对滑块设置定位装置。图 12.46 所示是用定位板做滑块开模后的定位装置,滑块开模后的正确位置可由修正定位板接触平面进行准确调整。

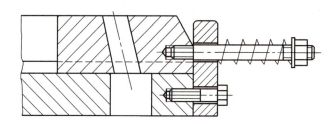

图 12.46　用定位板做滑块开模后的定位装置

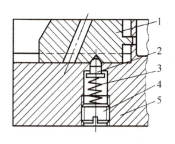

1—滑块；2—球头台阶销；
3—弹簧；4—螺塞；5—动模固定板
图 12.47　滑块定位装置

图 12.47 所示为用球头台阶销 2、弹簧 3 做的滑块定位装置。其加工装配过程如下：打开模具,当斜导柱脱离滑块内孔时,合模导向机构的导柱长度较大,仍未脱离导套,在斜导柱脱出滑块时,在动模固定板 5 上划线,以确定开模后滑块 1 在导滑槽内的正确位置,最后用平行夹钳将滑块 1 和动模固定板 5 夹紧,以动模固定板 5 上已加工的弹簧孔引钻滑块锥孔。最后拆开平行夹钳,依次在动模固定板 5 上装入球头台阶销 2、弹簧 3,用螺塞 4 固定。

**2. 总装配**

由于塑料模结构比较复杂、种类较多,因此在装配前要根据其结构特点拟订具体的装配工艺。一般塑料模的总装配过程如下。

(1) 确定装配基准。

(2) 装配前要对零件进行测量,合格零件必须去磁并将零件擦拭干净。

(3) 调整各零件组合后的累积尺寸误差,如各模板的平行度要校验修磨,以保证模板组装密合;分型面处吻合面积不得小于80%,防止产生飞边。

(4) 装配过程中尽量保持原加工尺寸的基准面,以便总装合模调整时检查。

(5) 组装导向机构,并保证开模、合模动作灵活,无松动和卡滞现象。

(6) 组装调整推出机构,并调整推出复位及推出位置等。

(7) 组装调整型芯、镶件,保证配合面间隙达到要求。

(8) 组装冷却或加热系统,保证管路畅通,不漏水、不漏电,阀门动作灵活。

(9) 组装液压或气动系统,保证运行正常。

(10) 紧固所有连接螺钉,装配定位销。

(11) 试模,试模合格后打上模具标记,如模具编号、合模标记及组装基面等。

(12) 检查各种配件、附件及起重吊环等零件,保证模具装备齐全。

3. 注射模装配案例

下面以图12.48所示的热塑性塑料注射模为例,说明塑料模装配的过程。

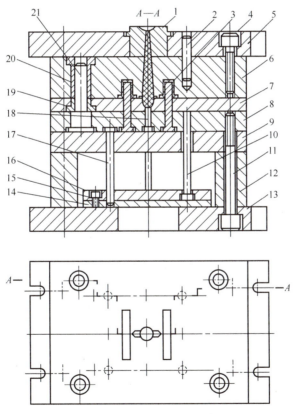

1—浇口套;2—定位销;3—型芯;4,11—内六角螺栓;5—定模座板;6—定模板;7—推件板;
8—型芯固定板;9—支承板;10—推杆;12—动模垫块;13—动模座板;14—推板;15—螺钉;
16—推杆固定板;17,21—导柱;18—拉料杆;19,20—导套

图12.48 热塑性塑料注射模

(1) 装配动模部分。

① 装配型芯固定板、动模垫块、支承板和动模座板。装配前,型芯3、导柱17、导柱21、

拉料杆18已压入型芯固定板8和支承板9并检验合格。装配时，将型芯固定板8、支承板9、动模垫块12和动模座板13按工作位置合拢，找正并用平行夹板夹紧。以型芯固定板8上的螺孔、推杆孔定位，在支承板9、动模垫块12和动模座板13上钻出螺孔、推杆孔的锥窝。然后拆下型芯固定板8，以锥窝为定位基准钻出螺钉过孔、推杆过孔，锪出推杆螺钉沉孔。最后用螺钉拧紧固定。

② 装配推件板。推件板7在总装前已压入导套19并检验合格。总装前应先对推件板7的型孔进行修光，并且与型芯做配合检查，要求滑动灵活、间隙均匀并达到配合要求。将推件板7套装在导柱和型芯上，以推件板平面为基准测量型芯高度尺寸，如果型芯高度尺寸大于设计要求，则进行修磨或调整型芯，使其达到要求；如果型芯高度尺寸小于设计要求，则需将推件板平面在平面磨床上磨去相应的厚度，保证型芯高度尺寸。

③ 装配推出机构。将推杆10套装在推杆固定板16上的推杆孔内并穿入型芯固定板8的推杆孔，再套装在推板导柱上，使推板14和推杆固定板16重合。在推杆固定板16的螺孔内涂红丹粉，将螺钉孔位复印到推板14上，然后取下推杆固定板16，在推板14上钻孔并攻螺纹后，重新合拢并拧紧螺钉固定。装配后，进行滑动配合检查，经调整，使其滑动灵活、无卡阻现象。最后，拆下推件板7，把推板14放到最大极限位置，检查推杆10在型芯固定板8上平面露出的长度，将其修磨到与型芯固定板8上平面平齐或低0.02mm。

（2）装配定模部分。

总装前，浇口套1和导套20都已装配结束并检验合格。装配时，将定模板6套装在导柱21上并与已装浇口套1的定模座板5合拢，找正位置，用平行夹板夹紧。以定模座板5上的螺钉孔定位，对定模板6钻锥窝；然后拆开，在定模板6上钻孔、攻螺纹后重新合拢，用螺钉拧紧固定；最后钻、铰定位销孔并打入定位销。

经以上装配后，要检查定模板6与浇口套1的锥孔是否对正，如果在接缝处有错位，则需进行铰削修整，使其光滑一致。

4. 试模鉴定

模具检验是保证模具质量的一个重要环节，一般分为零件检验、部件检验和整模检验，并以试生产出合格塑件为最终检验条件。塑料模验收的技术要求见表12-3。

表12-3 塑料模验收的技术要求

| 序号 | 验收项目 | | 说明（验收方法、引用标准及要求等） |
| --- | --- | --- | --- |
| 1 | 塑件技术要求 | 几何形状、尺寸与尺寸精度、形状公差 | 1. 主要根据产品图上标注和注明的尺寸与尺寸公差、形状位置偏差及其他技术要求。<br>2. 根据有关塑件的行业或国家技术标准 |
| | | 表面粗糙度 | |
| | | 表面装饰性 | |
| 2 | 模具零部件技术要求 | 凸模与凹模质量标准，零部件质量，其他辅助零件质量 | 塑料注射模零件及技术条件（GB/T 4169.1～4169.23—2006、GB/T 4170—2006）；塑料注射模模架及技术条件（GB/T 12555—2006、GB/T 12556—2006） |

续表

| 序号 | 验收项目 | | 说明（验收方法、引用标准及要求等） |
|---|---|---|---|
| 3 | 模具装配与试模技术要求 | 模具整体尺寸和形状位置精度 | 1. 塑料注射模技术条件（GB/T 12554—2006）。<br>2. 检查塑件是对模具质量的综合检验，即塑件必须符合用户产品零件图样上的所有要求。<br>3. 模具外观须符合用户和标准规定 |
| | | 模具导向精度 | |
| | | 间隙及其均匀性 | |
| | | 使用性能和使用寿命 | |
| | | 塑件检查 | |
| | | 模具外观检查 | |
| 4 | 标记、包装、运输 | | 按 GB/T 4170—2006、GB/T 12554—2006、GB/T 14662—2006、JB/T 7653—2008 等标准规定的内容验收 |

模具在交付使用前应进行试模鉴定，必要时还需要做小批试生产鉴定。试模鉴定的内容包括：模具是否能顺利地成型出塑件，成型塑件的质量是否符合要求，模具结构设计和模具制造质量是否合理，模具采用的标准是否合理，塑件成型工艺是否合理等。试模时应由模具设计、工艺编制、模具装配、设备操作及模具用户等相关人员一同进行。

注射模试模过程中容易产生的缺陷及原因见表12-4。

表 12-4 注射模试模中容易产生的缺陷及原因

| 原因 | 缺陷 | | | | | | | |
|---|---|---|---|---|---|---|---|---|
| | 浇不足 | 溢边 | 凹痕 | 银丝 | 熔接痕 | 气泡 | 裂纹 | 翘曲变形 |
| 料筒温度太高 | | √ | √ | √ | | √ | | √ |
| 料筒温度太低 | √ | | | | √ | | √ | |
| 模具温度太高 | | | √ | | | | | √ |
| 模具温度太低 | √ | | | | √ | √ | | |
| 注射压力太大 | | √ | | | | | √ | √ |
| 注射压力太小 | √ | | √ | | | | | |
| 注射时间太长 | | | | √ | √ | | √ | |
| 注射时间太短 | √ | | | | | | | |
| 原料含水量过大 | | | √ | | | √ | | |
| 分流道或浇口太小 | √ | | √ | | | | | |
| 型腔排气不好 | √ | | √ | | | √ | | |
| 制件太薄 | √ | | | | | | | |
| 制件太厚或变化大 | | | √ | | | √ | | √ |
| 注射机能力不足 | √ | | √ | √ | | | | |
| 注射机锁模力不足 | | √ | | | | | | |

试模合格的模具应清理干净，涂油防锈后入库。

## 12.5 综合案例(Comprehensive Case)

编写图 2.69 所示冲孔落料连续模的装配工艺。
(1) 连续冲裁模装配精度要点。
① 凹模上各型孔的位置尺寸及步距,要求加工正确。
② 凹模型孔板、凸模固定板和卸料板的型孔位置尺寸必须一致,即装配后各组型孔的中心线一致。
③ 各组凸、凹模的冲裁间隙均匀一致。
(2) 选择装配基准件。连续冲裁模以凹模为装配基准件。
(3) 组件装配。
① 将凸模依次压入固定板。复查凸模与固定板的垂直度并合格后,磨削凸模组件的上端面,使之平齐。
② 将模柄压入上模座中,配磨端面平齐。
(4) 总装配。
① 组装下模。
把凹模放在下模座的对称中心上,用平行夹板夹紧,通过凹模螺钉孔在下模座上钻出锥窝,通过凹模销孔在下模座上引钻、铰销孔。拆去凹模,在下模座上按锥窝制螺纹过孔及沉孔。再重新将凹模装在下模座上,装入销钉定位,用螺钉紧固。
② 将凸模组件装在上模座上。
a. 在凹模上放等高平行垫块,将凸模组件装入凹模孔内。
b. 预装上模座。以导柱、导套定位安装上模座,用平行夹头将上模座和凸模固定板夹紧。通过凸模固定板孔在上模座上钻锥窝,拆开后按锥窝钻螺纹过孔、沉孔,然后用螺钉将上模座、凸模固定板稍加紧固。
③ 调整凸、凹模配合间隙。将上、下模合模,再将模具翻转,从下模座的漏料孔观察凸、凹模的配合间隙,用手锤敲击凸模固定板的侧面进行调整,使配合间隙均匀。
经上述调整后,以纸作为冲压材料,进行试冲。如果冲出的纸样轮廓齐整,没有毛刺或毛刺均匀,说明凸、凹模间隙是均匀的。如果只有局部毛刺,则说明间隙是不均匀的,应重新进行调整,直到间隙均匀为止。
④ 调整好间隙后,将凸模固定板的紧固螺钉拧紧,在钻床上配钻、配铰定位销孔,装入定位销钉。
⑤ 装导板。以凹模为基准,调整导板位置;试冲,达到要求后钻、铰销孔并装销钉。
⑥ 装承料板及弹簧侧压装置。
(5) 检验。
(6) 试模、调整。

## 本章小结(Brief Summary of this Chapter)

模具装配是模具制造过程中非常重要的环节，装配质量直接影响模具的精度及使用寿命。模具装配概述中介绍了模具装配精度要求和模具装配方法。模具装配常用修配装配法和调整装配法，较少采用互换装配法，装配内容包括选择装配基准、组件装配、调整、修配、研磨抛光、检验和试模等环节。

装配尺寸链中介绍了装配尺寸链的概念、建立及分析计算。

模具间隙的控制方法中介绍了垫片法、测量法、透光法、镀铜法、涂层法、工艺定位器法、工艺尺寸法、工艺定位孔法。

模具装配工艺中介绍了冷冲模装配和塑料模的装配。冷冲模装配包括模架的装配、凸模和凹模的装配、冷冲模的总装配及装配过程中的检测与调试；塑料模的装配包括导柱、导套、型芯、型腔、主流道衬套、推杆的装配，塑料模总装配及装配过程中的检测与调试。

模具在交付使用前，应会同模具设计、工艺编制、模具装配、设备操作及模具用户等有关人员一同进行试模鉴定，必要时还需要做小批试生产鉴定。

本章的教学目标是使学生掌握模具装配的基础知识，具备编制中等复杂程度冲压模和注塑模装配工艺规程的基本能力，具备处理模具装配中出现的一般工艺技术问题的能力。

## 习题(Exercises)

**1. 简答题**

(1) 模具零件的连接固定方法有哪些？

(2) 为保证冲压模上、下模座的孔位一致，应采取什么措施？

(3) 冲压模具装配时，如何控制模具的间隙？

(4) 举例说明模具装配中需修磨的部位与方法。

(5) 如何控制注射模动、定模型腔间的间隙？

(6) 冲裁模试模时，发现毛刺较大、内孔与外形的相对位置不正确，试分析是由哪些因素造成的？如何调整？

(7) 塑料模试模时发现塑件溢边，试分析是由哪些因素造成的？如何调整？

(8) 注射模滑块抽芯机构装配主要包括哪些步骤及内容？

(9) 叙述注射模中推出机构的装配步骤及内容。

**2. 案例题**

(1) 编制图 2.10 所示冲裁模的装配工艺规程。

(2) 编制图 12.49 所示注射模的装配工艺规程。

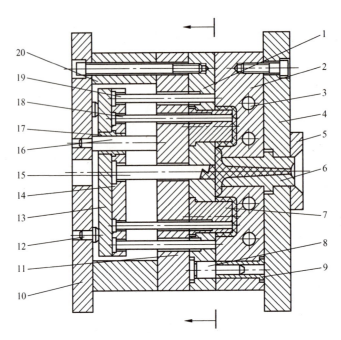

1—动模板；2—定模板；3—冷却水道；4—定模座板；5—定位圈；6—浇口套；7—凸模；8—导柱；
9—导套；10—动模座板；11—支承板；12—支承钉；13—推板；14—推杆固定板；15—拉料杆；
16—推板导柱；17—推板导套；18—推杆；19—复位杆；20—垫块

图 12.49 注射模

# 综合实训（Comprehensive Practical Traning）

1. 实训目标：增强学生对模具装配工艺过程的感性认识，将模具装配理论知识与模具实物装配结合，提高学生拆装模具的实际操作技能。加深其对模具结构、工作过程的认识，培养其实践动手能力，掌握冲裁模、塑料模的装配工艺方法和过程。

2. 实训内容：指导学生完成指定冲裁模和塑料模的拆装，完成以下工作。

（1）在冲裁模装配过程中，用学过的方法调整冲裁间隙。

（2）在注射模装配过程中，注意对照本章所讲内容进行调整和修配，保证装配后的模具符合验收要求。

3. 实训要求：模具的拆装要求按第 2 章的实训要求进行。

# 附录 A
# 冲模零件常用材料及热处理要求

| 类　型 | 零件名称 | 材　料 | 热　处　理 | 硬　度 |
|---|---|---|---|---|
| 冲裁模 | 制件形状简单、批量小的凸、凹模 | T8A，T10A，9Mn2V，CrWMn | 淬火 | 凸模 56～60 HRC<br>凹模 58～62 HRC |
| | 制件形状复杂、批量大的凸、凹模 | Cr12，Cr12MoV | | 56～60 HRC |
| | | YG15 | | |
| 弯曲模/<br>成形模 | 一般弯曲的凸、凹模及其镶块 | T8A，T10A，Cr12 | 淬火 | 56～60 HRC |
| | 形状复杂、要求耐磨的凸、凹模及其镶块 | 9Mn2V，CrWMn，Cr12MoV，Cr6WV | | 58～62 HRC |
| | 热弯的凸、凹模 | 5CrNiMo，5CrMnMo | | 52～56 HRC |
| 拉深模/<br>翻孔模 | 一般拉深的凸、凹模 | T8A，T10A | 淬火 | 58～62 HRC |
| | 级进拉深的凸、凹模 | T10A，CrWMn | | 58～62 HRC |
| | 变薄拉深及要求耐磨的凸、凹模 | Cr12，Cr12MoV | | 58～62 HRC |
| | | YG15，YG8 | | |
| | 双动拉深的凸、凹模 | YG15，YG8 | | |
| | | 钼钒铸铁 | 火焰淬硬 | 56～60 HRC |

续表

| 类　型 | 零件名称 | 材　料 | 热　处　理 | 硬　度 |
|---|---|---|---|---|
| 其他模具零件 | 上模座、下模座 | HT200，ZG310-570，QT400-18 | | |
| | 模板、固定板、卸料板、导料板、弹顶器座圈 | 45，Q235，Q255 | | |
| | 垫板 | T7，T8，45 | 淬火 | 50～55 HRC |
| | 顶杆、推杆、推板、挡料装置、定位销、定位板 | 45 | 淬火 | 43～48 HRC |
| | 滑动导柱、导套 | 20 | 渗碳，淬火 | 58～62 HRC |
| | 侧刃、侧刃挡块、废料切刀、斜楔、滑块 | T8A，T10A | 淬火 | 50～54 HRC |
| | 导正销 | T8A，T10A | 淬火 | 50～54 HRC |
| | | 9Mn2V，Cr12 | | 52～56 HRC |
| | 压边圈　一般拉深 | T10A，9Mn2V | 淬火 | 54～58 HRC |
| | 压边圈　双动拉深 | 钼钒铸铁 | 火焰淬硬 | 56～60 HRC |

# 附录 B
## 常用塑料的收缩率

| 塑料种类 | 收缩率/（%） | 塑料种类 | 收缩率/（%） |
| --- | --- | --- | --- |
| 聚乙烯（低密度） | 1.5~3.5 | 聚酰胺 610 | 1.2~2.0 |
| 聚乙烯（高密度） | 1.5~3.0 | 聚酰胺 610（30%玻璃纤维） | 0.35~0.45 |
| 聚丙烯 | 1.0~2.5 | 聚酰胺 1010 | 0.5~4.0 |
| 聚丙烯（玻璃纤维增强） | 0.4~0.8 | 醋酸纤维素 | 1.0~1.5 |
| 聚氯乙烯（硬质） | 0.6~1.5 | 醋酸丁酸纤维素 | 0.2~0.5 |
| 聚氯乙烯（半硬质） | 0.6~2.5 | 丙酸纤维素 | 0.2~0.5 |
| 聚氯乙烯（软质） | 1.5~3.0 | 聚丙烯酸酯类塑料（通用） | 0.2~0.9 |
| 聚苯乙烯（通用） | 0.6~0.8 | 聚丙烯酸酯类塑料（改性） | 0.5~0.7 |
| 聚苯乙烯（耐热） | 0.2~0.8 | 聚乙烯醋酸乙烯 | 1.0~3.0 |
| 聚苯乙烯（增韧） | 0.3~0.6 | 氟塑料 F-4 | 1.0~1.5 |
| ABS（抗冲） | 0.3~0.8 | 氟塑料 F-3 | 1.0~2.5 |
| ABS（耐热） | 0.3~0.8 | 氟塑料 F-2 | 2 |
| ABS（30%玻璃纤维增强） | 0.3~0.6 | 氟塑料 F-46 | 2.0~5.0 |
| 聚甲醛 | 1.2~3.0 | 酚醛塑料（木粉填料） | 0.5~0.9 |
| 聚碳酸酯 | 0.5~0.8 | 酚醛塑料（石棉填料） | 0.2~0.7 |
| 聚砜 | 0.5~0.7 | 酚醛塑料（云母填料） | 0.1~0.5 |
| 聚砜（玻璃纤维增强） | 0.4~0.7 | 酚醛塑料（棉纤维填料） | 0.3~0.7 |
| 聚苯醚 | 0.7~1.0 | 酚醛塑料（玻璃纤维填料） | 0.05~0.2 |
| 改性聚苯醚 | 0.5~0.7 | 脲醛塑料（纸浆填料） | 0.6~1.3 |
| 氯化聚醚 | 0.4~0.8 | 脲醛塑料（木粉填料） | 0.7~1.2 |
| 聚酰胺 6 | 0.8~2.5 | 三聚氰胺甲醛（纸浆填料） | 0.5~0.7 |
| 聚酰胺 6（30%玻璃纤维） | 0.35~0.45 | 三聚氰胺甲醛（矿物填料） | 0.4~0.7 |
| 聚酰胺 9 | 1.5~2.5 | 聚邻苯二甲酸二丙烯酯（石棉填料） | 0.28 |
| 聚酰胺 11 | 1.2~1.5 | 聚邻苯二甲酸二丙烯酯（玻璃纤维填料） | 0.42 |
| 聚酰胺 66 | 1.5~2.2 | 聚间苯二甲酸二丙烯酯（玻璃纤维填料） | 0.3~0.4 |
| 聚酰胺 66（30%玻璃纤维） | 0.4~0.55 | | |

# 附录 C
# 塑料模成型零件和其他工作零件常用材料及热处理要求

表 C1  塑料模成型零件常用材料及热处理要求

| 零件名称 | 材　料 | 热　处　理 | 硬　度 | 说　明 |
|---|---|---|---|---|
| 型腔（凹模）<br>型芯<br>螺纹型芯<br>螺纹型环<br>成型镶件<br>成型推杆等 | T8A，T10A | 淬火 | 54～58 HRC | 用于形状简单的小型芯或型腔 |
| | CrWMn，9Mn2V，CrMn2SiWMoV，Cr12，Cr4W2MoV | 淬火 | 54～58 HRC | 用于形状复杂、要求热处理变形小的型腔或镶件 |
| | 20CrMnMo，20CrMnTi | 渗碳、淬火 | | |
| | 5CrMnMo，40CrMnMo | 渗碳、淬火 | 54～58 HRC | 用于高耐磨、高强度和高韧性的大型型芯、型腔等 |
| | 3Cr2W8V，38CrMoAl | 调质、氮化 | 1000HV | 用于形状复杂、要求耐磨蚀的高精度型腔、型芯等 |
| | 45 | 调质 | 28～32 HRC | 用于形状简单、要求不高的型腔、型芯 |
| | | 淬火 | 43～48 HRC | |
| | 20，15 | 渗碳、淬火 | 54～58 HRC | 用于冷压加工的型腔 |

表 C2　塑料模其他工作零件常用材料及热处理要求

| 零件类别 | 零件名称 | 材　料 | 热　处　理 | 硬　度 |
|---|---|---|---|---|
| 模体零件 | 垫板（支承板），浇口板 | 45 | 淬火 | 43～48 HRC |
| | 动、定模板，动、定模座板 | 45 | 调质 | 28～32 HRC |
| | 固定板 | 45 | 调质 | 28～32 HRC |
| | | Q235 | | |
| | 推板 | T8A，T10A | 淬火 | 54～58 HRC |
| | | 45 | 调质 | 28～32 HRC |
| 浇注系统零件 | 浇口套，拉料杆，分流锥 | T8A，T10A | 淬火 | 50～55 HRC |
| 导向零件 | 导柱 | 20 | 渗碳、淬火 | 56～60 HRC |
| | 导套 | T8A，T10A | 淬火 | 50～55 HRC |
| | 限位导柱，推板导柱、导套 | T8A，T10A | 淬火 | 50～55 HRC |
| 抽芯机构零件 | 斜导柱，滑块，斜滑块 | T8A，T10A | 淬火 | 54～58 HRC |
| | 锁紧楔 | T8A，T10A | 淬火 | 54～58 HRC |
| | | 45 | | 43～48 HRC |
| 推出机构零件 | 推杆，推管 | T8A，T10A | 淬火 | 54～58 HRC |
| | 推块，复位杆 | 45 | 淬火 | 43～48 HRC |
| | 挡板 | 45 | 淬火 | 43～48 HRC |
| | 推杆固定板 | 45，Q235 | | |
| 定位零件 | 定位圈 | 45 | 调质 | 28～32 HRC |
| | 定位螺钉，限位钉 | 45 | 淬火 | 43～48 HRC |
| 支承零件 | 支承座 | 45 | 淬火 | 43～48 HRC |
| | 垫块 | 45，Q235 | | |
| 其他零件 | 加料室，压柱 | T8A，T10A | 淬火 | 50～55 HRC |
| | 手柄，套筒 | Q235 | | |
| | 喷嘴 | 45，黄铜 | | |
| | 吊钩 | 45 | | |

# 附录 D
# 冲压模和塑料模专业常用术语中英文对照

**D1 冲压模**

冲床/压力机　punch press
开式压力机　open side press
闭式单动（曲柄）压力机　closed type single action crank press
开式可倾压力机　open-back inclinable press
冲压模　stamping and punching die
冲裁（落料）模　blanking die
冲孔模　piercing die
落料冲孔模　compound blank and pierce dies
成形模　forming die
弯曲模　bending die
拉深模　drawing die
胀形模　bulging die; expanding die
翻边模　flaring die
翻孔模　hole-flanging die
缩口模　necking die; reducing die
连续（级进）模　multi-stagedie; progressive die
矫正模、校平模　restriking die; flattening die
切断模　cutting-off die
卷曲模　curling die
压印模　coining die
复合模　assembling die; compound die
单工序模　single-operation die
硬质合金冲模　carbide die
简易模　low-cost die
无柄模具　shankless die
冲模寿命　die life
模具闭合高度　die shut height
压力机闭合高度　shut height of press machine

配合公差　tolerance of fit
滑块　sliding block
板料　sheet matel
板料成型　sheet forming
条料　strip
金属带材　strip metal
毛刺　burr
搭边　Bridge; scrap allowance
排样　layout
排样图　strip layout
步距　Pitch progression
冲裁间隙　blanking clearance; blanking gap; punching clearance
双面间隙　total clearance
单面间隙　per side clearance
冲裁力　blanking force
压力中心　center of die; center of load
（侧刃）挡块　trim stop
侧定位面　slide locating face
侧压板　slide-push plate
侧刃　side edge
崩刃　tipping; flaking
中性层　neutral layer
中性层系数　neutral layer coefficient
弯曲力　bending force
弯曲半径　bending radius
弯曲角　bending angle
弹性应力　elastic stress
回弹角　spring-back angle
最小弯曲半径　minimum bending radius
相对弯曲半径　relative bending radius

弯曲工序  bending operation
抗弯强度  bending strength
自由弯曲模  free-bend die; air-bend die
弯曲件展开长度  blank length of bend
相对弯曲半径  relative bending radius
校正弯曲  bending with sizing
拉深次数  drawing numbers
拉深比（系数，力，速度）  drawing ratio (coefficient, force, speed)
反拉深  reverse redrawing
连续拉深  multi-stage drawing; progressive drawing
起皱  wrinkling
拉痕  drawing mark
起拱  dish
起伏成形  embossing
限位板  bumper block
斜楔  cam
漏料孔  clearance hole
锥形压料圈  conic blank holder
凸模  punch; force
凹模  cavity plate; cavity block
模架  die set
弹顶装置  elastic-rejecting device; spring-rejecting device
模柄  shank; stalk
打料杆  knockout rod
固定卸料板  positive stripper plate
弹压卸料板  spring-operated stripper plate
卸料螺钉  stripper bolt
压缩弹簧  compressed spring
上模座  upper shoe; upper bolster
下模座  lowershoe; lower bolster
凸模固定板  punch-retainer plate
凹模固定板  die-retainer plate
推板  knockout plate
推杆  knockout pin
垫板  pad; backing plate
导柱  guide pillar; guide pin; guide post; leader pin
导套  guide bush; guide bushing; guide-pin bushing
定位销  pin gage; locating pin
导正销  pilot
弯曲导正销  bent pilot
导板（有脱料、脱件功能）、导料板  guide plate; stock guide
导板（无脱料、脱件功能）  wear plate
挡料销  material stop; solid stop
始用挡料销  starting stop
支撑板  support bar
压料板  pressure plate
顶杆  pressure pin
定位板  locating plate
定位圈  locating ring
导柱模架  plain guide die set
承料板（带导料装置）  strop material tray
压料筋  locking bead
切开/切舌  lancing
钩式送料装置  hook feed
废料切刀  scrap cutter
限位块  stop block
行程、冲程  stroke
切边  trimming
试模  tryout
出件  unloading
出件装置  unloading device
工件/冲压件  workpiece

## D2 塑料模

塑料成型模具  mould for plastics
热塑性塑料模  mould for thermoplastics
热固性塑料模  mould for thermosets
压缩模  compression mould
传递模  transfer mould
注射模  injection mould
热塑性塑料注射模  injection mould for thermoplastics
热固性塑料注射模  injection mould for thermosets
溢式压缩模  flash mould
半溢式压缩模  semi-positive mould
不溢式压缩模  positive mould
移动式压缩模  portable compression mould
移动式压注模  portable transfer mould
固定式压缩模  fixd compression mould
固定式压注模  fixed transfer mould
无流道模  runnerless mould
热流道模  hot runner mould
绝热流道模  insulated runner mould
浇注系统  feed system

| 中文 | English | 中文 | English |
|---|---|---|---|
| 主流道 | sprue | 活动镶件 | movable insert; loose detail |
| 分流道 | runner | 拼块 | splits (of a mould) |
| 浇口 | gate | 凹模拼块 | cavity splits |
| 直接浇口 | direct gate | 型芯拼块 | core splits |
| 主流道浇口 | sprue gate | 型芯 | core |
| 环形浇口 | ring gate | 侧型芯 | side core |
| 盘形浇口 | disk gate | 螺纹型芯 | thread plug; threaded core |
| 隔膜浇口 | diaphragm gate | 螺纹型环 | thread ring; threaded cavity |
| 轮辐浇口 | spoke gate; spider gate | 嵌件 | insert (formoulding) |
| 点浇口 | pin-point gate | 定模座板 | fixed clamp plate; top clamping plate; top plate |
| 侧浇口 | edge gate | | |
| 潜伏浇口 | submarine gate | 动模座板 | moving clamp plate; bottom clamping plate; bottom plate |
| 隧道式浇口 | tunnel gate | | |
| 扇形浇口 | fan gate | 上模座板 | upper clamping plate |
| 护耳浇口 | tab gate | 下模座板 | lower clamping plate |
| 冷料穴 | cold-slug well | 型芯固定板 | core-retainer plate |
| 浇口套 | sprue bush | 凹模固定板 | cavity-retainer plate |
| 浇口镶块 | gating insert | 凸模固定板 | punch-retainer plate |
| 分流锥 | spreader | 模套 | Chase; bolster; frame |
| 流道板 | runner plate | 支承板 | backing plate; support plate |
| 热流道板（柱） | mainfold block | 垫块 | spacer; parallel |
| 热流道分流锥（管） | hot-runner manifold | 支架 | ejector housing; mould base leg |
| 温流道板 | warm runner plate | 支承柱 | support pillar |
| 二级喷嘴 | secondary nozzle | 模板 | mould plate |
| 鱼雷形 | torpedo | 斜销 | angle pin; finger cam |
| 鱼雷形组合体 | torpedo body assembly | 滑块 | slide; cam slide |
| 管式加热器 | cartridge heater | 侧型芯滑块 | side core-slide |
| 热管 | heat pipe | 滑块导板 | slide guide strip |
| 阀式浇口 | valve gate | 锁紧块 | heel block; wedge lock |
| 加料腔 | loading chamber (in a compression mould) | 斜槽导板 | finger guide plate |
| 加料腔 | transfer pot (in a transfer mould) | 弯销 | dog-leg cam |
| 柱塞 | force plunger | 斜滑块 | angled-lift splits |
| 溢料槽 | flash groove; spew groove | 导柱 | guide pillar; guide pin; leader pin |
| 排气槽（孔） | vent (of a mould) | 带头导柱 | guide pillar straight; straight leader pin |
| 分型面 | parting line | 带肩导柱 | shoulder leader pin |
| 水平分型面（线） | horizontal parting line | 推板导柱 | ejector guide pillar; ejector guide pin |
| 垂直分型面（线） | vertical parting line | 导套 | guide bush; guide bushing |
| 定模 | stationary mould; fixed half | 直导套 | straight bushing |
| 动模 | movable mould; moving half | 带头导套 | shoulder bushing |
| 上模 | upper mould; upper half | 推板导套 | ejector guide bush; ejector bushing |
| 下模 | lower mould; lower half | 定位圈 | locating ring |
| 型腔 | cavity (of a mould) | 锥形定位件 | mould bases locating elements |
| 凹模 | impression; cavity block; cavity plate | 复位杆 | ejector plate return pin; push-back pin |
| 镶件 | mold insert | 限位钉 | stop pin; stop but ton |

限位块　stop block；stop pad
定距拉杆　length bolt；puller bolt；
定距拉板　puller plate；limit plate
推杆　ejector pin
圆柱头推杆　ejector pin with cylindrical head
带肩推杆　shouldered ejector pin
扁推杆　flat ejector pin
推管　ejector sleeve
推块　ejector pad
推件板　stripper plate
推件环（盘）　stripper ring；stripper disk
推杆固定板　ejection retainer plate
推板　ejection plate；ejector plate
连接推杆　ejector tie rod
拉料杆　sprue puller
钩形拉料杆　sprue puller；z-shaped
球头拉料杆　sprue puller；ball headed
圆锥头拉料杆　sprue puller；conical headed
分流道拉料杆　runner puller；runner lock pin
浇道脱料板　runner stripper plate
冷却通道　cooling channel；cooling line
隔板　baffle
加热板　heating plate
隔热板　thermal insulation board
模架（注射模）　mould bases（of a injection mould）
标准模架　standardmould bases
注射能力　shot capacity
收缩率　shrinkage
注射压力　injection pressure
锁模力　clamping force；locking force
成形压力　moulding pressure
模内压力　internalmould pressure；cavity pressure
开模力　mould opening force
脱模力　ejection force
抽芯力　core-pulling force
抽芯距离　core-pulling distance
模具闭合高度　mould shut height
最大开模距离　maximum daylight；open daylight
投影面积　projected area
脱模斜度　draft
脱模距离　stripper distance

# 附录 E
# 金属材料性能符号的新旧标准

| 拉伸性能符号 | | | | |
|---|---|---|---|---|
| 新标准（GB/T 228—2010） | | | 旧标准（GB/T 228—1987） | |
| 性能名称 | | 符号 | 性能名称 | 符号 |
| 断面收缩率 | Percentage reduction of area | $Z$ | 断面收缩率 | $\psi$ |
| 断后伸长率 | Percentage elongation after fracture | $A$<br>$A_{11.3}$<br>$A_{xmm}$ | 断后伸长率 | $\delta_5$<br>$\delta_{10}$<br>$\delta_{xmm}$ |
| 断裂总伸长率 | Percentage total elongation at fracture | $A_t$ | — | — |
| 最大力总伸长率 | Percentage elongation at maximum force | $A_{gt}$ | 最大力下的总伸长率 | $\delta_{gt}$ |
| 屈服点延伸率 | Percentage yield point extension | $A_e$ | 屈服点延伸率 | $\delta_s$ |
| 屈服强度 | Yield strength | — | 屈服点 | $\sigma_s$ |
| 上屈服强度 | Upper yield strength | $R_{eH}$ | 上屈服点 | $\sigma_{sU}$ |
| 下屈服强度 | Lower yield strength | $R_{eL}$ | 下屈服点 | $\sigma_{sL}$ |
| 规定总延伸强度 | Proof strength, total extension | $R_t$<br>（如 $R_{t0.5}$） | 规定总伸长应力 | $\sigma_t$<br>（如 $\sigma_{t0.5}$） |
| 规定残余延伸强度 | Permanent set strength | $R_r$<br>（如 $R_{r0.2}$） | 规定残余伸长应力 | $\sigma_r$<br>（如 $\sigma_{r0.2}$） |
| 抗拉强度 | Tensile strength | $R_m$ | 抗拉强度 | $\sigma_b$ |
| 剪切性能符号 | | | | |
| 新标准（GB/T 6400—2007） | | | 旧标准（GB/T 6400—1986） | |
| 性能名称 | | 符号 | 性能名称 | 符号 |
| 抗剪强度 | Shear strength | $\tau_b$ | 抗剪强度 | $\tau$ |

续表

| 材料硬度符号 ||||||
|---|---|---|---|---|---|
| 新标准（GB/T 231.1—2009） ||| 旧标准（GB/T 231—1984） |||
| 性能名称 | 说明 | 符号 | 性能名称 | 说明 | 符号 |
| 布氏硬度 | 压头为硬质合金球 | HBW | 布氏硬度 | 压头为钢球时 | HBS |
| | | | | 压头为硬质合金球时 | HBW |

注：1. 该表只列出本书中用到的金属材料性能符号的新旧标准对照，符号未有变化的没有列出。

2. 屈服强度 $\delta_s$ 是指呈屈服现象的金属材料，试样在试验过程中力不增加（保持恒定）仍能继续伸长时的应力。在新标准中把这种情况归类到下屈服强度 $R_{eL}$，所以本书均用 $R_{eL}$ 替换其他教材中的 $\delta_s$。

# 参 考 文 献

陈炎嗣，2012. 多工位级进模设计手册［M］. 北京：化学工业出版社.
冯炳尧，王南根，王晓晓，2015. 模具设计与制造简明手册［M］. 4版. 上海：上海科学技术出版社.
戈登，2005. 塑料制品工业设计［M］. 苑会林，译. 北京：化学工业出版社.
胡家秀，2012. 简明机械零件设计实用手册［M］. 2版. 北京：机械工业出版社.
金捷，朱红萍，2018. 塑料成型工艺与模具设计［M］. 北京：机械工业出版社.
李海梅，申长雨，2002. 注塑成型及模具设计实用技术［M］. 北京：化学工业出版社.
李俊松，2007. 塑料模具设计［M］. 北京：人民邮电出版社.
李森泉，李庆华，2012. 模具 CAD/CAM［M］. 西安：西北工业大学出版社.
李小海，王晓霞，2018. 模具设计与制造［M］. 3版. 北京：电子工业出版社.
李玉青，2014. 特种加工技术［M］. 北京：机械工业出版社.
李云程，2015. 模具制造工艺学［M］. 2版. 北京：机械工业出版社.
刘朝福，2012. 模具制造实用手册［M］. 北京：化学工业出版社.
罗益旋，2004. 最新冲压新工艺、新技术及模具设计实用手册［M］. 长春：吉林银声音像出版社.
屈华昌，吴梦陵，史安娜，2018. 塑料成型工艺与模具设计［M］. 4版. 北京：高等教育出版社.
施于庆，2012. 冲压工艺及模具设计［M］. 杭州：浙江大学出版社.
石世铫，2017. 注塑模具设计与制造教程［M］. 北京：化学工业出版社.
宋建丽，2011. 塑性成型与模具专业英语［M］. 北京：机械工业出版社.
塑料模设计手册编写组，2002. 塑料模设计手册［M］. 3版. 北京：机械工业出版社.
王华山，2006. 塑料注塑技术与实例［M］. 北京：化学工业出版社.
韦玉屏，2009. 模具材料及表面处理［M］. 2版. 北京：机械工业出版社.
伍先明，陈志钢，杨军，等，2012. 塑料模具设计指导［M］. 3版. 北京：国防工业出版社.
肖祥芷，王孝培，2007. 中国模具工程大典（第4卷）：冲压模具设计［M］. 北京：电子工业出版社.
熊惟皓，2007. 模具表面处理与表面加工［M］. 北京：化学工业出版社.
薛啟翔，等，2003. 冲压模具设计制造难点与窍门［M］. 北京：机械工业出版社.
薛啟翔，等，2008. 冲压工艺与模具设计实例分析［M］. 北京：机械工业出版社.
杨海鹏，2011. 模具设计与制造实训教程［M］. 北京：清华大学出版社.
杨占尧，2010. 最新冲压模具标准及应用手册［M］. 北京：化学工业出版社.
张惠敏，焦冬梅，2005. 注塑模型腔壁厚计算公式讨论［J］. 工程塑料应用，33（9）：52－54.
张玉龙，2005. 橡塑制品压制成型实例［M］. 北京：机械工业出版社.
郑展，等，2013. 冲压工艺与冲模设计手册［M］. 北京：化学工业出版社.
朱光力，2008. 模具设计与制造实训［M］. 北京：高等教育出版社.
朱派龙，2017. 特种加工技术［M］. 北京：北京大学出版社.